普通高等教育"十一五"国家级规划教材

电机及拖动

第二版

吴玉香　李　艳　刘　华　毛宗源　编著

化学工业出版社

·北京·

本书系统论述了电机及电力拖动方面的基本理论和相关知识。主要内容包括：直流电机、变压器、交流电机、微控电机等的基本结构、工作原理、不同运行状态下的电磁物理过程及能量关系、电力拖动基础知识以及电机与拖动系统的 MATLAB 仿真技术。每章均有与生产实际结合密切的典型例题，章后附有思考题与习题。书中带"＊"的内容，可根据各学校的教学要求及学时数进行取舍。

本书可作为电气工程及其自动化、自动化、机械电子工程、机械设计制造及其自动化等非电机类专业本科生的专业基础课教材，也可供从事电机及运动控制的工程技术人员参考学习。

图书在版编目（CIP）数据

电机及拖动/吴玉香，李艳，刘华，毛宗源编著 . —2 版 . —北京：化学工业出版社，2013.5（2023.8重印）

普通高等教育"十二五"国家级规划教材

ISBN 978-7-122-16992-1

Ⅰ.①电…　Ⅱ.①吴…②李…③刘…④毛…　Ⅲ.①电机-高等学校-教材②电力拖动-高等学校-教材　Ⅳ.①TM3②TM921

中国版本图书馆 CIP 数据核字（2013）第 074356 号

责任编辑：唐旭华　袁俊红　　　　　　　　　　　　装帧设计：韩　飞
责任校对：徐贞珍

出版发行：化学工业出版社（北京市东城区青年湖南街 13 号　邮政编码 100011）
印　　装：北京天宇星印刷厂
787mm×1092mm　1/16　印张 18　字数 482 千字　2023 年 8 月北京第 2 版第 5 次印刷

购书咨询：010-64518888　售后服务：010-64518899
网　　址：http://www.cip.com.cn
凡购买本书，如有缺损质量问题，本社销售中心负责调换。

定　　价：45.00 元　　　　　　　　　　　　　　　　版权所有　违者必究

前　言

　　"电机及拖动基础"是电气类、自动化类专业的主干专业基础课程之一，一般各高校自动化类专业培养计划中均将该课程列为必修课程。该课程在整个专业培养计划的课程体系中起承上启下的作用。本课程的教学目的是使学生掌握常用的交、直流电机及变压器的基本结构、工作原理、运行性能等知识，为后续专业课的学习准备必要的基础知识。编者根据自动化类专业的性质和多年来的教学体会，参考了国内外一些相关教材和文献，结合高等教育教学改革的要求以及传统教材存在的问题，编写了本书第一版。

　　随着控制理论、电力电子技术、计算机技术、检测技术等的不断发展及各门学科的相互渗透，运动控制领域已发生了根本性的变化，许多新思想、新方法在该领域得到了应用。作为运动控制系统中主要执行元件的电机，也处在不断发展中，许多新原理电机不断涌现。要对运动控制系统进行研究，就必须对电机和电力拖动技术有足够的了解。本书对第一版作了部分调整，并对相关章节内容进行了适当增减，并尽可能反映上述最新进展情况，以满足现代工业对"电机及拖动基础"课程的要求。

　　本书具有以下特点：

　　(1) 将电机学与电力拖动基础有机地融为一体，力求简明扼要、层次分明、重点突出，以节省教学时间；

　　(2) 本着实用原则，简化了理论推导，注重物理概念的阐述与分析；

　　(3) 既侧重基本概念、基本原理的介绍，又强调工程应用；

　　(4) 增加了许多新型电机的内容，如无刷直流电机、直线电机、力矩电机、超声波电机等；

　　(5) 增加了有关 MATLAB 的仿真内容，有利于读者借助计算机加深对相关知识的理解，并可以进行一些相关的科学研究，由此提高读者对本课程的学习兴趣。

　　本书包括绪论和 10 章内容。其中，绪论、第 1 章、第 2 章、第 3 章和第 10 章由华南理工大学吴玉香编写；第 4 章由广州大学刘华编写；第 5 章、第 6 章和第 7 章由华南理工大学李艳编写；第 8 章由吴玉香、刘华共同编写；第 9 章由李艳、吴玉香共同编写。华南理工大学毛宗源教授对全书进行了审阅。

　　本书的适用对象为电气工程及其自动化、自动化、机械电子工程、机械设计制造及其自动化等非电机类专业的本科生，也适用于从事电机及运动控制的工程技术人员参考学习。

　　本书配有电子教案，可供选择本书作为教材的教师参考，如有需要请联系：cipedu@163.com。

　　由于编者水平有限，书中难免存在不妥之处，欢迎批评指正。

编者

2013 年 3 月

目 录

0 绪论 ┄┄┄┄┄┄┄┄┄┄┄ 1
  0.1 电机及拖动系统发展概况 ┄┄┄ 1
  0.2 电机及拖动系统的一般分析
     方法 ┄┄┄┄┄┄┄┄┄┄┄ 1
  0.3 本课程的性质与任务 ┄┄┄┄ 2
  0.4 本课程的学习方法 ┄┄┄┄┄ 3
  0.5 本课程涉及的电磁学基本理论 ┄ 3
    0.5.1 磁的基本概念 ┄┄┄┄ 3
    0.5.2 磁性材料 ┄┄┄┄┄┄ 4
    0.5.3 电磁感应定律 ┄┄┄┄ 4
    0.5.4 电磁力定律 ┄┄┄┄┄ 5
    0.5.5 全电流定律 ┄┄┄┄┄ 6

1 直流电机原理 ┄┄┄┄┄┄┄┄ 7
  1.1 直流电机的基本原理 ┄┄┄┄ 7
    1.1.1 直流电机的用途 ┄┄┄ 7
    1.1.2 基本结构 ┄┄┄┄┄┄ 7
    1.1.3 基本工作原理 ┄┄┄┄ 8
    1.1.4 铭牌数据和型号 ┄┄┄ 10
  1.2 直流电机的电枢绕组 ┄┄┄┄ 12
    1.2.1 概述 ┄┄┄┄┄┄┄┄ 12
    1.2.2 单叠绕组 ┄┄┄┄┄┄ 13
    1.2.3 单波绕组 ┄┄┄┄┄┄ 16
  1.3 直流电机的磁场 ┄┄┄┄┄ 18
    1.3.1 励磁方式 ┄┄┄┄┄┄ 18
    1.3.2 空载磁场 ┄┄┄┄┄┄ 19
    1.3.3 负载磁场和电枢反应 ┄ 21
  1.4 直流电机的感应电动势和电磁
     转矩 ┄┄┄┄┄┄┄┄┄┄ 22
    1.4.1 感应电动势 ┄┄┄┄┄ 22
    1.4.2 电磁转矩 ┄┄┄┄┄┄ 22
  1.5 直流电机的换向 ┄┄┄┄┄ 23
  本章小结 ┄┄┄┄┄┄┄┄┄┄ 25
  思考题与习题 ┄┄┄┄┄┄┄┄ 26

2 直流电机的运行特性 ┄┄┄┄┄ 27
  2.1 直流发电机的运行原理 ┄┄┄ 27
    2.1.1 基本方程式 ┄┄┄┄┄ 27
    2.1.2 运行特性 ┄┄┄┄┄┄ 29
  2.2 直流电动机的运行原理 ┄┄┄ 32
    2.2.1 直流电机的可逆原理 ┄ 32

    2.2.2 基本方程式 ┄┄┄┄┄ 32
    2.2.3 工作特性 ┄┄┄┄┄┄ 35
  2.3 直流电动机的机械特性 ┄┄┄ 36
    2.3.1 机械特性的一般表达式 ┄ 36
    2.3.2 固有机械特性 ┄┄┄┄ 36
    2.3.3 人为机械特性 ┄┄┄┄ 37
    2.3.4 根据电机的铭牌数据估算机械
       特性 ┄┄┄┄┄┄┄┄ 39
  2.4 串励和复励直流电动机 ┄┄┄ 40
    2.4.1 串励直流电动机的机械
       特性 ┄┄┄┄┄┄┄┄ 40
    2.4.2 复励直流电动机的机械
       特性 ┄┄┄┄┄┄┄┄ 41
  本章小结 ┄┄┄┄┄┄┄┄┄┄ 42
  思考题与习题 ┄┄┄┄┄┄┄┄ 42

3 直流电动机的电力拖动 ┄┄┄┄ 44
  3.1 电力拖动系统的运动方程式 ┄ 44
    3.1.1 运动方程式 ┄┄┄┄┄ 44
    3.1.2 单轴与多轴系统 ┄┄┄ 45
  3.2 负载的转矩特性及电力拖动系统
     稳定运行条件 ┄┄┄┄┄┄ 46
    3.2.1 负载的转矩特性 ┄┄┄ 46
    3.2.2 电力拖动系统稳定运行
       条件 ┄┄┄┄┄┄┄┄ 48
  3.3 他励直流电动机的启动 ┄┄┄ 51
    3.3.1 降压启动 ┄┄┄┄┄┄ 51
    3.3.2 电枢回路串电阻启动 ┄ 51
  3.4 他励直流电动机的调速 ┄┄┄ 54
    3.4.1 调速方法 ┄┄┄┄┄┄ 55
    3.4.2 调速性能指标 ┄┄┄┄ 58
    3.4.3 调速方式与负载性质的
       配合 ┄┄┄┄┄┄┄┄ 61
  3.5 他励直流电动机的制动 ┄┄┄ 63
    3.5.1 电动运行与制动运行 ┄ 63
    3.5.2 能耗制动 ┄┄┄┄┄┄ 64
    3.5.3 反接制动 ┄┄┄┄┄┄ 66
    3.5.4 回馈制动 ┄┄┄┄┄┄ 68
  3.6 直流电动机的四象限运行及应用
     分析 ┄┄┄┄┄┄┄┄┄┄ 71

3.6.1 直流电动机的四象限运行 … 71
3.6.2 应用分析 … 71
3.7 其他直流电动机的电力拖动 … 75
3.7.1 并励直流电动机的电力
拖动 … 75
3.7.2 串励直流电动机的电力
拖动 … 76
3.7.3 复励直流电动机的电力
拖动 … 77
3.8 电力拖动系统的过渡过程 … 78
3.8.1 机械过渡过程分析 … 78
3.8.2 机电过渡过程分析 … 83
本章小结 … 85
思考题与习题 … 86

4 变压器 … 89
4.1 变压器的工作原理与结构 … 89
4.1.1 基本工作原理 … 89
4.1.2 基本结构 … 90
4.1.3 分类和铭牌数据 … 92
4.2 单相变压器的空载运行 … 93
4.2.1 电磁关系 … 93
4.2.2 电压平衡方程式 … 93
4.2.3 等效电路和相量图 … 95
4.3 单相变压器的负载运行 … 96
4.3.1 电磁关系 … 96
4.3.2 基本方程式 … 97
4.3.3 等效电路及相量图 … 98
4.4 变压器的参数测定和标幺值 … 102
4.4.1 空载试验 … 102
4.4.2 短路试验 … 103
4.4.3 标幺值 … 105
4.5 变压器的运行特性 … 106
4.5.1 外特性 … 106
4.5.2 效率特性 … 107
4.6 三相变压器 … 108
4.6.1 磁路分析 … 108
4.6.2 绕组连接法与联结组 … 109
4.6.3 空载电动势波形 … 112
4.6.4 并联运行 … 114
4.7 特殊变压器 … 117
4.7.1 三绕组变压器 … 117
4.7.2 自耦变压器 … 119
4.7.3 电压互感器 … 121
4.7.4 电流互感器 … 121

4.7.5 其他特殊变压器 … 122
本章小结 … 123
思考题与习题 … 124

5 三相异步电动机的基本原理 … 126
5.1 三相异步电动机的基本原理 … 126
5.1.1 基本结构 … 126
5.1.2 铭牌数据和型号 … 128
5.1.3 基本工作原理 … 129
5.2 交流电机的定子绕组 … 131
5.2.1 交流绕组的基本知识 … 131
5.2.2 三相单层绕组 … 133
5.2.3 三相双层绕组 … 134
5.3 交流电机绕组的磁动势 … 134
5.3.1 单相绕组的磁动势——脉振
磁动势 … 134
5.3.2 三相绕组的磁动势——旋转
磁动势 … 138
5.4 三相交流电机绕组的电动势 … 141
5.4.1 线圈单个有效边的基波电
动势 … 141
5.4.2 线圈基波电动势 … 141
5.4.3 线圈组基波电动势 … 142
5.4.4 基波相电动势 … 143
5.4.5 感应电动势与绕组交链磁通
的关系 … 143
5.4.6 谐波电动势及其削弱
方法 … 143
5.5 三相异步电动机的电磁关系 … 145
5.5.1 磁路分析 … 145
5.5.2 转子绕组开路时的电磁
关系 … 145
5.5.3 转子绕组短路且转子堵转时
的电磁关系 … 148
5.5.4 转子旋转时的电磁关系 … 150
5.5.5 笼型转子绕组的参数 … 155
5.6 三相异步电动机的功率和
转矩 … 156
5.6.1 功率平衡关系 … 156
5.6.2 转矩平衡关系 … 157
5.7 三相异步电动机的工作特性 … 158
5.7.1 工作特性分析 … 158
5.7.2 工作特性测试方法 … 159
5.8 三相异步电动机的参数测定 … 159
5.8.1 空载试验 … 159

5.8.2　短路试验 ……………………… 160
本章小结 ……………………… 161
思考题与习题 ……………………… 163

6　三相异步电动机的电力拖动 …… 165

6.1　三相异步电动机的机械特性 …… 165
  6.1.1　电磁转矩表达式 ………… 165
  6.1.2　固有机械特性 …………… 167
  6.1.3　人为机械特性 …………… 169
  6.1.4　利用电磁转矩实用表达式计算
    机械特性 ………………… 170
6.2　三相异步电动机的启动 ……… 172
  6.2.1　直接启动的问题 ………… 173
  6.2.2　笼型三相异步电动机的直接
    启动 …………………… 173
  6.2.3　笼型三相异步电动机的降压
    启动 …………………… 173
  6.2.4　高启动转矩的笼型三相异步
    电动机 ………………… 177
  6.2.5　笼型三相异步电动机的软
    启动 …………………… 179
  6.2.6　绕线型三相异步电动机的
    启动 …………………… 180
6.3　三相异步电动机的制动 ……… 184
  6.3.1　能耗制动 ………………… 184
  6.3.2　反接制动 ………………… 189
  6.3.3　回馈制动 ………………… 191
  6.3.4　三相异步电动机的各种运行
    状态 …………………… 193
6.4　三相异步电动机的调速 ……… 193
  6.4.1　调速方法 ………………… 193
  6.4.2　改变极对数调速 ………… 195
  6.4.3　变频调速 ………………… 195
  6.4.4　改变转差率调速 ………… 198
本章小结 ……………………… 203
思考题与习题 ……………………… 204

7　同步电机 ……………………… 206

7.1　同步电机的基本工作原理 …… 206
  7.1.1　基本结构 ………………… 206
  7.1.2　基本工作原理 …………… 207
  7.1.3　铭牌数据和型号 ………… 208
7.2　同步电动机的电磁关系 ……… 209
  7.2.1　隐极同步电动机的电磁
    关系 …………………… 209
  7.2.2　凸极同步电动机的电磁

关系 …………………… 210
7.3　同步电动机的功率、转矩和功
  （矩）角特性 ………………… 212
  7.3.1　功率传递与转矩平衡 …… 212
  7.3.2　功（矩）角特性 ………… 213
  7.3.3　功角的物理意义 ………… 214
  7.3.4　稳定运行分析 …………… 215
7.4　功率因数调节 ……………… 216
  7.4.1　同步电动机的功率因数
    调节 …………………… 216
  7.4.2　U形曲线 ………………… 218
  7.4.3　同步调相机 ……………… 218
7.5　同步电动机的启动 ………… 219
本章小结 ……………………… 220
思考题与习题 ……………………… 220

8　微控电机 ……………………… 222

8.1　单相异步电动机 …………… 222
  8.1.1　基本结构 ………………… 222
  8.1.2　工作原理 ………………… 222
  8.1.3　等效电路 ………………… 223
  8.1.4　启动和调速 ……………… 223
8.2　伺服电动机 ………………… 226
  8.2.1　直流伺服电动机 ………… 226
  8.2.2　交流伺服电动机 ………… 228
8.3　测速发电机 ………………… 230
  8.3.1　直流测速发电机 ………… 230
  8.3.2　交流测速发电机 ………… 231
8.4　步进电动机 ………………… 233
  8.4.1　基本结构 ………………… 233
  8.4.2　工作原理 ………………… 234
  8.4.3　控制与应用 ……………… 235
8.5　开关磁阻电动机 …………… 236
  8.5.1　基本结构 ………………… 236
  8.5.2　工作原理 ………………… 236
  8.5.3　控制方式 ………………… 237
8.6　力矩电动机 ………………… 238
  8.6.1　概述 …………………… 238
  8.6.2　直流力矩电动机 ………… 238
  8.6.3　交流力矩电动机 ………… 239
  8.6.4　使用注意事项 …………… 239
8.7　直线电动机 ………………… 239
  8.7.1　概述 …………………… 239
  8.7.2　直线异步电动机 ………… 240
  8.7.3　直线直流电动机 ………… 242

8.7.4　直线步进电动机 ·········· 242

8.8　无刷直流电动机 ·········· 243

　　8.8.1　基本结构 ·········· 243

　　8.8.2　工作原理 ·········· 244

8.9　超声波电机 ·········· 245

　　8.9.1　工作原理 ·········· 245

　　8.9.2　超声波电机与传统电磁电机

　　　　　的比较 ·········· 245

　　8.9.3　超声波电机的特点 ·········· 246

　　8.9.4　超声波电机的分类及 ·········

　　　　　应用 ·········· 247

本章小结 ·········· 248

思考题与习题 ·········· 248

9　电动机的选择 ·········· 250

9.1　电力拖动系统方案的选择 ·········· 250

　　9.1.1　电力拖动系统的供电

　　　　　电源 ·········· 250

　　9.1.2　电力拖动系统的稳定性 ····· 250

　　9.1.3　调速方案的选择 ·········· 251

　　9.1.4　启动、制动与正、反转方案的

　　　　　选择 ·········· 251

　　9.1.5　电力拖动系统的经济性 ····· 253

9.2　电动机的一般选择 ·········· 253

　　9.2.1　种类选择 ·········· 254

　　9.2.2　工作条件分析 ·········· 254

　　9.2.3　额定转速的选择 ·········· 255

　　9.2.4　结构类型的选择 ·········· 256

9.3　电动机的发热与温升 ·········· 256

　　9.3.1　发热过程 ·········· 257

　　9.3.2　冷却过程 ·········· 257

9.4　电动机的额定功率与允许温升之

间的关系 ·········· 258

　　9.4.1　允许温升 ·········· 258

　　9.4.2　额定功率与允许温升之间的

　　　　　关系 ·········· 258

9.5　电动机额定功率的选择 ·········· 261

　　9.5.1　额定功率的选择步骤 ·········· 261

　　9.5.2　负载功率的计算 ·········· 261

　　9.5.3　常值负载时电动机额定功率

　　　　　的选择 ·········· 262

　　9.5.4　负载变化时电动机额定功率

　　　　　的选择 ·········· 264

9.6　选择电动机额定功率的统计法和

类比法 ·········· 265

　　9.6.1　用统计法选择电动机的额定

　　　　　功率 ·········· 265

　　9.6.2　用类比法选择电动机的额定

　　　　　功率 ·········· 266

本章小结 ·········· 266

思考题与习题 ·········· 266

10　电机及拖动的计算机仿真 ·········· 268

10.1　仿真的基本概念 ·········· 268

10.2　MATLAB简介 ·········· 268

　　10.2.1　MATLAB的功能特点 ····· 269

　　10.2.2　MATLAB的语言特点 ····· 269

10.3　MATLAB在电机及拖动课程中

的应用 ·········· 270

　　10.3.1　参数计算 ·········· 270

　　10.3.2　曲线绘制 ·········· 273

　　10.3.3　运行仿真 ·········· 275

思考题与习题 ·········· 279

参考文献 ·········· 280

0. 绪 论

0.1 电机及拖动系统发展概况

电能的生产、变换、传输、分配、使用和控制等，都必须利用电机这种能够进行机电能量转换与传递的电磁机械。从能量转换的角度看，电机可分为发电机、电动机和变压器三大类。发电机将机械能转换为电能，主要用于生产电能的发电厂。电动机将电能转换为机械能，用来驱动各种用途的生产机械。变压器是输送交流电时所使用的一种变电压和变电流的设备。

在现代工业和日常生活中，到处都可以找到电机的踪影。从以煤、天然气等为燃料的火力发电厂及以核反应堆中核裂变所释放出的热能进行发电的核能发电厂中的汽轮发电机、以水资源为动力的水轮发电机、以风为动力的风力发电机，到输配电系统中的变压器，从工厂的自动化生产线、车间的机床、机器人到家用电器甚至电动玩具等，电机几乎无处不在。

目前，电机的发展主要有三种趋势。①大型化：单机容量越来越大，如60万千瓦及以上的汽轮发电机。②微型化：为适应设备小型化的要求，电机的体积越来越小，重量越来越轻。③新原理、新工艺、新材料电机不断涌现，如无刷直流电机、直线电机、超声波电机等。

电力拖动又称电气拖动，是用电动机作原动机去拖动各种生产机械的工作机构运动，以满足各种生产工艺的要求。电力拖动系统的发展，从最初的成组拖动，经单电机拖动直至发展为现代电力拖动的基本形式——多电机拖动。

电动机是电力拖动系统的核心，分直流和交流两大类，分别组成直流拖动系统和交流拖动系统。直流电动机具有良好的启动、制动性能，宜于在宽广范围内平滑调速，在需要高性能可控电力拖动的领域中得到了广泛的应用。交流电机，特别是异步电动机，以其结构简单，性能可靠，广泛应用于工农业生产及居民生活中。交流拖动近年来发展很快，有逐渐取代直流拖动的趋势。

现代电力拖动系统都是可控的，电动机的控制装置随着科学技术的发展亦在日新月异地变化。近三十年来，功率电子技术的发展，各种形式的功率变换器已直接为电动机馈电，而微处理器和数字信号处理器的应用以及软件技术的发展，促使模拟控制向数字控制转化。复杂的电机控制因数字化技术的应用得以实现，既简化了硬件设备，又提高了控制精度，大大拓宽了交流拖动的应用领域。数字控制的电力拖动系统在国民经济中有广泛应用，如数控机床、机器人等，对生产力的发展和技术进步起着极其重要的作用。

0.2 电机及拖动系统的一般分析方法

电机本质上是一种以磁场为媒介实现机电能量转换的装置，因此，对电机的分析自然涉及有关电、磁、力、热以及结构、材料和工艺等方面的知识。对于以电磁作用原理进行工作的各类电机，常用的分析方法有两种：一种是采用电路和磁路理论的宏观分析方法；另一种是采用电磁场理论的微观分析方法。前者将电路和磁路问题统一转换为电路问题，然后利用电路的分析方法求解电机的性能；后者则首先利用有限元方法将整个磁路进行剖分，然后利用电磁场方程和边界条件求出各个微元的磁场分布情况，最后再获得整个电机的运行性能和结构参数。除此之外，也可以采用能量法，利用分析力学中的哈密顿（Hamilton）原理或拉格朗日（Lagrange）方程，建立电机的矩阵方程，最后再求解电机的运行性能和结构参数。鉴于本书主要讨论的是电机稳态性能的问题，故重点讨论电路的分析方法。

在分析电机和拖动系统时，一般按如下几个步骤进行。

① 先讨论电机的基本运行原理和结构。

② 根据结构的具体特点，对电机内部所发生的电磁过程进行分析，重点讨论电机内部的电路组成（或绕组结构）和空载或负载时电机内部的磁动势和磁场情况。

③ 利用基尔霍夫定律、电磁感应定律、安培环路定理、电磁力定律，并根据电机内部的电磁过程，写出电磁过程的数学描述即基本方程式，如电压平衡方程式、磁动势平衡方程式和转矩平衡方程式，并将其转变为等效电路和相量图的表达形式。

④ 利用上述数学模型对电机的运行特性和性能指标进行分析计算。在各种稳态特性中，重点分析电动机的机械特性和发电机的外特性。

⑤ 根据电动机的机械特性和负载的转矩特性讨论各类拖动系统的稳定性、启动制动特性以及各种调速特性。

⑥ 讨论电动机的各种运行状态以及四象限运行情况。

在分析电机内部的电磁过程并建立数学模型时，经常用到下列方法和理论。

① 当忽略铁芯饱和时，经常采用叠加原理对电机内部的气隙磁动势、气隙磁场、气隙磁场所感应的电动势进行分析计算。当考虑铁芯饱和时，则把总磁通分为主磁通和漏磁通进行处理。主磁通流经主磁路，漏磁通流经漏磁路，相应的磁路性质可分别用励磁电抗和漏电抗来描述，从而可将磁路问题转变为统一的电路问题进行处理。

② 当交流电机（或变压器）的定、转子（或一次侧、二次侧）绕组匝数、相数以及频率不相等时，可以在保持电磁关系不变的前提下，利用折算法将其各物理量折算到绕组某一侧，然后再建立数学模型。

③ 在对交流电机或变压器的稳态特性进行分析计算时，经常要用到基本方程式、等效电路以及相量图等工具。

④ 在讨论多轴电力拖动系统时，经常要按照能量保持不变的原则将多轴系统等效为单轴系统进行处理。

上述各种方法和理论分散到各个章节中，相关章节将对其逐一进行介绍。

0.3 本课程的性质与任务

现代工业控制系统总的来说可分为两大类：一类是运动控制系统，它主要涉及与动作类有关的被控对象，如机器人、机床类生产机械等；另一类是过程控制系统，它涉及过程类的被控对象，如压力、温度、流量等。而电机及其拖动负载，作为运动控制系统的执行机构和控制对象，在运动控制系统中占据着重要地位。就运动控制系统而言，只有了解和熟悉执行机构和被控对象的特点和规律，才能有效地设计控制策略，选择合适的控制回路和电力电子变流器，最终获得稳定、准确、快速的系统性能。

"电机及拖动"课程就是为解决运动控制系统中上述问题而为电气工程、自动化、机电一体化等非电机专业开设的一门专业基础课，是电机学和电力拖动基础两门课程的有机结合，其理论性较强，同时强调实际应用。本书侧重于基本原理和基本概念的阐述，采用工程方法进行分析，着重分析电机的机械特性与拖动运行特性。

本课程的任务是使学生或相关技术人员掌握交直流电机、变压器及微控电机的基本原理和结构、机械特性及外特性的分析与计算、电力拖动系统的运行性能、电机容量选择等内容，为后续课程的学习和今后工作准备必要的基础知识。

0.4　本课程的学习方法

本课程虽然是一门专业基础课，但同时又是一门实践性很强的独立课程。电磁场是电机赖以实现机电能量转换的媒介，因此要了解和熟悉电机的各种特性，就必须分析电机内部的电磁过程。由于电磁场的抽象性，因而增加了该课程的难度。电力拖动则涉及系统的性能指标要求与方法的实现等问题，必须要用系统的观点看问题。因此，学习本课程时一定要以物理概念为主、工程计算为辅。除了了解基本运行原理与电磁过程，还应重点掌握各类电动机的机械特性以及与生产机械配合时的启动、制动与调速方法，并通过实验和仿真加深对相关知识的理解和掌握。只有理论与实际相结合，才能真正学好本课程。

0.5　本课程涉及的电磁学基本理论

从能量转换角度来看，电机是一种能量转换装置，其能量转换的媒介是磁场。电机的工作原理都是建立在电磁感应定律、电磁力定律和全电流定律等基本电磁定律之上的。在此将本课程用到的一些电磁理论知识简要介绍一下，以便查阅。

0.5.1　磁的基本概念

磁场是传递物体间磁力作用的场，由运动电荷或电场的变化产生。整个磁场的情况可形象地用磁力线来描述。磁力线是闭合曲线，其方向与产生磁场的电流方向符合右手螺旋定则。如果电流流过一根直导体，用右手握住直导体，伸直大拇指表示电流方向，则弯曲的四指所指的方向即为磁力线的方向。如果电流通过一匝或多匝线圈，用右手握住线圈，弯曲的四指表示线圈中电流的方向，则伸直的大拇指所指的方向即为线圈内部磁力线的方向，如图0-1所示。

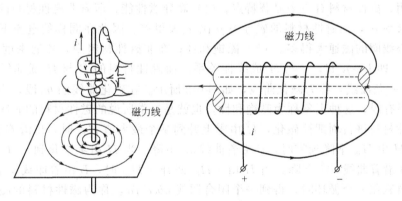

图 0-1　磁力线与电流之间的右手螺旋关系

磁力线上每一点的切线方向与该点磁场的方向一致，而磁场的强弱则可用磁力线的疏密程度表示。

在对磁场进行分析和计算时，常用到以下几个物理量。

（1）磁通密度 B

磁通密度 B 是描述磁介质中实际的磁场强弱和方向的物理量，可用通过磁场方向单位面积的磁力线数来表示。磁通密度的单位为特斯拉（T）。

（2）磁通 Φ

磁场中穿过某一截面 S 的磁通密度 B 的通量，即穿过截面 S 的总磁力线数称为通过该面积的磁通，用 Φ 表示

$$\Phi = \int_S B \, dS \qquad (0\text{-}1)$$

若截面 S 与磁通密度 B 垂直，则 $\Phi=BS$；若截面 S 与磁通密度 B 不垂直，截面 S 的法线与磁通密度 B 的夹角为 α，则 $\Phi=BS\cos\alpha$。磁通单位为韦伯（Wb）。

（3）磁场强度 H

磁场强度是进行磁场计算时引进的一个辅助物理量。磁场强度定义为介质中某点的磁通密度 B 与介质磁导率 μ 之比，用 H 表示

$$H = B/\mu \qquad (0\text{-}2)$$

磁场强度代表电流本身产生磁场的强弱，其大小只与产生该磁场的电流大小有关，与介质的种类无关。磁场强度的单位为安/米（A/m）。

（4）磁动势 F

在磁路中，产生磁通 Φ 的是磁动势，它等于流过线圈的电流 I 与其匝数 N 的乘积，用 F 表示

$$F = IN \qquad (0\text{-}3)$$

磁动势的方向由产生它的线圈电流按右手螺旋定则确定。磁动势的单位为安·匝。

（5）磁阻 R_m

和电路中的电阻一样，磁路中也有磁阻 R_m，它对磁通起阻碍作用。磁阻与磁路的平均长度 l，磁路截面积 S 及磁路介质的磁导率 μ 有关，即

$$R_m = l/\mu S \qquad (0\text{-}4)$$

0.5.2　磁性材料

自然界的物质按导磁能力的大小，可分为磁性材料和非磁性材料。磁性材料主要是铁、镍、钴及其合金，通常也称为铁磁材料。

实测表明，磁性材料有三个显著特点。（1）高导磁性能；所有非磁性材料的磁导率都接近真空的磁导率 μ_0，而磁性材料的磁导率 μ 比 μ_0 大得多。因此在同样的电流下，铁芯线圈的磁通比空心线圈的磁通大得多。（2）磁饱和性；在非磁性材料中，磁通密度 B 与磁场强度 H 成正比，即 $B=\mu_0 H$，B 与 H 成线性关系。而磁性材料的 B 与 H 成非线性关系，即 $B=f(H)$ 是一条曲线，称为磁化曲线，如图 0-2 所示。在磁化曲线的 bc 段，当 H 增大时，B 的增加已很有限，这种现象称为磁饱和性，也就是通常所说的磁性材料的非线性。（3）磁滞性：将磁性材料进行周期性磁化，H 由零上升到某个最大值 H_m 时，B 沿着磁化曲线 Oa 上升，而当 H 由 H_m 下降到零时，B 沿着曲线 ab 下降。当 H 由零变化到 $-H_m$，即进行反向磁化时，B 沿着曲线 bcd 下降。当 H 由 $-H_m$ 回升到 H_m 时，B 沿着曲线 $defa$ 上升。这样将磁性材料磁化一个循环时，得到一个闭合回线 $abcdefa$，称为磁性材料的磁滞回线，如图 0-3 所示。不同的磁性材料有不同的磁滞回线。从图 0-3 可知，当 H 下降到零时，B 不为零而为某一值 B_r，这种现象称为磁滞性，B_r 称为剩余磁通密度。

对于同一磁性材料，选择不同的磁场强度 H_m 反复磁化时，可得出不同的磁滞回线，将各条磁滞回线的顶点连接起来，所得的曲线称为平均磁化曲线。起始磁化曲线与平均磁化曲线相差很小，如图 0-3 中的曲线 dOa 所示。当磁性材料在交变磁场作用下反复磁化时，磁滞现象会引起磁滞损耗。磁滞损耗与磁通的交变频率及磁通密度的幅值有关。

0.5.3　电磁感应定律

当导体在磁场中与磁场发生相对运动，导体切割磁力线，或者当穿过线圈的磁通发生变化时，在导体或线圈中就会产生感应电动势，这种现象称为电磁感应现象。导体切割磁力线时产生的感应电动势称为切割电动势。在均匀磁场中，如果导体、磁通密度和导体相对运动

速度三者之间相互垂直，则切割电动势可表示为

$$e=Blv \tag{0-5}$$

式中　e——切割电动势，V；

　　　B——导体所在处的磁通密度，$T(Wb/m^2)$；

　　　l——导体在磁场中的长度，m；

　　　v——导体切割磁力线的速度，m/s。

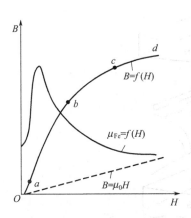

图 0-2　磁性材料的磁化曲线

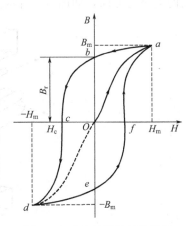

图 0-3　磁性材料的磁滞回线

切割电动势主要表现在电动机和发电机中，方向按右手定则确定，即把右手手掌伸开，大拇指与其他四指在同一平面内成 90°，如果让磁力线垂直指向手心，大拇指指向导体运动方向，则其他四指的指向就是导体中感应电动势的方向，如图 0-4(a) 所示。

当穿过线圈的磁通发生变化时，产生的感应电动势称为变压器电动势，表示为

$$e=-N\frac{\mathrm{d}\Phi}{\mathrm{d}t} \tag{0-6}$$

式中，N 为线圈匝数单位为匝；Φ 的单位为 Wb；e 的单位为 V。

变压器电动势主要表现在变压器中，方向按右手螺旋定则确定，如图 0-4(b) 所示。

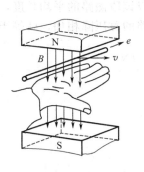

(a) 切割电动势的右手定则

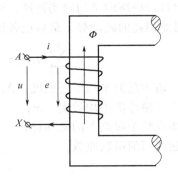

(b) 变压器电动势的右手螺旋定则

图 0-4　感应电动势的方向确定

0.5.4　电磁力定律

载流导体在外磁场中所受到的磁场对它的作用力称为电磁力。在均匀磁场中，如果载流导体与磁通密度垂直，则电磁力可表示为

$$f=Bli \tag{0-7}$$

式中　　f——电磁力，N；

　　　　B——导体所在处的磁通密度，T（Wb/m²）；

　　　　l——导体在磁场中的长度，m；

　　　　i——导体中流过的电流，A。

电磁力的方向按左手定则确定，即把左手手掌伸开，大拇指与其他四指在同一平面内成90°，如果让磁力线垂直指向手心，其他四指指向导体中电流的方向，则大拇指的指向就是导体受到的电磁力方向，如图 0-5 所示。

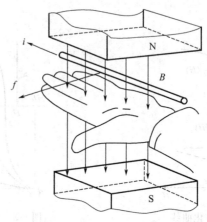

图 0-5　载流导体受力方向的左手定则

0.5.5　全电流定律

全电流定律也称安培环路定律，它表示全电流和由该全电流所产生磁场之间的关系，可叙述为：在磁场中沿任意一个闭合磁回路的磁场强度 H 的曲线积分在数值上等于该闭合磁回路内的全电流，即

$$\oint_c H \mathrm{d}l = \Sigma i \tag{0-8}$$

工程应用中遇到的磁路，其几何形状是比较复杂的，直接利用安培环路定律进行计算有一定的困难。常用的方法是：根据磁路几何形状的特点，把整个磁路分成几段，几何形状规则的为一段，找出该段磁路的平均磁场强度，再乘以该段磁路的平均长度，得到该段磁路的磁压降，即该段磁路消耗的磁动势，最后把各段磁路的磁压降相加，就等于总磁动势，即

$$\sum_{k=1}^{n} H_k l_k = F = IN \tag{0-9}$$

式中　　H_k——第 k 段磁路的平均磁场强度，A/m；

　　　　l_k——第 k 段磁路的平均长度，m；

　　　　IN——作用在整个磁路上的磁动势；

　　　　N——励磁线圈的串联匝数。

1 直流电机原理

1.1 直流电机的基本原理

1.1.1 直流电机的用途

直流电机分为直流发电机和直流电动机。把机械能转变为直流电能的电机称为直流发电机；反之，把直流电能转变为机械能的电机称为直流电动机。目前，使用直流电动机的场合很多，这是由于直流电动机具有以下突出优点：

① 启动、制动和过载转矩大；

② 调速范围宽广，且易于平滑调速；

③ 易于控制，可靠性较高。

直流电动机曾经一度在工农业生产中占据相当重要的地位。直流电动机的主要缺点是换向问题，换向不仅限制了直流电动机的极限容量，而且增加了制造成本和维护工作量。近几十年来，随着电力电子技术、控制理论、微处理器技术等的迅猛发展，交流电动机调速性能不断提高，由交流电动机组成的交流拖动系统大有取代由直流电动机组成的直流拖动系统的趋势。尽管如此，直流电动机及其组成的直流拖动系统在某些特定的应用场合，如轧钢系统、煤矿电机车、纺织机械等领域仍有不可取代的优势，使用量仍很大。

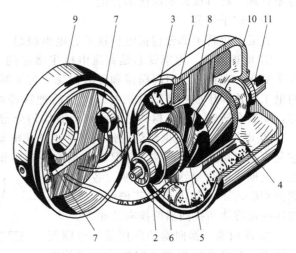

图 1-1 小型直流电机立体图

1—机座；2—轴承；3—励磁绕组；4—电枢；5—电枢绕组；6—换向器；7—电刷；8—主磁极；9—前端盖；10—后端盖；11—轴

1.1.2 基本结构

直流电机的结构较复杂，且形式多样。直流发电机和直流电动机从主要结构上看，没有差别。图 1-1 所示为一台小型直流电机的立体图。图 1-2 所示为一台两极直流电机从轴端看进去的剖面图。直流电机由定子部分和转子部分构成，定子和转子靠两个端盖连接。

（1）定子部分

直流电机定子部分包括机座、主磁极、换向极和电刷装置等。一般直流电机都用整体机座，即一个机座同时起两方面的作用：一方面起导磁的作用；另一方面起机械支撑的作用。

① 机座 机座由厚钢板（小型直流电机）或铸钢材料制成，它用来固定主磁极、换向极以及两个端盖。机座除对内部具有保护作用外，还是电机主磁路的一部分，故又称为定子磁轭。

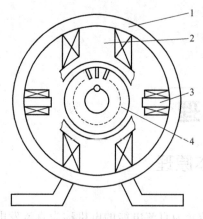

图1-2 两极直流电机剖面图
1—机座；2—主磁极；
3—换向极；4—电枢

② 主磁极 主磁极的作用是在定子和转子之间的气隙中产生一定形状分布的气隙磁场。主磁极上装有励磁绕组。绝大多数直流电机的主磁极都由直流电流励磁，只有小型直流电机的主磁极采用永久磁铁，后者称为永磁直流电机。

③ 换向极 容量在1kW以上的直流电机，在相邻两主磁极之间要装上换向极。换向极又称为附加极，其作用是改善直流电机的换向。换向极一般用整块钢板制成，外面套有换向极绕组，绕组里流过电枢电流，故换向极绕组的导线截面积较大，匝数较少。

④ 电刷装置 电刷装置的作用是把电机做机械旋转运动的电枢绕组中的电流引出到外部静止的电路中，或者反过来把外部静止电路里的电流引入到电机电枢绕组中。电刷装置必须与换向器配合使用来完成直流电机的机械整流，把电枢绕组中的交流电变换成外部电路的直流电或把外部电路的直流电变换为电枢绕组中的交流电。电刷放置在电刷盒里，用弹簧压紧在换向器上，电刷上有铜辫，可引入、引出电流。正常运行时，电刷相对于换向器表面有一个正确的位置，如果电刷的位置放得不合理，将直接影响电机的性能。

（2）转子部分

直流电机转子部分包括电枢铁芯、电枢绕组、换向器、风扇和转轴等。

① 电枢铁芯 电枢铁芯是直流电机主磁路的一部分。当电枢旋转时，铁芯中磁通方向发生变化，在铁芯中引起涡流和磁滞损耗。为了减少这部分损耗，通常用$0.35\sim0.5$mm厚的电工钢片冲压成一定形状的冲片，然后把这些冲片两面涂上漆再叠装起来，成为电枢铁芯，安装在转轴上。电枢铁芯外圆周上有均匀分布的槽，以嵌放电枢绕组。

② 电枢绕组 电枢绕组的作用是产生感应电动势和电磁转矩，从而实现机电能量转换，它是直流电机的关键部件。电枢绕组是由许多电枢线圈（又称为元件）串联而成的闭合绕组，电枢线圈由绝缘导线绕制。各电枢线圈分别嵌入不同的电枢铁芯槽中，线圈两端按一定规律与换向器的换向片相连。

③ 换向器 换向器的作用是与电刷配合使用，在电刷间得到方向恒定的直流电动势，或保证每个磁极下电枢导体电流方向不变，以产生恒定方向的电磁转矩。换向器由多个换向片围成环状，套在转轴上，片与片之间用云母绝缘，换向片与转轴之间也用绝缘物隔开，且换向片数与电枢绕组的元件数相等。运行时换向器的外圆周与电刷保持良好的滑动接触。

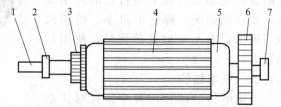

图1-3 直流电机电枢装配示意图
1—转轴；2—轴承；3—换向器；4—电枢铁芯；
5—电枢绕组；6—风扇；7—轴承

转子上还有轴承和风扇等。图1-3所示为直流电机电枢的装配示意图。

（3）端盖

端盖把定子和转子连为一个整体，两个端盖分别固定在定子机座的两端，并支撑着转子。

1.1.3 基本工作原理

（1）直流发电机

直流发电机是使电机的电枢绕组在直流磁场中旋转以感应出交流电，经过机械整流（换向装置）得到直流电。为了说明直流发电机的基本工作原理，下面先从一个最简单的直流发电机模型开始研究。

图 1-4 所示为一台两极直流发电机的模型示意图。图中 N、S 是一对位置固定的主磁极，两主磁极间有一个用导磁材料制成的圆柱体，即电枢铁芯，在电枢铁芯上放置了一个电枢线圈 abcd，线圈的首端和末端分别接到两个圆弧形的换向器上。换向器固定在转轴上，与电枢一起旋转。换向器之间以及换向器与转轴之间都互相绝缘。在每个换向

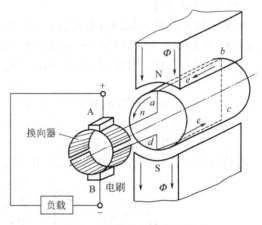

图 1-4 直流发电机物理模型

器上放置一个固定不动的电刷 A 或 B，它们与换向器之间保持滑动接触。电枢线圈通过换向器和电刷与外面静止的电路相连接。

当原动机拖动电枢以恒定的转速 n 旋转时（以逆时针方向为例），根据电磁感应定律可知，电枢线圈导体 ab 和导体 cd 因切割磁力线会产生感应电动势，感应电动势的大小可表示为

$$e = Blv \tag{1-1}$$

式中　B——导体所处位置的磁通密度，T；

　　　l——导体切割磁力线部分的长度，称为有效长度，m；

　　　v——导体切割磁力线的速度，即电枢旋转的线速度，m/s。

则整个电枢线圈 abcd 的感应电动势大小为 $e_{abcd} = 2Blv$。由于转速 n 是恒定的，故 v 为一定值；对于已制成的电机，l 也是一定的，所以感应电动势 e 与磁通密度 B 成正比。

感应电动势的方向可用右手定则确定。如图 1-4 所示瞬间，导体 ab 在 N 极下，感应电动势的极性为 a 点高电位、b 点低电位；导体 cd 在 S 极下，感应电动势的极性为 c 点高电位、d 点低电位。由此可以判定导体 ab 的感应电动势方向为由 b 指向 a；导体 cd 的感应电动势方向为由 d 指向 c。由图 1-4 可知，此时电刷 A 与导体 ab 所连的换向器相接触；而电刷 B 则与导体 cd 所连的换向器相接触，因此电刷 A 的极性为"＋"，电刷 B 的极性为"－"。

当电枢逆时针方向转过 180°时，导体 cd 到了原来导体 ab 的位置，导体 ab 则到了原来导体 cd 的位置。因此，导体 ab 中的感应电动势方向变为由 a 指向 b，而导体 cd 中的感应电动势的方向变为由 c 指向 d。由于电刷 A 和电刷 B 的位置是固定不动的，而换向器随着线圈一起旋转，本来与电刷 A 相接触的换向器变为与电刷 B 接触了，本来与电刷 B 相接触的那个换向器变为与电刷 A 接触了。显然这时电刷 A 的极性仍为"＋"，电刷 B 的极性仍为"－"。由此可知，和电刷 A 接触的导体永远位于 N 极下，电刷 A 的极性总是为"＋"，和电刷 B 接触的导体永远位于 S 极下，电刷 B 的极性总是为"－"。

如果电枢继续逆时针方向旋转 180°，导体 ab 和导体 cd 又回到了图 1-4 所示位置，完成一次循环。由此可知，电机电枢每旋转一周，电枢线圈 abcd 中的感应电动势方向交变一次，但由于有换向器的缘故，两个电刷的极性保持不变，在两电刷之间就得到了一个方向不变的电动势。这就是最简单的直流发电机工作原理。

显然，当电枢绕组只有一个线圈时，电刷间感应电动势的方向虽然不变，但数值却是变化的。因此在实际电机中，电枢绕组是由许多线圈按照一定规律连接起来而构成的，从而使电刷间电动势的脉动程度大大降低，使用时可以认为产生的是恒定直流电。

（2）直流电动机

如果不用原动机去拖动电枢旋转，而是由外电源从电刷 A 和电刷 B 输入直流电，使电刷 A 接电源正极，电刷 B 接电源负极，此时线圈中将有电流流过，电流的方向如图 1-5 所示。根据电磁力定律，载流导体 ab 和 cd 上受到的电磁力为

$$f = Bli \tag{1-2}$$

式中　B——导体所处位置的磁通密度，T；

　　　l——导体切割磁力线部分的长度，称为有效长度，m；

　　　i——导体中流过的电流，A。

导体受力方向可由左手定则确定。由图 1-5 可知，N 极下的导体 ab 受力方向为从右向左，S 极下的导体 cd 受力方向为从左向右，从而使电枢线圈产生电磁转矩（电磁力与转子半径的乘积），此时电磁转矩的方向为逆时针方向。当电磁转矩大于阻转矩时，电枢就能按逆时针方向旋转起来。当电枢转过 180° 后，导体 cd 到了原来导体 ab 的位置，位于 N 极下，导体 ab 则到了原来导体 cd 的位置，位于 S 极下，由于直流电源产生的电流方向不变，仍从电刷 A 流入，经导体 dc 和 ba 后，从电刷 B 流出。这时导体 cd 的受力方向变为从右向左，导体 ab 的受力方向变为从左向右，电枢线圈产生的电磁转矩方向未变，仍为逆时针方向，电枢在此电磁转矩的作用下仍为逆时针方向旋转。

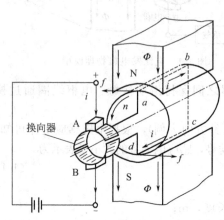

图 1-5　直流电动机的物理模型

由此可知，直流电动机电枢线圈里的电流方向是交变的，但由于有换向装置，产生的电磁转矩方向是不变的。这个电磁转矩使电枢始终沿一个方向旋转，把电能变换成机械能，带动生产机械工作。

与直流发电机一样，实际直流电动机的电枢绕组并非单一线圈。但不管有多少个线圈，产生的电磁转矩方向都是一致的。

根据上述直流电机的工作原理，一台直流电机若在电刷两端加上直流电，输入电能，就可拖动生产机械，将电能变为机械能而成为电动机；反之，若用原动机带动电枢旋转，输入机械能，就可在电刷两端得到一个直流电动势，将机械能变为电能而成为发电机。这种一台电机既能作电动机又能作发电机运行的原理，在电机理论中称为电机的可逆运行原理。

1.1.4　铭牌数据和型号

（1）直流电机的铭牌数据

电机制造厂在每台电机的机座上都钉有一块标牌，称之为铭牌。上面标有电机的额定数据，是电机正常运行时有关电量和机械量的规定数据。根据国家标准，直流电机的额定数据有以下五个。

① 额定功率 P_N　指额定运行状态下电机所能供给的功率。对直流发电机而言，是指发电机在额定运行状态下，电刷两端输出的电功率；对直流电动机而言，是指电动机在额定运行状态下，轴上输出的机械功率。单位为 W。用公式表示如下：

直流发电机的额定功率为

$$P_N = U_N I_N \tag{1-3}$$

直流电动机的额定功率为

$$P_N = U_N I_N \eta_N \tag{1-4}$$

式中，η_N 为直流电动机的额定效率，是直流电动机额定运行时轴上输出的机械功率与

输入电功率之比。

② 额定电压 U_N　指直流电机在额定运行状态下，电机引出线两端的电压。对于直流发电机是指输出电压；对于直流电动机是指输入电压。若为他励直流电机，则指额定电枢电压。单位为 V。

③ 额定电流 I_N　指直流电机在额定运行状态下，电机引出线中的电流。若为他励直流电机，则指额定电枢电流。单位为 A。

④ 额定转速 n_N　指直流电机在额定运行状态下所对应的转速。单位为 r/min。

⑤ 额定励磁电流 I_{fN}　指直流电机在额定运行状态下所加的励磁电流。单位为 A。

此外，直流电动机轴上输出的额定转矩用 T_{2N}（单位为 N·m）表示，其值为电动机的额定输出功率与转子额定机械角速度 Ω_N 之比，即

$$T_{2N} = \frac{P_N}{\Omega_N} = \frac{P_N}{2\pi n_N/60} = 9.55\frac{P_N}{n_N} \qquad (1-5)$$

式(1-5) 不仅适用于直流电动机，也适用于交流电动机。若 P_N 的单位用 kW，则系数 9.55 应改为 9550。

直流电机运行时，若各个物理量都为额定值，则称为额定运行状态。由于电机是根据额定值设计的，因此在额定运行状态下工作，电机能可靠地运行，并具有良好的性能，同时效率也较高。

实际运行中，电机不可能总是工作在额定运行状态。如果运行时流过电机的电流小于额定电流，称为欠载运行；超过额定电流，称为过载运行。长期欠载运行，会导致电机的能力不能得到充分利用，效率不高，浪费能源；长期过载运行，会导致电机的发热量过大而影响电机使用寿命，严重时甚至会损坏电机。因此，在选择电机时，应根据负载的要求，尽可能让电机工作在额定状态。

【例 1-1】　一台直流电动机，额定功率为 $P_N = 160kW$，额定电压为 $U_N = 220V$，额定效率为 $\eta_N = 90\%$，额定转速为 $n_N = 1500r/min$，求该电动机额定运行时的输入功率、额定电流及额定输出转矩各为多少?

解　输入功率为

$$P_1 = \frac{P_N}{\eta_N} = \frac{160}{0.9} = 177.78 \ (kW)$$

额定电流为

$$I_N = \frac{P_N}{U_N \eta_N} = \frac{160 \times 10^3}{220 \times 0.9} = 808.1 \ (A)$$

额定输出转矩为

$$T_{2N} = \frac{P_N}{\Omega_N} = \frac{P_N}{\frac{2\pi n_N}{60}} = 9.55\frac{P_N}{n_N} = 9.55 \times \frac{160 \times 10^3}{1500} = 1018.7 \ (N·m)$$

（2）直流电机的型号

电机的型号表示电机的结构和使用特点，国产电机的型号一般采用大写的汉语拼音字母和阿拉伯数字表示。其中汉语拼音字母是根据电机的全名称选择有代表意义的汉字，再从该汉字的拼音中得到。例如 Z_2-91 型电机的含意为

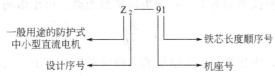

国产的直流电机种类很多，下面列出一些常见的产品系列。

Z 系列：是一般用途的中小型直流电机，包括发电机和电动机。

ZF 和 ZD 系列：是一般用途的大中型直流电机，F 表示发电机，D 表示电动机。

ZT 系列：是用于恒功率且调速范围比较大的拖动系统里的宽调速直流电动机。

ZZJ 系列：是专供起重、冶金工业用的专用直流电动机。

ZQ 系列：是电力机车、工矿电机车和蓄电池供电电车用的直流牵引电动机。

ZH 系列：是船舶上各种辅助机械用的船用直流电动机。

ZA 系列：是用于矿井和有易爆气体场所的防爆直流电动机。

ZU 系列：是龙门刨床的专用直流电动机。

ZKJ 系列：是冶金、矿山挖掘机用的直流电动机。

1.2 直流电机的电枢绕组

1.2.1 概述

电枢绕组是直流电机的核心部分。电机中感应电动势的产生、电磁转矩的产生、机电能量的转换都是通过电枢绕组实现的。当电枢在电机的磁场中旋转时，电枢绕组中会感应出电动势；当电枢绕组中有电流流过时，会产生电磁转矩。

直流电机的电枢绕组形式很多，有叠绕组、波绕组和混合绕组（又称蛙形绕组）。而叠绕组又分为单叠绕组和复叠绕组，波绕组又分为单波绕组和复波绕组。其中，最基本、最常用的绕组形式有两种：单叠绕组和单波绕组。本书只介绍这两种绕组形式。下面对相关名词术语进行介绍。

① 极轴线　磁极的中心线；

② 几何中心线　磁极之间的平分线；

③ 元件　是电枢绕组的一个基本单元，一个线圈也就是一个元件，可为单匝，也可为多匝（N_y 匝）。元件的个数用 S 表示。元件有两根出线端，一根叫首端，一根叫末端，如图 1-6(a) 所示。元件嵌放在电枢铁芯槽中，如图 1-6(b) 所示。

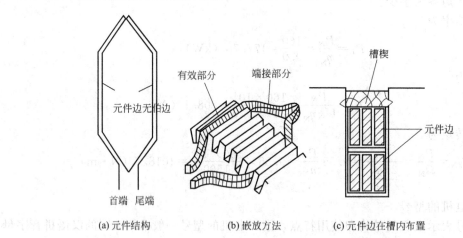

(a) 元件结构　　　　(b) 嵌放方法　　　　(c) 元件边在槽内布置

图 1-6　电枢绕组的元件及嵌放方式

④ 极距 τ　指在电枢铁芯表面上，一个极所跨的距离。可用虚槽数表示为

$$\tau = \frac{Z_u}{2p} \tag{1-6}$$

式中，Z_u 为电机的总虚槽数；p 为电机的主磁极对数。由于工艺和其他方面的原因，电枢铁芯开的槽数不能太多，因此在有的直流电机中，电枢绕组中的元件数多于槽数，一个槽

里的上层（或下层）并列嵌放了 u 个元件的元件边，如图 1-6(c) 表示在一个槽里并列嵌放了三个元件的元件边。今后的分析中，把一个上层元件边与一个下层元件边看成一个虚槽，而把电枢上实际的槽称为实槽。一个实槽中的虚槽数等于该实槽里上层（或下层）并列的元件边数，用 u 表示，如在图 1-6(c) 中，$u=3$。用 Z_u 表示电机的总虚槽数，Z 表示电机的总实槽数，K 表示换向片数，则有

$$Z_u = uZ = S = K \tag{1-7}$$

用 N 表示电枢绕组的总导体数，则有

$$N = 2uN_yZ = 2N_yZ_u \tag{1-8}$$

式中 N_y——每个元件的串联匝数。

⑤ 单、双层绕组 电枢绕组通常被嵌放到电枢铁芯的槽内，若每个槽内仅嵌放一层元件边，称该绕组为单层绕组；若每个槽内嵌放上下两层元件边，如图 1-6(c) 所示，称该绕组为双层绕组。直流电机的电枢绕组一般为双层绕组。

⑥ 第一节距 y_1 是指同一元件的两个有效元件边在电枢表面上的跨距，一般用所跨的虚槽数表示，如图 1-7 所示。选择 y_1 的依据是尽量让元件里感应电动势为最大，即 y_1 应接近或等于极距。

$$y_1 = \frac{Z_u}{2p} \pm \varepsilon = 整数 \tag{1-9}$$

式中 ε——为使 y_1 成为整数的小于 1 的分数。

当 $y_1 < \tau$ 时，线圈为短距线圈；当 $y_1 = \tau$ 时，线圈为整距线圈；当 $y_1 > \tau$ 时，线圈为长距线圈。为获得最大的电动势和省铜，通常采用整距或短距线圈。

⑦ 合成节距 y 和换向器节距 y_K y 是指相串联的两元件对应有效边在电枢表面上的跨距，其大小用虚槽数表示。y_K 是指每个元件首、末端所连两个换向片在换向器表面上的跨距，用换向片数表示。

⑧ 第二节距 y_2 y_2 是连在同一个换向片的两个元件有效边在电枢表面上的跨距。在图 1-7 中，是指元件 1 的下层有效边与在换向器端经过同一换向片连接的元件 2 的上层有效边之间的跨距。

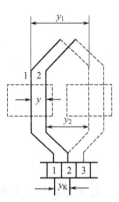

图 1-7 单叠绕组的节距及连接特点

1.2.2 单叠绕组

单叠绕组的特点是元件依次相连，同一元件的两个出线端分别连接到相邻的换向片上，$y_K = 1$。图 1-7 给出了单叠绕组相邻两元件之间的连接关系。下面通过一个具体的例子，说明单叠绕组如何连接，有何特点。

【例 1-2】 已知一台直流电机的极对数 $p=2$，$Z_u = S = K = 16$，画出它的右行单叠绕组展开图。

（1）计算各节距

第一节距 y_1：

$$y_1 = \frac{Z_u}{2p} \pm \varepsilon = \frac{16}{4} \pm 0 = 4$$

合成节距 y 和换向器节距 y_K：

$$y = y_K = 1$$

第二节距 y_2：

$$y_2 = y_1 - y = 4 - 1 = 3$$

（2）计算极距 τ

$$\tau = \frac{Z_u}{2p} = 4$$

（3）根据元件的节距画绕组展开图

第1步：画元件　先画16根等长、等距的实线，代表各槽上层元件边；再画16根等长、等距的虚线，代表各槽下层元件边。虚线与实线位置接近，实际上一根实线和一根虚线代表一个槽（指虚槽），依次把槽编上号，如图1-8所示。

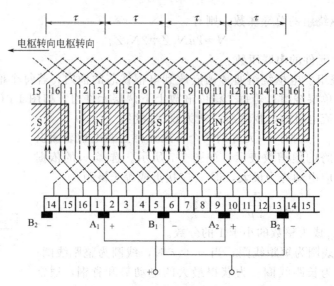

图1-8　单叠绕组展开图

第2步：放主磁极　取每个主磁极的宽度大约等于0.7τ，四个磁极均匀分布在电枢表面上，并标上N、S极性，N极磁力线的方向与S极磁力线方向相反。

第3步：画换向器　画16个小长方形代表换向片，为了作图方便，使换向片宽度等于槽与槽之间的距离，并标上编号。为了能连出形状对称的元件，换向片的编号与槽的编号要有一定的对应关系。

第4步：连接绕组　1号元件从1号换向片出发，经1号槽的上层（实线），根据第一节距$y_1 = 4$连到5号槽（$1 + y_1 = 5$）的下层（虚线），然后回到2号换向片上，如图1-8所示。从图中可以看出，1号元件的上层边和下层边之间隔了4个槽，这时元件的几何形状是对称的。2号元件由2号换向片出发，经2号槽的上层（实线），根据第一节距$y_1 = 4$连到6号槽（$2 + y_1 = 6$）的下层（虚线），然后回到3号换向片上。依次类推，直到把16个元件全部连接完毕为止。

第5步：确定导体感应电动势的方向　如图1-8所示瞬间，1、5、9、13四个元件正好位于两个主磁极的中间，该处气隙磁密为零，所以不感应电动势。其余的元件中感应电动势的方向可根据电磁感应定律的右手定则得到。如图1-8所示，磁极是放在电枢绕组上面的，N极磁力线的方向是进纸面的，S极的是出纸面的，而电枢从右向左旋转，所以在N极下的导体感应电动势方向是向下的，S极下的导体感应电动势方向是向上的。

第6步：放置电刷及确定电刷极性　在直流电机里，电刷的组数与主磁极的个数相等。本例则应有四组电刷，它们应均匀安放在换向器表面圆周方向的位置，每个电刷的宽度等于一个换向片的宽度。

放置电刷的原则是：要求正、负电刷之间得到最大的感应电动势，或被电刷所短路或连接的元件中感应电动势最小。在图1-8所示，由于每个元件的几何形状都对称，如果把电刷的中心线对准主磁极的中心线，则被电刷短路的元件1、5、9、13中的感应电动势为零，就可满足上述要求。在实际运行中，电刷是静止不动的，电枢在旋转，但是被电刷短路的元件永远处于两个主磁极之间的地方，故感应电动势为零。

图1-8中，如果把电刷放在换向器表面其他位置上，正、负电刷之间的感应电动势都会减少，被电刷所短接的元件里感应电动势不是最小，对换向不利。

根据元件中导体感应电动势的方向，就可确定电刷的极性。图1-8所示电刷A_1与1号2号换向片接触短路1号元件，连接2号元件，而2号元件的感应电动势方向是指向电刷A_1的，故A_1为正电刷。同理，A_2为正电刷，B_1、B_2为负电刷。极性相同的电刷分别并联后向外引出。作发电机运行时，A_1、A_2作正极，B_1、B_2作负极向外供电；作电动机运行时，A_1、A_2接电源正极，B_1、B_2接电源负极向电动机供电。

（4）单叠绕组元件连接次序

根据图1-8所示的各节距，可以直接看出绕组各元件之间是如何连接的。如第一槽上层元件边经$y_1=4$接到第5槽的下层元件边，构成了第一个元件，它的首、末端分别接到第1、2号换向片上。第5槽的下层元件边经$y_2=3$接到第2槽的上层元件边，这样就把第1、第2两个元件连接起来了。依此类推，如图1-9所示。

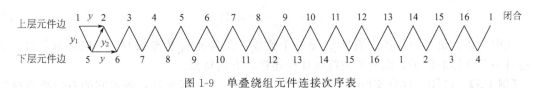

图1-9 单叠绕组元件连接次序表

从图1-9可知，由1号元件开始，绕电枢一周，把全部元件边都串联起来，最后又回到1号元件的起始点，整个绕组构成一个闭合回路。

（5）单叠绕组的并联支路图

按着图1-9所示各元件连接次序，可以得到如图1-10所示的并联支路图。可见，单叠绕组并联支路对数a等于极对数p，即

$$a=p \tag{1-10}$$

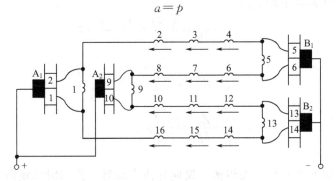

图1-10 单叠绕组的并联支路图

从以上分析可知，单叠绕组具有以下特点：上层元件边位于同一主磁极下的元件组成一条支路，故电机有几个主磁极就有几条支路，单叠绕组并联支路数等于主磁极数，即$2a=2p$；电枢电压等于支路电压；电枢电流为各支路电流之和，即$I_a=2ai_a$（式中，i_a为每条支路的电流，即元件中流过的电流）。

电刷在换向器表面的位置，虽然对准主磁极的中心线，但被电刷所短路的元件，它的两个元件边位于几何中心线处。为简便起见，今后所谓电刷放在几何中心线上，就是指被电刷所短路的元件，它的元件边位于几何中心线处，也就是指图1-8所示的情况。对此，请初学

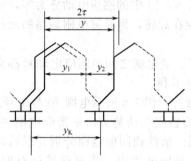

图 1-11 单波绕组的节距及连接关系

者注意。

1.2.3 单波绕组

单波绕组的特点是每个元件的两个出线端所接的换向片相隔较远，相串联的两个元件也相隔较远，连接成整体后的绕组像波浪形，因而称为波绕组。图 1-11 给出了单波绕组相邻两元件之间的连接关系。

波绕组端接部分的形状和连接规律与叠绕组有所不同，直接相连的两个波绕组元件不是在同一个主磁极下面。因此，在选择换向器节距 y_K 时，为了使相串联的元件感应电动势方向相同，首先应把两个相串联的元件放在同极性磁极的下面，让它们在空间位置上相距约两个极距；其次，设电机有 p 对极，当沿圆周向一个方向绕行一周，经过 p 个串联的元件后，其末端所连的换向片 $p y_K$ 必须落在与起始的换向片相邻的换向片上，才能使第二周继续往下连，即

$$p y_K = K \mp 1 \tag{1-11}$$

式中　K——换向片数。因此，单波绕组的换向器节距为

$$y_K = \frac{K \mp 1}{p} = 整数 \tag{1-12}$$

式中，正、负号的选择应满足 y_K 是一个整数。在满足 y_K 为整数时，一般都取负号。下面通过一个具体的例子，说明单波绕组如何连接，有何特点。

【例 1-3】 已知一台直流电机的极对数 $p = 2$，$Z_u = S = K = 15$，画出它的右行单波绕组展开图。

（1）计算各节距及极距

第一节距 y_1：

$$y_1 = \frac{Z_u}{2p} \pm \varepsilon = \frac{15}{4} + \frac{1}{4} = 4$$

合成节距 y 和换向器节距 y_K：

$$y = y_K = \frac{K \mp 1}{p} = \frac{15 - 1}{2} = 7$$

第二节距 y_2：

$$y_2 = y - y_1 = 7 - 4 = 3$$

极距 τ：

$$\tau = \frac{Z_u}{2p} = \frac{15}{4} = 3.75$$

（2）画展开图

和画单叠绕组展开图一样，先将槽、换向片依次编号。作图时从换向片 1 开始，并将与其相连的 1 号元件的一个元件边安放在槽 1 的上层，另一个元件边安放在槽 5($1 + y_1 = 1 + 4 = 5$) 的下层，然后把这个元件边连接到换向片 8($1 + y_K = 1 + 7 = 8$) 上，再将换向片 8 与槽 8 中的上层元件边相连，开始连接第二个元件。依次类推，可把 15 个元件全部安放完毕，最后回到第一个元件起始换向片，形成闭合回路。

图 1-12 所示为单波绕组的展开图。至于磁极、电刷位置及电刷极性的判断都与单叠绕组一样。在端接线对称的情况下，电刷中心线仍要对准磁极中心线。

（3）单波绕组元件连接次序

与单叠绕组相同，根据图 1-12 所示的各节距，可以列出单波绕组元件连接次序，如图

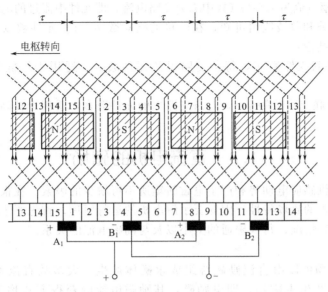

图 1-12　单波绕组展开图

1-13所示。

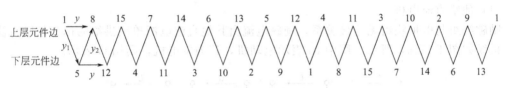

图 1-13　单波绕组元件连接次序图

（4）单波绕组的并联支路图

按着图 1-12 所示各元件连接次序，可得到如图 1-14 所示的并联支路图。可见，单波绕组是把所有 N 极下的全部元件串联起来组成了一条支路，把所有 S 极下的全部元件串联起来组成了另一条支路。由于磁极只有 N、S 之分，所以单波绕组的支路对数 a 与极对数的多少无关，永远为 1，即

$$a=1 \tag{1-13}$$

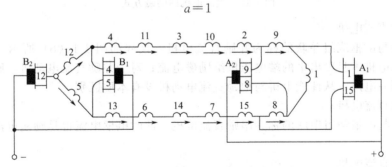

图 1-14　单波绕组的并联支路图

单从支路对数来看，单波绕组有两组电刷就能工作。实际使用时，仍然要装上全额电刷，这样有利于电机换向及减小换向器轴向尺寸。只有在特殊情况下可以少用电刷（如机车轴上的牵引电机，从维护方便考虑，只装一对电刷）。

从以上分析可知，单波绕组具有以下特点：所有处于 N 极下的元件串联组成一条支路，所有处于 S 极下的元件串联组成另一条支路，故单波绕组只有两条支路，即 $2a=2$；电枢电压

等于支路电压；电枢电流为 $I_a = 2i_a$（式中 i_a 为支路电流，即元件中流过的电流）。

从上面分析单叠和单波绕组可知，在电机的极对数 $p > 1$、元件数以及导体截面积相同的情况下，有如下结论：

① 单叠绕组并联支路数多，每条支路里的元件数少，适用于较低电压、较大电流的电机；

② 单波绕组并联支路数等于 2，每条支路里的元件数多，适用于较高电压、较小电流的电机。

1.3 直流电机的磁场

电机磁场是电机感应电动势和产生电磁转矩所不可缺少的因素。在很大程度上，电机的运行性能取决于电机的磁场特性。因此要了解电机的运行原理，首先要了解电机的磁场，了解气隙中磁场的分布情况、每极磁通的大小以及与励磁电流的关系。

1.3.1 励磁方式

直流电机的磁场可以由直流励磁绕组或永磁体产生。大多数直流电机采用励磁绕组通励磁电流的方式产生主磁场，即电励磁，其励磁电流的获得方式称为励磁方式。直流电机的励磁方式有四种，分别为他励、并励、串励和复励。下面分析这四种励磁方式的接法和特点。

（1）他励直流电机

励磁绕组与电枢绕组无连接关系，励磁电流由其他直流电源单独供给的称为他励直流电机，接线如图 1-15(a) 所示。图中 M 表示电动机，若为发电机，则用 G 表示。

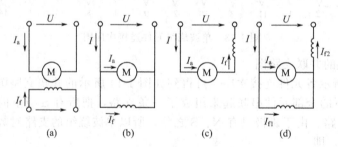

图 1-15　直流电机的励磁方式

（2）并励直流电机

励磁绕组与电枢绕组并联的称为并励直流电机，接线如图 1-15(b) 所示。对于并励直流发电机，是电机本身发出来的端电压供给励磁电流；对于并励直流电动机，励磁绕组和电枢绕组共用同一电源，从性能上讲与他励直流电动机没有本质区别。

（3）串励直流电机

励磁绕组与电枢绕组串联的称为串励直流电机，此时电枢电流也是励磁电流，接线如图 1-15(c) 所示。

（4）复励直流电机

复励直流电机的励磁绕组分为并励和串励两部分，串励绕组与电枢绕组串联，并励绕组与电枢绕组并联，接线如图 1-15(d) 所示，图中为并励绕组先与电枢绕组并联后再共同与串励绕组串联（先并后串）；也可以接成串励绕组先与电枢绕组串联再共同与并励绕组并联（先串后并）。如果串励绕组产生的磁动势与并励绕组产生的磁动势方向相同称为积复励，反之称为差复励。

不同励磁方式的直流电机有不同的运行特性，适合于不同类型的负载。

1.3.2 空载磁场

直流电机的空载是指励磁绕组里有励磁电流，电枢电流等于或近似为零的一种运行状态。对于直流电动机，空载即指电动机轴上无任何机械负载；对于直流发电机，空载即指电刷两端未接任何电气负载，电枢处于开路状态。因此，直流电机的空载磁场就是指励磁电流单独建立的磁场。

（1）直流电机的磁路

图 1-16 所示为一台四极直流电机空载时的磁场示意图。当励磁绕组流过励磁电流 I_f 时，每极的励磁磁动势为

$$F_f = I_f N_f \qquad (1-14)$$

式中，N_f 为一个磁极上励磁绕组的串联匝数。

励磁磁动势 F_f 在电机的磁路里产生的磁力线情况如图 1-16 所示。由 N 极出来的磁力线，大部分经气隙进入电枢齿，再经过电枢铁芯的磁轭到相邻 S 极下的电枢齿，再穿出电枢，经空气隙进入相邻的 S 极，然后经过定子磁轭回到原来出发的 N 极，构成一

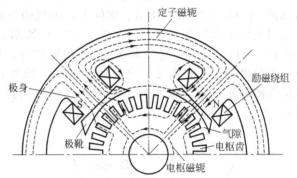

图 1-16　四极直流电机空载时的磁场示意图

条闭合回路，这部分磁力线对应的磁通称为主磁通，所经过的磁路称为主磁路。还有一小部分磁力线，它们不进入电枢铁芯，直接经过相邻的磁极或者定子磁轭形成闭合回路，这部分磁力线对应的磁通称为漏磁通，所经过的磁路称为漏磁路。

在直流电机中，进入电枢里的主磁通是主要的，它能在电枢绕组中感应电动势，或者产生电磁转矩，而漏磁通却没有此作用，它只是增加主磁极磁路的饱和程度。主磁通是同时交链着励磁绕组和电枢绕组的磁通；漏磁通是只交链励磁绕组本身的磁通。由于两磁极之间的空气隙较大，磁路磁阻较大，漏磁通仅为主磁通的 20% 左右。

图 1-16 可知，直流电机的主磁路包括定子转子之间的空气隙、电枢齿、电枢磁轭、主磁极和定子磁轭五部分。其中，除空气隙是空气介质，磁导率 μ_0 为常数外，其余各段磁路用的材料均为铁磁材料，它们的磁导率并不相等。

（2）空载时气隙磁通密度的分布

为了确定产生一定数量的主磁通所需的励磁磁动势，需要进行磁路分析和计算。若以闭合磁回路计算励磁磁动势，即两极励磁绕组的总安匝数，可用全电流定律求解。在实际应用中，用分段求和代替线积分。直流电机的主磁路包括五部分，每部分的几何形状都比较规则，可确定该段的平均磁场强度和平均磁路长度，求出各段的磁压降，再相加，即可得到所需要的励磁磁动势

$$2F_f = 2H_\delta\delta + 2H_z h_z + H_a l_a + 2H_m h_m + H_j l_j$$
$$= F_\delta + F_z + F_a + F_m + F_j \qquad (1-15)$$

式中，H_δ、H_z、H_a、H_m、H_j 和 δ、h_z、l_a、h_m、l_j 分别代表气隙、电枢齿、电枢磁轭、主磁极铁芯、定子磁轭各段的平均磁场强度和平均磁路长度。

上述五部分中，一般是气隙磁压降最大，且为线性的，其余各段均为铁磁材料，磁路为非线性的，H 值只能从各段材料对应的 B-H 曲线中查取。方法如下：先根据每段磁路的磁通 Φ，用该段磁路的截面积 S 求得对应的平均磁通密度 B，再从对应的 B-H 曲线中查取 H。

由于铁磁材料的磁导率比空气的磁导率 μ_0 大得多，所以磁路磁阻都比气隙磁阻小得多，

因此，励磁磁动势主要由气隙磁压降组成。为分析方便，忽略各铁磁材料磁路的磁压降，因而有

$$2F_f = 2H_\delta\delta = 2\frac{B_\delta}{\mu_0}\delta \tag{1-16}$$

气隙磁通密度为

$$B_\delta = \mu_0\frac{F_f}{\delta} \tag{1-17}$$

从式(1-17) 可知，气隙磁密与气隙长度 δ 成反比，若电机气隙均匀，则气隙磁密分布如图1-17(b)中曲线 1 所示。实际上，电机的气隙是不均匀的，在磁极中心线处气隙小，在磁极的两个极尖处气隙大，如图 1-17(a) 所示，此时气隙磁密分布如图 1-17(b)中曲线 2 所示。无论是曲线 1 还是曲线 2，在极靴以外，磁密都迅速减少。这是由于极靴以外气隙更大的缘故，而在两磁极之间的几何中心线处，磁密近似等于零。根据图 1-17(b) 所示的气隙磁密波形，很容易算出电机气隙每极磁通量。主磁通的分布情况如图 1-17(c) 所示。

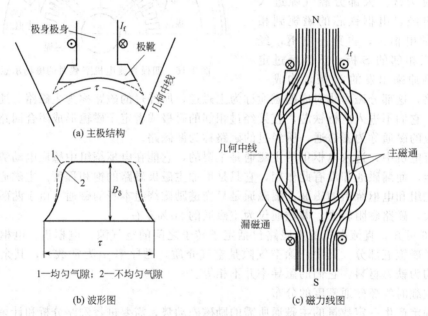

(a) 主极结构

1—均匀气隙；2—不均匀气隙

(b) 波形图

(c) 磁力线图

图 1-17　空载时直流电机的气隙磁密分布

(3) 空载磁化特性

在直流电机中，为了产生一定的感应电动势或电磁转矩，气隙里需要有一定数量的每极

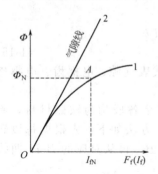

图 1-18　空载磁化特性曲线

磁通 Φ，在设计电机时需要进行磁路计算，以确定产生所需的每极气隙磁通 Φ 对应的励磁磁动势；或者当励磁绕组匝数一定时，需要加多大的励磁电流 I_f。一般把空载时气隙每极磁通 Φ 与空载励磁磁动势 F_f 或空载励磁电流 I_f 之间的关系，即 $\Phi = f(F_f)$ 或 $\Phi = f(I_f)$ 称为直流电机的空载磁化特性曲线，如图 1-18中曲线 1 所示。

由图 1-18 可知，主磁通 Φ 与励磁磁动势 F_f 或励磁电流 I_f 之间存在饱和现象。磁路饱和造成主磁通 Φ 与励磁电流 I_f 之间呈非线性关系，从而增加电机分析的复杂性，影响电机的运行性能。

直流电机空载磁化特性具有饱和的特点可以这样理解：当气隙每极磁通 Φ 较小时，铁磁材料的磁压降较小，总磁动势主要是气隙磁压降，因 μ_0 为常数，空载磁化特性呈线性关系；当气隙每极磁通 Φ 较大时，铁磁材料出现饱和，磁压降剧增，空载磁化特性呈饱和特点。图 1-18 所示的直线 2 是气隙磁动势，称为气隙线。空载磁化特性的横坐标可以用励磁磁动势 F_f 表示，也可以用励磁电流 I_f 表示，两者相差励磁绕组的匝数。

考虑到电机的运行性能和经济性，直流电机额定运行的磁通额定值大小取在空载磁化特性曲线开始弯曲的地方，如图 1-18 所示的 A 点，这样既可以获得较大的磁通和磁通密度，又不需要太大的励磁磁动势。

1.3.3 负载磁场和电枢反应

（1）负载磁场

直流电机负载运行时，电枢绕组中有电流流过，电枢电流也产生磁动势，称为电枢磁动势，由电枢磁动势建立的磁场称为电枢磁场。负载运行时，电机内的磁动势由励磁磁动势和电枢磁动势两部分合成，电机内的磁场也由主磁极磁场和电枢磁场合成。

（2）电枢磁动势

直流电机负载运行时，电刷在几何中心线上，一个磁极下电枢导体的电流方向相同，相邻不同极性的磁极下，电枢导体电流方向相反。在电枢电流产生的电枢磁动势作用下，电机的电枢磁场如图 1-19 所示。电枢是旋转的，但是电枢导体中电流分布情况相对于主磁极不变，因此电枢磁动势的方向是不变的，相对主磁极静止。电枢磁动势与励磁磁动势相对静止且互相垂直。

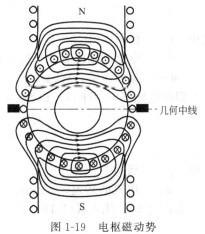

图 1-19　电枢磁动势
产生的磁力线

（3）电枢反应

电枢磁动势的出现，必然会影响空载时只有励磁磁动势单独作用的磁场，改变气隙磁密分布情况及每极磁通量的大小，这种现象称为电枢反应。电枢磁动势也称为电枢反应磁动势。下面分析直流电机负载运行时合成磁场的情况。

由于主磁极磁场的轴线和电枢磁场的轴线互相垂直，由它们合成的磁场轴线必然不在主磁极中心线上，而发生了磁场扭歪，气隙磁密过零点偏离了几何中心线，即电枢反应使主磁极磁场的分布发生了畸变。

将图 1-17(c) 和图 1-19 所示的两个磁场合成，每个主磁极下，半个磁极范围内两磁场磁力线方向相同，另半个磁极范围内两磁场磁力线方向相反。假设电机磁路不饱和，可以直接把磁密相加减，这样半个磁极范围内合成磁场磁密增加的数值与另半个磁极范围内合成磁场磁密减少的数值相等，合成磁密的平均值不变，每极磁通的大小不变。若电机的磁路饱和，合成磁场的磁密不能用磁密直接加减，而是应找出作用在气隙上的合成磁动势，再根据磁化特性曲线求出磁密来。实际上直流电机额定工作点通常取在磁化特性的拐弯处，磁动势增加，磁密增加得很少；而磁动势减少，磁密跟着减少。因此，造成半个磁极范围内合成磁密增加得少，另半个磁极范围内合成磁密减少得多，使一个磁极下平均磁密减少了，这种现象称为电枢反应的去磁作用。

总之，电机负载运行时，就会有电枢反应，电枢反应的作用如下：

① 使气隙磁场分布发生畸变；

② 呈去磁作用。

1.4　直流电机的感应电动势和电磁转矩

直流电机运行时，电枢导体切割气隙磁场会产生感应电动势。同时由于导体中有电流，电枢导体又会受到电磁力作用，产生电磁转矩。感应电动势和电磁转矩是实现机电能量转换最基本的物理量。

1.4.1　感应电动势

直流电机的感应电动势是指直流电机正、负电刷之间的感应电动势，也就是电枢绕组每条并联支路里的感应电动势，又称为电枢电动势。

电机旋转时，就某一个元件来说，它一会儿在这条支路里，一会儿在另一条支路里，其感应电动势的大小和方向都在变化。但由于各条支路所含元件数相等，因此各条支路的电动势相等且方向不变。

计算方法：先求出一根导体在一个极距范围内切割气隙磁密的平均电动势，再乘以一条支路里的总导体数 $\dfrac{N}{2a}$，就得到了电枢电动势。电枢电动势的方向可由右手定则判定。

一个极距范围内，平均磁密为

$$B_{av} = \frac{\Phi}{\tau l} \tag{1-18}$$

式中　τ——极距，m；

　　　l——电枢的轴向有效长度，m；

　　　Φ——每极磁通，Wb。

根据电磁感应定律，一根导体的平均电动势为

$$e_{av} = B_{av} l v \tag{1-19}$$

$$v = 2p\tau \frac{n}{60} \tag{1-20}$$

式中　p——极对数；

　　　n——电机的转速，r/min。

将式（1-20）代入式（1-19）得

$$e_{av} = 2p\Phi \frac{n}{60} \tag{1-21}$$

则电枢电动势为

$$E_a = \frac{N}{2a} e_{av} = \frac{N}{2a} \times 2p\Phi \frac{n}{60} = C_e \Phi n \tag{1-22}$$

式中　C_e——电动势常数，$C_e = \dfrac{pN}{60a}$；

　　　N——电枢绕组的总导体数；

　　　a——电枢绕组的并联支路对数。

式（1-22）中，如果每极磁通 Φ 的单位为 Wb，电机转速 n 的单位为 r/min，则感应电动势 E_a 的单位为 V。

从式（1-22）可知，对于已经制造好的电机，它的电枢电动势大小正比于每极磁通 Φ 和转速 n。

1.4.2　电磁转矩

当电枢绕组中有电流流过时，载流导体在气隙磁场中将受到电磁力的作用，电枢全部导体受到的电磁力与电枢半径的乘积称为电磁转矩。

计算方法：先求一根导体所受的平均电磁力和产生的平均电磁转矩，再乘以电枢绕组总

导体数 N，就得到了总电磁转矩。电磁力的方向可由左手定则判定。

根据电磁力定律，一根导体所受的平均电磁力为

$$f_{av} = B_{av} l i_a \tag{1-23}$$

式中　B_{av}——导体所在处的平均磁密，T；

　　　l——导体的有效长度，m；

　　　i_a——支路电流即电枢绕组导体中流过的电流，A，$i_a = \dfrac{I_a}{2a}$；

　　　I_a——电枢电流，A；

　　　a——支路对数。

一根导体产生的平均电磁转矩为

$$T_{av} = f_{av} \frac{D_a}{2} = B_{av} l \frac{I_a}{2a} \times \frac{D_a}{2} \tag{1-24}$$

式中　D_a——电枢的直径，m，$D_a = \dfrac{2p\tau}{\pi}$。

总电磁转矩为

$$T = NT_{av} = NB_{av} l \frac{I_a}{2a} \times \frac{D_a}{2} = N \frac{\Phi}{l\tau} \times l \times \frac{I_a}{2a} \times \frac{D_a}{2}$$

$$= \frac{pN}{2\pi a} \times \Phi \times I_a = C_T \Phi I_a \tag{1-25}$$

式中　C_T——转矩常数，$C_T = \dfrac{pN}{2a\pi}$，并有 $C_T = 9.55 C_e$。

式（1-25）中，如果每极磁通 Φ 的单位为 Wb，电枢电流的单位为 A，则电磁转矩 T 的单位为 N·m。

从式（1-25）可知，对于已经制造好的直流电动机，它的电磁转矩大小正比于每极磁通 Φ 和电枢电流 I_a。

【例 1-4】　一台直流发电机，极对数 $p = 2$，电枢绕组为单叠绕组，电枢总导体数为 $N = 216$ 根，额定转速 $n_N = 1460 \text{r/min}$，每极磁通 $\Phi = 2.2 \times 10^{-2} \text{Wb}$。

求：①此发电机电枢绕组感应电动势；

②此发电机作为电动机使用，当电枢电流为 800A 时，能产生多大的电磁转矩。

解　①电枢绕组感应电动势

$$C_e = \frac{pN}{60a} = \frac{2 \times 216}{60 \times 2} = 3.6$$

$$E_a = C_e \Phi n = 3.6 \times 2.2 \times 10^{-2} \times 1460 = 116 \text{（V）}$$

②产生的电磁转矩

$$C_T = 9.55 C_e = 34.3$$

$$T = C_T \Phi I_a = 34.3 \times 2.2 \times 10^{-2} \times 800 = 603 \text{（N·m）}$$

1.5　直流电机的换向

直流电机在运行过程中，电枢绕组不停地旋转，尽管每条支路里所含元件总数是不变的，但组成每条支路的元件都在依次循环地更换。一条支路中的某个元件在经过电刷后就成为另一条支路的元件，而且在电刷的两侧，元件中的电流方向是相反的，因此直流电机在工作时，绕组元件连续不断地从一条支路退出而进入相邻的支路。可见，某元件经过电刷，从一条支路换到另一条支路时，元件中的电流必然改变方向，这一过程称为换向。

直流电机的换向问题很复杂，如果换向不良，将会在电刷与换向片之间产生有害的

火花。当火花大到一定程度时，有可能烧坏电刷和换向器表面，从而使电机不能正常工作。此外，电刷下的火花也是电磁波的来源，对附近无线电通讯会产生干扰。国家对电机换向时产生的火花等级及相应的允许运行状态有一定的规定。读者可参阅我国有关国家技术标准。

产生换向火花的原因是多方面的，除电磁原因外，还有机械的原因，如换向器偏心、换向片绝缘突出以及电刷和换向片接触不良等。此外，换向过程中还伴有电化学、电热等因素。它们相互交织在一起，所以相当复杂。

从电磁理论方面来看，换向元件在换向过程中，电流的变化会使换向元件本身产生自感电动势；此外，如果电刷宽度大于换向片宽度，则同时换向的元件就不止一个，换向元件之间会有互感电动势产生；另外，电枢反应磁动势的存在，使得处在几何中心线上的换向元件导体产生切割电动势。换向元件中产生的这些感应电动势合称为换向电动势，根据楞次定律，换向电动势的作用是阻碍换向元件的电流变化，即阻碍换向的进行。因此，换向元件出现延迟换向的现象，造成换向元件离开一条支路最后瞬间尚有较大的电磁能量，这部分能量以弧光放电的方式转化为热能，散失在空气中，因而在电刷和换向片之间出现火花。

从产生火花的电磁原因出发，要有效地改善换向，就必须减少甚至抵消换向元件中的换向电动势。目前最有效的方法是在主磁极之间装设换向极。由于换向元件中的换向电动势与电枢电流成正比，所以换向极绕组中应通以电枢电流，即换向极绕组与电枢绕组串联。换向极绕组一般用截面较大的矩形导线绕制，而且匝数较少。换向极绕组产生的磁通方向与电枢反应磁通的方向相反，大小比电枢反应磁通大，这样换向极磁通除去抵消电枢反应磁通外，剩余的磁通在换向元件里还可产生感应电动势，以抵消自感和互感电动势，消除电刷下的火花，改善换向。只要换向极设计和调整得合适，就能保证换向元件中总电动势接近于零，电机的换向就比较顺利了，负载运行时电刷与换向器之间基本没有火花。图 1-20 所示为一台直流电机换向极绕组的连接与换向极的极性布置。在直流电动机中，换向极极性应和换向元件刚离开的那个主磁极极性一致，其排列顺序为 S、S_K、N、N_K（S_K、N_K 为换向极极性），而在直流发电机中，换向极极性应和换向元件将进入的那个主磁极极性一致，其排列顺序为 S、N_K、N、S_K。

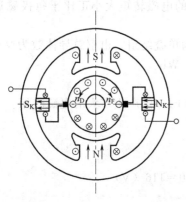

图 1-20　换向极绕组连接与极性

在工作繁重的大型直流电机中，由于电枢反应的严重影响，除上述电磁性火花外，在正、负电刷间还会产生电弧，甚至"环火"。"环火"是一种十分危险的现象，它不仅会烧坏电刷和换向器，而且将使电枢绕组受到严重损害。

为了防止电弧和环火，在大容量和工作繁重的直流电机中，在主磁极极靴上专门冲出一些均匀分布的槽，槽内嵌放补偿绕组，如图 1-21 所示。它通过电刷与电枢绕组串联，其磁动势恰能抵消电枢反应磁动势，使负载时的气隙磁场不再畸变，以消除电弧和环火现象。但是装设补偿绕组使电机的结构变得复杂，成本较高，所以一般直流电机不采用，仅在负载变动大的大、中型电机中才采用。

一台直流电机，如果既有换向极绕组，又有补偿绕组，则它的接线图如图 1-22 所示，而且二者必须要串联在电枢回路中（通过电刷）。

还应指出的是环火的发生除了上述的电气原因外，换向器外圆不圆，表面不干净也可能产生环火，因此加强对电机的维护，对防止环火的发生有着重要的作用。

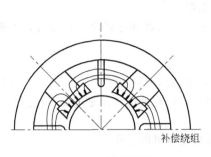

图 1-21 补偿绕组

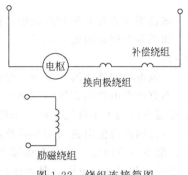

图 1-22 绕组连接简图

本 章 小 结

直流电机是一种实现机电能量转换的电磁机械，直流发电机将机械能转换为电能，直流电动机则将电能转换为机械能。直流电机的工作原理是建立在电磁感应定律和电磁力定律基础上的，它赖以实现机电能量转换的媒介是气隙磁场。

从直流电机的外部看，电机电刷两端的电压、电流和电动势都是直流的，但电枢绕组内部每个元件的电压、电流和电动势都是交流的，这一转换过程通过换向器和电刷实现。

直流电机的电枢绕组是直流电机的核心部件，它是由若干个完全相同的绕组元件按一定的规律连接起来的。电枢绕组按其元件连接的方式不同可分为叠绕组、波绕组和混合绕组。其基本形式为单叠绕组和单波绕组，两者都是闭合绕组。在绕组的闭合回路中，各元件的电动势恰好互相抵消，不会在闭合回路中产生环流。

单叠绕组是将处于同一磁极下的元件串联构成一条支路，其支路对数等于磁极对数，即 $a=p$；而单波绕组是将所有处于相同极性磁极下的元件串联构成一条支路，其支路对数永远等于 1，即 $a=1$。

电枢绕组中的电流从电刷引入或引出，电刷的位置必须使空载时正、负电刷之间获得最大电动势。对于端接对称的电枢绕组，电刷应安置在主磁极轴线下的换向片上。一般直流电机的电刷组数等于磁极数。

直流电机的气隙磁场是直流电机实现机电能量转换的耦合媒介。当电机有负载时，气隙磁场由励磁磁动势和电枢磁动势共同建立。电枢磁动势对气隙磁场的影响称为电枢反应。电枢反应不仅使气隙磁场发生畸变，而且还有一定的去磁作用。因此，电枢反应将直接影响感应电动势和电磁转矩的大小，因而影响电机的运行性能。补偿电枢反应的有效方法是在磁极的极靴上安置补偿绕组，流过补偿绕组的电流与电枢绕组中的电流大小相等，方向则应与该极下电枢绕组的电流方向相反。

电枢绕组和气隙磁场发生相对运动产生感应电动势；气隙磁场和电枢电流相互作用产生电磁转矩。感应电动势和电磁转矩是机电能量转换的要素。电枢电动势为 $E_a=C_e\Phi n$，电磁转矩为 $T=C_T\Phi I_a$。对于任何既定的电机来说，感应电动势 E_a 的大小仅取决于每极磁通 Φ 和转速 n；电磁转矩 T 的大小仅取决于每极磁通 Φ 和电枢电流 I_a。

换向是指电枢绕组元件从一条支路经过电刷进入另一条支路时，元件内电流改变方向的整个过程。换向不良的后果是电刷下面出现危害性的火花。改善换向的常用方法是安置换向极，但换向极的极性必须正确，而且换向极绕组必须与电枢绕组串联。对于小容量无换向极的直流电机，常用移动电刷位置的方法来改善换向。当电机作为电动机运行时，电刷应逆着电枢旋转方向移动；当电机作为发电机运行时，电刷应朝着电枢旋转方向移动。

思考题与习题

1.1 试说明直流发电机和直流电动机的基本工作原理。

1.2 如果将电枢绕组装在定子上，磁极装在转子上，换向器和电刷应怎样安置，才能作直流电机运行？

1.3 直流电机铭牌上的额定功率是指什么功率？

1.4 在直流发电机和直流电动机中，电磁转矩和电机旋转方向的关系有何不同？电枢电动势和电枢电流方向的关系有何不同？怎样判断直流电机是运行在发电机还是电动机状态？

1.5 一台四极直流电机采用单叠绕组，问：

(1) 若取下一只电刷，或取下相邻的两只电刷，电机是否可以工作？

(2) 若只用相对两只电刷，是否可以工作？

(3) 若电枢绕组中一个元件断线是否可以工作？电刷间的电压有何变化？

(4) 若有一磁极失去励磁将出现什么后果？

若为单波绕组，上述情况又将如何？

1.6 直流电机主磁路包括哪几部分？磁路未饱和时，励磁磁动势主要消耗在哪一部分？

1.7 一台四极直流电动机，分析在下列情况下有无电磁转矩：

(1) 有两个极的励磁绕组极性相反，使主磁极极性变为 N—N—S—S；

(2) 主磁极极性和 (1) 相同，但将两个 N 极和两个 S 极间的电刷拿掉，另外两个电刷端加直流电压。

1.8 什么是电枢反应？电枢反应对气隙磁场有什么影响？公式 $E_a = C_e \Phi n$ 和 $T = C_T \Phi I_a$ 中的 Φ 应为什么磁通？

1.9 换向极的位置在哪里？极性如何确定？流过换向极绕组的电流是什么电流？

1.10 直流电机中下面哪些量方向是不变的，哪些量是交变的？

(1) 励磁电流；　　　　　　　　　(2) 电枢电流；

(3) 电枢感应电动势；　　　　　　(4) 电枢元件感应电动势；

(5) 电枢导体中的电流；　　　　　(6) 主磁极中的磁通；

(7) 电枢铁芯中的磁通。

1.11 一台直流电动机，额定功率 $P_N = 120\text{kW}$，额定电压 $U_N = 220\text{V}$，额定效率 $\eta_N = 90\%$，额定转速 $n_N = 1500\text{r/min}$，求该电动机的额定电流及额定输出转矩？

1.12 一台直流发电机，额定功率 $P_N = 145\text{kW}$，额定电压 $U_N = 230\text{V}$，额定转速 $n_N = 1500\text{r/min}$，求该发电机的额定电流？

1.13 计算下列各绕组的第 1 节距 y_1，第 2 节距 y_2，合成节距 y，换向器节距 y_K，绘制绕组展开图，安放主磁极和电刷，并求出支路对数

(1) 单叠绕组　$p = 2，Z_u = K = S = 22$；

(2) 单波绕组　$p = 2，Z_u = K = S = 19$。

1.14 一台四极直流电机，单叠绕组，每极磁通为 $2.1 \times 10^{-2}\text{Wb}$，电枢总导体数为 152 根，转速为 1200r/min，求电机空载电动势。若改为单波绕组，问空载电动势为 230V 时，电机的转速应为多少？

1.15 一台四极直流电机，36 槽，每槽导体数为 6，单叠绕组，每极磁通为 $2.2 \times 10^{-2}\text{Wb}$，问当电枢电流为 800A 时，电磁转矩为多少？若改为单波绕组，保持支路电流不变，电磁转矩是否变化？

2. 直流电机的运行特性

2.1 直流发电机的运行原理

2.1.1 基本方程式

直流发电机的基本方程式是指电系统中的电压平衡方程式，机械系统中的转矩平衡方程式，以及反映机电能量转换的功率平衡方程式。下面以并励直流发电机为例分别进行讨论。

在讨论直流发电机运行时的基本方程式之前，必须规定好各物理量的正方向，这样得到的方程式才有意义。有了正方向后，各物理量的实际方向与规定的正方向一致，就为正，否则为负。

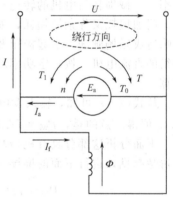

图 2-1 给出了并励直流发电机各量的正方向，称为发电机惯例。图中 U 为发电机负载两端的端电压（也称电枢端电压），I 为负载电流，I_a 为电枢电流，T_1 为原动机的拖动转矩，T 为电磁转矩，T_0 为空载转矩，n 为电机转速，Φ 为主磁通方向，I_f 为励磁电流。

图 2-1 直流发电机惯例

（1）电压平衡方程式

根据基尔霍夫第二定律，对任一有源的闭合回路，所有电动势之和等于所有电压降之和。沿图 2-1 所示的虚线方向绕行一圈，可得电枢回路方程式为

$$E_a = U + I_a R_a \tag{2-1}$$

式中　R_a——电枢回路总电阻，包括电枢绕组电阻和电刷接触电阻，Ω；

　　　　E_a——电枢电动势，V，$E_a = C_e \Phi n$。

对于并励发电机的励磁回路有

$$U = I_f R_f \tag{2-2}$$

式中　R_f——励磁回路总电阻，Ω。

从式（2-1）可知，直流发电机的电枢电动势必大于端电压。

（2）转矩平衡方程式

直流发电机稳态运行时，作用在发电机轴上的转矩共有三个：原动机输入到发电机转轴上的转矩 T_1；电磁转矩 T；电机的机械摩擦、铁损耗以及附加损耗引起的转矩，即空载转矩 T_0，它是制动转矩，与转速 n 的方向相反。根据图 2-1 所示各转矩的正方向，得到稳态运行时的转矩平衡方程式为

$$T_1 = T + T_0 \tag{2-3}$$

式中　T——电磁转矩，N·m，$T = C_T \Phi I_a$。

（3）功率平衡方程式

将式（2-3）两边乘以电枢机械角速度 Ω 得

$$T_1 \Omega = T \Omega + T_0 \Omega \tag{2-4}$$

写成功率形式为

$$P_1 = P_M + p_0 \tag{2-5}$$

式中　P_1——原动机输送给发电机的机械功率，W，$P_1 = T_1\Omega$；

P_M——电磁功率，W，$P_M = T\Omega$；

p_0——发电机空载损耗功率，W，$p_0 = T_0\Omega = p_m + p_{Fe} + p_s$；

p_m——发电机机械摩擦损耗，简称机械损耗，W；

p_{Fe}——铁损耗，简称铁耗，W；

p_s——附加损耗，W。

铁损耗指电枢铁芯在磁场中旋转时，硅钢片中产生的磁滞和涡流损耗，与交变磁场的磁密大小及交变频率有关。当电机的励磁电流和转速不变时，铁耗基本不变。

机械损耗包括轴承摩擦、电刷与换向器表面摩擦、转子与空气的摩擦以及风扇所消耗的功率。机械损耗与电机的转速有关，当转速固定时，基本为常数。

附加损耗又称杂散损耗，如电枢反应引起磁场畸变，从而使铁耗增大；电枢齿槽效应的影响造成磁场脉动，引起极靴及电枢铁芯的损耗增大等。附加损耗一般不易计算，对无补偿绕组的直流电机，按额定功率的1%估算；对有补偿绕组的直流电机，按额定功率的0.5%估算。

从式(2-5)可知，输入发电机的功率 P_1，扣除空载损耗 p_0 后，都转变成了电磁功率 P_M。值得注意的是，$P_M = T\Omega$ 虽然称为电磁功率，但仍属于机械性质的功率。

下面分析这部分具有机械功率性质而称为电磁功率的 $P_M = T\Omega$ 究竟传送到哪里去了。为清楚起见，进行下面的推导

$$P_M = T\Omega = \frac{pN}{2a\pi}\Phi I_a \frac{2\pi n}{60} = \frac{pN}{60a}\Phi n I_a = C_e \Phi n I_a = E_a I_a \tag{2-6}$$

从式(2-6)可知，电枢电动势 E_a 与电枢电流 I_a 的乘积显然是电功率，当然 $E_a I_a$ 也称为电磁功率。

将式(2-1)乘以电枢电流 I_a 得

$$E_a I_a = UI_a + I_a^2 R_a = U(I + I_f) + I_a^2 R_a = P_2 + p_{Cuf} + p_{Cua} \tag{2-7}$$

式中　P_2——直流发电机输出的电功率，W，$P_2 = UI$；

p_{Cua}——电枢回路总铜损耗，W，$p_{Cua} = I_a^2 R_a$；

p_{Cuf}——励磁回路总损耗，W，$p_{Cuf} = UI_f$。

从式(2-6)和式(2-7)可知，发电机运行时，具有机械功率性质的电磁功率 $T\Omega$ 转变为电功率性质的电磁功率 $E_a I_a$ 后输出给负载，将机械能转变为电能。

综合以上功率关系，可得

$$P_1 = P_M + p_0 = P_2 + p_{Cua} + p_{Cuf} + p_m + p_{Fe} + p_s$$
$$= P_2 + \sum p \tag{2-8}$$

式中，$\sum p = p_{Cua} + p_{Cuf} + p_m + p_{Fe} + p_s$ 为并励直流发电机的总损耗。如果是他励直流发电机，$\sum p$ 中不包括励磁损耗 p_{Cuf}。图2-2为并励直流发电机功率流图。

发电机的效率为

$$\eta = \frac{P_2}{P_1} = 1 - \frac{\sum p}{P_2 + \sum p} \tag{2-9}$$

额定负载时，直流发电机的效率与发电机容量有关，容量越大，效率越高。

【例 2-1】　一台额定功率 $P_N = 20kW$ 的并励直流发电机，额定电压 $U_N = 230V$，额定转速 $n_N = 1500r/min$，电枢回路总电阻 $R_a = 0.156\Omega$，励磁回路总电阻 $R_f = 73.3\Omega$。已知机械

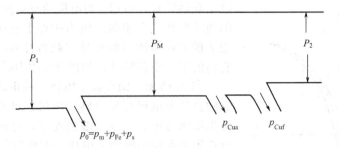

图 2-2 并励直流发电机功率流图

损耗和铁耗 $p_m + p_{Fe} = 1kW$，附加损耗 $p_s = 0.01P_N$，求额定负载时各绕组的铜耗、电磁功率、总损耗、输入功率及效率各为多少？

解 先计算额定电流为

$$I_N = \frac{P_N}{U_N} = \frac{20000}{230} = 86.96 \ （A）$$

励磁电流为

$$I_f = \frac{U_N}{R_f} = \frac{230}{73.3} = 3.14 \ （A）$$

电枢绕组电流为

$$I_a = I_N + I_f = 86.96 + 3.14 = 90.1 \ （A）$$

电枢回路铜耗为

$$p_{Cua} = I_a^2 R_a = 90.1^2 \times 0.156 = 1266 \ （W）$$

励磁回路铜耗为

$$p_{Cuf} = I_f^2 R_f = 3.14^2 \times 73.3 = 723 \ （W）$$

电磁功率为

$$P_M = E_a I_a = P_2 + p_{Cua} + p_{Cuf} = 20000 + 1266 + 723 = 21989 \ （W）$$

总损耗为

$$\sum p = p_{Cua} + p_{Cuf} + p_m + p_{Fe} + p_s = 1266 + 723 + 1000 + 0.01 \times 20000 = 3189 \ （W）$$

输入功率为

$$P_1 = P_2 + \sum p = 20000 + 3189 = 23189 \ （W）$$

效率为

$$\eta = \frac{P_2}{P_1} = \frac{20000}{23189} = 86.25\%$$

2.1.2 运行特性

从直流发电机的基本平衡方程式可知，影响直流发电机性能的主要物理量有：电枢端电压 U、励磁电流 I_f、负载电流 I 或电枢电流 I_a。保持其中一个量不变，只研究其余两个量之间的关系就构成了直流发电机的一种运行特性。

无论是电动机还是发电机，所关心的是其输出。对直流发电机而言，所关心的主要问题是端电压的特性，因此本书仅就端电压的特性作些介绍。

（1）空载运行

① 空载特性　当发电机转速 $n = n_N$，电枢电流 $I_a = 0$ 时，$U_0 = f(I_f)$ 的关系曲线称为空载特性。它表明直流发电机空载运行时空载端电压与励磁电流的关系。

当发电机励磁绕组中有励磁电流 I_f 时，每极磁通为 Φ_0，电枢电动势为 E_0，电枢端电压为 $U_0 = E_0$。由于电机转速恒定，E_0 与 Φ_0 成正比，励磁磁动势 F_f 与励磁电流 I_f 成正比，所

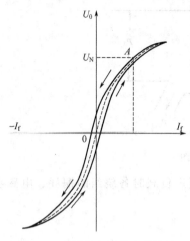

图 2-3　直流发电机的空载特性

以空载特性 $U_0 = f(I_f)$ 与电机的空载磁化特性 $\Phi_0 = f(I_f)$ 的曲线形状完全相似。因为磁路中有磁滞现象，所以改变 I_f 的方向所测得的正反空载特性有所不同，一般都用它们的平均空载特性，如图 2-3 中虚线所示。

② 并励和复励直流发电机空载电压的建立　并励和复励直流发电机都是自励发电机，可不需要外部直流电源供给励磁电流，故一般情况下，这种自励发电机的运行首先是在空载时建立电压（即所谓自励），然后才能加上负载。下面以并励直流发电机为例来讨论发电机的空载自励。

并励直流发电机接线图如图 2-4 所示，图中刀开关 S 打开，电机处于空载状态。为使并励发电机能建立电压，电机内部必须有剩磁。当电枢旋转时，由剩磁产生一个不大的剩磁电动势，即图 2-5 中的 E_{0r}。如果励磁绕组与电枢两端并联的极性正确，使得励磁绕组中通过的电流所建立的磁动势与剩磁磁动势方向一致，则气隙磁场得以加强，电枢电动势增大，励磁电流进一步增大，这样电压就建立起来了。但电压最后能稳定到什么数值呢？下面来进行分析。

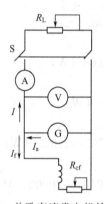

图 2-4　并励直流发电机接线图

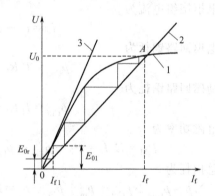

图 2-5　并励直流发电机的自励
1—空载特性；2—励磁电阻线；3—临界电阻线

并励直流发电机的空载特性 $U_0 = f(I_f)$ 如图 2-5 中曲线 1 所示。设励磁回路总电阻为 R_f，该电阻上电压降为 $U_f = I_f R_f$，U_f 与励磁电流 I_f 成正比，可画出伏安特性为一条直线，也称为励磁回路的电阻线，如图 2-5 中曲线 2 所示。如果不计电枢电阻上的电压降及电枢反应，则励磁绕组的端电压 U_f 与励磁电流 I_f，从磁路关系上考虑要满足空载特性，即

$$U_0 = f(I_f) \tag{2-10}$$

从电路关系考虑，又必须遵循伏安特性 $U_f = I_f R_f$，稳态时，U_f 必须等于 U_0，则有

$$U_0 = I_f R_f \tag{2-11}$$

从上面分析可知，U_0、I_f 必须同时满足式（2-10）和式（2-11），所以 U_0 与 I_f 之值就是表示上述两种特性曲线的交点 A 的坐标，即 A 点为并励发电机自励建立电压后的电压稳定点。

综上所述，自励电压的产生要有三个条件：

① 电机必须有剩磁，如果电机无剩磁，可用其他直流电源激励一次，以获得剩磁。

② 励磁绕组并联到电枢的极性必须正确，否则在励磁绕组接通以后，电枢电动势不但不会增大，反而会下降。如有这种现象，可将励磁绕组与电枢出线端的连接对调，或者将电枢反转。

③ 励磁回路电阻 R_f 必须小于临界电阻。如果励磁回路中总电阻很大，则伏安特性 $U_0 = I_f R_f$ 很陡，与空载特性交点很低或无交点，也不能建立电压，如图 2-5 中曲线 3 与空载特性相切，此时励磁回路的电阻称为临界电阻。

（2）负载运行

① 外特性　无论是他励、并励还是复励发电机建立电压后，在转速恒定的条件下，加上负载，发电机的端电压会发生变化。一般情况下，端电压都是下降的。当保持 $n = n_N$，$I_f = I_{fN}$，记录负载电流 I 变化时的端电压 U，可得如图 2-6 所示的曲线，即直流发电机的外特性曲线。

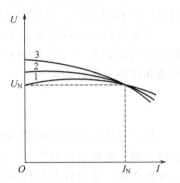

图 2-6　直流发电机外特性
1—积复励发电机；2—他励发电机；3—并励发电机

发电机端电压随负载电流变化的原因，可从发电机电压平衡方程式 $E_a = U + I_a R_a$ 进行分析。下面以负载增加为例进行分析。

a. 负载增加，去磁性质的电枢反应引起气隙合成磁通减小，从而使相应的感应电动势减小。

b. 负载增加，电枢回路的电阻压降和电刷压降增大。

以上两个因素都使发电机端电压下降。在并励发电机中，除上述两个主要因素外，还有一个因素将促使端电压进一步下降，即当端电压下降时励磁电流 I_f 将减小，而 I_f 的减小将引起气隙磁通以及感应电动势进一步减小，所以并励发电机外特性比他励发电机外特性下降更多。如果复励发电机的串励磁动势与并励磁动势方向一致，即为积复励，当负载电流增加时，串励磁动势随之增大，使发电机总磁动势增大，可增大感应电动势以补偿电枢反应的去磁作用和电枢回路电压降，使端电压在一定范围内基本保持不变。串励发电机因其励磁磁动势直接随负载电流的变化而变化，端电压极不稳定，故很少应用。

② 调节特性　当外接负载变化时，如果要求发电机具有恒压性能，则励磁电流必须随负载电流的变化而及时调节，这就是发电机的调节特性 $I_f = f(I)$。图 2-7（a）所示为并（他）励直流发电机的调节特性。励磁电流的调节可由专门的自动控制装置来完成。

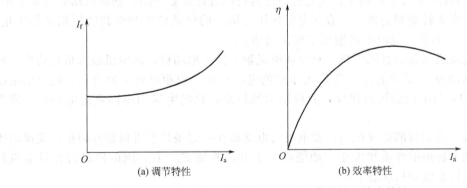

(a) 调节特性　　　　　　　　　(b) 效率特性

图 2-7　并（他）励直流发电机的调节特性和效率特性

③ 效率特性　直流发电机带负载运行时，其损耗中仅电枢回路的铜损耗与电枢电流 I_a 的平方成正比，称为可变损耗，其余损耗与电枢电流无关，称为不变损耗。当负载较小时，

I_a也较小，此时发电机的损耗以不变损耗为主，输出功率小而效率低；随着负载增大，输出功率增大，效率上升，当可变损耗与不变损耗相等时效率达到最大值；此后，若继续增加负载，可变损耗将随着I_a增大而成为损耗的主要部分，效率反而逐渐下降。图 2-7（b）所示为并（他）励直流发电机的效率特性曲线 $\eta = f(I_a)$。

2.2 直流电动机的运行原理

2.2.1 直流电机的可逆原理

以并励直流电机为例来说明电机的可逆原理。一台并励直流发电机向直流电网供电，电网电压 U 保持不变，电机中各物理量的正方向仍与图 2-1 所示的发电机惯例一致。

发电机在原动机的带动下运行，把输入的机械功率转变为电功率输送给电网，此时发电机感应电动势 E_a 大于电网电压 U，电枢电流 $I_a > 0$，电磁功率 $P_M = E_a I_a > 0$。发电机的功率关系和转矩关系分别为

$$P_1 = P_M + p_0$$
$$T_1 = T + T_0 \tag{2-12}$$

如果保持这台发电机的励磁电流不变，将原动机撤去，即让 $P_1 = 0$，$T_1 = 0$。在撤去的瞬间，因发电机有机械惯性，转速尚来不及变化，因此感应电动势、电枢电流和电磁转矩均未立即变化，这时仅剩与转速相反的两个属制动性质的转矩 T 和 T_0 作用在发电机转轴上，于是发电机的转速 n 就要下降。

随着转速 n 的下降，发电机的感应电动势下降，电枢电流也随之下降，电磁转矩减小。当转速降到某一转速 n_0 时，$E_a = C_e \Phi n_0 = U$，电枢电流 $I_a = 0$，输出的电功率 $P_2 = U I_a = 0$，这说明发电机此时已不再向电网输出电功率，而且作用在电枢上的电磁转矩 $T = C_e \Phi I_a = 0$，但由于发电机轴上还作用着属制动性质的空载转矩 T_0，故发电机的转速 n 还要继续下降。

当发电机的转速下降到 $n < n_0$ 后，发电机的工作状态就要发生本质的变化，此时 $E_a < U$，电枢电流反向变为 $I_a < 0$。电磁功率 $P_M = E_a I_a < 0$，说明发电机由原来向电网输送电功率变为从电网吸收电功率。电磁转矩 $T = C_e \Phi I_a < 0$，与发电机状态下的电磁转矩方向相反而和电机的旋转方向相同，变成了驱动转矩。当转速降到某一数值时，产生的电磁转矩等于空载转矩，即 $T = T_0$，转速就不再下降，电机在该转速下稳定运行，这种状态的直流电机已经不是发电机状态，而是电动机状态了。如果在电机轴上带上机械负载，它的转矩大小为 T_2，方向与转速 n 的方向相反，则电机稳定运行的转速还要下降，感应电动势还要减小，而电枢电流和电磁转矩则会增大，直到电磁转矩与轴上的负载转矩和空载转矩相平衡为止，即 $T = T_2 + T_0$。显然，这时电机输出了机械功率。

运行在电动机状态的直流电机，只要在电机轴上接上原动机，向电机输入机械功率，转速 n 和电枢电动势 E_a 就会上升。当 E_a 大于电网电压 U 时，电枢电流 I_a 将反向，电机的电磁转矩 T 也反向，与电机的转向相反，变成制动性转矩，此时电机向电网输送电功率，成为发电机状态。

上述电机可逆运行的原理说明：发电机与电动机在一定条件下可以相互转换，关键取决于加在电机轴上转矩的性质和大小。如能使 n 上升，并使 $E_a > U$，则电机运行在发电机状态，反之则运行在电动机状态。

2.2.2 基本方程式

从上面的分析可知，直流电动机运行时完全符合前面介绍过的发电机的基本方程式，只是运行在电动机状态时，所得出的电枢电流 I_a、电磁转矩 T、原动机输入功率 P_1、电机输

出的电功率 P_2 以及电磁功率 P_M 等都是负值，这样计算起来很不方便。为方便起见，当作为直流电动机运行时，对各物理量的正方向按照电动机的特点重新规定，图 2-8 给出了并励直流电动机各量的正方向，称为电动机惯例。在这种正方向下，如果 $UI_a>0$，表示电机从电网吸收电功率，$UI_a<0$ 则表示电机将电能回馈给电网；电磁转矩 T 的正方向与转速 n 的方向相同，是拖动性转矩；轴上的机械负载转矩 T_2 和空载转矩 T_0 均与转速 n 的方向相反，是制动性转矩；电枢电动势 E_a 的正方向与电枢电流 I_a 的正方向相反，为反电动势。

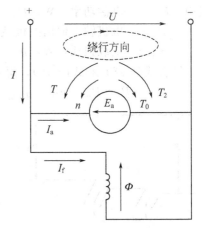

图 2-8　并励直流电动机惯例

现以并励直流电动机为例，推导出直流电动机的基本方程式。

（1）电压平衡方程式

采用电动机惯例规定的正方向，稳态运行时电动机的电压平衡方程式为

$$U=E_a+I_aR_a$$
$$U=I_fR_f \tag{2-13}$$

式中　R_a——电枢回路总电阻，Ω；

　　　R_f——励磁回路总电阻，Ω。

（2）转矩平衡方程式

直流电动机稳态运行时，作用在电动机轴上的转矩共有三个：起驱动作用的电磁转矩 T；电动机轴上的机械负载转矩 T_2；电机的机械摩擦、铁损耗以及附加损耗引起的空载转矩 T_0。T_2 和 T_0 都是制动性转矩，与转速 n 的方向相反，根据牛顿定律，在直流电动机的机械系统中，此时转矩必须保持平衡，即

$$T=T_2+T_0 \tag{2-14}$$

在电力拖动系统中，往往把电动机的空载转矩 T_0 和机械负载转矩 T_2 统称为负载转矩，用 T_L 表示，故式（2-14）又可表示为

$$T=T_L \tag{2-15}$$

（3）功率平衡方程式

如图 2-8 所示，当直流电动机接上直流电源时，电枢绕组中流过电枢电流 I_a，励磁绕组中流过励磁电流 I_f，电动机吸收电功率。

将式（2-13）的第一式两边同乘以 I_a，得

$$UI_a=E_aI_a+I_a^2R_a \tag{2-16}$$

上式两边加上 UI_f，则有

$$UI=UI_a+UI_f=E_aI_a+I_a^2R_a+UI_f \tag{2-17}$$

写成功率形式为

$$P_1=P_M+p_{Cua}+p_{Cuf} \tag{2-18}$$

式中　P_1——电动机从电网吸收的电功率，W，$P_1=UI$；

　　P_M——电磁功率，W，$P_M=E_aI_a$；

　　p_{Cua}——电枢回路总铜耗，W，$p_{Cua}=I_a^2R_a$；

　　p_{Cuf}——励磁回路总损耗，W，$p_{Cuf}=UI_f$。

而

$$P_M=E_aI_a=T\Omega=T_2\Omega+T_0\Omega=P_2+p_0 \tag{2-19}$$

式中 P_M——电磁功率，W，$P_M = T\Omega$；

        P_2——电机轴上输出的机械功率，W，$P_2 = T_2\Omega$；

        p_0——空载损耗，W，$p_0 = T_0\Omega = p_m + p_{Fe} + p_s$。

综合式(2-18)和式(2-19)，得到并励直流电动机的功率平衡方程式为

$$P_1 = P_M + p_{Cua} + p_{Cuf} = P_2 + p_{Cua} + p_{Cuf} + p_m + p_{Fe} + p_s = P_2 + \sum p \quad (2\text{-}20)$$

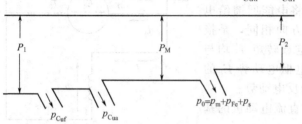

式中，$\sum p = p_{Cua} + p_{Cuf} + p_m + p_{Fe} + p_s$ 为电动机的总损耗。如果是他励直流电动机，则 $\sum p$ 中不包括励磁损耗 p_{Cuf}。图 2-9 所示为并励直流电动机功率流图。

由图 2-9 可知，电源向电动机输入的电功率，除去电枢回路总铜耗 p_{Cua}，励磁回路总损耗 p_{Cuf}，电动机

图 2-9 并励直流电动机功率流图

空载损耗 p_0 后，全部转换成机械功率，从电动机轴上输出，带动生产机械工作。

电动机的效率为

$$\eta = \frac{P_2}{P_1} = 1 - \frac{\sum p}{P_2 + \sum p} \quad (2\text{-}21)$$

【例 2-2】 一台四极他励直流电机，电枢采用单波绕组，电枢总导体数 $N = 372$，电枢回路总电阻 $R_a = 0.208\Omega$。当此电机运行在电源电压 $U = 220$V，电机的转速 $n = 1500$r/min，气隙每极磁通 $\Phi = 0.011$Wb 时，电机的铁耗 $p_{Fe} = 362$W，机械摩擦损耗 $p_m = 204$W（忽略附加损耗）。求：

① 该电机运行在发电机状态还是电动机状态？

② 电磁转矩为多少？

③ 输入功率和效率各为多少？

解   ① 先计算电枢电动势 E_a。单波绕组的并联支路对数 $a = 1$，所以有

$$E_a = \frac{pN}{60a}\Phi n = \frac{2 \times 372}{60 \times 1} \times 0.011 \times 1500 = 204.6 \text{ (V)}$$

由于 $E_a < U = 220$V，故此电机运行在电动机状态。

② 电枢电流为

$$I_a = \frac{U - E_a}{R_a} = \frac{220 - 204.6}{0.208} = 74.03 \text{ (A)}$$

电磁转矩为

$$T = \frac{P_M}{\Omega} = \frac{E_a I_a}{2\pi n/60} = \frac{204.6 \times 74.03}{2 \times 3.14 \times 1500/60} = 96.47 \text{ (N · m)}$$

③ 输入功率为

$$P_1 = UI_a = 220 \times 74.03 = 16286.6 \text{ (W)}$$

输出功率为

$$P_2 = P_M - p_m - p_{Fe} = E_a I_a - p_m - p_{Fe} = 204.6 \times 74.03 - 362 - 204 = 14580.54 \text{ (W)}$$

总损耗为

$$\sum p = P_1 - P_2 = 16286.6 - 14580.54 = 1706.06 \text{ (W)}$$

效率为

$$\eta = \frac{P_2}{P_1} \times 100\% = \left(1 - \frac{\sum p}{P_1}\right) \times 100\% = \left(1 - \frac{1706.06}{16286.6}\right) \times 100\% = 89.5\%$$

【例 2-3】 一台并励直流电动机，额定功率 $P_N = 96kW$，额定电压 $U_N = 440V$，额定电流 $I_N = 255A$，额定励磁电流 $I_{fN} = 5A$，额定转速 $n_N = 500r/min$，电枢回路总电阻 $R_a = 0.078\Omega$，忽略电枢反应的影响。求：

① 额定输出转矩为多少？

② 在额定电流时的电磁转矩为多少？

解 ① 额定输出转矩为

$$T_{2N} = 9.55\frac{P_N}{n_N} = 9.55 \times \frac{96 \times 10^3}{500} = 1833.6 \ (N \cdot m)$$

② 额定电流时的电枢电流为

$$I_a = I_N - I_{fN} = 255 - 5 = 250 \ (A)$$

额定电流时的电枢电动势为

$$E_{aN} = U_N - I_a R_a = 440 - 250 \times 0.078 = 420.5 \ (V)$$

额定电流时的电磁功率为

$$P_M = E_{aN} I_a = 420.5 \times 250 = 105125 \ (W)$$

额定电流时的电磁转矩为

$$T = \frac{P_M}{\Omega} = \frac{P_M}{2\pi n_N/60} = \frac{105125}{2\pi \times 500/60} = 2008.8 \ (N \cdot m)$$

2.2.3 工作特性

为了正确使用直流电动机，需要掌握它的各种工作特性。直流电动机的工作特性是指当电动机的端电压 $U = U_N$，励磁电流 $I_f = I_{fN}$，电枢回路不外串电阻时，转速 n、电磁转矩 T、效率 η 随输出功率变化的关系。由于电枢电流与输出功率的变化趋势相似，且电枢电流又便于测量，所以工作特性常用转速 n、电磁转矩 T、效率 η 随电枢电流变化的关系来表示。

（1）转速特性

当 $U = U_N$，$I_f = I_{fN}$，电枢回路无外串电阻时，转速 n 与电枢电流 I_a 的关系称为转速特性。

根据 $E_a = C_e \Phi_N n$ 和式(2-13)，直流电动机的转速特性表达式为

$$n = \frac{U_N}{C_e \Phi_N} - \frac{R_a}{C_e \Phi_N} I_a \tag{2-22}$$

由于 $I_f = I_{fN}$ 不变，如果不计电枢反应的去磁作用，则 $\Phi = \Phi_N$ 不变，因而转速特性是一条下斜的直线，如图 2-10 所示。如果考虑电枢反应的去磁效应，则随着 I_a 增加，磁通 Φ 减小，转速下降减少甚至有可能上升（如图 2-10 中虚线所示），会造成电动机运行不稳定，电机设计时要注意避免这个问题。因为转速 n 要随着电枢电流 I_a 的增加略微下降才能使电动机稳定运行。

（2）转矩特性

当 $U = U_N$，$I_f = I_{fN}$ 时，电磁转矩 T 与电枢电流 I_a 的关系称为转矩特性。当不计电枢反应的去磁作用时，$\Phi = \Phi_N$ 不变，则

$$T = C_T \Phi I_a = C_T \Phi_N I_a \tag{2-23}$$

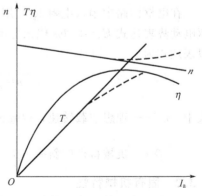

图 2-10 并（他）励直流电动
机的工作特性

这时，电磁转矩与电枢电流成正比，其转矩特性是一条通过原点的直线。如果考虑电枢反应的去磁作用，随着 I_a 的增大，气隙每极磁通要减小，电磁转矩 T 略有减小，如图 2-10 中虚线所示。

（3）效率特性

当 $U=U_N$，$I_f=I_{fN}$ 时，效率 η 与电枢电流 I_a 的关系称为效率特性。直流电动机运行时，将输入的电功率转换为电动机轴上的机械功率输出，带动生产机械工作。电机的效率为输出功率 P_2 与输入功率 P_1 之比，并励直流电动机的效率可表示为

$$\eta = \frac{P_2}{P_1} = 1 - \frac{\sum p}{P_1} = 1 - \frac{p_0 + p_{Cuf} + I_a^2 R_a}{P_1} \tag{2-24}$$

式中，空载损耗 p_0 包括机械损耗、铁耗和附加损耗，不随电枢电流 I_a 的变化而发生变化；励磁回路总损耗 $p_{Cuf}=UI_f$，U 和 I_f 不变时，p_{Cuf} 也不变。由此可知，以上两种损耗都不随电枢电流变化，通常将这两种损耗之和称为不变损耗。电枢回路总铜耗 $p_{Cua}=I_a^2 R_a$，与电枢电流 I_a 的平方成正比，它随负载的变化明显变化，故称为可变损耗。

当电枢电流 I_a 由零增大时，可变损耗增加缓慢，总损耗变化小，效率 η 明显上升；随着 I_a 进一步增大，效率 η 上升减缓；当 I_a 增大到一定程度后，效率 η 又逐渐减小，如图 2-10 所示。从图中可知，效率曲线 $\eta=f(I_a)$ 有一最大值，即电动机在某一负载时，效率达到最高。用求函数最大值方法可求出最大效率及最大效率时电动机的电枢电流值。一般情况下，由于 $I_f \ll I_N$，忽略 I_f，对式（2-24）令 $\dfrac{d\eta}{dI_a}=0$ 可求得当不变损耗等于可变损耗，即 $p_{Fe}+p_m+p_s+p_{Cuf}=I_a^2 R_a$ 时效率 η 达最高。

在不变损耗等于可变损耗时，电动机的效率达到最高，这个结论具有普遍意义，对其他电机及不同运行方式均适用。一般直流电动机效率约为 $0.75 \sim 0.94$，大容量的直流电动机效率较高。

2.3 直流电动机的机械特性

电动机的机械特性是指电动机加上一定的电压 U 和一定的励磁电流 I_f 时，电动机的转速 n 与电磁转矩 T 之间的关系，即 $n=f(T)$。机械特性是电动机机械性能的主要表现，是电动机最重要的特性。机械特性与电力拖动系统的运动方程式及生产机械的负载特性联系起来，就可对电力拖动系统稳定运行及过渡过程进行分析。

2.3.1 机械特性的一般表达式

在电枢回路中串入电阻 R_c，用以调节电枢电流 I_a，将电磁转矩表达式 $T=C_T\Phi I_a$ 及电枢电动势表达式 $E_a=C_e\Phi n$ 代入电动机电压平衡方程式 $U=E_a+I_a(R_a+R_c)$，得机械特性一般表达式为

$$n = \frac{U}{C_e\Phi} - \frac{R_a+R_c}{C_e C_T \Phi^2} T = n_0 - \beta T \tag{2-25}$$

式中　n_0——理想空载转速，r/min，$n_0 = \dfrac{U}{C_e\Phi}$；

　　　β——机械特性的斜率，$\beta = \dfrac{R_a+R_c}{C_e C_T \Phi^2}$。

2.3.2 固有机械特性

直流电动机的固有机械特性，是指当 $U=U_N$，$\Phi=\Phi_N$ 且电枢回路不串入电阻时的机械特性。其表达式为

$$n = \frac{U_N}{C_e \Phi_N} - \frac{R_a}{C_e C_T \Phi_N^2} T \qquad (2\text{-}26)$$

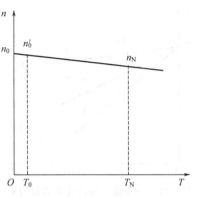

图 2-11　并（他）励直流电动机的
固有机械特性曲线

固有机械特性曲线如图 2-11 所示。

固有机械特性的特点如下：

① $T = 0$ 时，$n = n_0 = \frac{U_N}{C_e \Phi_N}$ 为理想空载转速；

② $T = T_N$ 时，$n = n_N = n_0 - \Delta n_N$ 为额定转速，其中 $\Delta n_N = \frac{R_a}{C_e C_T \Phi_N^2} T_N$ 为额定转速降。

③ $n = 0$ 时，$I_a = \frac{U_N}{R_a} = I_{st}$ 为启动电流，$T = C_T \Phi_N I_{st} = T_{st}$ 为启动转矩。由于电枢电阻 R_a 很小，故 I_{st} 和 T_{st} 都比额定值大得多，容易损坏电机，应设法避免。

④ 固有机械特性是一条下斜直线，斜率为 $\beta = \frac{R_a}{C_e C_T \Phi_N^2}$。斜率 β 值较小时，特性较平，称之为硬特性；斜率 β 值较大时，特性较陡，称之为软特性。

并（他）励直流电动机的固有机械特性只表征电动机电磁转矩与转速之间的函数关系，反映电动机本身的能力，而电动机的具体运行状态，则还要取决于负载的性质。固有机械特性是电动机最重要的特性，在它的基础上，很容易得到电动机的人为机械特性。

【例 2-4】 一台他励直流电动机额定功率 $P_N = 96\text{kW}$，额定电压 $U_N = 440\text{V}$，额定电流 $I_N = 250\text{A}$，额定转速 $n_N = 500\text{r/min}$，电枢回路总电阻 $R_a = 0.078\Omega$，忽略电枢反应的影响，求：

① 理想空载转速 n_0；

② 固有机械特性斜率 β；

③ 画出固有机械特性曲线。

解　① 由电动机的电压平衡方程式得

$$C_e \Phi_N = \frac{U_N - I_N R_a}{n_N} = \frac{440 - 250 \times 0.078}{500} = 0.841 \; [\text{V}/(\text{r} \cdot \text{min}^{-1})]$$

理想空载转速为

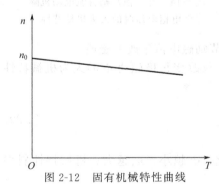

图 2-12　固有机械特性曲线

$$n_0 = \frac{U_N}{C_e \Phi_N} = \frac{440}{0.841} = 523.2 \; (\text{r/min})$$

② 固有机械特性斜率为

$$\beta = \frac{R_a}{C_e \Phi_N C_T \Phi_N} = \frac{0.078}{9.55 \times 0.841^2} = 0.0115$$

③ 固有机械特性曲线，如图 2-12 所示。

2.3.3　人为机械特性

在电力拖动系统中，电动机的使用情况千差万别，固有机械特性往往不能满足其使用要求，但可通过改变电动机的某个参数来改变它的机械特性，从而满足使用要求。改变电动机的参数得到的机械特性称为人为机械特性。

固有机械特性的条件有三个：$U = U_N$、$\Phi = \Phi_N$、$R_c = 0$，改变其中任何一个条件都可以改变其特性，故人为机械特性可分为以下三种。

（1）电枢回路串电阻的人为机械特性

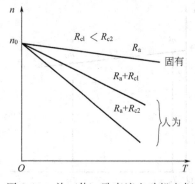

图 2-13 并（他）励直流电动机电枢
回路串入电阻时的人为机械特性

保持电枢电压为额定值 U_N，每极磁通为额定磁通 Φ_N，电枢回路串电阻 R_c 的人为机械特性表达式为

$$n=\frac{U_N}{C_e\Phi_N}-\frac{R_a+R_c}{C_eC_T\Phi_N^2}T \qquad (2\text{-}27)$$

由于电枢电压 U 与每极磁通 Φ 保持额定值不变，理想空载转速 n_0 与固有机械特性相同；机械特性斜率 β 随串入电阻的增大而增大，人为机械特性的硬度降低。因此，电枢回路串入电阻时的人为机械特性为过理想空载转速点 n_0 的一簇辐射形直线，如图 2-13 所示。

在负载转矩一定时，串入电阻 R_c 越大，转速 n 越低，转速降 Δn 越大。在负载转矩变化时，串入电阻 R_c 越大，转速的变化也越大。

（2）降低电枢电压的人为机械特性

保持每极磁通为额定磁通 Φ_N，电枢回路不串电阻，只改变电枢电压 U 的人为机械特性表达式为

$$n=\frac{U}{C_e\Phi_N}-\frac{R_a}{C_eC_T\Phi_N^2}T \qquad (2\text{-}28)$$

由于受电机绝缘水平的限制，改变电枢电压时通常向低于额定电压的方向改变，即降低电压。此时，理想空载转速 n_0 随电枢电压的降低而下降。由于每极磁通 Φ 保持额定值不变，且电枢回路不串入电阻，故机械特性斜率 β 不变。因此，降低电枢电压时的人为机械特性，是低于固有机械特性又与固有机械特性平行的一簇平行线，如图 2-14 所示。

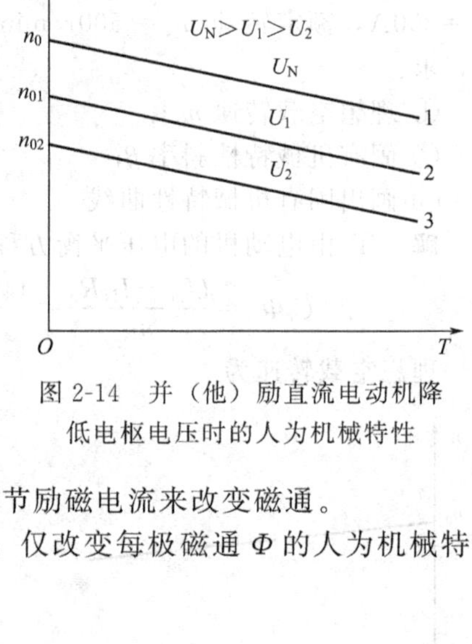

在负载转矩一定时，降低电枢电压，转速 n 下降，但转速降 $\Delta n=\dfrac{R_a}{C_eC_T\Phi_N^2}T_L$ 不变，因此在负载转矩变化时，转速的变化不变。

（3）减弱磁通的人为机械特性

直流电动机在额定磁通下运行时，电机磁路已接近饱和，因此改变磁通实际上是在 Φ_N 的基础上减弱磁通。常用方法是在励磁回路中增大串入电阻，通过调节励磁电流来改变磁通。

图 2-14 并（他）励直流电动机降
低电枢电压时的人为机械特性

保持电枢电压为额定值 U_N，电枢回路不串入电阻，仅改变每极磁通 Φ 的人为机械特性表达式为

$$n=\frac{U_N}{C_e\Phi}-\frac{R_a}{C_eC_T\Phi^2}T \qquad (2\text{-}29)$$

当减弱磁通时，理想空载转速 $n_0=\dfrac{U_N}{C_e\Phi}$ 与 Φ 成反比，Φ 越小，n_0 越大；机械特性斜率 $\beta=\dfrac{R_a}{C_eC_T\Phi^2}$ 与 Φ 的平方成反比，Φ 越小，特性越软。减弱磁通时的并（他）励直流电动机人为机械特性如图 2-15 所示，它是既不平行又不呈放射形的一簇直线。

在负载转矩一定时，一般情况下减弱磁通会使转速 n 升高，转速降 Δn 也会增大。但在负载很重或磁通 Φ 很小时，再减弱磁通，转速 n 反而会下降。在负载转矩变化时，Φ 越小，转速的变化越大。

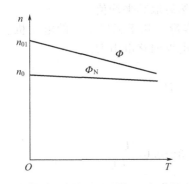

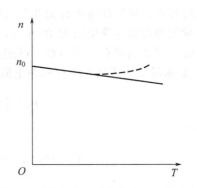

图 2-15 并（他）励直流电动机减弱
磁通时的人为机械特性

图 2-16 并（他）励直流电动机考虑电
枢反应的机械特性

以上分析直流电动机的固有机械特性和人为机械特性时，都忽略了电枢反应的影响。实际上，由于电枢反应的去磁效应，使机械特性出现一定的上翘现象，影响电动机的稳定运行，如图 2-16 中的虚线所示。一般容量较小的直流电动机，电枢反应引起的去磁效应不严重，对机械特性影响不大，可以忽略。对容量较大的直流电动机，为了补偿电枢反应的去磁效应，可在主磁极上加补偿绕组，绕组里流过电枢电流，产生的磁通可实时补偿电枢反应的去磁效应，使电动机的机械特性不出现上翘现象。

2.3.4　根据电机的铭牌数据估算机械特性

在进行电力拖动系统的有关设计时，首先应知道所选电动机的机械特性。而产品目录中或电机铭牌中，都没有直接给出机械特性的数据，但根据产品目录、电机铭牌数据或实测数据可以估算出机械特性。通常可供利用的数据有 P_N、U_N、I_N 和 n_N，求得的只是该电动机的固有机械特性，有了固有机械特性，其他各种人为机械特性也就很容易得到了。

并（他）励直流电动机的固有机械特性是一条下斜直线，如果知道这条直线上两个点的数据，如理想空载转速点 $(0, n_0)$ 和额定运行点 (T_N, n_N)，通过这两点连成的直线就是固有机械特性。

（1）理想空载转速点 $(0, n_0)$ 的求取

已知理想空载转速 n_0 为

$$n_0 = \frac{U_N}{C_e \Phi_N} \tag{2-30}$$

式中，$C_e \Phi_N$ 为对应额定运行状态的数值，可用下式计算

$$C_e \Phi_N = \frac{E_{aN}}{n_N} = \frac{U_N - I_{aN} R_a}{n_N} \tag{2-31}$$

从式(2-31)可知，如果知道额定电枢电动势 E_{aN}，或者知道电枢回路电阻 R_a，便可求出 $C_e \Phi_N$，从而计算出理想空载转速 n_0。

① 根据经验估算额定电枢电动势 E_{aN}　我国目前设计的一般直流电动机，额定电枢电动势 E_{aN} 与额定电压 U_N 有一定比值关系，一般为 $E_{aN} = (0.93 \sim 0.97) U_N$。使用该式时小容量电动机取小的系数，中等容量电动机通常取 0.95 左右。

② 根据所选直流电动机，实测它的电枢回路电阻 R_a　由于电刷与换向器表面的接触电阻是非线性的，电枢电流很小时，表现的电阻值很大，不能反映实际情况。为此不能用万用表直接测正、负电刷之间的电阻。一般用降压法测量，即在电枢回路中通入接近额定电流的电流，用低量程电压表测量正、负电刷间的压降，除以电枢电流，即为电枢回路总电阻（包括电枢回路电阻 R_a 及限流电阻 R_c）。实测时，励磁绕组要开路，并卡住电枢不使其旋转。

测量的过程中，可以让电枢转动几个位置进行测量，然后取其平均值。

这种实测电枢回路电阻 R_a 的方法，只适用于小容量（几千瓦以下）的电动机。当电动机容量较大时，测量有一定困难，可用经验公式估算电枢回路电阻 R_a。

③ 根据经验公式估算电枢回路电阻 R_a

$$R_a = \left(\frac{1}{2} \sim \frac{2}{3}\right)\frac{U_N I_N - P_N}{I_N^2} \tag{2-32}$$

或用

$$R_a = (0.03 \sim 0.07)R_N = (0.03 \sim 0.07)\frac{U_N}{I_N} \tag{2-33}$$

式中，$R_N = \dfrac{U_N}{I_N}$，R_N 称为额定电阻，它不是实际存在的电阻，没有物理意义。一般容量较大的电机取较小的系数，容量较小的电机取较大的系数。

（2）额定运行点 (T_N, n_N) 的求取

额定电磁转矩 T_N 可按下式进行计算

$$T_N = C_T \Phi_N I_{aN} = 9.55 C_e \Phi_N I_{aN} \tag{2-34}$$

要注意的是，直流电动机轴上输出的额定转矩 $T_{2N} = 9.55\dfrac{P_N}{n_N}$，它与 T_N 不相等，二者相差空载转矩 T_0。而额定转速 n_N 可由铭牌数据直接得到。

求出 $(0, n_0)$ 及 (T_N, n_N) 这两点后，在坐标纸上标出这两点，通过这两点的连线即为电动机的固有机械特性。

【例 2-5】 一台他励直流电动机的铭牌数据为：$U_N = 220V$，$I_N = 115A$，$P_N = 22kW$，$n_N = 1500r/min$，试计算其固有机械特性。

解 估算额定电枢电动势 E_{aN}。

额定容量已知，且这台电机属于中等容量电机，故取

$$E_{aN} = 0.95 U_N = 0.95 \times 220 = 209 \text{ (V)}$$

计算 $C_e \Phi_N$

$$C_e \Phi_N = \frac{E_{aN}}{n_N} = \frac{209}{1500} = 0.139 \text{ [V/(r · min}^{-1})]}$$

计算 n_0

$$n_0 = \frac{U_N}{C_e \Phi_N} = \frac{220}{0.139} = 1582.7 \text{ (r/min)}$$

计算 T_N

$$T_N = 9.55 C_e \Phi_N I_N = 9.55 \times 0.139 \times 115 = 152.7 \text{ (N · m)}$$

于是得到固有机械特性上的两个特殊点：理想空载转速点 $(0, 1582.7)$ 和额定工作点 $(152.7, 1500)$，通过这两点即可画出这台直流电动机的固有机械特性。

2.4 串励和复励直流电动机

2.4.1 串励直流电动机的机械特性

串励直流电动机的励磁绕组是串联在电动机的电枢回路里的，如图 2-17 所示，其正方向仍用电动机惯例。可见，串励直流电动机的励磁电流 I_f 等于电枢电流 I_a。如果电机的磁路不饱和，则气隙每极磁通 Φ 与励磁电流 I_f 呈线性关系，即

$$\Phi = K_f I_f = K_f I_a \tag{2-35}$$

式中，K_f 为比例常数。

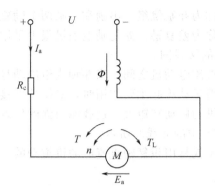

图 2-17 串励直流电动机惯例

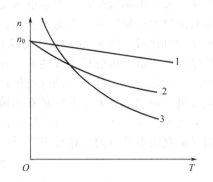

图 2-18 串励、复励直流电动机机械特性
1—并（他）励；2—复励；3—串励

将式（2-35）代入电动机的转速表达式得

$$n=\frac{U-I_aR'_a}{C_e\Phi}=\frac{U}{C'_eI_a}-\frac{R'_a}{C'_e} \tag{2-36}$$

式中，$C'_e=C_eK_f$；R'_a 为串励直流电动机电枢回路总电阻，包括电枢电阻 R_a、外串电阻 R_c 和串励绕组电阻 R_f，即

$$R'_a=R_a+R_c+R_f \tag{2-37}$$

电磁转矩表达式为

$$T=C_T\Phi I_a=C'_TI_fI_a=C'_TI_a^2 \tag{2-38}$$

式中，$C'_T=C_TK_f$。

将式（2-38）中的 I_a 代入式（2-36），得

$$n=\frac{\sqrt{C'_T}}{C'_e}\frac{U}{\sqrt{T}}-\frac{R'_a}{C'_e} \tag{2-39}$$

式（2-39）为串励直流电动机的机械特性方程式，其特性曲线如图 2-18 中的曲线 3 所示。式（2-39）是在假设电机磁路呈线性的条件下得到的，从式中可知，串励直流电动机的转速 n 大致与 $\sqrt{T}$ 成反比，机械特性呈非线性关系，且特性很软。当电磁转矩 T 增大时，转速 n 迅速下降。

如果串励直流电动机的电枢电流太大，电机磁路饱和，磁通 Φ 接近常数，式（2-39）的关系就不成立了。这种情况下，串励电动机的机械特性就接近于他励电动机的机械特性，即机械特性开始变硬。

综上所述，串励直流电动机的机械特性具有如下特点。

① 它是非线性的软特性曲线。

② 当电磁转矩很小时，转速 n 会很高。理想情况下，当 $T=0$ 时，$n_0=\dfrac{\sqrt{C'_T}}{C'_e}\dfrac{U}{\sqrt{T}}=\infty$；实际运行时，当电枢电流 I_a 为零时，电机尚有剩磁，转速 n 不会达到无穷大，但还是非常高。因此，串励直流电动机不允许空载运行。

③ 电磁转矩 T 与电枢电流 I_a 的平方成正比，因此启动转矩大，过载能力强。

2.4.2 复励直流电动机的机械特性

复励直流电动机的励磁绕组有两个，一个和电枢

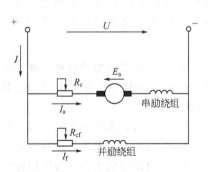

图 2-19 复励直流电动机的接线图

绕组串联，称为串励绕组，一个和电枢绕组并联，称为并励绕组。串励和并励两个励磁绕组的励磁磁动势方向相同时，称为积复励；相反时，称为差复励。差复励电动机很少采用，多数用积复励电动机。图 2-19 所示为复励直流电动机的接线图。

积复励直流电动机的机械特性介于并励与串励直流电动机之间。当并励绕组磁动势起主要作用时，机械特性接近于并励电动机；当串励绕组磁动势起主要作用时，机械特性接近于串励电动机。积复励直流电动机具有串励直流电动机的启动转矩大，过载能力强的优点，但没有空载转速很高的缺点，其机械特性曲线如图 2-18 中的曲线 2 所示。

积复励直流电动机的用途也很广泛，如无轨电车就是用积复励直流电动机拖动的。

本 章 小 结

直流发电机的电压平衡方程式、转矩平衡方程式和功率平衡方程式，是表征直流发电机运行时各物理量之间关系的基本方程式。直流发电机的运行特性是描述发电机运行状态和运行性能的工具，空载特性表征发电机的磁化特性，是推导其他特性的依据；外特性表征发电机输出电压随负载电流变化的情况。

并励发电机自励的条件为：①电机中必须有剩磁；②励磁回路的电阻必须小于临界电阻；③励磁绕组与电枢绕组的连接必须和电机旋转方向正确配合。

从原理上讲，一台电机，无论是交流电机还是直流电机，都可以在一种条件下作为发电机运行，把机械能转变为电能，在另一种条件下作为电动机运行，把电能转变为机械能，这就是电机的可逆原理。发电机与电动机在一定条件下可以相互转换，转换的关键取决于加在电机轴上转矩的性质和大小。如能使 n 上升，并使 $E_a > U$，则电机运行在发电机状态，反之则运行在电动机状态。

直流电动机和直流发电机的区别，除能量转换方向不同外，还表现在发电机的电枢电动势 E_a 大于端电压 U，因此电枢电流 I_a 与电动势 E_a 同方向，发电机输出电功率；电动机则是电枢电动势 E_a 小于端电压 U，因此电枢电流 I_a 与电动势 E_a 反方向，电动机吸收电功率。发电机的电磁转矩起制动作用，将机械能转换为电能；电动机的电磁转矩起拖动作用，将电能转换为机械能。

直流电动机的电压平衡方程式、转矩平衡方程式和功率平衡方程式，是表征直流电动机运行时各物理量之间关系的基本方程式。不同励磁方式的直流电动机具有不同的特性，因此有不同的应用范围。

电动机的 $n = f(T)$ 关系称为电动机的机械特性，是描述和评价电动机性能的有效工具。机械特性分为固有机械特性和人为机械特性两种。在不考虑电枢反应的情况下，并（他）励直流电动机的机械特性是线性的。

并（他）励直流电动机的机械特性较硬，因此在负载变化时，转速变化不大；而串励直流电动机的转速则随负载的增加而急剧下降。串励直流电动机在空载或轻载时有"飞车"的危险，因此不允许串励电动机空载或轻载运行。

思考题与习题

2.1 什么是电机的可逆原理？接在直流电源上运行的直流电机，如何判断它是运行于发电状态还是电动状态？它们的转矩、转速、电动势、电流的方向有何不同，能量转换关系有何不同？

2.2 一台直流电动机改成直流发电机运行时，是否需要将换向极绕组重新改接？为什么？

2.3 并励直流电动机在运行时，若励磁绕组断线，会出现什么后果？

2.4 直流电机中存在哪些损耗？每项损耗与哪些因素有关？哪些属于可变损耗，哪些属于不变损耗？为什么？

2.5 他励和并励直流发电机的外特性有何差异？原因何在？为什么并励直流电机工作在磁化曲线的饱和部分比工作在磁化曲线的直线部分时，端电压要稳定些？

2.6 什么是直流电动机的固有机械特性和人为机械特性？他励直流电动机的人为机械特性有哪几种，它们的特性曲线各有什么特点？

2.7 电动机的电磁转矩是驱动性质的转矩，电磁转矩增大时，转速是增加还是下降？为什么？

2.8 他励直流电动机运行在额定状态，如果负载为恒转矩负载，减小磁通，电枢电流是增大、减小还是不变？为什么？

2.9 并励直流发电机正转时能够自励，反转后能否自励？若将励磁绕组两端反接，是否可以自励？此时电枢电流的方向是否变化？为什么？

2.10 如何改变他励、并励、串励电动机的转向？

2.11 一台并励直流发电机的数据为：$P_N = 12kW$，$U_N = 230V$，$n_N = 1450r/min$，电枢回路电阻 $R_a = 0.57\Omega$（包括电枢接触电阻），并励回路总电阻 $R_f = 177\Omega$，额定负载时电枢铁耗 $p_{Fe} = 234W$，机械损耗 $p_m = 61W$。求：

(1) 额定负载时的电磁功率和电磁转矩；

(2) 额定负载时的效率。

2.12 一台他励直流电动机的铭牌数据为：$P_N = 12kW$，$U_N = 220V$，$I_N = 60A$，$n_N = 1340r/min$。

(1) 绘制固有机械特性曲线，并列出它的方程式；

(2) 绘制电枢回路串入 2Ω 电阻时的人为机械特性曲线，并列出它的方程式；

(3) 绘制磁通为额定值一半时的人为机械特性曲线，并列出它的方程式；

(4) 绘制电枢电压为额定值一半时的人为机械特性曲线，并列出它的方程式。

2.13 已知他励直流电机并联于 220V 电网运行，并已知 $a = 1$，$p = 2$，$N = 372$，$n = 1500r/min$，$\Phi = 1.1 \times 10^{-2}Wb$，电枢回路总电阻 $R_a = 0.208\Omega$，$p_{Fe} = 362W$，$p_m = 204W$。试求：

(1) 此电机是电动机还是发电机？

(2) 电磁转矩、输入功率和效率各为多少？

2.14 一台并励直流电动机的额定数据如下：$P_N = 17kW$，$U_N = 220V$，$n_N = 3000r/min$，$I_N = 88.9A$，电枢回路总电阻 $R_a = 0.114\Omega$，励磁回路总电阻 $R_f = 181.5\Omega$，忽略电枢反应影响，求：

(1) 电动机的额定输出转矩；

(2) 额定负载时的电磁转矩；

(3) 额定负载时的效率；

(4) 理想空载转速；

(5) 在额定负载下，电枢回路串入 0.15Ω 电阻时，电动机稳定运行时的转速。

2.15 一台并励直流电动机，$U_N = 220V$，电枢回路总电阻 $R_a = 0.316\Omega$，空载时电枢电流 $I_a = 2.8A$，空载转速为 1600r/min。求：

(1) 理想空载转速；

(2) 若想在电枢电流为 52A 时，将转速下降到 800r/min，在电枢回路中应串入多大的电阻；

(3) 这时电源输入到电枢回路的功率只有多少输入到电枢中？说明什么问题？

3. 直流电动机的电力拖动

3.1 电力拖动系统的运动方程式

由电动机带动生产机械工作，将电能转换为机械能并完成一定操作的装置或系统称为电力拖动系统。电力拖动系统一般由电动机、机械传动机构、工作机构、控制装置和电源组成，如图 3-1 所示。

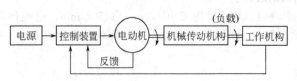

图 3-1　电力拖动系统构成示意图

电动机通电后，产生电磁转矩，在克服风阻和轴承摩擦后，转子开始以一定速度转动，通过传动机构带动工作机构工作。转子转动过程中，风阻和轴承摩擦对转子的阻转矩为空载转矩；电磁转矩减去空载转矩得到电动机轴上的输出转矩；传动机构或工作机构对转子的阻转矩为电动机的负载转矩。

电力拖动系统中，虽然电动机可以是不同种类的，工作机构也各不相同，但电力拖动系统作为一个动力学整体服从动力学的一般规律。

3.1.1 运动方程式

从力学定律可知，任何物体，不论是做直线运动还是旋转运动，都必须遵循下列两个基本的运动方程式。

对于直线运动，方程式为

$$F - F_L = m \frac{dv}{dt} \tag{3-1}$$

式中　F——拖动力，N；

F_L——阻力，N；

m——运动物体的质量，kg；

v——运动物体的速度，m/s；

$\dfrac{dv}{dt}$——运动物体的加速度，m/s²。

对于旋转运动，方程式为

$$T - T_L = J \frac{d\Omega}{dt} \tag{3-2}$$

式中　T——拖动转矩，即电磁转矩，N·m；

T_L——阻转矩，即负载转矩，一般情况下，由于 $T_0 \ll T_F$，T_0 可忽略不计，N·m，$T_L = T_F + T_0$；

T_0——电动机的空载转矩，N·m；

T_F——工作机构负载转矩，N·m；

J——转动系统的转动惯量，kg·m²；

Ω——转动系统的角速度，rad/s；

$\dfrac{\mathrm{d}\Omega}{\mathrm{d}t}$——转动系统的角加速度，rad/s^2。

在电力拖动系统的工程计算中，直接应用上述旋转运动方程式不够方便。工程计算中用飞轮矩 GD^2（可从产品目录中查到）代替转动惯量 J，用转速 n 代替角速度 Ω。

转动惯量 J 与飞轮矩 GD^2 的关系为

$$J = m\rho^2 = \frac{G}{g}\left(\frac{D}{2}\right)^2 = \frac{GD^2}{4g} \tag{3-3}$$

式中　m——转动系统的质量，kg；

　　　ρ——转动系统的惯性半径，m；

　　　g——重力加速度，取 $g = 9.8\mathrm{m/s}^2$；

　　　D——转动系统的惯性直径，m；

　　GD^2——转动系统的飞轮矩，N·m^2。

角速度与转速的关系为

$$\Omega = \frac{2\pi n}{60} \tag{3-4}$$

将 J 和 Ω 的表达式代入旋转运动方程式(3-2)，经整理即得电力拖动系统的运动方程式为

$$T - T_\mathrm{L} = \frac{GD^2}{375}\frac{\mathrm{d}n}{\mathrm{d}t} \tag{3-5}$$

式(3-5)即为电力拖动系统的运动方程式。从式(3-5)可知，$T - T_\mathrm{L}$ 的大小反映了系统的运行状态：

① $T - T_\mathrm{L} > 0$，$\dfrac{\mathrm{d}n}{\mathrm{d}t} > 0$，电力拖动系统处于加速运动的过渡过程；

② $T - T_\mathrm{L} = 0$，$\dfrac{\mathrm{d}n}{\mathrm{d}t} = 0$，电力拖动系统处于静止或恒速运动的稳态；

③ $T - T_\mathrm{L} < 0$，$\dfrac{\mathrm{d}n}{\mathrm{d}t} < 0$，电力拖动系统处于减速运动的过渡过程。

应该注意的是，转矩不但有大小而且有方向。转矩的方向将决定其在式(3-5)中取值的正负。一般规定如下：

首先确定某一旋转方向（顺时针或逆时针）为正方向，则电磁转矩 T 的方向与所规定的正方向相同时取正值，相反时取负值。对于负载转矩 T_L，因定义为阻转矩，则当 T_L 的方向与所规定的正方向相同时取负值，相反时取正值。

同样，转速 n 也是有方向的。当实际旋转的方向与所规定的正方向相同时取正值，反之取负值。当转速变化时，电力拖动系统是处于加速状态还是减速状态，要由转速变化的方向来决定而不是由转速 n 的数值增大或减小来决定。例如，当转速 n 正向增大时，系统处于加速状态；而当转速 n 反向增大时，尽管转速 n 的数值增大了（如实际旋转的方向与规定的正方向相反时），但系统仍处于减速状态。

3.1.2　单轴与多轴系统

电动机与生产机械同轴连接的系统称为单轴系统，如图 3-2(a) 所示。对单轴系统的运动可直接利用式(3-4) 和式(3-5)进行分析计算。而实际上许多生产机械与电动机之间有若干级传动机构，称为多轴系统，图 3-2(b) 所示为一个有三级传动的多轴系统。在多轴系统中，各轴上的转矩、转速、转动惯量或飞轮矩等都不同但又互有联系。另外还有一些工作机构是做直线运动的，如起重机的提升机构，刨床的工作台等。显然，对这样的系统进行分析计算比单轴系统要复杂得多。但就电力拖动系统而言，一般不需要详细研究系统中每根轴的

运动问题,对工作机构的具体运动一般也不直接进行分析计算,通常只把电动机轴作为研究对象。

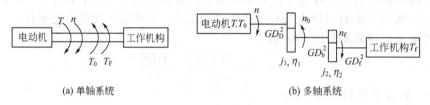

图 3-2 电力拖动系统

为简化分析计算的过程,可以把实际的多轴系统或存在直线运动形式的系统等效为单轴系统,即如图 3-2(a) 所示的系统。当然这需要将工作机构受到的阻转矩或阻力折算到电动机轴上;通常各级传动机构的摩擦损耗等也需要折算到电动机轴上;系统中各轴上的转动惯量或飞轮矩以及作直线运动的质量等也要折算到电动机轴上。折算的原则是,保证折算前后系统的功率传递关系及系统储存的动能不变。这样对电动机轴而言,折算前后的两个系统是等效的。具体的折算方法可参考有关资料和相关参考书,这里不做介绍。

折算后,一个可能有多级传动机构和有多种运动形式的实际电力拖动系统,就可以采用单轴系统的分析计算方法。以后本书中提到的电力拖动系统都认为是经过折算后的单轴系统。

3.2 负载的转矩特性及电力拖动系统稳定运行条件

3.2.1 负载的转矩特性

生产机械工作机构的负载转矩 T_f 与转速 n 的关系 $T_f = f(n)$ 称为负载的转矩特性,也称为负载的机械特性。生产机械品种繁多,其工作机构负载的转矩特性也各不相同。但经过统计分析,可归纳为下列三种典型负载的转矩特性。

(1) 恒转矩负载的转矩特性

工作机构负载转矩 T_f 的大小与转速 n 无关,当转速 n 变化时,负载转矩 T_f 恒定不变,这类负载称为恒转矩负载,这类特性称为恒转矩负载的转矩特性。恒转矩负载又可分为反抗性恒转矩负载和位能性恒转矩负载两种。

① 反抗性(摩擦类)恒转矩负载的转矩特性　这类负载的特点是:工作机构负载转矩 T_f 的绝对值大小恒定不变,与转速 n 无关,但负载转矩的方向总是与运动方向相反。当运动方向改变时,负载转矩的方向也会随之改变,是阻碍运动的制动性转矩,即当 $n_f > 0$ 时,$T_f > 0$;当 $n_f < 0$ 时,$T_f < 0$,其转矩特性如图 3-3(a) 所示,位于第一、三象限,T_f 的绝对值相等。皮带运输机、轧钢机以及机床的刀架平移和行走机构等由摩擦力产生转矩的机械,都是反抗性恒转矩负载。

考虑传动机构的转矩损耗 ΔT_c,折算到电动机轴上的反抗性恒转矩负载的转矩特性如图 3-3(b) 所示。

② 位能性恒转矩负载的转矩特性　这类负载的特点是:工作机构转矩 T_f 的大小和方向始终保持恒定。当 $n_f > 0$ 时,$T_f > 0$,是阻碍运动的制动性转矩;当 $n_f < 0$ 时,$T_f > 0$,是帮助运动的拖动性转矩,其转矩特性如图 3-4(a) 所示,位于第一、四象限,T_f 的大小和方向始终不变。起重机提升、下放重物就是位能性恒转矩负载。

考虑传动机构的转矩损耗 ΔT_c,折算到电动机轴上的位能性恒转矩负载的转矩特性如图 3-4(b) 所示。

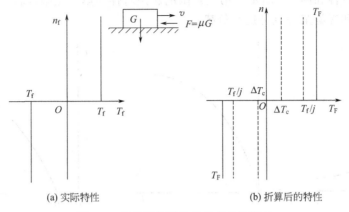

(a) 实际特性   (b) 折算后的特性

图 3-3 反抗性恒转矩负载的转矩特性

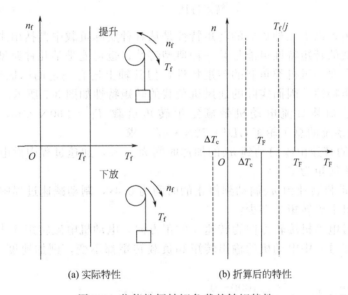

(a) 实际特性   (b) 折算后的特性

图 3-4 位能性恒转矩负载的转矩特性

（2）恒功率负载的转矩特性

这类负载的特点是：负载转矩 T_F 的大小与转速 n 的乘积保持不变，即

$$P_F = T_F \Omega = T_F \frac{2\pi n}{60} = \frac{T_F n}{9.55} = \frac{K}{9.55} = 常数 \tag{3-6}$$

由式(3-6)可知，负载功率不变。由于 T_F 与 n 成反比，且此类负载属于反抗性负载，其转矩特性总是位于第一、三象限。第一象限的转矩特性如图 3-5 所示，第三象限的转矩特性与第一象限的转矩特性相对称。

一般金属切削车床就是典型的恒功率负载。精加工时，需要较小的吃刀力和较高的速度；而粗加工时，需要较大的吃刀力和较低的速度，故车床功率基本不变。当然，这只是一般金属切削车床通常的工艺选择，并非总是如此。比如粗加工时选择低速，精加工时仍选择低速也是可以的，只是这种情况下车床的功率就不是恒定的了。

（3）风机、泵类负载的转矩特性

这类负载的特点是：负载转矩 T_F 的大小与转速的平方成正比，即 $T_F = kn^2$，式中，k 为比例常数。此类负载属于反抗性负载，其转矩特性为抛物线形，并总是在第一、三象限。

第一象限的转矩特性如图 3-6 所示，第三象限的转矩特性与第一象限的转矩特性相对称。水泵、油泵、风机和螺旋桨等就是这类负载。

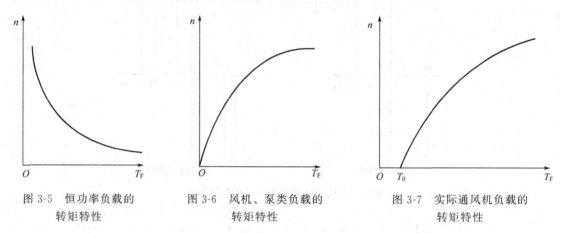

图 3-5　恒功率负载的　　　图 3-6　风机、泵类负载的　　　图 3-7　实际通风机负载的
　　　　转矩特性　　　　　　　　　　转矩特性　　　　　　　　　　转矩特性

最后必须指出，以上三种负载的转矩特性是从各种实际负载中概括出来的典型特性。实际的生产机械负载的转矩特性可能是某一种典型特性，也可能是某几种典型特性的组合。例如，实际通风机主要是风机类负载的转矩特性，但其轴上还有一定的摩擦转矩 T_0 是反抗性恒转矩负载的转矩特性，因而实际的通风机负载的转矩特性如图 3-7 所示。

【例 3-1】　已知某直流电动机带额定恒转矩负载 $T_L = 260\mathrm{N} \cdot \mathrm{m}$，额定转速 $n_N = 1000\mathrm{r/min}$，拖动系统的总飞轮矩 $GD^2 = 72\mathrm{N} \cdot \mathrm{m}^2$。求

① 若电动机的转速由零启动到 n_N 的加速时间为 0.8s，加速过程中设电动机输出转矩不变，则电动机电磁转矩为多少？

② 若要求电动机转速由 n_N 制动到停止的时间为 0.4s，制动减速过程中设电动机输出转矩不变，则电动机电磁转矩为多少？

解　设启动时电动机旋转方向为转速 n 的正方向，电动机电磁转矩 T 与 n 同向。

在加速和减速过程中电动机的输出转矩和负载转矩都不变，则加速度（减速度）不变，由式(3-5) 可得

① $T = \dfrac{GD^2}{375}\dfrac{\mathrm{d}n}{\mathrm{d}t} + T_L = \dfrac{72}{375} \times \dfrac{1000 - 0}{0.8} + 260 = 600 \ (\mathrm{N} \cdot \mathrm{m})$

② $T = \dfrac{GD^2}{375}\dfrac{\mathrm{d}n}{\mathrm{d}t} + T_L = \dfrac{72}{375} \times \dfrac{0 - 1000}{0.4} + 260 = -220 \ (\mathrm{N} \cdot \mathrm{m})$

式中，电磁转矩 T 为负值表示电动机实际电磁转矩方向与转速方向相反。

3.2.2　电力拖动系统稳定运行条件

（1）稳态运行点与稳定运行的概念

在前面的分析中，已把实际电力拖动系统等效为一个单轴系统，即负载与电动机有相同的转速。另外，系统中又同时存在电动机的机械特性和负载的机械（转矩）特性，两者并不相同。因此，系统能否稳定运行，取决于两条机械特性是否配合得当。

从电力拖动系统的运动方程式 $T - T_L = \dfrac{GD^2}{375}\dfrac{\mathrm{d}n}{\mathrm{d}t}$ 可知，只有当 $T - T_L = 0$ 时，电力拖动系统才处于稳态运行。因此，若将电动机的机械特性与负载的转矩特性绘制在同一坐标平面上，则两条曲线的交点必为电力拖动系统的稳态运行点，也称为稳态工作点。

他励直流电动机的机械特性和恒转矩负载的转矩特性如图 3-8 所示，其中曲线 1 为考虑电枢反应的他励直流电动机的机械特性，曲线 2 和 2′ 及曲线 3 和 3′ 为恒转矩负载的转矩特性。负载转矩的大小包括了电动机的空载转矩，即 $T_L = T_F + T_0$。前面已说明，多数情况下

可忽略空载转矩 T_0，即认为 $T_L = T_F$。

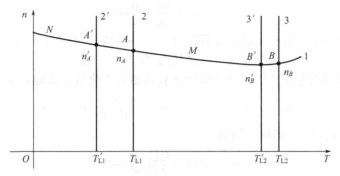

图 3-8　电力拖动系统稳定运行分析

电力拖动系统稳态运行时 $T = T_L$，图 3-8 中的交点 A、B 满足此条件，称为稳态工作点。当电力拖动系统受到干扰，使电动机工作状态发生变化或负载转矩发生波动时，系统若能进入新的稳态工作点，且当干扰消失后，系统仍能回到原来的稳态工作点，则称系统是稳定运行的；若当电力拖动系统受到干扰时，系统不能进入新的稳态工作点，或者当干扰消失后，系统不能回到原来的稳态工作点，则称系统是不稳定运行的。由此可知，电力拖动系统稳定运行的必要条件为

$$T = T_L \tag{3-7}$$

下面来分析稳态工作点 A、B 是否为稳定工作点。在稳态工作点 A，有 $T = T_L = T_{L1}$，$n = n_A$。当负载发生波动时，由曲线 2 变为曲线 2′，T_L 变为 T'_{L1}。在变化的瞬间，由于机械惯性，系统的转速不能突变，仍为 n_A，故电动机的电磁转矩仍为 $T = T_{L1}$。由于 $T = T_{L1} > T'_{L1}$，则 $dn/dt > 0$，系统进入加速运行。随着转速 n 的上升，电磁转矩 T 沿曲线 1 减小，电动机的工作点逐渐向 N 点移动，dn/dt 的值逐渐减小。当电动机的工作点移至 A' 点时，电动机的电磁转矩与负载转矩相等，即 $T = T_L = T'_{L1}$，系统进入稳态运行，转速 $n = n'_A$，A' 点为系统新的稳态工作点。当负载波动消失，即由曲线 2′ 变为曲线 2 时，T_L 又变为 T_{L1}。负载变化的瞬间，由于机械惯性，系统的转速不会突变，仍为 n'_A，电动机的电磁转矩仍为 $T = T'_{L1}$。由于 $T = T'_{L1} < T_{L1}$，则 $dn/dt < 0$，系统进入减速运行。随着转速 n 的下降，电磁转矩 T 沿曲线 1 增大，电动机的工作点逐渐向 M 点移动，dn/dt 的绝对值逐渐减小。当电动机的工作点移至 A 点时，电动机的电磁转矩与负载转矩相等，即 $T = T_L = T_{L1}$，系统进入稳态运行，转速 $n = n_A$，系统回到原来的稳态工作点 A。这个过程是 $A \to A' \to A$，可见 A 点的运行是稳定的，A 点称为稳定工作点。

当恒转矩负载 $T_L = T_{L2}$ 时，在曲线 1 和曲线 3 的交点 B 有电动机的电磁转矩与负载转矩相等，即 $T = T_L = T_{L2}$，系统处于稳态运行，转速 $n = n_B$。负载发生波动，由曲线 3 变为曲线 3′，T_L 变为 T'_{L2}。负载变化瞬间，由于机械惯性，系统的转速不能突变，仍为 n_B，电动机的电磁转矩仍为 $T = T_{L2}$。由于 $T = T_{L2} > T'_{L2}$，则 $dn/dt > 0$，系统进入加速运行。随着转速 n 的上升，电磁转矩 T 沿曲线 1 不断增大，dn/dt 的值逐渐增大，使系统不断加速，最后导致电动机因转速过高和电枢电流过大而损坏。可见，系统不能在 B 点稳定运行，B 点称为非稳定工作点。

（2）电力拖动系统稳定运行的充要条件

电力拖动系统在某稳态工作点是否稳定，需要根据在该工作点附近电动机电磁转矩和生产机械负载转矩随转速变化的特性来决定。

设电力拖动系统在某稳态工作点 H 点运行，转速为 n_H，电动机的电磁转矩为 T_H，生

产机械负载转矩为 T_{LH}，系统的运动方程式为

$$T_H - T_{LH} = \frac{GD^2}{375} \frac{\mathrm{d}n_H}{\mathrm{d}t} = 0 \tag{3-8}$$

假设在干扰影响下，离开了稳态工作点 H，系统的转速变为 $n = n_H + \Delta n$，电动机的电磁转矩变为 $T = T_H + \Delta T$，生产机械负载转矩变为 $T_L = T_{LH} + \Delta T_L$；$\Delta n$、$\Delta T$ 和 ΔT_L 分别是系统转速、电动机的电磁转矩和生产机械负载转矩的变化量，此时系统的运动方程式为

$$(T_H + \Delta T) - (T_{LH} + \Delta T_L) = \frac{GD^2}{375} \frac{\mathrm{d}}{\mathrm{d}t}(n_H + \Delta n) \tag{3-9}$$

将式(3-9)与式(3-8)相减，则有

$$\Delta T - \Delta T_L = \frac{GD^2}{375} \frac{\mathrm{d}}{\mathrm{d}t}(\Delta n) \tag{3-10}$$

当电动机的电磁转矩和生产机械负载转矩都是转速的函数，且各量的增量很小时，式(3-10)可近似表示为转速增量 Δn 的函数，即

$$\frac{\mathrm{d}T}{\mathrm{d}n}\Delta n - \frac{\mathrm{d}T_L}{\mathrm{d}n}\Delta n = \frac{GD^2}{375} \frac{\mathrm{d}}{\mathrm{d}t}(\Delta n) \tag{3-11}$$

式中 $\dfrac{\mathrm{d}T}{\mathrm{d}n}$——在稳态工作点 H，电动机电磁转矩 T 随转速 n 的变化率；

$\dfrac{\mathrm{d}T_L}{\mathrm{d}n}$——在稳态工作点 H，负载转矩 T_L 随转速 n 的变化率。

式(3-11)可变换为如下典型的一阶微分方程

$$\frac{\mathrm{d}(\Delta n)}{\mathrm{d}t} = \left(\frac{\mathrm{d}T/\mathrm{d}n - \mathrm{d}T_L/\mathrm{d}n}{GD^2/375}\right)\Delta n \tag{3-12}$$

考虑 Δn 的边界条件：$t = 0$ 时，$\Delta n = \Delta n_c$，上述一阶微分方程的解为

$$\Delta n = \Delta n_c \mathrm{e}^{\frac{375}{GD^2}\left(\frac{\mathrm{d}T}{\mathrm{d}n} - \frac{\mathrm{d}T_L}{\mathrm{d}n}\right)t} \tag{3-13}$$

式中，Δn_c 为系统离开稳态工作点 H 的初始转速 n_c 对该工作点转速 n_H 的增量，$\Delta n_c = n_c - n_H$。

从式(3-13)可知，转速的增量 Δn 随时间 t 按指数规律变化。当指数的幂为负值时，转速的增量 Δn 随时间 t 的增加呈指数规律衰减，当 t 趋于无穷时，Δn 趋于零，系统进入新的稳态；当外界干扰消失经过一定时间后，系统还能恢复到原来的稳态，这样的系统运行是稳定的。若指数的幂为正值，则转速的增量 Δn 随时间 t 的增加呈指数规律增加，当 t 趋于无穷时，Δn 也趋于无穷，系统不能进入新的稳态；当外界干扰消失经过一定时间后，系统也不能恢复到原来的稳态，这样的系统运行是不稳定的。

式(3-13)指数幂的正负由 $\dfrac{\mathrm{d}T}{\mathrm{d}n} - \dfrac{\mathrm{d}T_L}{\mathrm{d}n}$ 决定，故电力拖动系统稳定运行的充分条件为：在稳态工作点 $(T = T_L)$ 处有

$$\frac{\mathrm{d}T}{\mathrm{d}n} - \frac{\mathrm{d}T_L}{\mathrm{d}n} < 0 \tag{3-14}$$

式(3-14)说明：在电力拖动系统中，在某稳态工作点，当电动机电磁转矩 T 随转速 n 的变化率小于负载转矩 T_L 随转速 n 的变化率时，系统在该工作点的运行是稳定的；反之，当电动机电磁转矩 T 随转速 n 的变化率大于负载转矩 T_L 随转速 n 的变化率时，系统在该工作点的运行是不稳定的。

根据电力拖动系统稳定运行的充分条件可知，图3-8所示的 A 点处，$\dfrac{\mathrm{d}T}{\mathrm{d}n} < 0$，$\dfrac{\mathrm{d}T_L}{\mathrm{d}n} = 0$，故 $\dfrac{\mathrm{d}T}{\mathrm{d}n} - \dfrac{\mathrm{d}T_L}{\mathrm{d}n} < 0$，因此 A 点为稳定工作点；而在 B 点处，$\dfrac{\mathrm{d}T}{\mathrm{d}n} > 0$，$\dfrac{\mathrm{d}T_L}{\mathrm{d}n} = 0$，故 $\dfrac{\mathrm{d}T}{\mathrm{d}n} -$

$\dfrac{dT_L}{dn}>0$，因此 B 点为不稳定工作点。

综上所述，电力拖动系统稳定运行的充分必要条件为

$$T=T_L$$

$$\frac{dT}{dn}-\frac{dT_L}{dn}<0 \quad (在\ T=T_L\ 处) \tag{3-15}$$

3.3 他励直流电动机的启动

电动机从静止状态到稳定运行状态的过程称为启动过程或启动，是一个过渡过程。对直流电动机的启动一般有以下要求：①启动转矩 T_{st} 足够大，使 $T_{st}>T_L$，电动机的加速度 $dn/dt>0$，保证电动机能够启动，且使启动过程时间较短，从而提高生产效率；②启动电流 I_{st} 不能太大，否则会造成换向困难，产生强烈火花，而且与此电流成正比的电磁转矩还会产生较强的转矩冲击，可能损坏拖动系统的传动机构；③启动设备与控制装置简单、可靠、经济、操作方便。

直流电动机启动时，应该先给励磁回路通入额定励磁电流，在电机气隙中建立额定磁场，然后再给电枢回路通电。由直流电动机的转矩公式 $T=C_T\Phi I_a$ 可知，启动转矩 $T_{st}=C_T\Phi I_{st}$。为使 T_{st} 较大而 I_{st} 又不致太大，启动时应将励磁回路的调节电阻调至最小，以使磁通为最大。

他励直流电动机电枢回路不串电阻而直接加额定电压 U_N 的启动方法称为直接启动。启动瞬间，因 $n=0$，$E_a=0$，若忽略电枢回路电感，则启动电流 $I_{st}=U_N/R_a$。由于 R_a 很小，启动电流可达额定电流的 10～20 倍，启动转矩也很大。而一般直流电动机瞬时过载电流按规定不得超过额定电流的 2～2.5 倍。因此除了微型直流电动机和航空直流电动机由于 R_a 相对较大可以直接启动外，一般直流电动机都不允许直接启动。

为限制启动电流，可采取两种措施：①降低电枢电源电压；②电枢回路串入电阻。

3.3.1 降压启动

采用降压启动时，需要有可以调压的直流电源，常在调压调速的系统中应用。

降压启动的机械特性如图 3-9 所示，A 点为稳定工作点。启动时，降低电枢电源电压使 $U=U_{st}$，为保证

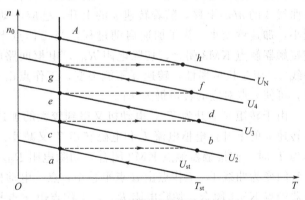

图 3-9 降压启动时的机械特性

有足够大的启动转矩和启动电流 $I_{st}\leqslant 2I_N$，应保证 $I_L R_a<U_{st}<2I_N R_a$。然后逐渐升高电枢电源电压 U，以保证启动过程中电磁转矩的平稳性，直至最后升到 U_N。实际上，电源电压可以连续升高，这样启动更快、更稳。

3.3.2 电枢回路串电阻启动

启动时在电枢回路中串入适当的电阻，就可以限制启动电流。电动机电枢回路串启动电阻 R_{st} 时，启动电流为

$$I_{st}=\frac{U_N}{R_a+R_{st}} \tag{3-16}$$

根据启动要求，可确定启动电阻 R_{st} 的大小。当电动机转速上升后，再将启动电阻 R_{st}

切除。为保证在启动过程中都能限制启动电流，且使 T 大于 T_L，通常逐段切除启动电阻，启动完成后，电阻全部切除。启动电阻的分段数也称为启动级数。

（1）分级启动过程

图 3-10(a)、(b) 所示为某他励直流电动机三级启动的电路图和机械特性图。图 3-10(a) 所示启动电阻分为三段 R_{st1}、R_{st2}、R_{st3}，并分别与接触器 KM1、KM2、KM3 的常开触点并联，可通过 KM1、KM2、KM3 分三次切除，故称为三级启动。图 3-10(b) 所示 T_1 为启动过程中的最大转矩，通常取 $T_1=2T_N$；T_2 为启动过程中的切换转矩，通常取 $T_2=(1.2\sim 1.5)T_L$ 或 $T_2=(1.1\sim 1.2)T_N$。假定启动过程中负载转矩 T_L 大小不变。

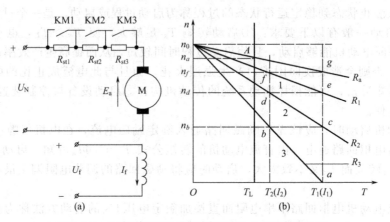

图 3-10　他励直流电动机三级启动的电路和机械特性

启动时，先接通励磁电源，加额定励磁，然后接通电枢电源，此时 KM1、KM2、KM3 全部断开。启动电流为 $I_1=U_N/R_3$，启动转矩 $T_1>T_L$，电动机由 $n=0$ 加速启动，工作点沿曲线 3 的 abn_0 上移，随着转速 n 的上升，感应电动势 E_a 增大，电枢电流 I_a 和电磁转矩 T 减小，加速度变小。为了加速启动过程，当工作点上移至 b 点，电磁转矩 T 减小为 T_2 时，使接触器触点 KM3 闭合，切除电阻 R_{st3}，电枢回路电阻由 R_3 降为 R_2，机械特性瞬间变为曲线 2。由于机械惯性，转速 n 不能突变，工作点由 b 点平移至 c 点，如果启动电阻配合恰当，可使 c 点对应的转矩仍为 T_1。

由于转矩又上升为 T_1，电动机又得到较大的加速度，工作点沿曲线 2 的 cdn_0 上移，随着转速 n 的上升，电枢电流 I_a 和电磁转矩 T 又减小。当工作点上移至 d 点，电磁转矩又减小为 T_2 时，使接触器触点 KM2 闭合，切除电阻 R_{st2}，电枢回路电阻由 R_2 降为 R_1，机械特性瞬间变为曲线 1，工作点由 d 点平移至 e 点。电动机沿曲线 1 的 efn_0 继续加速至 f 点，接触器触点 KM1 闭合，切除电阻 R_{st1}，工作点由 f 点平移至固有机械特性上的 g 点，电动机沿固有机械特性继续加速，直到 $T=T_L$，稳定运行在 A 点，启动过程结束。

电枢回路串电阻启动操作简单、可靠，但启动电阻要消耗大量电能，效率较低。因此，通常只在应用电枢回路串电阻调速的电力拖动系统中才同时使用这种启动方法。

（2）分级启动电阻的计算

电动机在启动过程中，从图 3-10 所示的曲线 3 的 b 点切换到曲线 2 的 c 点，由于电阻 R_{st3} 切除很快，并考虑系统的机械惯性且忽略电感影响，可认为在切换瞬间转速不能突变，而电流可以突变，所以有 $n_b=n_c$，电动势 $E_b=E_c$。在 b 点有

$$I_2=\frac{U_N-E_b}{R_3} \tag{3-17}$$

在 c 点有

$$I_1 = \frac{U_N - E_c}{R_2} = \frac{U_N - E_b}{R_2} \tag{3-18}$$

两式相除得

$$\frac{I_1}{I_2} = \frac{R_3}{R_2} \tag{3-19}$$

同理，运行点自 d 点切换至 e 点时，有

$$\frac{I_1}{I_2} = \frac{R_2}{R_1} \tag{3-20}$$

运行点自 f 点切换至 g 点时，有

$$\frac{I_1}{I_2} = \frac{R_1}{R_a} \tag{3-21}$$

这样三级启动时就有

$$\frac{I_1}{I_2} = \frac{R_3}{R_2} = \frac{R_2}{R_1} = \frac{R_1}{R_a} \tag{3-22}$$

式中，$R_3 = R_a + R_{st1} + R_{st2} + R_{st3}$；$R_2 = R_a + R_{st1} + R_{st2}$；$R_1 = R_a + R_{st1}$。

推广到 m 级启动的一般情况，则有

$$\frac{I_1}{I_2} = \frac{R_m}{R_{m-1}} = \frac{R_{m-1}}{R_{m-2}} = \cdots = \frac{R_1}{R_a} \tag{3-23}$$

式中，R_m，R_{m-1}，$\cdots$，为第 m，$m-1$，$\cdots$，级的电枢回路总电阻。

设 $\beta = I_1/I_2$（或 $\beta = T_1/T_2$），β 称为启动电流比（或启动转矩比），则可得 m 级启动时各级总电阻计算公式为

$$\begin{cases} R_1 = \beta R_a \\ R_2 = \beta R_1 = \beta^2 R_a \\ \quad\vdots \\ R_{m-1} = \beta R_{m-2} = \beta^{m-1} R_a \\ R_m = \beta R_{m-1} = \beta^m R_a \end{cases} \tag{3-24}$$

各分段电阻计算公式为

$$\begin{cases} R_{st1} = R_1 - R_a = (\beta - 1) R_a \\ R_{st2} = R_2 - R_1 = (\beta^2 - \beta) R_a = \beta R_{st1} \\ \quad\vdots \\ R_{st(m-1)} = R_{m-1} - R_{m-2} = \beta^{m-2}(\beta - 1) R_a = \beta R_{st(m-2)} \\ R_{st(m)} = R_m - R_{m-1} = \beta^{m-1}(\beta - 1) R_a = \beta R_{st(m-1)} \end{cases} \tag{3-25}$$

由式（3-24）可得启动电流比 β 和启动级数 m 的计算公式为

$$\beta = \sqrt[m]{\frac{R_m}{R_a}} \tag{3-26}$$

将式（3-26）两边取对数，则有

$$m = \frac{\lg(R_m/R_a)}{\lg\beta} \tag{3-27}$$

在具体计算各级启动电阻时有下列两种情况：

① 启动级数 m 未定：首先选择 T_1（或 I_1），初定 T_2（或 I_2），由 $R_m = U_N/I_1$ 计算 R_m，由 $\beta = I_1/I_2$ 初定启动电流比 β，根据式（3-27）求出启动级数 m，并将其修正为相近的整数，再根据 m 值和式（3-26）计算出新的 β 值；然后就可以利用式（3-24）或式（3-25），计算出各级电阻或各分段电阻。

② 启动级数 m 已定：首先选择 T_1（或 I_1），由 $R_m = U_N/I_1$ 计算 R_m，将 m 及 R_m 代入式

（3-26），求出 β 值；然后就可以利用式（3-24）或式（3-25），计算出各级电阻或各分段电阻。

在计算得出 β 值后，应由 $\beta = I_1/I_2$ 校验切换电流 I_2 $[I_2 = (1.1 \sim 1.2)I_N$ 或 $I_2 = (1.2 \sim 1.5)I_L]$，如果 I_2 过小应适当增大启动级数 m，反之则应适当减少启动级数 m，以使电动机正常启动。

【例 3-2】 一台他励直流电动机的额定数据为：$R_a = 0.48\Omega$，$P_N = 7.5\text{kW}$，$U_N = 220\text{V}$，$I_N = 40\text{A}$，$n_N = 1500\text{r/min}$，现拖动 $T_L = 0.8T_N$ 的恒转矩负载。求：

① 采用电枢回路串电阻启动，问需要串入多大的启动电阻？

② 采用电枢回路串三级电阻启动，问各分段电阻为多少？

解 ① 启动电流

$$I_{st} = \frac{U_N}{R_a + R_{st}} = \frac{220}{0.48 + R_{st}} \leqslant 2I_N = 2 \times 40 = 80 \text{ (A)}$$

故有

$$R_{st} \geqslant \frac{220}{80} - 0.48 = 2.27 \text{ (}\Omega\text{)}$$

② 取 $I_1 = 2I_N = 2 \times 40 = 80$ （A）

由 $m = 3$，可得总电阻为

$$R_3 = \frac{U_N}{I_1} = \frac{220}{80} = 2.75 \text{ (}\Omega\text{)}$$

代入式（3-26），有

$$\beta = \sqrt[3]{\frac{R_3}{R_a}} = \sqrt[3]{\frac{2.75}{0.48}} = 1.79$$

计算切换电流 I_2

$$I_2 = \frac{I_1}{\beta} = \frac{80}{1.79} = 44.7 \text{ (A)}$$

因 $T_L = 0.8T_N$，则 $I_L = 0.8I_N = 0.8 \times 40 = 32$ （A）

$$I_2 = 44.7\text{(A)} > 1.2I_L = 1.2 \times 32 = 38.4 \text{ (A)}$$

满足启动要求。根据式（3-25）可得各分段电阻为

$$R_{st1} = (\beta - 1)R_a = (1.79 - 1) \times 0.48 = 0.379 \text{ (}\Omega\text{)}$$

$$R_{st2} = \beta(\beta - 1)R_a = 1.79 \times (1.79 - 1) \times 0.48 = 0.879 \text{ (}\Omega\text{)}$$

$$R_{st3} = \beta^2(\beta - 1)R_a = 1.79^2 \times (1.79 - 1) \times 0.48 = 1.215 \text{ (}\Omega\text{)}$$

3.4 他励直流电动机的调速

电动机拖动生产机械运行时，系统的速度需要根据工作状态和工艺要求的不同进行调节，使生产机械以最合理的速度工作，从而提高产品质量和生产效率。如龙门刨床在切削工件时，刀具切入和切出工件用较低速度，中间一段切削用较高速度，而工作台返回时用高速度；又如轧钢机轧制不同种类、不同截面的钢材时，需要不同的转速。这就要求人为采取一定的方法来改变生产机械的工作速度，以满足生产的需要，这种人为方法通常称为调速。

电力拖动系统的调速可采用机械方法、电气方法和机械电气方法实现。用机械方法调速时，电动机的转速不变，通过改变机械传动机构的速比来实现。机械调速的特点是机械传动机构较复杂，且多为有级调速。用电气方法调速时，则通过改变电动机的参数来调节电动机的转速，从而改变生产机械的工作速度。电气调速的特点是机械传动机构较简单，而电气上可能较复杂，但易于实现无级调速和自动控制。用机械电气方法调速时，用电气方法获得几种转速或一定的调速范围，再配合机械变速机构可易于获得多种转速或扩大调速范围。本节

只讨论电气调速方法。

3.4.1 调速方法

根据直流电动机的机械特性方程

$$n=\frac{U}{C_e\Phi}-\frac{R_a+R_c}{C_eC_T\Phi^2}T \qquad (3-28)$$

可知，要改变直流电动机的转速 n 有三种方法：①改变电源电压 U；②改变电枢回路所串电阻 R_c；③改变励磁磁通 Φ。

由于提高电动机电枢端电压受到绕组绝缘耐压的限制，提高电源电压 U 的可能性不大。实际上改变电源电压 U 主要是降压，从额定转速向下调速。再有，一般电动机的额定磁通已设计为使电动机铁芯接近饱和，增加磁通 Φ 的可能性也不大，一般只减弱磁通 Φ，从额定转速向上调速。

必须指出，调速与负载变化引起的转速变化是不同的。调速需要人为地改变电动机的电气参数，电动机的机械特性必然发生改变，电动机的工作点也必然会在不同的机械特性间变化。而负载变化引起的转速变化则是自动进行的，这时电动机的电气参数未变，机械特性未变，工作点只是在同一条机械特性曲线上移动。

（1）降压调速

保持励磁磁通为额定值 Φ_N 不变，电枢回路不串入电阻，即 $R_c=0$，降低电枢电源电压来实现调速的方法，称为降压调速。

降压调速的机械特性方程式为

$$n=\frac{U}{C_e\Phi_N}-\frac{R_a}{C_eC_T\Phi_N^2}T \qquad (3-29)$$

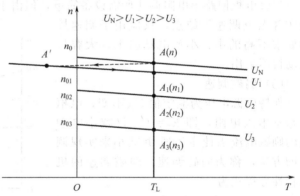

图 3-11 降低电源电压调速的机械特性

机械特性曲线如图 3-11 所示。图中所示负载为恒转矩负载，当电源电压为额定值 U_N 时，工作点为 A 点，转速为 n；电源电压降为 U_1，工作点变为 A_1，转速变为 n_1；电源电压降为 U_2，工作点变为 A_2，转速变为 n_2；……电源电压越低，转速也越低。当电源电压由高降低时，相应的人为机械特性为向下平移的一簇平行线。通常把电动机运行于固有机械特性上的转速称为基速，降压调速的调速方向只能是从基速向下调速。

降低电源电压调速时，如果负载为恒转矩负载，当电动机运行在不同转速时，由于 $I_a=T_L/C_T\Phi_N$，故电动机电枢电流 I_a 保持不变；降低电源电压，电动机机械特性的硬度不变。电动机在低速范围运行时，转速随负载变化而变化的幅度较小，即调速的静态稳定性好；当电源电压连续变化时，转速的变化也是连续的，可实现无级调速，即调速的平滑性好。

因此，降压调速被广泛应用于对启动、制动和调速性能要求较高的场合，如龙门刨床、轧钢机等。

（2）电枢回路串电阻调速

保持电源电压为额定电压 U_N 不变，励磁磁通为额定值 Φ_N 不变，电枢回路串入不同大小的电阻 R_c 来实现调速的方法，称为电枢回路串电阻调速。电枢回路串电阻调速的机械特性方程式为

$$n=\frac{U_N}{C_e\Phi_N}-\frac{R_a+R_c}{C_eC_T\Phi_N^2}T \qquad (3-30)$$

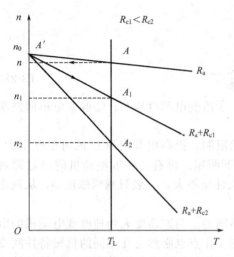

图 3-12 电枢回路串电阻调速的机械特性

机械特性曲线如图 3-12 所示。图中所示负载为恒转矩负载，在没有串入电阻时，工作点为 A 点，转速为 n；电枢回路串入电阻 R_{c1}，工作点变为 A_1 点，转速变为 n_1；电枢回路串入电阻 R_{c2}（$R_{c2} > R_{c1}$），工作点变为 A_2 点，转速变为 n_2；……电枢回路串入的电阻越大，转速就越低。电枢回路串电阻调速的调速方向也是从基速向下调速。

电枢回路串电阻调速时，如果负载为恒转矩负载，当电动机运行在不同转速时，由于 $I_a = T_L / C_T \Phi_N$，故电动机电枢电流 I_a 保持不变；电枢回路串电阻调速时，所串的电阻上会产生较大的损耗 $I_a^2 R_c$，电阻越大，损耗越大；电枢回路串电阻调速的人为机械特性是一簇过理想空载点 n_0 的直线，串入的调速电阻越大，机械特性越软。这样在低速运行时，

负载在不大的范围内变化，就会引起转速较大的变化，即调速的静态稳定性较差；电枢回路串电阻调速时，不易做到电阻值的连续调节，只能实现有级调速。

尽管电枢回路串电阻调速所需设备简单，但由于功率损耗大、低速时转速稳定性差、不能实现无级调速等缺点，只应用于调速性能要求不高的中、小型电动机上，大容量电动机不采用。

（3）弱磁调速

保持电源电压为额定值 U_N 不变，电枢回路不串入电阻，即 $R_c = 0$，仅减小电动机的励磁电流 I_f 使主磁通 Φ 减小来实现调速的方法，称为弱磁调速。弱磁调速的机械特性方程式为

$$n = \frac{U_N}{C_e \Phi} - \frac{R_a}{C_e C_T \Phi^2} T \qquad (3-31)$$

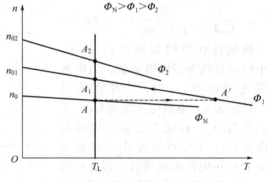

图 3-13 弱磁调速的机械特性

机械特性曲线如图 3-13 所示。图中所示负载为恒转矩负载。显然，磁通降得越多，转速升高得越大。弱磁调速是从基速向上调速的调速方法。

通常，他励直流电动机的励磁电流比电枢电流要小得多，因此励磁回路中所串电阻消耗的功率要比电枢回路所串电阻消耗的功率小得多，且由于励磁电路电阻的容量很小，控制很方便，故可以连续调节电阻值，实现无级调速。

由于弱磁调速是从基速向上调速，而电动机的最高转速受换向条件及机械强度的限制不能过高，因此该方法的调速范围不大，一般为额定转速的 1.2～1.8 倍。

改变磁通调速时，如果电动机拖动的是恒功率负载，即电动机的电磁功率为

$$P_M = T\Omega = 9.55 C_e \Phi I_a \times \frac{2\pi}{60} \left(\frac{U_N}{C_e \Phi} - \frac{R_a}{C_e \Phi} I_a \right) = U_N I_a - I_a^2 R_a = T_L \Omega = 常数 \qquad (3-32)$$

则有电动机电枢电流不变，即 $I_a =$ 常数。当负载功率为电动机的额定功率 P_N 时，电枢电流 $I_a = I_N$。

在电力拖动系统中，他励直流电动机的调速常采用降低电枢电源电压从基速向下调速与

减弱磁通从基速向上调速相结合的调速方法。这样可以得到很宽的调速范围，可以在调速范围之内任何需要的转速上运行，而且调速时损耗较小，运行效率较高，因此能很好地满足各种生产机械对调速的要求。

【例 3-3】 一台他励直流电动机，额定数据为：$P_N=13kW$，$U_N=220V$，$I_N=68.5A$，$n_N=1500r/min$，$R_a=0.225\Omega$。现拖动额定恒转矩负载运行，求：

① 采用电枢回路串电阻调速，使电动机转速降为 1000r/min，应串入多大电阻？

② 采用降低电源电压调速，使电动机转速降为 1000r/min，电源电压应降为多少？

③ 上述两种调速情况下，电动机输入功率和输出功率各为多少（输入功率不计励磁回路的功率）？

解 ① 电枢回路串入电阻值的计算

$$C_e\Phi_N=\frac{U_N-I_N R_a}{n_N}=\frac{220-68.5\times0.225}{1500}=0.1364\ \left[V/(r\cdot min^{-1})\right]$$

电枢回路串电阻调速的人为机械特性方程式为

$$n=\frac{U_N}{C_e\Phi_N}-\frac{R_a+R_c}{C_e C_T\Phi_N^2}T=\frac{U_N-(R_a+R_c)I_a}{C_e\Phi_N}=\frac{220-(0.225+R_c)\times68.5}{0.1364}=1000\ (r/min)$$

解得

$$R_c=0.995\ (\Omega)$$

② 降低电源电压数值的计算

降压调速的人为机械特性方程式为

$$n=\frac{U}{C_e\Phi_N}-\frac{R_a}{C_e C_T\Phi_N^2}T=\frac{U-R_a I_a}{C_e\Phi_N}=\frac{U-0.225\times68.5}{0.1364}=1000\ (r/min)$$

解得

$$U=151.8\ (V)$$

③ 电动机降速后输入功率和输出功率的计算

电动机输出转矩为

$$T_2=9550\frac{P_N}{n_N}=9550\frac{13}{1500}=82.77\ (N\cdot m)$$

输出功率为

$$P_2=T_2\Omega=T_2\frac{2\pi}{60}n=82.77\times\frac{2\pi}{60}\times1000=8.66\ (kW)$$

电枢回路串电阻调速时的输入功率为

$$P_1=U_N I_N=220\times68.5=15.07\ (kW)$$

降低电源电压调速时的输入功率为

$$P_1=U_1 I_N=151.8\times68.5=10.398\ (kW)$$

【例 3-4】 例 3-3 中的他励直流电动机，忽略空载转矩 T_0，采用弱磁升速。求：

① 若要求负载转矩 $T_L=0.6T_N$，转速升到 $n=2000r/min$，此时磁通 Φ 应降为额定值的多少倍？

② 若已知电动机的磁化曲线如图 3-14 所示，且励磁绕组额定电压 $U_f=220V$，励磁绕组电阻 $R_f=110\Omega$，在①的情况下，励磁回路应串入多大电阻？

③ 要不使电枢电流 I_a 超过额定电流 I_N，在按题①要求减弱磁通后不变的情况下，该电动机所能输出的最大转矩为多少？

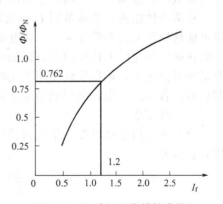

图 3-14　电动机磁化特性曲线

解 ① $T_L=0.6T_N$，转速 $n=2000\text{r/min}$ 时磁通 Φ 的计算

电动机额定电磁转矩为

$$T_N=9.55C_e\Phi_N I_N=9.55\times0.1364\times68.5=89.23\ (\text{N}\cdot\text{m})$$

弱磁调速的机械特性方程式为

$$n=\frac{U_N}{C_e\Phi}-\frac{R_a}{C_eC_T\Phi^2}T=\frac{220}{C_e\Phi}-\frac{0.225}{9.55(C_e\Phi)^2}\times0.6\times89.23=2000\ (\text{r/min})$$

解得

$$C_e\Phi=0.1039\ [\text{V}/(\text{r}\cdot\text{min}^{-1})]；C_e\Phi=0.0061\ [\text{V}/(\text{r}\cdot\text{min}^{-1})]$$

当 $C_e\Phi=0.0061\text{V}/(\text{r}\cdot\text{min}^{-1})$ 时，磁通减少太多，这样小的磁通要产生 $0.6T_N$ 的电磁转矩，所需电枢电流 I_a 太大，远远超过 I_N，因此不能调到如此低的磁通，故应取 $C_e\Phi=0.1039\text{V}/(\text{r}\cdot\text{min}^{-1})$。

磁通减少到额定磁通 Φ_N 的倍数为

$$\frac{\Phi}{\Phi_N}=\frac{C_e\Phi}{C_e\Phi_N}=\frac{0.1039}{0.1364}=0.762$$

② 在①情况下，励磁回路串入电阻值的计算

从图中磁化曲线查到 $\Phi=0.762\Phi_N$ 时，励磁电流为 $I_f=1.2\text{A}$。由公式

$$I_f=\frac{U_f}{R_f+R}$$

得

$$R=\frac{U_f}{I_f}-R_f=\frac{220}{1.2}-110=73.33\ (\Omega)$$

③ 在磁通减少的情况下，不使 I_a 超过 I_N，电动机可能输出的最大转矩为

$$T_2=9.55C_e\Phi I_N=9.55\times0.1039\times68.5=67.97\ (\text{N}\cdot\text{m})$$

3.4.2 调速性能指标

调速性能指标是衡量调速效果的依据，也是决定选用何种调速方法的参考。主要性能指标有以下四种。

（1）调速范围

调速范围是指电动机在额定负载转矩下调速时，最高转速与最低转速之比，用 D 表示为

$$D=n_{\max}/n_{\min} \tag{3-33}$$

式中，D 为电动机的调速范围。如果电力拖动系统仅由电气方法调速，则 D 也是生产机械的调速范围。如果电力拖动系统用机械电气方法配合进行调速，则生产机械的调速范围应为机械调速范围与电气调速范围的乘积。

从调速性能讲，调速范围 D 越大越好。从式（3-33）可知，要扩大调速范围，必须设法尽可能地提高 $n_{\max}$ 和降低 $n_{\min}$。而电动机的最高转速 $n_{\max}$ 受机械强度、换向等因素的限制，一般在额定转速以上转速的提高范围不大，最低转速 $n_{\min}$ 受低速运行时的相对稳定性限制。所谓相对稳定性，是指负载转矩变化时转速变化的程度，转速变化越小，相对稳定性越好。调速时，若 $n_{\max}$ 一定，能得到的 $n_{\min}$ 越小，调速范围 D 就越大。

（2）静差率

静差率是指电动机在一条机械特性上运行时，由理想空载到额定负载时转速的变化率，用 δ 表示为

$$\delta=\frac{\Delta n}{n_0}\times100\%=\frac{n_0-n}{n_0}\times100\% \tag{3-34}$$

静差率越小，负载变化时转速变化越小，转速的稳定性就越好。

从式(3-34)可知，静差率取决于理想空载转速和额定负载下的转速降落。当理想空载转速 n_0 一定时，机械特性越硬，额定转矩时的转速降落 Δn 越小，静差率 δ 越小。

从调速性能讲，静差率 δ 越小越好。一般生产机械对机械特性相对稳定性的程度是有要求的。调速时，为保持一定的稳定程度，总是要求静差率 δ 小于某一允许值。不同的生产机械，其允许的静差率是不同的，例如普通车床可允许 $\delta \leqslant 30\%$，有些设备上允许 $\delta \leqslant 50\%$，而精度高的造纸机械则要求 $\delta \leqslant 0.1\%$。

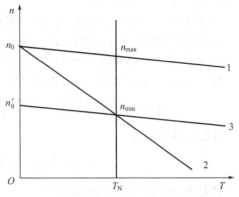

图 3-15 机械特性与调速指标的关系

静差率和机械特性的硬度有关系，但又有不同之处，两条互相平行的机械特性，硬度相同，但静差率不同。如图 3-15 中特性 1 和 3 平行，虽然 $\Delta n_{N1} = \Delta n_{N3}$，但由于 $n_0' < n_0$，故 $\delta_1 < \delta_3$。这说明同样硬度的机械特性，n_0 越低，静差率 δ 越大。由此可知，当采用降压调速时，若电压最低的一条人为机械特性上的静差率满足要求，则其他各条机械特性上的静差率就都满足要求。这条电源电压最低的人为机械特性上 $T = T_N$ 时的转速，就是降压调速时的最低转速 $n_{\min}$，而电动机固有机械特性上的转速 n_N 则为最高转速 $n_{\max}$。

当 n_0 相同时，特性越软，额定转矩时的转速降落 Δn 越大，静差率越大。如图 3-15 中特性 1 和 2，理想空载转速 n_0 相同，但特性 2 较软，故 $\delta_1 < \delta_2$。由此可知，当采用电枢回路串电阻调速时，若所串电阻最大的人为机械特性上的静差率满足要求，则其他各条机械特性上的静差率就都满足要求。这条串电阻最大的人为机械特性上 $T = T_N$ 时的转速，就是串电阻调速时的最低转速 $n_{\min}$，而电动机固有机械特性上的转速 n_N 则为最高转速 $n_{\max}$。

调速范围 D 和静差率 δ 是既相互联系又相互制约的调速性能指标。采用同一种方法调速时，静差率 δ 大，即静差率要求较低时，可以得到较大的调速范围 D；反之，静差率 δ 小，最低转速 $n_{\min}$ 高，调速范围 D 小。由图 3-15 可知，当静差率 δ 一定时，采用不同的调速方法，调速范围 D 是不同的。根据图 3-15 中的特性 1 和特性 3，可推出调速范围 D 与低速静差率 δ 之间的关系为

$$D = \frac{n_{\max}}{n_{\min}} = \frac{n_{\max}}{n_0' - \Delta n_N} = \frac{n_{\max}}{n_0'\left(1 - \dfrac{\Delta n_N}{n_0'}\right)} = \frac{n_{\max}}{\dfrac{\Delta n_N}{\delta}(1-\delta)} = \frac{n_{\max}\delta}{\Delta n_N(1-\delta)} \tag{3-35}$$

式中，δ 为低速特性的静差率。

（3）调速的平滑性

在一定的调速范围内，调速的级数越多则认为调速的平滑性越好，无级调速的平滑性最好。调速的平滑性用平滑系数 φ 表示，它是相邻两级转速的比，即

$$\varphi = \frac{n_i}{n_{i-1}} \tag{3-36}$$

式中，n_i，n_{i-1} 为相邻高一级转速和低一级转速。φ 值越接近 1，则平滑性越好。

（4）调速的经济性

调速的经济性取决于调速系统的设备初投资、调速时电能的损耗及运行时的维护费用等。

选择调速方法时，应在满足调速范围 D、静差率 δ 及调速平滑性要求的基础上，力求设

备投资少，电能损耗小，维护简单方便。

【例 3-5】 某他励直流电动机有关数据为：$P_N=22kW$，$U_N=220V$，$I_N=115A$，$n_N=1500r/min$，$R_a=0.1\Omega$。求：

① 静差率 $\delta\leqslant30\%$，电枢回路串电阻调速时的调速范围；

② 静差率 $\delta\leqslant10\%$，降低电源电压调速时的调速范围；

③ 生产机械要求调速范围 $D\geqslant3$ 且低速静差率 $\delta\leqslant20\%$，应采用什么调速方法。

解 ① 静差率 $\delta\leqslant30\%$，电枢回路串电阻调速时的调速范围的计算

$$C_e\Phi_N=\frac{U_N-I_NR_a}{n_N}=\frac{220-115\times0.1}{1500}=0.139\ [V/(r\cdot min^{-1})]$$

理想空载转速为

$$n_0=\frac{U_N}{C_e\Phi_N}=\frac{220}{0.139}=1582.73\ (r/min)$$

静差率 $\delta\leqslant30\%$ 时的最低转速为

$$\delta=\frac{n_0-n_{min}}{n_0}$$

$$n_{min}=n_0-\delta n_0=(1-30\%)\times1582.73=1107.91\ (r/min)$$

调速范围为

$$D=\frac{n_N}{n_{min}}=\frac{1500}{1107.91}=1.35$$

② 静差率 $\delta\leqslant10\%$，降低电源电压调速时的调速范围的计算

额定转矩时转速降落为

$$\Delta n_N=n_0-n_N=1582.73-1500=82.73\ (r/min)$$

最低转速对应机械特性的理想空载转速为

$$n_0'=\frac{\Delta n_N}{\delta}=\frac{82.73}{0.1}=827.3\ (r/min)$$

最低转速为

$$n_{min}=n_0'-\Delta n_N=827.3-82.73=744.57\ (r/min)$$

调速范围为

$$D=\frac{n_{max}}{n_{min}}=\frac{1500}{744.57}=2.01$$

③ 要求 $D\geqslant3$，$\delta\leqslant20\%$ 时调速方法的选择计算

该系统的最高转速为：$n_{max}=n_N=1500(r/min)$，最低转速为

$$n_{min}=\frac{n_{max}}{D}=\frac{1500}{3}=500\ (r/min)$$

采用电枢回路串电阻调速，则低速静差率为

$$\delta=\frac{n_0-n_{min}}{n_0}=\frac{1582.73-500}{1582.73}=68.4\%>20\%$$

故电枢回路串电阻调速不能满足 δ 的要求。

采用降低电源电压调速，则低速特性的理想空载转速为

$$n_0'=n_{min}+\Delta n_N=500+(1582.73-1500)=582.73\ (r/min)$$

低速静差率为

$$\delta=\frac{n_0'-n_{min}}{n_0'}=\frac{582.73-500}{582.73}=14.2\%<20\%$$

故应采用降低电源电压的调速方法。

3.4.3 调速方式与负载性质的配合

（1）调速方式

电动机运行时内部有损耗，这些损耗最终都变成热能，使电动机温度升高。若损耗过大，并长期运行时，会导致电动机温度过高而损坏电动机的绝缘，从而损坏电动机。电动机的损耗分不变损耗和可变损耗，其中可变损耗主要取决于电枢电流的大小。为使电动机能安全可靠地运行，电枢电流 I_a 不应超过额定电流 I_N。

电动机的电枢电流 I_a 取决于所拖动的负载。电力拖动系统中，负载有不同的类型，而电动机有不同的调速方法。如何使不同类型负载与电动机的不同调速方法合理配合，既保证电枢电流 I_a 不超过额定电流 I_N 又能使电动机得到充分利用，就显得十分重要。

① 恒转矩调速方式　调速过程中，保持电枢电流 $I_a = I_N$ 不变，则电动机的电磁转矩 T 恒定不变，称这种调速方式为恒转矩调速方式。

他励直流电动机电枢回路串电阻调速和降压调速就属于恒转矩调速方式。这种调速方式下，电动机容许输出的功率与转速成正比，即 $P \propto n$。

② 恒功率调速方式　调速过程中，保持电枢电流 $I_a = I_N$ 不变，则电动机的电磁功率 P_M 恒定不变，称这种调速方式为恒功率调速方式。

他励直流电动机弱磁调速就属于恒功率调速方式。在这种调速方式下，电动机容许输出的转矩与转速近似成反比，即 $T \propto \dfrac{1}{n}$。

图 3-16 所示为他励直流电动机调速时的负载能力，即容许输出的转矩与功率。图中 n_N 的左边为恒转矩调速区，右边为恒功率调速区。

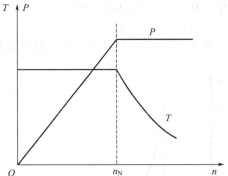

图 3-16　他励直流电动机调速时
容许输出的转矩与功率

（2）调速方式与负载性质的匹配

电动机运行时，电枢电流取决于所带负载，而负载又分为恒转矩负载、恒功率负载和风机、泵类负载等。调速方式是在电枢电流额定不变的前提下，表征电动机采用某种调速方法时的负载能力。只有将调速方式与负载性质合理配合，才能使电动机得到充分有效的利用。

电动机采用恒转矩调速方式时，如果拖动恒转矩负载运行，并且使电动机额定转矩与负载转矩相等，则不论运行在什么转速下，电动机的电枢电流始终等于额定电流 I_N，电动机得到了充分利用，即恒转矩调速方式与恒转矩负载性质匹配。

电动机采用恒功率调速方式时，如果拖动恒功率负载运行，并且使电动机电磁功率 $P_M = T_N \Omega_N$ 不变，则不论运行在什么转速下，电动机的电枢电流始终等于额定电流 I_N，电动机得到了充分利用，即恒功率调速方式与恒功率负载性质匹配。

下面我们来分析调速方式与负载性质不匹配的情况，即恒转矩调速方式拖动恒功率负载与恒功率调速方式拖动恒转矩负载的情况。

① 恒转矩调速方式与恒功率负载　若生产机械具有图 3-17 中的曲线 ab 所示的恒功率负载特性，

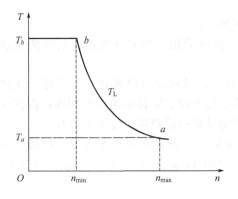

图 3-17　恒转矩调速方式与恒
功率负载的配合

当对此恒功率负载选择降压调速方法（恒转矩调速方式）时，恒功率负载的功率为

$$P_L = \frac{T_a n_{max}}{9.55} = \frac{T_b n_{min}}{9.55} = 常数 \tag{3-37}$$

式中　P_L——负载功率，W。

选择降压调速方法，为了满足整个调速范围内的负载转矩要求（即 $T > T_L$），电动机额定转矩应按最大负载转矩 T_b 选取，即

$$T_N = T_b \tag{3-38}$$

由于是降压调速，是从额定转速（基速）向下调速，所以电动机的额定转速应按负载的最高转速 n_{max} 选取，即

$$n_N = n_{max} \tag{3-39}$$

电动机的额定功率为

$$P_N = \frac{T_N n_N}{9.55} = \frac{T_b n_{max}}{9.55} = \frac{T_b n_{min}}{9.55} \times \frac{n_{max}}{n_{min}} = P_L D \tag{3-40}$$

式中　P_L——负载功率，W；

　　　D——调速范围。

从式(3-40)可知，恒功率负载若与恒转矩调速方式配合，则电动机的额定功率为所拖动负载功率的 D 倍。

② 恒功率调速方式与恒转矩负载　若生产机械具有图 3-18 所示的恒转矩负载特性，当对此恒转矩负载选择弱磁调速方法（恒功率调速方式）时，电动机的额定转速应按最低转速来选取，即

$$n_N = n_{min} \tag{3-41}$$

而电动机的额定转矩必须这样考虑：为了满足整个调速范围内的负载转矩要求（即 $T > T_L$），电动机的转矩必须按最高转速时的数值选择，故电动机的额定功率为

$$P_N = \frac{T_L n_{max}}{9.55} \tag{3-42}$$

当电动机工作在 $n < n_{max}$ 时，电动机容许输出的转矩及功率均比负载实际需要的大。

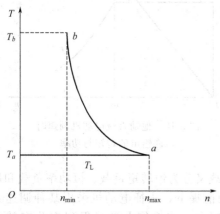

图 3-18　恒功率调速方式与
恒转矩负载的配合

对于风机、泵类负载，既非恒转矩负载类型，又非恒功率负载类型，采用恒转矩调速方式浪费要小一点。

通过上面对调速方式问题的讨论，可归纳为以下两点：

a. 恒转矩调速方式与恒功率调速方式只是用来表征电动机采用某种调速方法时的负载能力，并不是指电动机拖动的实际负载；

b. 电动机的调速方式与其拖动的实际负载匹配时，电动机才可以得到充分利用。从理论上讲，匹配时，可以让电动机的额定转矩或额定功率与负载实际转矩或功率相等；但实际上，由于电动机容量分为若干等级，有时电枢电流只能尽量接近额定电流而不能相等。

【例 3-6】　某生产机械采用他励直流电动机作原动机，采用弱磁调速方法进行调速。电动机的有关参数为：$P_N = 18.5\text{kW}$，$U_N = 220\text{V}$，$I_N = 103\text{A}$，$n_N = 500\text{r/min}$，$n_{max} = 1500\text{r/min}$，$R_a = 0.18\Omega$。求

① 若电动机拖动额定恒转矩负载，当弱磁至 $\Phi = \Phi_N/3$ 时，电动机的稳定转速和电枢电流为多少？能否长期运行？为什么？

② 若电动机拖动额定恒功率负载，当弱磁至 $\Phi=\Phi_N/3$ 时，电动机的稳定转速和电枢电流为多少？能否长期运行？为什么？

解 ① 拖动额定恒转矩负载，即 $T_L=T_N$，$\Phi=\Phi_N/3$ 时 n 和 I_a 的计算

$$C_e\Phi_N=\frac{U_N-I_NR_a}{n_N}=\frac{220-103\times0.18}{500}=0.403\,[\text{V}/(\text{r}\cdot\text{min}^{-1})]$$

电枢电流为

$$T_L=T_N=C_T\Phi_NI_N=C_T\Phi I_a$$

$$I_a=\frac{\Phi_N}{\Phi}I_N=\frac{\Phi_N}{\Phi_N/3}I_N=3I_N=3\times103=309\,(\text{A})$$

电动机转速为

$$n=\frac{U_N-I_aR_a}{C_e\Phi}=\frac{220-309\times0.18}{0.403/3}=1225\,(\text{r/min})$$

由上述计算结果可知，由于电枢电流 I_a 远大于额定电流 I_N，会造成电动机不能换向及绕组过热烧坏的结果，故不能长期运行。

② 拖动额定恒功率负载，即 $P_L=P_N$，$\Phi=\Phi_N/3$ 时 n 和 I_a 的计算。

弱磁调速时，拖动恒功率负载，电枢电流大小不变，即 $I_a=I_N$，因而反电动势不变，有

$$E_a=C_e\Phi_Nn_N=C_e\Phi n$$

电动机转速为

$$n=\frac{\Phi_N}{\Phi}n_N=3n_N=3\times500=1500\,(\text{r/min})$$

电枢电流为

$$I_a=I_N=103\,(\text{A})$$

由上述计算结果可知，由于电枢电流 I_a 等于额定电流 I_N，电动机换向不受影响，电动机的温升等均在允许范围内，故能够长期运行。

从上述例题可知，弱磁调速时，若拖动恒转矩负载，转速升高后电枢电流增大；若拖动恒功率负载，转速升高后电枢电流不变，故弱磁调速适合于拖动恒功率负载。对于具体的负载，可选择合适的调速方法使电动机的电枢电流 I_a 等于或接近 I_N，达到匹配。

3.5 他励直流电动机的制动

3.5.1 电动运行与制动运行

直流电动机的运行状态分为电动运行和制动运行两大类。电动运行是电动机最基本和最常用的运行状态。电动运行时，电动机的电磁转矩 T 与转速 n 方向相同，此时 T 为拖动转矩，电动机从电源吸收电功率，向负载输出机械功率，其机械特性如图 3-19 所示。

电动机处于正向电动运行时，$T>0$，$n>0$，其机械特性位于第一象限。要改变电动机的运行方向，只要改变电枢端电压 U 或励磁磁通 Φ 的方向。电动机处于反向电动运行时，$T<0$，$n<0$，电动机的电磁转矩 T 与转速 n 方向仍相同，其机械特性位于第三象限。

实际应用时，电动机除了运行在 T 与 n

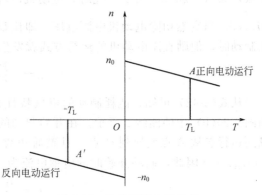

图 3-19 他励直流电动机的
电动运行状态

同方向的电动运行状态外，还会运行在 T 与 n 反方向的运行状态。T 与 n 反方向表示电动机的电磁转矩不是拖动性转矩，而是制动性转矩，这种运行状态统称为制动运行状态。制动运行时，电动机吸收机械能并转化为电能，该电能或消耗在电阻上，或回馈电网，电动机的机械特性位于第二、四象限。

制动分为机械制动和电气制动，利用机械摩擦获得制动转矩的方法称为机械制动，如常见的抱闸装置；设法使电动机的电磁转矩 T 与转速 n 反向而成为制动转矩的方法称为电气制动。与机械制动相比，电气制动没有机械磨损，容易实现自动控制，因此应用广泛。在某些特殊场合，也可同时采用电气制动和机械制动。本节只讨论电气制动。

电动机在制动运行时，既可使电力拖动系统减速或停车，又可使位能性负载获得稳定的下放速度。根据实现制动的方法和制动时电机内部能量传递关系的不同，制动分为三种：①能耗制动；②反接制动；③回馈制动。

3.5.2 能耗制动

图 3-20(a) 所示为他励直流电动机能耗制动原理图。电动运行时，接触器 KM 得电，常开触点 KM 闭合，接通电源，常闭触点 KM 断开；能耗制动时，接触器 KM 失电，常开触点 KM 断开，切除电源，即 $U=0$，同时常闭触点 KM 闭合，电枢回路串入制动电阻 R_Ω，实现能耗制动。能耗制动根据所拖动负载性质的不同分为两种：①能耗制动过程，主要用于迅速停车；②能耗制动运行，主要用于稳速下放重物。

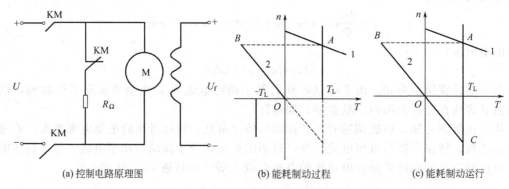

(a) 控制电路原理图　　　(b) 能耗制动过程　　　(c) 能耗制动运行

图 3-20　他励直流电动机的能耗制动

（1）能耗制动过程

制动前，电动机拖动反抗性恒转矩负载运行于正向电动状态，电动机工作点在第一象限 A 点，如图 3-20(b) 所示。此时，电动机以转速 n_A 稳定运行，且有 $I_a=\dfrac{U-E_a}{R_a}>0$，$T=C_T\Phi I_a>0$。当突然切除电动机电源电压，即让 $U=0$，并在电枢回路中串入制动电阻 R_Ω 实现能耗制动时，他励直流电动机的运行方式就发生了变化，机械特性方程式变为

$$n=-\frac{R_a+R_\Omega}{C_e C_T \Phi^2}T \tag{3-43}$$

从式(3-43)可知，能耗制动的机械特性是一条通过原点分布在第二、四象限的直线，如图 3-20(b) 中的曲线 2 所示。在开始制动的瞬间，由于机械惯性，转速 n 不能突变，电动机的运行点从 A 点变换到 B 点，且磁通 Φ 保持不变，故电枢电动势 E_a 保持不变，即 $E_a=C_e\Phi n_A>0$。因此，制动开始时的电枢电流为

$$I_a=\frac{0-E_a}{R_a+R_\Omega}<0 \tag{3-44}$$

电磁转矩为

$$T = C_T \Phi I_a < 0 \tag{3-45}$$

表明能耗制动时，电枢电流反向，电磁转矩也随之反向，成为制动性转矩，系统开始减速。在减速过程中，E_a 逐渐下降，I_a 和 T 的绝对值也逐渐减小，电动机运行点沿着曲线 2 从 B 点向原点运行，直到到达原点，可靠停车，能耗制动过程结束。

在上述运行过程中，电动机电磁转矩 $T < 0$，而转速 $n > 0$，T 与 n 方向相反，T 为制动性转矩，称这种运行过程为能耗制动过程。

（2）能耗制动运行

制动前，电动机拖动位能性恒转矩负载，稳定运行于电动状态的 A 点，电动机以转速 n_A 提升重物，如图 3-20（c）所示。现采用能耗制动，在转速 $n = 0$ 时，电磁转矩 $T = 0$，但由于此时 $T_L \neq 0$，系统将会在 T_L 作用下开始反转，电动机的运行点沿着能耗制动机械特性曲线继续下移，当电动机的运行点移到 C 点时，有 $T = T_L$，系统重新稳定运行。在 C 点处，电动机电磁转矩 $T > 0$，转速 $n < 0$，T 与 n 方向相反，T 为制动性转矩，称这种稳定运行为能耗制动运行。

能耗制动运行时，电动机电枢回路串入的制动电阻不同，其稳定下放重物的转速也不同，制动电阻 R_Ω 大小与转速的绝对值 $|n|$ 成正比。

能耗制动运行与能耗制动过程相比，两者的区别在于：在能耗制动过程中，$n > 0$，$T < 0$；而在能耗制动运行中，$n < 0$，$T > 0$。

（3）功率关系

能耗制动时，$U = 0$，电动机从电源输入的电功率 $P_1 = 0$；由于电磁转矩 T 与转速 n 方向相反，电磁功率 $P_M < 0$，说明电磁作用将机械功率转变为电功率；电动机输出功率 $P_2 < 0$，说明电动机轴上不仅没有输出机械功率给负载，反而是负载向电动机输入了机械功率。在能耗制动过程中，机械功率来源于系统转速从高到低制动时所释放出来的动能；在能耗制动运行中，机械功率来源于位能性负载减少的位能。

能耗制动中，负载向电动机输入的机械功率，减去空载损耗 p_0，其余的通过电磁作用转变成电功率，全部消耗在电枢回路总电阻（$R_a + R_\Omega$）上。

（4）制动电阻的计算

能耗制动中，起始制动转矩的大小与串入制动电阻 R_Ω 的大小有关。串入制动电阻越大，制动转矩越小，制动过程越缓慢；反之，制动过程越快。但制动电阻最小值受电动机过载能力的限制，因此能耗制动中，应将制动瞬间的电流（即最大制动电流 I_{amax}）限制在允许范围内。根据电动机电压平衡方程，可求得能耗制动应串入的制动电阻最小值为

$$R_{\Omega min} = \frac{E_a}{I_{amax}} - R_a \tag{3-46}$$

式中，E_a 为能耗制动开始时的电枢电动势，V。

【例 3-7】 一台他励电动机的铭牌数据为：$P_N = 22\text{kW}$，$U_N = 220\text{V}$，$I_N = 116\text{A}$，$n_N = 1500\text{r/min}$，$R_a = 0.174\Omega$。用这台电动机拖动提升机构。试求：

① 电动机原先运行在额定状态，现进行能耗制动，若容许最大制动电流不超过 $2I_N$，电枢回路中应串入多大的制动电阻；

② 电动机带位能性负载 $T_L = T_N/2$，要求以 800r/min 的稳定低速下放重物，采用能耗制动，电枢回路中应串入多大的制动电阻。

解 ①电枢回路串入制动电阻的计算

$$C_e \Phi_N = \frac{U_N - I_N R_a}{n_N} = \frac{220 - 116 \times 0.174}{1500} = 0.133 \ (\text{V/r} \cdot \text{min}^{-1})$$

额定转速时电枢电动势为

$$E_a = U_N - I_N R_a = 220 - 116 \times 0.174 = 199.8 \text{ (V)}$$

制动电阻为

$$R_\Omega = \frac{E_a}{2I_N} - R_a = \frac{199.8}{2 \times 116} - 0.174 = 0.687 \text{ (}\Omega\text{)}$$

② 以 800r/min 稳速下放重物时电枢回路串入制动电阻的计算

能耗制动的机械特性方程式为

$$n = -\frac{R_a + R_\Omega}{C_e \Phi_N} \times I_L$$

依题意有 $I_L = I_N / 2$

$$-800 = -\frac{0.174 + R_\Omega}{0.133} \times \frac{116}{2}$$

制动电阻为

$$R_\Omega = 1.656 \text{ (}\Omega\text{)}$$

3.5.3 反接制动

为了使生产机械快速停车或反向运行，可采用反接制动。反接制动的实现方法有两种：电枢电源反接的反接制动；转速反向的反接制动。

(1) 电枢电源反接的反接制动

图 3-21(a) 所示为电枢电源反接的反接制动原理图。电动状态时，接触器 KM2 断电，接触器 KM1 得电，其常开触点 KM1 闭合，接通电枢电源；当进行反接制动时，接触器 KM1 断电，接触器 KM2 得电，其常开触点 KM2 闭合，将电枢电源反接，同时在电枢回路中串入制动电阻 R_Ω，以限制过大的制动电流，电动机进入反接制动。

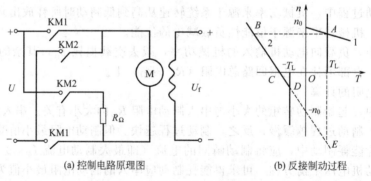

(a) 控制电路原理图　　　　　　(b) 反接制动过程

图 3-21　电枢电源反接的反接制动

① 反接制动过程　电动机拖动反抗性恒转矩负载运行于正向电动状态时，电动机工作点在第一象限的 A 点，如图 3-21(b) 所示。此时，电动机以转速 n_A 稳定运行，且有 $I_a = \frac{U - E_a}{R_a} > 0$，$T = C_T \Phi I_a > 0$。当突然将电枢电源反接，并在电枢回路中串入制动电阻 R_Ω 实现反接制动时，他励直流电动机的运行方式就发生了变化，机械特性方程式变为

$$n = \frac{-U}{C_e \Phi} - \frac{R_a + R_\Omega}{C_e C_T \Phi^2} T \tag{3-47}$$

从式(3-47) 可知，电枢电源反接的反接制动机械特性是一条过 $-n_0$，穿过第二、三象限的直线，如图 3-21(b) 中的曲线 2 所示。在开始制动的瞬间，由于机械惯性，转速 n 不能突变，电动机的运行点从 A 点变换到 B 点，且磁通 Φ 保持不变，故电枢电动势 E_a 保持不变，即 $E_a = C_e \Phi n_A > 0$。因此，制动开始时的电枢电流为

$$I_a = \frac{-U - E_a}{R_a + R_\Omega} < 0 \tag{3-48}$$

电磁转矩为

$$T = C_T \Phi I_a < 0 \tag{3-49}$$

表明反接制动时，电枢电流反向，电磁转矩也随之反向，成为制动性转矩，系统开始减速。在减速过程中，E_a 逐渐减小，电枢电流 I_a 和电磁转矩 T 的绝对值也逐渐减小，电动机运行点沿着曲线 2 从 B 点向 C 点运行，到 C 点时转速 $n = 0$。如果这时将电源切除，制动过程结束，系统可靠停车。

在上述运行过程中，电动机电磁转矩 $T < 0$，而转速 $n > 0$，T 与 n 方向相反，T 为制动性转矩，称这种运行过程为反接制动过程。

② 功率关系　反接制动过程中，由于电枢电源反接，电动机电枢电流也随之反向，因此输入功率 $P_1 > 0$；由于电磁转矩 T 与转速 n 的方向相反，电磁功率 $P_M < 0$，说明电磁作用将机械功率转变为电功率；电动机输出功率 $P_2 < 0$，说明负载向电动机输入机械功率。机械功率来源于系统转速从高到低制动时所释放出来的动能，减去空载损耗 p_0，其余的通过电磁作用转变成电功率。从电源输入的电功率和由机械功率转变成的电功率，全部消耗在电枢回路总电阻 $(R_a + R_\Omega)$ 上。

③ 制动电阻的计算　为了避免反接制动过程中大的冲击电流对电动机造成机械及电气损伤，电枢回路应串入适当的制动电阻 R_Ω，同时应使起始制动电流小于电机允许的最大制动电流，即 $|I_a| < I_{amax}$。根据电动机电压平衡方程，可求得电枢电源反接的反接制动应串入的制动电阻最小值为

$$R_{\Omega min} = \frac{-U - E_a}{-I_{amax}} - R_a = \frac{U + E_a}{I_{amax}} - R_a \tag{3-50}$$

④ 反向电动运行　他励直流电动机拖动反抗性恒转矩负载反接制动到达 C 点时，虽然转速 $n = 0$，但电磁转矩 $T \neq 0$。若未及时切除电动机的电源，当电磁转矩的数值大于负载转矩的数值，即 $|T| > |T_L|$，电动机将反向启动，直到 D 点，$|T| = |T_L|$，电动机稳定运行于反向电动状态；当电磁转矩的数值小于负载转矩的数值，即 $|T| < |T_L|$，电动机虽不会反向启动，但也不能可靠停车，此时最好切除电源。频繁正、反转的电力拖动系统，常常采用这种先反接制动停车，接着进行反向启动的运行方式，达到迅速制动并反转的目的。

如果电动机拖动的负载是位能性负载，制动到 $n = 0$ 时，若不切断电源，系统必然会反向启动（即重物开始下放）。在 T 和 T_L 的作用下，系统不断加速。加速过程持续到 $-n_0$ 点时，虽然 $T = 0$，但在 T_L 的作用下，系统继续加速，使 $|n| > |-n_0|$，进入回馈制动运行。

（2）转速反向的反接制动

这种制动方法只适合位能性负载，实现重物的稳速下放。图 3-22(a) 所示为转速反向的反接制动原理图。当接触器 KM 的常开触点闭合时，电动机处于正向电动运行状态（$T > 0$，$n > 0$，即提升重物）。为了稳速下放重物，断开常开触点 KM，在电枢回路中串入较大的制动电阻 R_Ω，使电动机转速 $n = 0$ 时的电磁转矩 $T < T_L$，这样在位能性负载 T_L 的作用下，电动机反向启动，并被负载反拖进入第四象限反向运行。此时，电动机的电磁转矩 T 的方向与电动状态时相同，即 $T > 0$，但转速 n 改变了方向，即 $n < 0$，电动机处于制动运行状态，如图 3-22(b) 所示，这一制动方式称为转速反向的反接制动。

进行转速反向的反接制动时，电枢回路中串入制动电阻 R_Ω，机械特性方程式变为

$$n = \frac{U}{C_e \Phi} - \frac{R_a + R_\Omega}{C_e C_T \Phi^2} T \tag{3-51}$$

从式(3-51) 可知，转速反向的反接制动机械特性方程式与电动状态下电枢回路串入电

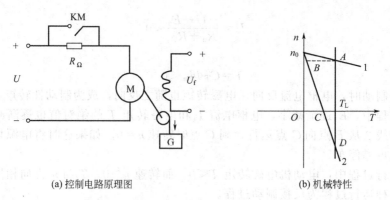

(a) 控制电路原理图   (b) 机械特性

图 3-22 他励直流电动机转速反向的反接制动

阻的人为机械特性方程式是相同的。

① 反接制动运行 他励直流电动机拖动位能性恒转矩负载正向电动运行，工作点为图 3-22(b) 中曲线 1 上的 A 点，转速为 n_A。现在电枢回路中串入制动电阻 R_Ω，机械特性斜率就会增大，致使同样转速下电磁转矩小于负载转矩，即 $T < T_L$，转速 n 开始下降。当所串入制动电阻大到一定程度后，转速 n 下降到 $n = 0$ 时，仍有 $T < T_L$，如图 3-22(b) 中的曲线 2。此时，在位能性负载 T_L 的作用下，电动机会反向启动，使转速 $n < 0$，进入第四象限。随着电动机反向运行速度的增大，电枢电流和电磁转矩也相应地增大，当 $T = T_L$ 时，电动机以转速 n_D 稳定工作于 D 点。在 D 点，电磁转矩 $T > 0$，转速 $n < 0$，T 与 n 方向相反，T 为制动性转矩，电动机处于制动运行状态，称这种稳定运行为转速反向的反接制动运行。

② 功率关系 转速反向的反接制动运行的功率流向与电枢电源反接的反接制动过程的功率流向是一样的。区别仅在于电枢电源反接的反接制动过程中，电动机输入的机械功率是负载释放的动能；而在转速反向的反接制动运行中，电动机输入的机械功率是位能性负载减少的位能。

（3）制动电阻的计算

转速反向的反接制动运行中，电枢回路串入不同的制动电阻 R_Ω，可得到不同的稳定下放速度，所串入电阻越大，下放速度越高。对于给定的下放速度 n_D，应串入制动电阻的大小为

$$R_\Omega = \frac{U + E_{aD}}{I_L} - R_a \tag{3-52}$$

式中，E_{aD} 为电动机下放速度为 n_D 时的电枢电动势，V，$E_{aD} = C_e \Phi n_D$。

3.5.4 回馈制动

电动运行状态的电动机，在某种条件下（如电动车辆下坡时）会出现转速 n 高于理想空载转速 n_0 的情况，此时 $E_a > U$，电枢电流 I_a 反向，电磁转矩 T 也随之反向，由拖动性转矩变为制动性转矩，即 T 与 n 方向相反。从能量传递方向看，电机处于发电状态，将机械能转变成电能回馈给电网，因此称这种状态为回馈制动状态。

回馈制动时的机械特性方程式与电动运行时的相同，只是运行在机械特性的不同区段。正向回馈制动的机械特性位于第二象限，反向回馈制动的机械特性位于第四象限。

（1）正向回馈制动

① 正向回馈制动过程 在降压调速系统中，当电动机电枢电源电压降低，转速从高向低调节时，往往会出现电动机经过第二象限的减速过程，如图 3-23(a) 所示。

若电动机原来运行在正向电动状态，工作点为 A 点，电压降为 U_1 后，电动机的机械特性向下平移，则电动机运行点从 $A \rightarrow B \rightarrow C \rightarrow D$，最后稳定运行在 D 点。在这一降速过程中，从 $B \rightarrow C$ 这一过程，电动机的转速 $n > n_{01}$，而电磁转矩 $T < 0$，电磁转矩 T 与转速 n 方

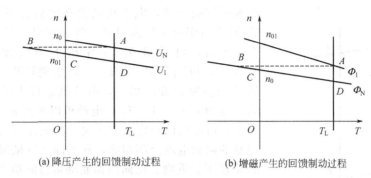

(a) 降压产生的回馈制动过程　　　　　(b) 增磁产生的回馈制动过程

图 3-23　正向回馈制动过程

向相反，T 为制动性转矩，是一种正向回馈制动过程。当转速降低到 $n=n_{01}$ 时，制动过程结束。

他励直流电动机增加磁通时，也会出现正向回馈制动过程，如图 3-23(b) 所示。

② 正向回馈制动运行　用他励直流电动机驱动一辆电动车，如图 3-24(a) 所示。当电动车在平路上行驶时，负载转矩为摩擦性阻转矩 T_{L1}，此时电磁转矩 T 克服负载转矩 T_{L1}，使电动车前进，电动机运行在正向电动状态，工作点为图 3-24(b) 所示的 A 点。当电动车下坡时，负载转矩 T_{L2} 为摩擦性阻转矩与拖动电动车下坡的位能性转矩的合成转矩，由于位能性转矩的方向与摩擦性阻转矩的方向相反，且绝对值较大，故 $T_{L2}<0$。这样，在 $T+T_{L2}$ 的共同作用下，电动车沿机械特性 AB 加速下坡，到 $n=n_0$，$T=0$ 时，电动车只靠本身的负载转矩加速下坡，使 $n>n_0$，$E_a>U$，电枢电流 I_a 改变方向，电磁转矩 T 也随之改变方向，进入第二象限的正向回馈制动运行。此时，电磁转矩 T 与转速 n 的方向相反，T 为制动性转矩，抑制电动车下坡速度，同时将电能回馈给电网。当 $T=T_{L2}$ 时，电动机稳定运行于 B 点，使电动车以恒速下坡。

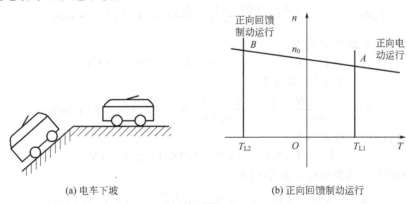

(a) 电车下坡　　　　　　　　(b) 正向回馈制动运行

图 3-24　正向回馈制动运行

③ 功率关系　正向回馈制动的功率关系与直流发电机相同，都是将机械功率转变为电功率输出。区别在于：a. 正向回馈制动的机械功率不是由原动机输入，而是系统从高速降为低速释放出的动能或是系统减少的位能；b. 电功率不是输出给用电设备，而是回馈给电网。

(2) 反向回馈制动运行

他励直流电动机拖动位能性负载（如起重机的提升机构），运行于电动状态，如图 3-25 所示，工作点为 A 点，电动机以转速 n_A 提升重物。现将电枢电源反接，同时串入较大的制动电阻，进行反接制动，工作点从 $A \to B \to C$，在 C 点，$n=0$，停止提升重物。此时，如果

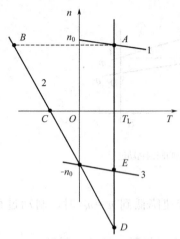

图 3-25　反向回馈制动

不及时切断电源，电动机就会在电磁转矩 T 和负载转矩 T_L 的共同作用下反向启动，经反向电动状态到 $n=-n_0$，$T=0$ 后，电动机在 T_L 作用下继续加速，使 $|n|>|-n_0|$，$|E_a|>|U|$，$I_a>0$，电磁转矩 $T>0$，电磁转矩 T 与转速 n 方向相反，电动机运行于反向回馈制动状态，直到 D 点，$T=T_L$，电动机以转速 n_D 稳速下放重物。为了获得较低的稳定下放速度，一般在回馈制动时将电枢回路的制动电阻全部切除，回到固有机械特性上，以转速 n_E 稳速下放重物。反向回馈制动运行的功率关系与正向回馈制动运行的功率关系是一致的。

回馈制动时，电动机向电网回馈电能。因此，与能耗制动及反接制动相比，从电能消耗来看，回馈制动是经济的。

【例 3-8】　一台他励直流电动机，有关参数为：$P_N=22kW$，$U_N=220V$，$I_N=115A$，$n_N=1500r/min$，$R_a=0.1\Omega$。要求 $I_{amax}\leqslant 2I_N$，若运行于正向电动状态时，$T_L=0.9T_N$，求：

① 负载为反抗性恒转矩负载，采用反接制动停车，电枢回路应串入的制动电阻最小值为多少？

② 负载为位能性恒转矩负载，传动机构的转矩损耗为 $\Delta T_c=0.1T_N$，要求电动机运行在 $-1000r/min$，匀速下放重物，采用转速反向的反接制动，电枢回路应串入的电阻值为多少？该电阻上的功率损耗为多少？

③ 负载同题②，采用反向回馈制动运行，电枢回路不串入电阻，电动机转速为多少？

解　① 反接制动停车，电枢回路串入的制动电阻最小值的计算

$$C_e\Phi_N=\frac{U_N-I_NR_a}{n_N}=\frac{220-115\times0.1}{1500}=0.139（V/r\cdot min^{-1}）$$

额定运行时的电枢电动势为

$$E_a=C_e\Phi_Nn_N=0.139\times1500=208.5（V）$$

负载转矩 $T_L=0.9T_N$ 时的转速为

$$n=\frac{U_N-I_LR_a}{C_e\Phi_N}=\frac{220-0.9\times115\times0.1}{0.139}=1508.3（r/min）$$

制动开始时的电枢电动势为

$$E_{a1}=C_e\Phi_Nn=0.139\times1508.3=209.7（V）$$

反接制动应串入的制动电阻最小值为

$$R_{\Omega min}=\frac{E_{a1}+U_N}{I_{amax}}-R_a=\frac{209.7+220}{2\times115}-0.1=1.768（\Omega）$$

② 反接制动运行，电枢回路串电阻值及电阻上损耗功率的计算

$$T_{L1}=T_L-2\Delta T_c=0.9T_N-2\times0.1T_N=0.7T_N$$

负载电流为

$$I_{aL}=0.7I_N=0.7\times115=80.5（A）$$

转速为 $-1000r/min$ 时的电枢电动势为

$$E_{a2}=C_e\Phi_Nn=-0.139\times1000=-139（V）$$

应串入电枢回路的电阻为

$$R_\Omega=\frac{U_N-E_{a2}}{I_{aL}}-R_a=\frac{220-(-139)}{80.5}-0.1=4.36（\Omega）$$

R_Ω 上的功率损耗为

$$p_{R_\Omega} = I_{aL}^2 R_\Omega = 80.5^2 \times 4.36 = 28254 \ (\text{W})$$

③ 反向回馈制动运行，电枢回路不串电阻时，电动机转速为

$$n = \frac{-U_N}{C_e \Phi_N} - \frac{I_{aL} R_a}{C_e \Phi_N} = \frac{-220}{0.139} - \frac{0.7 \times 115 \times 0.1}{0.139} = -1582.7 - 57.92 = -1640.6 \ (\text{r/min})$$

3.6 直流电动机的四象限运行及应用分析

3.6.1 直流电动机的四象限运行

在有些场合下，要求电力拖动系统能够提供正、反向运行并能实现正、反方向上的快速制动。具有上述功能的系统，由于其对应电动机的机械特性分别位于四个象限，故又称为具有四象限运行的电力拖动系统。

直流电动机拖动各种负载运行时，电动机的机械特性与负载转矩特性的交点即为电动机的工作点。当改变电动机运行参数如电源电压、励磁磁场及电枢回路电阻时，电动机的机械特性和工作点就会在四个象限内变化。

他励直流电动机的四象限运行包括：①电动运行；②能耗制动过程及能耗制动运行；③反接制动过程及反接制动运行；④回馈制动。现把四个象限运行的机械特性画在一起，如图 3-26 所示。在第一、三象限，电磁转矩 T 与转速 n 同方向，是电动运行状态；在第二、四象限，电磁转矩 T 与转速 n 反方向，是制动运行状态。

实际的电力拖动系统，生产机械要求电动机一般都要在两种以上的状态下运行。例如经常需要正、反转的反抗性恒转矩负载，拖动它的电动机就应该运行在下面各种状态下：正向启动接着正

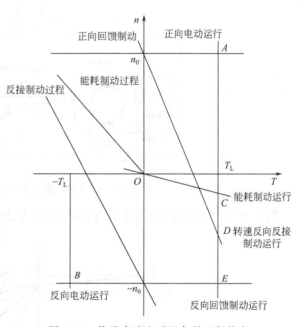

图 3-26　他励直流电动机各种运行状态

向电动运行；电源反向反接制动；反向启动接着反向电动运行；反方向的电源反向反接制动；回到正向启动，接着正向电动运行……最后能耗制动停车。因此，要想掌握他励直流电动机实际上是怎样拖动各种负载工作的，需要先掌握电动机的各种不同运行状态以及电动机是怎样从一种稳定运行状态变换到另一种稳定运行状态的。

自动控制系统中，直流伺服电动机作为执行机构被广泛采用，其原理和上述他励直流电动机完全一样，结构分电磁式和永磁式两种。两者的主要区别是电机的性能指标，伺服电动机要求快速性好，对时间常数要非常注意。有关直流伺服电动机的详细内容将在第 8 章介绍。

为了具体说明电力拖动系统的四象限运行情况，下面给出了他励直流电动机分别带反抗性负载和位能性负载时的两个实例。

3.6.2 应用分析

1. 直流电动机拖动反抗性负载

以电动小车拖动反抗性负载在四象限运行的情况加以说明。

假定小车在某两点 A、B 之间运行，小车由他励直流电动机拖动。先考虑小车由 A 点到 B 点的运行。在运行过程中，希望小车由 A 点首先启动至额定转速 n_N，然后再升速至更高转速下运行，经过一定时间后，小车减速至 n_N，在接近 B 点时，要求小车能够准确停车至 B 点。然后，小车从 B 点按上述同样的过程返回 A 点。

根据上述工艺要求，拟采用如下拖动方案：①采用正向电枢回路串电阻启动，使直流电动机启动至 n_N；②弱磁升速至更高转速；③强磁降速至 n_N；④先利用反接制动快速制动，后采用能耗制动准确停车至 B 点。小车从 B 点返回 A 点的过程与上述方案基本相同。

图 3-27 给出了实现上述方案的电气控制电路图。图中，电枢回路采用串三级电阻 $R_{\Omega1}$、$R_{\Omega2}$ 和 $R_{\Omega3}$ 启动；直流电动机的正、反转分别采用 KM2 和 KM3 接触器控制；通过电阻 $R_{\Omega4}$ 和反接制动接触器 KM4 实现反接制动；能耗制动则采用电阻 $R_{\Omega5}$ 和接触器 KM5 加以实现。励磁回路串入电阻 r_{Ω} 和 KM1 确保弱磁与强磁的调节。

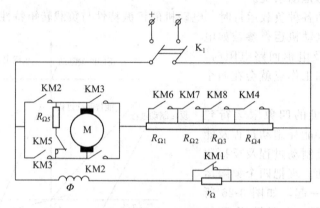

图 3-27 电动小车拖动系统的电气控制电路图

图 3-28 给出了实现上述方案时直流电动机四象限运行的机械特性。各个过程分别说明如下。

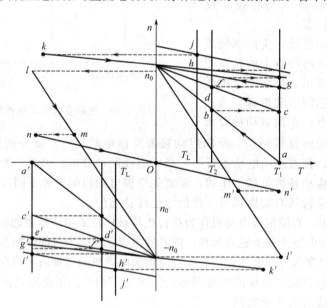

图 3-28 电动小车四象限运行时的机械特性

（1）正向启动与加速过程

当电源开关 K_1 闭合时，接触器 KM1 的常闭触点闭合，以确保励磁磁通最大。同时反接制动接触器触点 KM4 闭合，将 $R_{\Omega4}$ 短接，能耗制动接触器 KM5 触点断开，系统处于正向启动准备阶段。

正转接触器 KM2 常开触点闭合，则主回路接通，电枢回路串入全部启动电阻。此时，启动转矩为 T_1，由于 $T_1 > T_L$，直流电动机将沿机械特性 ab 启动。当拖动系统运行至 b 点时，使接触器 KM8 的常开触点闭合，短路 $R_{\Omega3}$。由于系统的机械惯性，转速来不及变化，电枢电流从 I_2 增大到 I_1，相应的电磁转矩由 T_2 增大至 T_1，即工作点由 b 点过渡到 c 点，然后直流电动机将沿机械特性 cd 加速，直到 d 点。此后的过程与上述过程类似。最终，通过 KM7 和 KM6 常开触点的闭合，依次切除电阻 $R_{\Omega2}$ 和 $R_{\Omega1}$，最终，直流电动机沿固有机械特性 gh 加速，并稳定运行在 h 点，此时，$T = T_L$，$n = n_N$。

（2）正向弱磁升速过程

使接触器 KM1 的常闭触点断开，则励磁回路因串入电阻 r_Ω，励磁电流及磁通 Φ 下降，由于机械惯性，转速来不及变化，则反电动势 E_a 下降，导致电枢电流 I_a 以及电磁转矩 T 增加。直流电动机从固有机械特性过渡到弱磁机械特性 ij 上，并沿其加速运行到 j 点。拖动系统则在高于 n_N 的 j 点稳定运行。

（3）正向增磁降速过程

当小车接近 B 点时，将接触器 KM1 的常闭触点恢复常闭，将电阻 r_Ω 短路，则励磁电流增大。由于转速来不及变化，反电动势 E_a 瞬间增大，使 $E_a > U$。电枢电流 I_a 反向，则电磁转矩 T 也改变方向，由驱动性转矩变为制动性转矩，工作点由 j 点过渡到 k 点。由于 $n > n_0$，因此，直流电动机处于回馈制动状态。于是转速下降，直至理想空载点 n_0，此时，$E_a - C_e\Phi n_0 = U$，$I_a = 0$，则电磁转矩 $T = 0$，回馈制动结束。由于 $T < T_L$，直流电动机将继续减速直到 h 点稳定运行为止。

（4）正向反接制动过程

小车接近 B 点时，采用反接制动实现快速制动。考虑到此时作用到电枢上的电压为额定电压的两倍，电枢回路应串入较大的限流电阻，可将 KM6、KM7、KM8 以及 KM4 常开触点全部恢复常开，同时，KM2 常开触点恢复常开，KM3 常开触点闭合。直流电动机由 h 点过渡到 l 点，并沿 lm 迅速下降到 m 点。

（5）正向能耗制动过程

为了实现准确停车，到 m 点时，系统转入能耗制动。此时，KM3 常开触点恢复常开。直流电动机不外加电源，并同时通过 KM5 常闭触点的闭合将电枢回路接到制动电阻 $R_{\Omega5}$ 上。此时，相应的机械特性为 nO。由于转速来不及变化，系统工作点由 m 点调变到 n 点，并产生较大的制动转矩。随着制动过程的进行，转速降低，系统的全部动能转变为电能，消耗在电阻 $R_{\Omega5}$ 上，最终转速降为零，小车稳定停在 B 点。

小车从 B 点返回 A 点的过程，与上述过程类似。只不过相应的机械特性位于第三、四象限而已，这里就不再赘述。

2. 直流电机拖动位能行负载

以吊车提升机构为例对直流电动机拖动位能性负载时的四象限运行过程加以说明。图 3-29 给出了典型吊车提升机构的示意图。

通常，提升机构的负载转矩 T_L 由两部分组成：一部分是由重物的重力产生的位能性负载转矩 T_Z；另一部分是传动系统的摩擦转矩 T_{Lf}，T_{Lf} 为反抗性的负载转矩。为简化分析，假定在重物提升和下放过程中，忽略 T_{Lf}，仅考虑重力产生的位能性转矩，即 $T_Z = T_L$；而空钩提升和下放时，忽略空钩的重量，仅考虑传动系统的摩擦转矩，则提升机构的负载转矩特性如图 3-30 所示。图中，T_Z 为位能性负载的转矩特性；T_{Lf} 为空钩的摩擦转矩特性。

假设提升、下放共分为 6 级，采用电枢回路串电阻调速。重物下放时采用转速反向的反

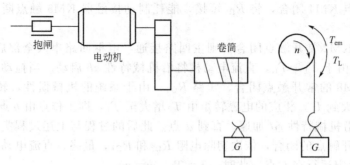

图 3-29 吊车提升机构的示意图

接制动和反向回馈制动。图 3-31 给出了实现上述方案的电气控制电路图，相应的四象限运行的机械特性如图 3-32 所示。现将各个过程说明如下。

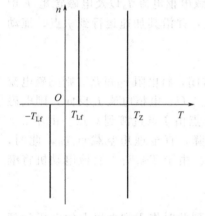

图 3-30 提升机构的负载转矩特性

重物提升前，合上开关 K_1，并将励磁回路的电阻切除，确保磁通最大，使接触器 KM6 和 KM7 的常开触点闭合，以短接 $R_{\Omega4}$ 和 $R_{\Omega5}$，为重物提升作准备。

（1）重物提升过程

重物提升时，将正向接触器 KM1 的常开触点闭合，则直流电动机进入正向电动运行状态，电枢回路串三级电阻 $R_{\Omega1}$、$R_{\Omega2}$ 和 $R_{\Omega3}$ 启动。刚开始时，由于启动转矩 $T>T_L$，直流电机沿 ah 加速至 a 点。若希望加快提升速度，可通过接触器 KM3、KM4 和 KM5 的常开触点闭合，依次将电阻 $R_{\Omega1}$、$R_{\Omega2}$ 和 $R_{\Omega3}$ 短接。此时，系统将分别稳定运行在 b 点、c 点和 d 点。当接近重物提升所要求的高度时，通过 KM3、KM4 和 KM5 的常开触点断开，将电阻 $R_{\Omega1}$、$R_{\Omega2}$ 和 $R_{\Omega3}$ 依次串入，系统便降为低速运行。最后，通过机械抱闸，并将接触器 KM1 的触点恢复常开以断开电源，从而使重物悬在空中静止不动。

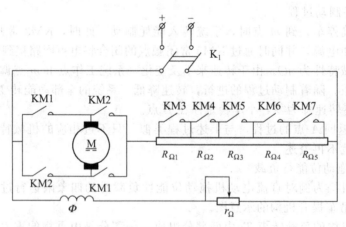

图 3-31 吊车提升机构的电气控制电路图

（2）重物下放过程

重物下放时，通过接触器 KM6 和 KM7 的常开触点断开将电阻 $R_{\Omega4}$ 和 $R_{\Omega5}$ 串入电枢回路，使直流电动机工作在转速反向的反接制动状态。此时，正向接触器 KM1 的常开触点闭合，系统稳定运行在 f 点。若希望降低重物的下放转速，可通过接触器 KM7 的常开触点闭

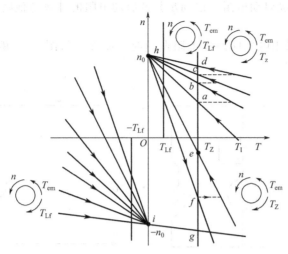

图 3-32　位能性负载四象限运行的机械特性

合将电阻 $R_{\Omega 5}$ 切除，使系统稳定运行在 e 点；若希望重物以更高转速下放，则可采用反向的回馈制动加以实现。反向回馈制动的实现方法：将 KM1 的常开触点断开，KM2 的常开触点闭合，并将电枢回路的各级电阻依次切除；最后，直流电动机便稳定运行在固有机械特性的 g 点，以 g 点的转速高速下放重物。这期间若需要减速，可将 KM2 的常开触点断开，KM1 的常开触点闭合，并将所有电阻串入电枢回路，使直流电动机稳定运行在 f 点。在与地面还有一小段距离时，使 KM7 常开触点闭合，短路 $R_{\Omega 5}$，直流电动机便以低速稳定运行在 e 点。一旦接近地面，可使 KM1 触点打开，同时加上机械抱闸，取下重物。

（3）空钩提升过程

空钩提升时的负载为摩擦转矩 T_{Lf}，其提升过程与重物提升相同，仅负载转矩的大小有差异。一旦到达一定高度，则可断电抱闸。

（4）空钩下放过程

空钩下放时，由于空钩的位能性负载转矩不足以克服摩擦转矩，靠空钩自身的重力作用无法实现空钩下放，因此需要直流电动机工作在反向电动状态，强迫空钩下放。为提高空钩下放速度，可通过 KM3～KM7 的常开触点闭合将电枢回路的全部外串电阻切除，并使 KM2 常开触点闭合，打开抱闸，则直流电动机便工作在第三象限的固有机械特性上，高速下放空钩。接近地面时，再通过 KM3～KM7 的常开触点断开将电枢回路的外串电阻依次投入，使转速降到最低，并断电抱闸。

3.7　其他直流电动机的电力拖动

3.7.1　并励直流电动机的电力拖动

并励直流电动机与他励直流电动机是通用的，需要时可将并励直流电动机改接成他励方式运行。并励直流电动机不仅机械特性与他励直流电动机相同，而且他励直流电动机的启动、调速和制动方法，并励直流电动机都可使用。

（1）启动

并励直流电动机降低电源电压启动时，需改接成他励方式进行，保持励磁电压不变，只降低电枢电源电压。如果仍采用并励电路结构而降低电源电压，在电枢电压降低的同时，励磁电压也随之降低，使得励磁电流及其所产生的磁通减小，会降低电动机的启动转矩。

并励直流电动机采用电枢回路串电阻启动时，如图 3-33 所示，可在电枢回路中串联一

个启动变阻器 R_{st} 或分级启动电阻。启动步骤及启动电阻的计算与他励直流电动机相同。

（2）调速

并励直流电动机采用电枢回路串电阻调速时，原理图与图 3-33 相同，只是将启动电阻 R_{st} 变为调速电阻 R_c 即可。

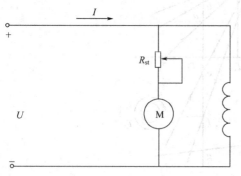
图 3-33　并励直流电动机电枢串电阻启动

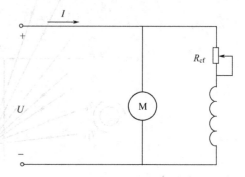
图 3-34　并励直流电动机改变励磁调速

采用降压调速时，需改接成他励方式进行。

采用弱磁调速时，在要求不高的场合，可在励磁回路中串调速变阻器 R_{cf}，如图 3-34 所示，通过调节 R_{cf} 来改变励磁电流，达到调速的目的。在要求较高的场合，可通过改变励磁电压来改变励磁电流，这时需将并励直流电动机改接成他励方式运行，并且可以同时采用改变电枢电压 U 和改变励磁电压 U_f 来实现双向调速，扩大调速范围。

（3）制动

并励直流电动机制动时，应改接成他励方式进行，制动方法有能耗制动、反接制动和回馈制动三种，具体分析与他励直流电动机的制动相同。

3.7.2　串励直流电动机的电力拖动

（1）启动

串励直流电动机的启动方法与他励直流电动机的启动方法相同，可采用降低电源电压启动，也可采用电枢回路串电阻启动。

（2）调速

串励直流电动机的调速方法与他励直流电动机相似。

采用电枢回路串电阻调速时，可在电枢回路中串调速变阻器或分级调速电阻，使转速向低于 n_N 的方向调节。这种调速方法在电车上经常采用。

采用改变励磁调速时，可在励磁绕组两端并联电阻以减小励磁电流，使转速向高于 n_N 的方向调节，如图 3-35（a）所示；也可在电枢两端并联电阻以增大励磁电流，使转速向低于 n_N 的方向调节，如图 3-35（b）所示。

（3）制动

由于串励直流电动机的理想空载转速太高，不可能出现 $|n|>|n_0|$，所以只有能耗制动和反接制动两种制动方法，不可能有回馈制动。

串励直流电动机的能耗制动又分为自励能耗制动和他励能耗制动两种。自励能耗制动的电路如图 3-36（b）所示。制动时，将电源断开，电动机串入一个制动电阻 R_Ω。由于此时 I_a 反向，为了产生制动转矩，I_f 方向不能改变，故需将励磁绕组两端对调位置，这种制动属于能耗制动过程。由于 $I_a=I_f$，随着转速的下降，E_a 减小，$I_a=I_f$ 也减小，使得制动转矩减小得更多，因而制动效果差，常用于断电事故时的安全制动。

他励能耗制动的电路如图 3-36（c）所示。制动时，将电枢与电源断开后串接制动电阻

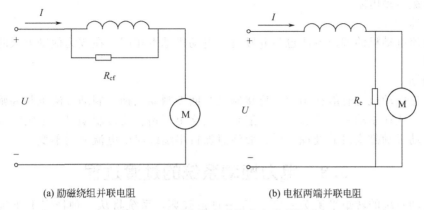

(a) 励磁绕组并联电阻   (b) 电枢两端并联电阻

图 3-35   串励直流电动机改变励磁调速

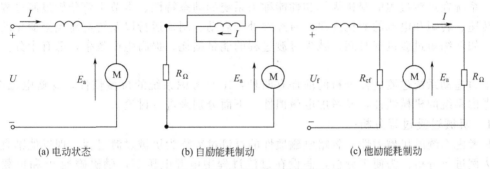

(a) 电动状态   (b) 自励能耗制动   (c) 他励能耗制动

图 3-36   串励直流电动机的能耗制动

R_{Ω}，励磁绕组串接限流电阻 R_{cf} 后接到电源上。这种能耗制动方式与他励直流电动机的能耗制动方式相同，可分为能耗制动过程和能耗制动运行两种情况。

    串励直流电动机的反接制动也有电枢电源反接的反接制动和转速反向的反接制动两种，电路如图 3-37 所示。制动原理与他励直流电动机相同。

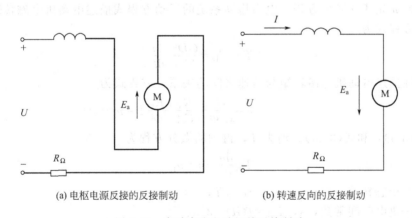

(a) 电枢电源反接的反接制动   (b) 转速反向的反接制动

图 3-37   串励直流电动机的反接制动

3.7.3 复励直流电动机的电力拖动

（1）启动

    复励直流电动机的启动方法与并励直流电动机基本相同。采用降低电源电压启动时，需改接成他励方式，并将串励绕组短路。采用电枢回路串电阻启动时，可在电枢回路串入启动变阻器或分级启动电阻。

（2）调速

复励直流电动机的调速方法也与并励直流电动机基本相同。在改为他励方式时，应将串励绕组短路。

（3）制动

复励直流电动机也有能耗制动、反接制动和回馈制动三种。制动方法也与并励直流电动机基本相同。能耗制动和回馈制动时一般将串励绕组短路。反接制动时，串励绕组的处理与串励直流电动机励磁绕组的处理一样，要注意保持串励绕组中电流方向不变。

3.8　电力拖动系统的过渡过程

电力拖动系统的转矩平衡关系 $T=T_L$ 一旦被破坏，系统将从一种稳定工作状态向另一种稳定工作状态过渡，这一过程称为过渡过程。在过渡过程中，系统的各物理量都是时间的函数，系统在过渡过程的变化规律和性能称为系统的动态特性。本节主要分析过渡过程中电机的转速、转矩和电流的变化规律，对经常处于启动、制动运行以及转速需频繁变化的生产机械，如何缩短过渡过程时间，减少过渡过程的能量损耗，提高生产效率，都有十分重要的意义。

电力拖动系统过渡过程分析的前提有两种：①只考虑系统的机械惯性，忽略电磁惯性；②既考虑系统的机械惯性，又考虑电磁惯性。下面分别来进行讨论。

3.8.1　机械过渡过程分析

只考虑系统的机械惯性，忽略电磁惯性的过渡过程称为机械过渡过程。现以他励直流电动机为例进行分析。为便于分析，假设在过渡过程中电源电压 U，励磁磁通 Φ 和负载转矩 T_L 保持不变。

（1）过渡过程的动态方程

定量分析过渡过程的依据是电力拖动系统的运动方程式。已知电动机机械特性、负载转矩特性、起始点、稳态点以及系统的飞轮矩，求解过渡过程中的转速 $n=f(t)$，转矩 $T=f(t)$ 和电枢电流 $I_a=f(t)$。

针对转速 n 先建立微分方程。电力拖动系统的运动方程式描述电动机电磁转矩与转速变化的关系，方程式为

$$T-T_L=\frac{GD^2}{375}\frac{\mathrm{d}n}{\mathrm{d}t} \tag{3-53}$$

机械特性描述电动机电磁转矩与转速之间的关系，方程式为

$$n=\frac{U}{C_e\Phi}-\frac{R_a+R_c}{C_eC_T\Phi^2}T=n_0-\beta T \tag{3-54}$$

联立式（3-53）和式（3-54），消去 T，得到的微分方程为

$$T_M\frac{\mathrm{d}n}{\mathrm{d}t}+n=n_L \tag{3-55}$$

式中　n_L——稳态转速，r/min，$n_L=n_0-\beta T$；

T_M——机电时间常数，s，$T_M=\beta GD^2/375$。

式（3-55）为非齐次常系数一阶微分方程，初始条件为 $t=0$，$n=n_{F0}$，则其解为

$$n=n_L+(n_{F0}-n_L)e^{-t/T_M} \tag{3-56}$$

式（3-56）为过渡过程中转速的表达式。显然它包含两个分量：一个是稳定分量 n_L，即过渡过程结束时的稳态值；另一个是自由分量 $(n_{F0}-n_L)e^{-t/T_M}$，其按指数规律衰减到零。因此，过渡过程中转速 n 是从起始值 n_{F0} 开始，按指数规律逐渐变化至过渡过程终止的稳态

值 n_L，画成曲线如图 3-38(a) 所示。

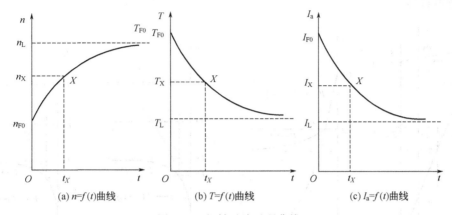

图 3-38　机械过渡过程曲线

$n=f(t)$ 曲线与一般的一阶过渡过程曲线一样，主要应掌握三个要素：起始值、稳态值和时间常数。起始值 n_{F0} 和稳态值 n_L 已经很清楚，时间常数 T_M 为

$$T_M = \beta \frac{GD^2}{375} = \frac{R_a + R_c}{C_e C_T \Phi^2} \frac{GD^2}{375} \tag{3-57}$$

显然，T_M 是表征机械过渡过程快慢的物理量，其大小除与系统飞轮矩 GD^2 成正比外，还与电枢回路总电阻 $(R_a + R_c)$ 及励磁磁通 Φ 等电磁量有关，因此称 T_M 为电力拖动系统的机电时间常数。

过渡过程中电磁转矩变化规律 $T=f(t)$ 与电枢电流变化规律 $I_a=f(t)$ 与式(3-56) 相似，可分别表示为

$$T = T_L + (T_{F0} - T_L)e^{-t/T_M} \tag{3-58}$$
$$I_a = I_L + (I_{F0} - I_L)e^{-t/T_M} \tag{3-59}$$

画成曲线如图 3-38(b)、(c) 所示。

(2) 过渡过程时间的计算

从起始值到稳态值，理论上需要时间 $t=\infty$，但实际上 $t=(3\sim4)T_M$ 时，各量达到 $95\%\sim98\%$ 稳态值，即可认为过渡过程结束。在工程实际中，往往需要知道过渡过程进行到某一阶段所需的时间。图 3-38 中 X 点为过渡过程中任意一点，所对应时间为 t_x，转速为 n_x，转矩为 T_x，电枢电流为 I_x，若已知 $n=f(t)$ 及 X 点的转速 n_x，如图 3-38(a) 所示，由式(3-56) 得

$$t_x = T_M \ln \frac{n_{F0} - n_L}{n_x - n_L} \tag{3-60}$$

若已知 $T=f(t)$ 及 X 点的转矩 T_x，如图 3-38(b) 所示，由式(3-58) 得

$$t_x = T_M \ln \frac{T_{F0} - T_L}{T_x - T_L} \tag{3-61}$$

若已知 $I_a=f(t)$ 及 X 点的电枢电流 I_x，如图 3-38(c) 所示，由式(3-59) 得

$$t_x = T_M \ln \frac{I_{F0} - I_L}{I_x - I_L} \tag{3-62}$$

(3) 过渡过程分析举例

下面以他励直流电动机电枢电源反接的反接制动为例，进行制动过渡过程分析。

① 拖动反抗性恒转矩负载　他励直流电动机拖动反抗性恒转矩负载进行电枢电源反接的反接制动机械特性如图 3-39(a) 所示，曲线 1 为正向电动运行的机械特性，曲线 2 为

电枢电源反接的反接制动机械特性，曲线 3 为 $n \geqslant 0$ 时的负载转矩特性，曲线 4 为 $n \leqslant 0$ 时的负载转矩特性。

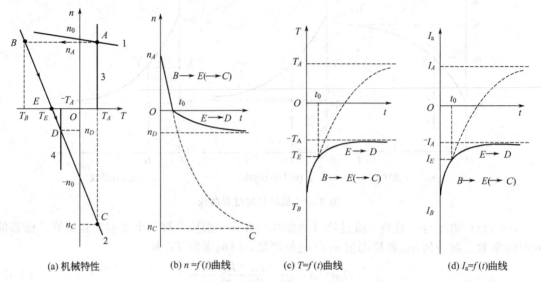

(a) 机械特性　　(b) $n = f(t)$曲线　　(c) $T = f(t)$曲线　　(d) $I_a = f(t)$曲线

图 3-39　拖动反抗性负载时电源反向反接制动过渡过程

若为反接制动停车，其过渡过程为 $B \rightarrow E (\rightarrow C)$ 这一段，B 为起始点，E 为制动到 $n = 0$ 的点，C 为"虚稳态"点。$n = f(t)$、$T = f(t)$ 及 $I_a = f(t)$ 分别为

$$n = n_C + (n_A - n_C) e^{-t/T_M} \quad (n \geqslant 0)$$
$$T = T_A + (T_B - T_A) e^{-t/T_M} \quad (T \leqslant T_E) \tag{3-63}$$
$$I = I_A + (I_B - I_A) e^{-t/T_M} \quad (I \leqslant I_E)$$

制动停车时间 t_0 为

$$t_0 = T_M \ln \frac{n_A - n_C}{-n_C}$$
$$t_0 = T_M \ln \frac{T_B - T_A}{T_E - T_A} \tag{3-64}$$
$$t_0 = T_M \ln \frac{I_B - I_A}{I_E - I_A}$$

$n = f(t)$、$T = f(t)$ 及 $I_a = f(t)$ 曲线见图 3-39(b)、(c) 和 (d) 所示的 $B \rightarrow E (\rightarrow C)$ 段。

若不是反接制动停车而是接着反向启动，则过渡过程还要从 E 点继续到 D 点，这是电动机反向启动过渡过程。$E \rightarrow D$，起始点为 E，稳态点为 D。$n = f(t)$、$T = f(t)$ 及 $I_a = f(t)$ 分别为

$$n = n_D - n_D e^{-(t-t_0)/T_M} \quad (n < 0)$$
$$T = -T_A + (T_E + T_A) e^{-(t-t_0)/T_M} \quad (T > T_E) \tag{3-65}$$
$$I = -I_A + (I_E + I_A) e^{-(t-t_0)/T_M} \quad (I > I_E)$$

这三条曲线如图 3-39(b)、(c) 和 (d) 所示。要注意的是，反向启动时间的起点是从 t_0 算起，启动过渡过程时间为 $(3 \sim 4) T_M$。

总之，电枢电源反接的反接制动过程停车时，过渡过程为 $B \rightarrow E$；反接制动接着反向启动时，过渡过程分为两部分，即 $B \rightarrow E (\rightarrow C)$ 段和 $E \rightarrow D$ 全过程。

② 拖动位能性恒转矩负载　他励直流电动机拖动位能性恒转矩负载进行电枢电源反接的反接制动机械特性如图 3-40(a) 所示。负载的转矩特性在 $n \geqslant 0$ 为曲线 3，曲线 4 为 $n \leqslant 0$。

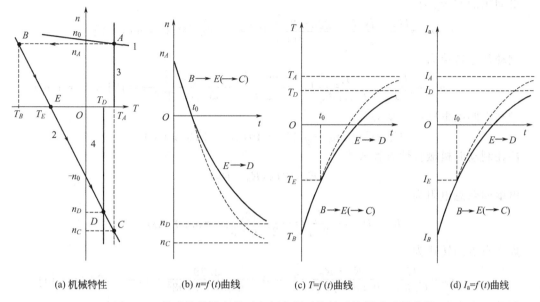

(a) 机械特性   (b) $n=f(t)$曲线   (c) $T=f(t)$曲线   (d) $I_a=f(t)$曲线

图 3-40 拖动位能性负载时电枢电源反接的反接制动过渡过程

若仅考虑反接制动停车，则过渡过程为 $B \to E(\to C)$，C 为虚稳态点，与拖动反抗性恒转矩负载时的情况相同。$n=f(t)$、$T=f(t)$ 及 $I_a=f(t)$ 曲线如图 3-40(b)、(c) 和 (d) 所示的 $B \to E(\to C)$ 段，制动停车时间为 t_0。

若考虑从反接制动到反向电动直到反向回馈制动运行为止整个的过渡过程，则过渡过程由两部分组成，即 $B \to E(\to C)$ 段和 $E \to D$ 段。$B \to E(\to C)$ 这一段，与拖动反抗性恒转矩负载的情况相同，其 $n=f(t)$、$T=f(t)$ 及 $I_a=f(t)$ 曲线见图 3-40(b)、(c) 和 (d) 中的 $B \to E(\to C)$ 段。$E \to D$ 的过渡过程，起始点为 E，稳态点为 D，其 $n=f(t)$、$T=f(t)$ 及 $I_a=f(t)$ 分别为

$$n=n_D - n_D e^{-(t-t_0)/T_M}$$
$$T=T_D + (T_E - T_D)e^{-(t-t_0)/T_M} \tag{3-66}$$
$$I=I_D + (I_E - I_D)e^{-(t-t_0)/T_M}$$

需要说明的是，式(3-66) 中的时间是从 t_0 算起的。$n=f(t)$、$T=f(t)$ 及 $I_a=f(t)$ 曲线见图 3-40(b)、(c) 和 (d) 中的 $E \to D$ 段。

上面对他励直流电动机电枢电源反接的反接制动过渡过程进行了详细的分析。电力拖动系统运行过程中的其他过渡过程，如启动过渡过程、能耗制动过渡过程及调速过渡过程等均可采用同样的方法进行分析。

【例 3-9】 一台他励直流电动机，有关数据为：$P_N=5.6kW$，$U_N=220V$，$I_N=31A$，$n_N=1000r/min$，$R_a=0.4\Omega$。系统总飞轮矩 $GD^2=9.8N \cdot m^2$，$T_L=49N \cdot m$，运行在固有机械特性上，现进行制动停车，制动的起始电流为 $2I_N$。试就反抗性恒转矩负载与位能性恒转矩负载两种情况，求：

① 能耗制动停车的时间；

② 反接制动停车的时间；

③ 如果当转速制动到 $n=0$ 时，不采取其他停车措施，转速达稳定值时，整个过渡过程的时间。

解 ①能耗制动停车，对反抗性、位能性恒转矩负载，制动停车时间是一样的。

电动机的 $C_e\Phi_N$ 为

$$C_e\Phi_N = \frac{U_N - I_N R_a}{n_N} = \frac{220 - 31 \times 0.4}{1000} = 0.208 \, [\text{V}/(\text{r} \cdot \text{min}^{-1})]$$

制动初始转速为

$$n_{F0} = \frac{U_N}{C_e\Phi_N} - \frac{R_a}{C_e C_T \Phi_N^2} T_L = \frac{220}{0.208} - \frac{0.4 \times 49}{9.55 \times (0.208)^2} = 1010.3 \, (\text{r/min})$$

制动瞬间电枢感应电动势为

$$E_a = C_e\Phi_N n_{F0} = 0.208 \times 1010.3 = 210.1 \, (\text{V})$$

能耗制动时机械特性方程式为

$$0 = E_a + 2I_N(R_a + R_c)$$

电枢回路总电阻为

$$R_a + R_c = -\frac{E_a}{2I_N} = -\frac{210.1}{2 \times (-31)} = 3.39 \, (\Omega)$$

虚稳态点的转速为

$$n_C = \frac{U}{C_e\Phi_N} - \frac{R_a + R_c}{9.55(C_e\Phi_N)^2} T_L = 0 - \frac{3.39}{9.55 \times 0.208^2} \times 49 = -402 \, (\text{r/min})$$

制动时机电时间常数为

$$T_M = \frac{GD^2}{375} \times \frac{R_a + R_c}{9.55(C_e\Phi_N)^2} = \frac{9.8}{375} \times \frac{3.39}{9.55 \times 0.208^2} = 0.214 \, (\text{s})$$

制动停车时间为

$$t_0 = T_M \ln \frac{n_{F0} - n_C}{-n_C} = 0.214 \times \ln \frac{1010.1 + 402}{402} = 0.269 \, (\text{s})$$

② 反接制动时，对反抗性、位能性恒转矩负载，制动停车时间是一样的。制动起始点与能耗制动时相同。

反接制动时电枢回路总电阻为

$$R_a + R_c' = \frac{-U_N - E_a}{2I_N} = \frac{-220 - 210.1}{2 \times (-31)} = 6.94 \, (\Omega)$$

虚稳态点的转速为

$$n_C = \frac{-U_N}{C_e\Phi_N} - \frac{R_a + R_c}{9.55(C_e\Phi_N)^2} T_L = \frac{-220}{0.208} - \frac{3.39}{9.55 \times 0.208^2} \times 49 = -1880.7 \, (\text{r/min})$$

制动时机电时间常数为

$$T_M' = \frac{GD^2}{375} \times \frac{R_a + R_c}{9.55(C_e\Phi_N)^2} = \frac{9.8}{375} \times \frac{6.94}{9.55 \times 0.208^2} = 0.439 \, (\text{s})$$

制动停车时间为

$$t_0' = T_M' \ln \frac{n_{F0} - n_C}{-n_C} = 0.439 \times \ln \frac{1010.1 + 1880.7}{1880.7} = 0.189 \, (\text{s})$$

③ 不采取其他停车措施，到稳态转速时总制动过程所用时间的计算。

能耗制动时：

若拖动反抗性恒转矩负载，则

$$t_1 = t_0 = 0.269 \, (\text{s})$$

若拖动位能性恒转矩负载，则

$$t_1 = t_0 + 4T_M = 0.269 + 4 \times 0.214 = 1.125 \, (\text{s})$$

反接制动时：

若拖动反抗性恒转矩负载，先计算制动到 $n = 0$ 时的电磁转矩 T 的大小，据此判断电动机能否反向启动。

$$0 = \frac{-U_N}{C_e \Phi_N} - \frac{R_a + R'_c}{9.55(C_e \Phi_N)^2} T = \frac{-220}{0.208} - \frac{6.94}{9.55 \times 0.208^2} T$$

解得

$$T = -62.97 (\text{N} \cdot \text{m})$$

由于 $|T| < |T_L|$，故电动机会反向启动，所以

$$t_1 = t'_0 + 4T'_M = 0.189 + 4 \times 0.439 = 1.945 (\text{s})$$

若拖动位能性恒转矩负载，则

$$t_1 = t'_0 + 4T'_M = 0.189 + 4 \times 0.439 = 1.945 (\text{s})$$

通过上面的例题可知，从同一起始转速开始制动到转速为零，能耗制动停车比反接制动停车要慢。

3.8.2 机电过渡过程分析

既考虑机械惯性，又考虑电磁惯性的过渡过程称为机电过渡过程。在目前应用的可控硅整流器供电的直流电动机拖动系统中，为了滤波，往往在电枢回路中串入电感量较大的平波电抗器，此时电枢回路的电感不能忽略。现以他励直流电动机的启动过程为例，分析机械惯性与电磁惯性同时存在时的机电过渡过程。

(1) 过渡过程的动态方程

为便于分析，假设在过渡过程中电枢回路电感 L_a，电源电压 U，励磁磁通 Φ 和负载转矩 T_L 保持不变。电动机电枢回路的电压平衡方程式为

$$U = E_a + I_a R_a + L_a \frac{dI_a}{dt} \qquad (3\text{-}67)$$

电力拖动系统运动方程式为

$$T = T_L + \frac{GD^2}{375} \times \frac{dn}{dt} \qquad (3\text{-}68)$$

式(3-68)可写成：

$$I_a = I_L + \frac{GD^2}{375 C_T \Phi} \frac{dn}{dt} \qquad (3\text{-}69)$$

将式(3-69)代入式(3-67)，并化简后得到描述系统的二阶常系数微分方程式为

$$T_M T_a \frac{d^2 n}{dt^2} + T_M \frac{dn}{dt} + n = n_L \qquad (3\text{-}70)$$

式中　T_a——电枢回路的电磁时间常数，s，$T_a = L_a / R_a$。

式(3-70)的特征方程为

$$T_M T_a s^2 + T_M s + 1 = 0 \qquad (3\text{-}71)$$

两个根为

$$\begin{cases} s_1 = -\dfrac{1}{2T_a} + \dfrac{1}{2T_a}\sqrt{1 - \dfrac{4T_a}{T_M}} \\ s_2 = -\dfrac{1}{2T_a} - \dfrac{1}{2T_a}\sqrt{1 - \dfrac{4T_a}{T_M}} \end{cases} \qquad (3\text{-}72)$$

求解方程 (3-70) 可得

$$n = A_1 e^{s_1 t} + A_2 e^{s_2 t} + n_L \qquad (3\text{-}73)$$

同理可得电磁转矩及电枢电流的表达式为

$$T = B_1 e^{s_1 t} + B_2 e^{s_2 t} + T_L \qquad (3\text{-}74)$$

$$I_a = D_1 e^{s_1 t} + D_2 e^{s_2 t} + I_L \tag{3-75}$$

式中，A_1、A_2、B_1、B_2、D_1、D_2 为根据初始条件确定的待定常数。从式（3-73）、式（3-74）及式（3-75）可知，当考虑电枢回路电感时，过渡过程的特性完全取决于式（3-72）所确定的特征方程的两个根。

（2）空载启动的过渡过程分析

空载启动，各稳态值为：$T_L = T_0$，$I_L = 0$，$n_L = 0$。下面讨论式（3-72）根的性质及对过渡过程的影响。

① 当 $\dfrac{4T_a}{T_M} < 1$，即 $4T_a < T_M$ 时，属于机械惯性较大的情况，特征方程具有两个负实根，空载启动时，电枢电流和转速的变化曲线如图 3-41 的实线所示。这是一种非振荡的动态过程，图 3-41 所示的虚线表示只考虑机械惯性时过渡过程的动态特性。从图中可知，电枢电感 L_a 的存在使电枢电流的变化受到了抑制，其上升速度慢了，最大值也减小了，出现最大电流的时间滞后了；转速的变化也相应地变慢了，最大加速度出现在电流为最大值的时刻。

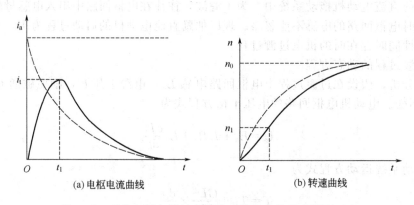

(a) 电枢电流曲线　　　　　　　(b) 转速曲线

图 3-41　考虑电枢电感时电动机空载启动的动态特性（1）

② 当 $\dfrac{4T_a}{T_M} > 1$，即 $4T_a > T_M$ 时，属于电磁惯性较大而机械惯性较小的情况，特征方程具有一对共轭复根，空载启动时电枢电流和转速的变化曲线如图 3-42 的实线所示。这是一种振荡衰减的动态过程，电枢电感 L_a 的存在，不仅使电流和转速的上升延迟了，而且使系统启动产生了振荡。

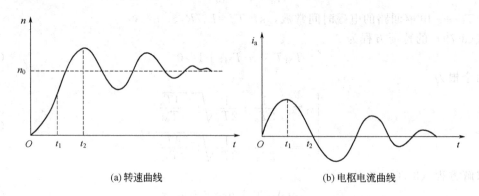

(a) 转速曲线　　　　　　　　(b) 电枢电流曲线

图 3-42　考虑电枢电感时电动机空载启动的动态特性（2）

综上所述，当考虑电枢回路电感 L_a 时，描述其动态过程的方程式是具有两个惯性环节的微分方程，一般简称为二阶系统。此系统具有电感和飞轮惯量两个惯性环节，或者说具有两个储能元件。从本质上讲，他励直流电动机考虑电枢电感的启动过程与RLC电路的充电过程，都是具有两个储能元件的二阶系统。在一定条件下，两个储能元件之间不断进行能量转换，就会产生振荡。对二阶系统，如何对系统进行校正，避免不良振荡，保持系统动态稳定，将在自动控制原理课程中作进一步讨论。

电枢回路的电磁时间常数 $T_a = L_a/R_a$。R_a 可通过直接测量或估算得到，电枢电感 L_a（单位为H）可参照下面公式计算

$$L_a = \frac{19.1C_a U_N}{2pn_N I_N} \tag{3-76}$$

式中　U_N——电动机的额定电压，V；

　　　I_N——额定电流，A；

　　　n_N——额定转速，r/min；

　　　p——电动机的磁极对数；

　　　C_a——常数，对于直流发电机：有补偿绕组取0.2，无补偿绕组取0.6；对于直流电动机：有补偿绕组取0.1，无补偿绕组取0.4。

本 章 小 结

电力拖动系统的运动方程式是分析研究电力拖动系统动态性能的基本公式。对于单轴电力拖动系统（对多轴系统及既有旋转又有直线运动的系统，可通过折算变为电机轴上等效的单轴系统），其方程式为 $T - T_L = \frac{GD^2}{375}\frac{dn}{dt}$。式中的拖动转矩 T 应为电动机轴上的拖动转矩，即电磁转矩，T_L 为电动机轴上的负载转矩与空载转矩之和。一般情况下，空载转矩相对负载转矩很小，在工程计算中可略去。转矩、转速不但有大小而且有方向，应用此式时必须注意转矩、转速正方向的设定和其值的正负。

由运动方程式中 T、T_L 及 n 三者之间的关系可决定系统处于何种运行状态。$T = T_L$，$dn/dt = 0$，系统处于静止或稳速运行状态；$T > T_L$，$dn/dt > 0$，系统处于加速运行状态；$T < T_L$，$dn/dt < 0$，系统处于减速运行状态。

生产机械的典型负载转矩特性可分为三类：恒转矩负载、恒功率负载和风机、泵类负载。电动机的机械特性与负载转矩特性的交点为系统的工作点。电力拖动系统稳定运行的充要条件为：在工作点，$T = T_L$，且满足 $dT/dn < dT_L/dn$。

直流电动机的启动要求在电流不超过允许值的条件下，获得足够大的启动转矩。他励直流电动机一般不能直接启动，而应采用降低电源电压或电枢回路串电阻的方法来启动。随着电力电子技术的发展，降压启动已成为主要方法，且可实现软启动。

根据生产工艺的要求使电力拖动系统的转速强制地变化称为转速调节，即调速。它是通过改变电源或电机本身参数来实现的。他励直流电动机的主要调速方法有：降压调速、电枢回路串电阻调速和弱磁调速。各种调速方法的分析研究，基本上可以归结为对相应机械特性的分析。要注意的是不要把转速调节与因轴上负载波动而引起的转速变化混淆。

直流电机的制动同样要求在电流不超过允许值的条件下实现快速停车，或加快降速的过程，或使位能性负载稳速下放。直流电动机主要有电动和制动两种运行状态。电动运行的特点是电磁转矩 T 与转速 n 同方向，机械特性位于第一和第三象限；制动运行的特点是电磁转矩 T 与转速 n 反方向，机械特性位于第二和第四象限。直流电动机的制动分为能耗制动、反接制动和回馈制动三种。

① 电动运行　他励直流电动机拖动各种生产机械，主要的运行状态为电动运行，如车

床和刨床切削、轧钢机轧制钢板等。功率传递的特点为：$P_1>0$，$P_M>0$，$P_2>0$；电动机将电功率转换为机械功率，输出给负载。

② 能耗制动 包括第二象限能耗制动停车和第四象限能耗制动运行。能耗制动时的制动电阻根据制动时电枢电流计算，要求 $I_a \leqslant I_{amax}$。功率传递的特点为：$P_1=0$（P_1 为电源输入的电功率），$P_M<0$，$P_2<0$（P_2 为电动机输出功率）；电动机将负载释放的动能或减少的位能转变成电能全部消耗在电枢回路电阻上。

③ 反接制动 反接制动分为电枢电源反接的反接制动和转速反向的反接制动。对于电枢电源反接的反接制动，制动电阻根据制动时电枢电流计算，要求 $I_a \leqslant I_{amax}$。功率传递的特点为：$P_1>0$，$P_M<0$，$P_2<0$；电动机将电源输入的电功率和负载释放的动能转变成的电功率全部消耗在电枢回路电阻上。

转速反向的反接制动，实际是电枢回路串入大电阻的人为机械特性。功率传递的特点为：$P_1>0$，$P_M<0$，$P_2<0$；电动机将电源输入的电功率和负载减少的位能转变成的电功率全部消耗在电枢回路电阻上。

④ 回馈制动 包括第二象限正向回馈制动和第四象限反向回馈制动，回馈制动的显著特征是电动机运行的转速大于机械特性的理想空载转速 n_0，即 $|n|>|n_0|$。功率传递的特点为：$P_1<0$，$P_M<0$，$P_2<0$；电动机运行在发电状态，但与一般直流发电机不同，轴上机械功率的输入不是来自原动机，而是来自负载动能或位能的减少，输出的电功率回馈电网但电机不直接带用电设备。

直流电机性能优异，但调速方式要与负载类型匹配，电机才能得到充分利用。当恒转矩调速方式的电动机拖动恒转矩负载，或恒功率调速方式的电动机拖动恒功率负载时，电动机才能得到充分利用。

反映调速性能的主要技术指标有调速范围 D 和静差率 δ，它们既相互联系又相互制约。实际应用中，应根据生产机械的工艺要求，做好技术经济比较后确定调速方案。

电力拖动系统由一种稳定状态变为另一种稳定状态，需要经过过渡过程。由于系统存在机械惯性和电磁惯性，故 n、T、I_a 各量不可能突变，它们为时间的函数。研究它们在过渡过程中的变化规律对改善电力拖动系统运行情况具有重要意义。

思考题与习题

3.1 根据电力拖动系统的运动方程式，如何判断系统是加速、减速还是匀速运行？

3.2 生产机械的负载转矩特性归纳起来，可以分为哪几种基本类型？各有什么特点？

3.3 什么是稳定运行？电力拖动系统稳定运行的充要条件是什么？

3.4 他励直流电动机稳定运行时，电磁转矩和电枢电流的大小由什么决定？当负载转矩不变时，改变电枢电源电压或电枢回路串电阻时，电枢电流的稳定值是否发生变化？为什么？减弱磁通时，电枢电流的稳定值是否发生变化？为什么？

3.5 为什么他励直流电动机一般不允许直接启动？如果直接启动会引起什么后果？一般应采用什么方法启动？

3.6 电动机的电动和制动运行状态各有什么特点？在 T-n 直角坐标系中，电动运行的机械特性位于哪几个象限？制动运行的机械特性位于哪几个象限？

3.7 能耗制动有何特点？回馈制动有何特点？反抗性负载采用反接制动时有何特点？

3.8 电动机处于制动运行状态是否就说明拖动系统正在减速？反之，若拖动系统正在减速过程中，是否就说明电动机一定处于制动运行状态？

3.9 调速与转速变化有什么不同？他励直流电动机有哪些调速方法？各有什么特点？

3.10 什么是调速范围和静差率？两者有何关系？

3.11 一台他励电动机的有关数据为：$P_N=40\text{kW}$，$U_N=220\text{V}$，$I_N=207.5\text{A}$，电枢电阻

$R_a = 0.067\Omega$。求：

(1) 电枢回路不串接电阻启动，则启动电流为额定电流的几倍？

(2) 若要求启动电流最大值不超过 $1.5I_N$，则电枢回路至少应串入多大阻值的电阻？

3.12 他励直流电动机的铭牌数据为：$P_N = 1.75\text{kW}$，$U_N = 110\text{V}$，$I_N = 20.1\text{A}$，$n_N = 1450\text{r}/\text{min}$。若采用三级启动，启动电流最大值不超过 $2I_N$，试求各段的电阻值，并计算各段电阻切除时的瞬时速度。

3.13 他励直流电动机的铭牌数据为：$P_N = 2.5\text{kW}$，$U_N = 220\text{V}$，$I_N = 12.5\text{A}$，$n_N = 1500\text{r}/\text{min}$，$R_a = 0.8\Omega$。求：

(1) 运行中在 $n = 1200\text{r}/\text{min}$ 时，使系统转入能耗制动停车，要求起始制动电流为 $2I_N$，电枢回路应串入多大电阻？若电枢回路不串接制动电阻，则起始制动电流为多大？

(2) 若负载转矩为位能性转矩，要求在 $T_L = 0.9T_N$ 时保证电机以 $120\text{r}/\text{min}$ 的转速能耗制动稳速下放重物，求所需的制动电阻值？

3.14 一台他励直流电动机，$P_N = 12\text{kW}$，$U_N = 220\text{V}$，$I_N = 60\text{A}$，$n_N = 1340\text{r}/\text{min}$，$R_a = 0.16\Omega$，在额定状态下工作，为了使电机停转，采用电枢电源反接的反接制动并在电枢回路中接入 3.6Ω 的电阻，求：

(1) 制动开始与结束时的电磁转矩？并绘出机械特性；

(2) 若负载转矩为 $0.8T_N$，电机能否停转？若不能，如何才能停转？

3.15 他励直流电动机的铭牌数据同题 3.12，用于驱动起吊和下放重物的起重机。求：

(1) 额定负载时，电枢回路串 $0.5R_N \left(R_N = \dfrac{U_N}{I_N} \right)$ 或 $1.5R_N$，电动机的稳定转速为多少？各处于何种运行状态？

(2) 快速下放重物时，若采用电枢加反向额定电压，负载为 30% 额定负载，电动机的下放转速为多少？此时电动机处于何种运行状态？

(3) 额定负载时，若电枢无外加电压，电枢并联电阻 $0.5R_N$，电动机的稳定转速为多少？此时电动机处于何种运行状态？

3.16 他励直流电动机的数据为：$P_N = 29\text{kW}$，$U_N = 440\text{V}$，$I_N = 76.2\text{A}$，$n_N = 1050\text{r}/\text{min}$，$R_a = 0.39\Omega$。求：

(1) 电动机在回馈制动下工作，电枢电流为 60A，电枢回路不串电阻，电机的转速为多少？

(2) 电动机在能耗制动下工作，转速为 $500\text{r}/\text{min}$，电枢电流为额定值，则电枢回路串入的电阻值为多少？电机轴上的转矩为多少？

(3) 电动机在转速反向的反接制动下工作，转速为 $600\text{r}/\text{min}$，电枢电流为 50A，则电枢回路串入的电阻、电机轴上的转矩、电网供给的功率、从轴上输入的功率、电枢回路电阻消耗的功率各为多少？

3.17 他励直流电动机数据为：$P_N = 12\text{kW}$，$U_N = 220\text{V}$，$I_N = 62\text{A}$，$n_N = 1340\text{r}/\text{min}$，$R_a = 0.25\Omega$。求：

(1) 额定负载，原来在电动状态下运行，为使电动机降速采用电枢电源反接，允许的最大制动转矩为 $2T_N$，反接时的制动电阻为多少？

(2) 电源反接后，当转速降低到 $0.2n_N$ 时，换接为能耗制动使其准确停车，能耗制动最大转矩也为 $2T_N$，能耗制动电阻为多少？

(3) 绘出上述情况的机械特性。

3.18 某生产机械采用他励直流电动机拖动，电机的有关数据为：$P_N = 19.5\text{kW}$，$U_N = 220\text{V}$，$I_N = 105\text{A}$，$n_N = 500\text{r}/\text{min}$，最高转速为 $1500\text{r}/\text{min}$，$R_a = 0.18\Omega$，该电机采用弱磁调速，求：

(1) 若电机带额定恒转矩负载，减弱磁通 $\Phi = \Phi_N/3$，电动机稳定转速和电枢电流各为多少？能否长期运行？为什么？

（2）若电机带恒功率负载（$P_L = P_N$），减弱磁通 $\Phi = \Phi_N/3$，电动机稳定转速和电枢电流各为多少？能否长期运行？为什么？

3.19 某直流电动机的额定数据为：$P_N = 74\text{kW}$，$U_N = 220\text{V}$，$I_N = 378\text{A}$，$n_N = 1430\text{r/min}$。采用降压调速，已知电枢电阻 $R_a = 0.023\Omega$，整流电源内阻（在发电机-电动机组中是发电机的电枢电阻）$R_0 = 0.022\Omega$。当生产机械要求静差率为 20% 时，求系统的调速范围；若静差率为 30%，则系统的调速范围如何？

4 变 压 器

4.1 变压器的工作原理与结构

变压器是利用电磁感应原理将某一电压等级的交流电变换成同频率的另一电压等级的交流电的静止电磁装置。

在电力系统中，变压器是一种重要的电气设备。把大功率的电能从发电厂输送到远距离的用电区，最好采用高压输电，以减少输电线路的用线量和功率损耗，因此必须用输电变压器将发电机发出的电压升高到输电电压（如 500kV）。但一般用电装置并不需要如此高的电压，如大型动力设备用电为 10kV 或 6kV，小型动力设备用电为 380V/220V，照明和家用电器用电为 220V，车床照明用电为 36V 等，因此必须用配电变压器把电压降低到用户所需的电压。电力系统中使用的变压器称为电力变压器。

根据变压器的用途区分，除电力变压器外，还有供特殊电源用的变压器，如电炉变压器、整流变压器、电焊变压器等；测量用变压器，如电压互感器、电流互感器等；以及其他各种变压器，如实验用高压变压器、自动控制系统中用的小功率变压器等。在一般工业和民用产品中，利用变压器还可以实现电源与负载的阻抗匹配、电路隔离等。

变压器除了能够改变电压等级外，还具有变换电流、变换阻抗和改变相位等作用。

4.1.1 基本工作原理

变压器是利用电磁感应原理工作的，图 4-1 所示为双绕组单相变压器原理图。该变压器由铁芯及两个互相绝缘的绕组组成。铁芯一般用电工钢片叠成，绕组绕在铁芯柱上。

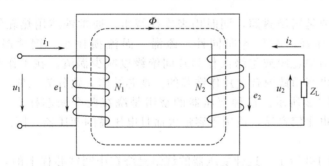

图 4-1 双绕组单相变压器原理图

当初级绕组 N_1 两端外加交变电压 u_1 后，绕组 N_1 中就会有交变电流流过，并在铁芯中产生与电源频率相同的交变磁通 Φ。由于 Φ 同时交链初级绕组 N_1 和次级绕组 N_2，故根据电磁感应定律，将同时在初级和次级绕组中产生感应电动势 e_1 和 e_2。如果 N_1 和 N_2 匝数不等，产生的感应电动势 e_1 和 e_2 不等，则变压器两侧电压 u_1 和 u_2 的大小就不相等，达到了变换电压的目的。由于磁通的交变频率是由 u_1 的频率决定的，而感应电动势 e_1 和 e_2 是由同一个交变磁通 Φ 感应出来的，因此 e_2 的频率与 e_1 的频率是相同的。u_2 的频率与 u_1 的频率也是相同的，所以变压器能将一种交流电压的电能在频率不变的情况下变换成另一种交流电压的电能，能量的变换和传递以交变磁通 Φ 为媒介。这就是变压器最基本的工作原理。

如图 4-1 所示各变量参考正方向，忽略漏磁通及初级、次级绕组的电压降，变压器的电压平衡方程式可写为

$$u_1 = -e_1 = N_1 \frac{\mathrm{d}\Phi}{\mathrm{d}t}$$
$$u_2 = e_2 = -N_2 \frac{\mathrm{d}\Phi}{\mathrm{d}t}$$

(4-1)

式中　$\dfrac{\mathrm{d}\Phi}{\mathrm{d}t}$——铁芯中磁通变化率；

N_1——初级绕组的匝数；

N_2——次级绕组的匝数。

假设变压器初级、次级绕组中的电压和感应电动势均按正弦规律变化，由式(4-1)，可得初级、次级绕组中电压和感应电动势的有效值与匝数的关系为

$$\frac{U_1}{U_2} = \frac{E_1}{E_2} = \frac{N_1}{N_2} = k$$

(4-2)

式中　k——变压器的变比，也称匝比。

忽略绕组的电阻和铁芯损耗，根据能量守恒定律，变压器的初级、次级功率守恒，即

$$U_1 I_1 = U_2 I_2$$

(4-3)

可得变压器初级、次级绕组中电压和电流有效值的关系为

$$\frac{I_1}{I_2} = \frac{U_2}{U_1} = \frac{1}{k}$$

(4-4)

因此，只要改变变压器初级、次级绕组的匝数，即改变变比 k，就可达到变换输出电压 u_2 或输出电流 i_2 大小的目的。

4.1.2　基本结构

变压器的主要组成部件是铁芯和绕组。为了改善散热条件，大、中容量电力变压器的铁芯和绕组浸入盛满变压器油的封闭油箱中，各绕组对外线路的连接由绝缘套管引出。为了使变压器安全、可靠地运行，还设有储油柜、安全气道和气体继电器等附件。

（1）铁芯

变压器铁芯主要是用做磁路，同时用来支撑绕组。通常铁芯用热轧的电工钢片叠装而成。这种钢片导磁性好，而且各向同性，磁滞、涡流损耗小。钢片厚度一般为 0.35～0.5mm。钢片表面有氧化膜或绝缘漆作为片间绝缘以减少涡流。在工作频率高和要求损耗特别小的情况下，也有用铁镍合金片作铁芯的。铁芯结构大致分为三种。

① 心式，如图 4-2 所示。这种变压器的绕组是绕在两个铁芯柱上的，结构比较简单，绕组的装配和绝缘也比较容易，适用于容量大而且电压高的变压器，国产电力变压器均采用心式结构。

② 壳式，如图 4-3 所示。这种变压器的绕组是绕在中间铁芯柱上的，磁通从中间心柱

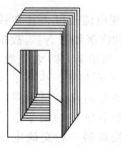
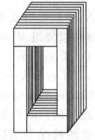
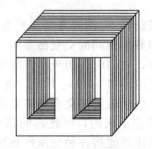

图 4-2　心式叠片铁芯　　　　　　　　　　图 4-3　壳式叠片铁芯

出来分左右两路而闭合，可见两侧铁芯柱的截面只需中间铁芯柱截面的一半。这种结构机械强度较好，铁芯容易散热，但外层绕组的铜线用量较多，制造工艺复杂，一般用于小功率变压器。

③卷环式，如图4-4所示。冷轧电工钢片的导磁性为各向异性，顺着轧压方向的导磁性能最好。如果把它顺着轧压方向剪成长条，卷成环状，则磁路可全部顺着轧压方向。所以在同样条件下，卷环式铁芯中的磁感应强度可比叠片式铁芯大20%~30%，而卷环式铁芯比叠片式铁芯轻20%~30%。从两铁芯柱中间切开成为图4-4(a)所示形状，称为C形卷环式铁芯；然后在铁芯的两柱上套入绕组，再用钢带固紧在底座上，即形成如图4-4(b)所示的单相C形卷环式铁芯变压器。卷环式也可以做成E形卷环铁芯，与壳式类似，如图4-4(c)所示为E形卷环式铁芯，图4-4(d)为E形卷环式铁芯变压器。

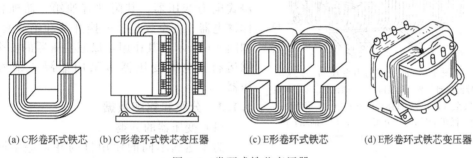

(a)C形卷环式铁芯　(b)C形卷环式铁芯变压器　(c)E形卷环式铁芯　(d)E形卷环式铁芯变压器

图4-4　卷环式铁芯变压器

为进一步减小体积和重量，简化结构，小功率变压器也有采用圆形卷环式铁芯的，即圆形铁芯不切开，以减少磁阻。同样情况下，圆形铁芯比C形卷环式铁芯又轻20%左右。但圆形铁芯绕线困难，一般用环形绕线机绕制，当导线较粗时，只能手工绕制。所以只在小功率、中频和低频变压器中应用。

(2)绕组

绕组是变压器的电路部分，用做电路输入或输出电能，常用绝缘铜线或铝线绕制而成，近年来还有用铝箔绕制的。为了使绕组便于制造和在电磁力作用下受力均匀以及机械性能良好，一般电力变压器均把绕组绕制成圆形的。

如图4-1所示，与电源连接输入电能的绕组称为初级绕组或原绕组，其参数均以下标"1"表示；与负载连接输出电能的绕组称为次级绕组或副绕组，其参数均以下标"2"表示，也可称接高电压的绕组为高压绕组，接低电压的绕组为低压绕组。

实际变压器中，虽然有铁芯作主要磁通Φ的闭合磁路，但还有一部分磁通不同时交链初、次级绕组，而是经过空气自成回路，称漏磁通。初级、次级绕组分别有自己的初级、次级漏磁通，互不相干，因此不起能量传递作用。为了增大互感作用以减小漏磁通，初级、次级绕组常置于同一铁芯柱上，而不像图4-1所示那样分开画在两个铁芯柱上。绕组实际绕法主要有同心式和盘式（也称交叠式）两种。如图4-5(a)所示为同心式绕组，将高压、低压绕组同心地套在铁芯柱上。为便于绕组与

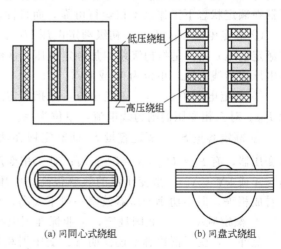

(a)同同心式绕组　　(b)同盘式绕组

图4-5　变压器绕组结构示意图

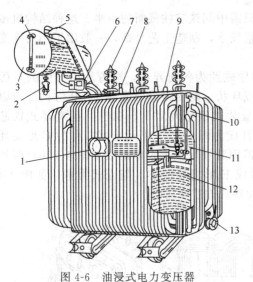

图 4-6 油浸式电力变压器

1—信号温度计；2—吸湿器；3—储油柜；4—油表；
5—安全气道；6—气体继电器；7—高压套管；
8—低压套管；9—分接开关；10—油箱；
11—铁芯；12—绕组；13—放油阀门

铁芯之间的绝缘，通常将低压绕组装在内层，高压绕组装在外层，在高、低压绕组之间及绕组与铁芯之间都加有绝缘。图 4-5（b）所示为盘式绕组，形如圆盘，高压、低压绕组交替置于中间铁芯柱上，通常用于壳式变压器。同心式绕组具有结构简单，制造方便的特点，国产变压器多采用这种结构。

（3）其他结构附件

根据容量和冷却方式的不同，变压器除铁芯和绕组外，还需要增加一些其他附件，如油浸式电力变压器，其附件有油箱、储油柜、气体继电器、安全气道、分接开关和绝缘套管等，如图 4-6 所示，其作用是保证变压器的安全和可靠运行。电力变压器多采用油浸式结构的变压器。

4.1.3 分类和铭牌数据

（1）变压器的分类

为了达到不同的使用目的并适应不同的工作条件，变压器可以从不同的角度进行分类。

① 按用途分：变压器可分为电力变压器和特种变压器。电力变压器主要用于输电、配电和用电部门，它是变压器产品中的大多数；特种变压器提供各种特殊电源和用途，如整流变压器、电炉变压器、电焊变压器、试验用高压变压器和调压器，仪用电压、电流互感器等。

② 按结构分：变压器可分为心式、壳式和卷环式三种。

③ 按冷却方式分：变压器可分为空气冷却的干式变压器以及油冷式、油浸式变压器等。

④ 按相数分：变压器可分为单相、三相变压器。

（2）变压器的铭牌数据

为了使变压器安全、经济、合理地运行，同时让用户对变压器的性能有所了解，制造厂家对每一台变压器都安装了一个铭牌，上面标出了变压器的型号、额定数据和其他数据。变压器在额定状态下工作，不仅运行可靠，而且性能良好。下面介绍变压器的各种额定数据。

① 额定电压 U_{1N}/U_{2N} 初级额定电压 U_{1N}：是指接到初级绕组上的额定电源电压；次级额定电压 U_{2N}：是指初级绕组加额定电压，次级绕组空载时的电压。对于三相变压器，额定电压均指线电压，单位为 V 或 kV。

② 额定电流 I_{1N}/I_{2N} 额定电流：是指额定运行状态下流过初级、次级绕组的电流 I_{1N} 和 I_{2N}。对三相变压器则为线电流，单位为 A。

③ 额定容量 S_N 额定容量 S_N 即额定视在功率：是额定电压与额定电流的乘积。对单相变压器，有 $S_N = U_{2N}I_{2N} = U_{1N}I_{1N}$；对三相变压器，有 $S_N = \sqrt{3}U_{2N}I_{2N} = \sqrt{3}U_{1N}I_{1N}$，单位为 VA 或 kV·A。一般变压器的效率很高，电压变化很小，因此常把初级、次级绕组的容量看成相等。但小功率变压器效率一般不太高，故初级绕组容量要比次级绕组容量大些。

④ 额定频率 f_N 我国规定，工业标准用电频率为 50Hz。

此外，在变压器铭牌上还注明：变压器相数、型号、运行方式（连续或短时等）、极限温升和冷却方式等。

4.2 单相变压器的空载运行

为了由浅入深地了解和掌握变压器的工作原理，本节以单相变压器为例，讨论变压器空载运行时的电磁关系，分析变压器空载运行时的电压平衡方程式及空载电流，以得到变压器空载运行时的等效电路和相量图。

4.2.1 电磁关系

变压器初级绕组接交流电源，次级绕组开路时的运行状态称为空载运行。图4-7所示为单相心式双绕组变压器空载运行示意图。

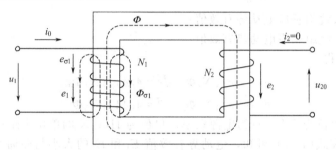

图4-7 单相变压器空载运行示意图

变压器初级绕组接上交流电源电压 u_1，初级绕组中就有空载电流 i_0 流过，产生空载磁动势 $i_0 N_1$，由此激励建立交变磁通，所以空载电流也称为励磁电流，空载磁动势又称励磁磁动势（有时用 i_m 表示励磁电流，也即空载电流 i_0）。由于铁芯的磁导率比空气的磁导率大得多，所以磁通绝大部分通过铁芯而闭合，把同时交链初级绕组 N_1 和次级绕组 N_2 的这部分磁通称为主磁通，用 Φ 表示。主磁通在初级、次级绕组中分别感应电动势 e_1 和 e_2，所以它是能量传递的媒介。另有很少一部分磁通经过磁阻很大的油或空气闭合，它们仅与初级绕组交链，称为初级漏磁通，用 $\Phi_{\sigma 1}$ 表示。$\Phi_{\sigma 1}$ 只在 N_1 中感应电动势 $e_{\sigma 1}$，不交链次级绕组，故不起能量传递作用。空载运行时的主磁通 Φ 仅由初级绕组的磁动势产生，其电磁关系如图4-8所示。

4.2.2 电压平衡方程式

（1）感应电动势

变压器的电压、电流、电动势和磁通都是交变量，它们的大小和方向都随时间变化。图4-7所示各交变物理量的正方向是根据电工惯例规定的，其中绕组上的电动势与

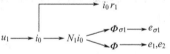

图4-8 单相变压器空载运行时的电磁关系

电流正方向取为相同，它们与磁通的正方向符合右手螺旋定则。根据电磁感应定律，各绕组感应电动势为

$$e_1 = -N_1 \frac{\mathrm{d}\Phi}{\mathrm{d}t}$$
$$e_2 = -N_2 \frac{\mathrm{d}\Phi}{\mathrm{d}t} \qquad\qquad (4-5)$$
$$e_{\sigma 1} = -N_1 \frac{\mathrm{d}\Phi_{\sigma 1}}{\mathrm{d}t}$$

① 主感应电动势 为简化分析，假设变压器空载运行时初级绕组为理想纯电感绕组，外加按正弦规律变化的电源电压，则初级电压瞬时值为

$$u_1 = \sqrt{2}U_1 \cos\omega t \qquad\qquad (4-6)$$

电源电压加在纯电感的初级绕组上，产生纯电感的空载电流，其相位比 u_1 滞后90°，瞬时值为

$$i_0 = \sqrt{2} I_0 \sin\omega t \tag{4-7}$$

由空载电流激励建立的主磁通，两者相位相同，故主磁通按正弦规律变化，其瞬时值为

$$\Phi = \Phi_{\mathrm{m}} \sin\omega t \tag{4-8}$$

式中　Φ_{m}——主磁通的幅值。

由感应电动势的计算公式得

$$e_1 = -N_1 \frac{\mathrm{d}\Phi}{\mathrm{d}t} = -\omega N_1 \Phi_{\mathrm{m}} \cos\omega t = \sqrt{2} E_1 \sin(\omega t - 90°) \tag{4-9}$$

$$e_2 = -N_2 \frac{\mathrm{d}\Phi}{\mathrm{d}t} = -\omega N_2 \Phi_{\mathrm{m}} \cos\omega t = \sqrt{2} E_2 \sin(\omega t - 90°) \tag{4-9}$$

式中　E_1——初级绕组感应电动势有效值；

　　　E_2——次级绕组感应电动势有效值。

由式（4-9）可得

$$E_1 = 2\pi f_1 N_1 \Phi_{\mathrm{m}}/\sqrt{2} = 4.44 f_1 N_1 \Phi_{\mathrm{m}} \tag{4-10}$$

$$E_2 = 2\pi f_1 N_2 \Phi_{\mathrm{m}}/\sqrt{2} = 4.44 f_1 N_2 \Phi_{\mathrm{m}} \tag{4-11}$$

式中，Φ_{m}的单位为 Wb；f_1为电源频率，单位为 Hz；N的单位为匝；E的单位为 V。

从式（4-10）和式（4-11）可知，电动势有效值 E_1 和 E_2 的大小与磁通交变的频率、绕组匝数及磁通幅值成正比。当变压器接到固定频率电网时，由于频率、匝数都为定值，电动势有效值 E_1 和 E_2 的大小仅取决于主磁通幅值 Φ_{m} 的大小。

② 漏感电动势　由漏磁通感生的电动势称为漏感电动势。变压器初级绕组的漏磁通 $\Phi_{\sigma 1}$ 将在初级绕组中产生漏感电动势 $e_{\sigma 1}$。根据前面的分析，同理可得

$$e_{\sigma 1} = -N_1 \frac{\mathrm{d}\Phi_{\sigma 1}}{\mathrm{d}t} = -\omega N_1 \Phi_{\sigma 1\mathrm{m}} \cos\omega t = \sqrt{2} E_{\sigma 1} \sin(\omega t - 90°) \tag{4-12}$$

有效值为：

$$E_{\sigma 1} = \omega N_1 \Phi_{\sigma 1\mathrm{m}}/\sqrt{2} \tag{4-13}$$

式中，$\Phi_{\sigma 1\mathrm{m}}$ 为初级绕组漏磁通的幅值。

由于漏磁通 $\Phi_{\sigma 1}$ 通过的磁路是线性的，漏磁链 $\Psi_{\sigma 1}$ 与产生漏磁链的电流 i_0 呈线性关系，故有

$$e_{\sigma 1} = -N_1 \frac{\mathrm{d}\Phi_{\sigma 1}}{\mathrm{d}t} = -\frac{\mathrm{d}\psi_{\sigma 1}}{\mathrm{d}t} = -L_1 \frac{\mathrm{d}i_0}{\mathrm{d}t} \tag{4-14}$$

当空载电流 i_0 按正弦规律变化，即 $i_0 = \sqrt{2} I_0 \sin\omega t$ 时，有

$$e_{\sigma 1} = -\sqrt{2} I_0 \omega L_1 \cos\omega t = \sqrt{2} E_{\sigma 1} \sin(\omega t - 90°) \tag{4-15}$$

式中，$E_{\sigma 1}$ 为初级漏感电动势有效值。

由式（4-15）可得

$$E_{\sigma 1} = I_0 \omega L_1 = I_0 x_1 \tag{4-16}$$

式中，x_1 为初级绕组的漏电抗，Ω，$x_1 = \omega L_1$。

从上面的分析可知，漏感电动势 $e_{\sigma 1}$ 与空载电流 i_0 频率相同，而相位上 $e_{\sigma 1}$ 比 i_0 落后 $90°$，即漏感电动势可以看成是电流 i_0 流过漏电抗 x_1 产生的压降，用相量表示为

$$\dot{E}_{\sigma 1} = -\mathrm{j}\dot{I}_0 x_1 \tag{4-17}$$

（2）电压平衡方程式

如图 4-7 所示，规定初级绕组的电流 i_0 与外加电压 u_1 的正方向一致，即把初级绕组当作电源的一个用电"负载"，由此可列出变压器空载运行时初级电压平衡方程式为

$$u_1 = -e_1 - e_{\sigma 1} + i_0 r_1 \tag{4-18}$$

式中，r_1为初级绕组电阻，Ω。

次级绕组的端电压由感应电动势e_2产生，本书采用发电机惯例确定次级电压u_2的正方向，如图4-7所示（有负载时对照图4-7所示，从负载上看i_2与u_2的正方向一致），可列出变压器空载运行时次级电压平衡方程式为

$$u_{20} = e_2 \tag{4-19}$$

若电压、电动势及电流均为正弦交变量，则可列出相量表示的变压器空载运行时初级、次级电压平衡方程式为

$$\dot{U}_1 = -\dot{E}_1 - \dot{E}_{\sigma 1} + \dot{I}_0 r_1$$
$$\dot{U}_{20} = \dot{E}_2 \tag{4-20}$$

4.2.3 等效电路和相量图

（1）空载等效电路

变压器中，初级、次级绕组之间靠主磁通联系，而主磁通由初级绕组通以交流电产生，这样就存在着电与磁之间相互关系的问题，给变压器的分析和计算带来很大麻烦。如果将电与磁的相互关系用纯电路的形式"等效"地表示出来，就可以简化变压器的分析和计算。

由于漏磁通产生的漏感电动势$e_{\sigma 1}$，其作用可看作是空载电流i_0流过漏抗x_1时所产生的电压降。同样，由主磁通产生的感应电动势e_1，是否也可以看作是空载电流i_0流过电路中某一元件时产生的电压降，下面来进行分析。

空载时，主磁通的作用：①形成绕组的电感；当U_1和f_1不变时，Φ_m基本不变，可以找到一个等效的线性电感L来近似代替它，其对应的电抗称为励磁电抗，用x_m表示；②产生铁损耗；电工原理中讲过，当电路的某一部分存在功率损耗时，该部分可以用一个电阻元件表示，该部分的功率损耗等于该电阻乘以电流的平方。反映铁耗的等效电阻称为励磁电阻，用r_m表示。因此，e_1可表示为

$$\dot{E}_1 = -\dot{I}_0(r_m + jx_m) = -\dot{I}_0 Z_m \tag{4-21}$$

式中　r_m——等效铁耗电阻，Ω，$r_m = p_{Fe}/I_0^2$；

x_m——等效励磁电抗，Ω，$x_m = \sqrt{z_m^2 - r_m^2}$；

Z_m——等效励磁阻抗，Ω，$Z_m = E_1/I_0 = r_m + jx_m$。

将式（4-17）和式（4-21）代入式（4-20），则有

$$\dot{U}_1 = \dot{I}_0(r_m + jx_m) + j\dot{I}_0 x_1 + \dot{I}_0 r_1 = -\dot{E}_1 + \dot{I}_0 Z_1$$
$$\dot{U}_{20} = \dot{E}_2 \tag{4-22}$$

按式（4-22）可画出相应的电路图，如图4-9（a）所示，即为变压器空载运行时初级绕组的等效电路图。需要指出的是，正常工作的变压器，主磁通比漏磁通大得多，因此$x_m \gg x_1$；又因空载时的铁耗一般比铜耗大，故$r_m > r_1$；再有，数值上$x_m \gg r_m$。所以，空载变压器犹如一个铁芯电感接于电网，是一个感性为主的电路。

（2）空载相量图

分析式（4-8）和式（4-9）可知，e_1、e_2比Φ滞后90°。由此可画出变压器空载时的相量图，如图4-9（b）所示，其中相量$\dot{I}_0 r_1$、$j\dot{I}_0 x_1$是放大了的，实际上$\dot{U}_1 \approx -\dot{E}_1$。

从图4-9（b）可知，$\dot{I}_0$比$\dot{U}_1$滞后φ_0角，即空载功率因数角。电力变压器的空载功率因数是很低的，额定电压时$\cos\varphi_0 < 0.1$，小容量变压器$\cos\varphi_0$稍高。

分析变压器空载运行时的初级电压平衡方程（4-18）和式（4-20）可知，假设$r_1 = 0$，$E_{\sigma 1} = 0$时，则有$u_1 = -e_1$和$\dot{U}_1 = -\dot{E}_1$，表明初级主感应电动势在任何瞬时都必须与外加给

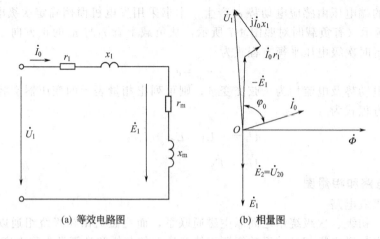

(a) 等效电路图   (b) 相量图

图 4-9　单相变压器空载运行时的等效电路和相量图

定的初级电压平衡，两者大小相等、相位相反。

4.3　单相变压器的负载运行

　　本节仍以单相变压器为例，讨论变压器负载运行时的电磁关系，分析变压器负载运行时的基本方程式及负载电流，以得到变压器负载运行时的等效电路和相量图。

4.3.1　电磁关系

　　变压器的初级绕组接交流电源，次级绕组接上负载 Z_L 时的运行状态称为负载运行。仍以单相心式双绕组变压器为例分析变压器负载运行时的电磁关系，图 4-10 所示为单相心式双绕组变压器负载运行示意图。

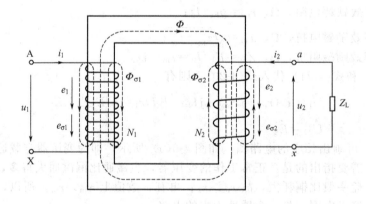

图 4-10　单相变压器负载运行示意图

　　从上节分析可知，变压器空载运行时，次级绕组电流及其产生的磁动势为零，次级绕组的存在对初级绕组没有影响。初级空载电流 i_0 产生的磁动势 $i_0 N_1$ 即为励磁磁动势，它产生主磁通 Φ，并在初级、次级绕组中感应电动势 e_1、e_2。

　　当次级绕组接上负载 Z_L 时，有次级电流 i_2 并建立次级磁动势 $i_2 N_2$。$i_2 N_2$ 也作用在变压器的主磁路上，从而改变了原有的磁动势平衡，迫使主磁通 Φ 和初级、次级绕组中的感应电动势 e_1、e_2 改变，于是原有的电动势平衡关系遭到破坏，因而初级电流发生变化，从空载电流 i_0 变为负载电流 i_1，相应的初级磁动势变为 $i_1 N_1$。负载时的主磁通 Φ 由初级、次级绕组的合成磁动势产生，其电磁关系如图 4-11 所示。

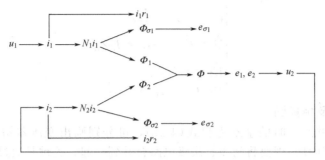

图 4-11　单相变压器负载运行时的电磁关系

4.3.2　基本方程式

（1）磁动势平衡方程式

变压器初级绕组的漏阻抗压降很小，即使在额定负载时也只有额定电压的 2％～6％。空载运行时有 $U_1 \approx E_1$，而电源电压 U_1 为常值，故主磁通幅值 Φ_m 也等于常值。负载运行时，若加同样频率的电源电压并考虑 $U_1 \approx E_1$ 关系，则变压器从空载到负载的感应电动势有效值 E_1 和主磁通幅值 Φ_m 应基本保持不变，即 $i_0 N_1$ 可近似认为是负载时产生主磁通 Φ 的励磁磁动势。因此，用相量表示的负载运行时磁动势平衡方程式为

$$\dot{I}_1 N_1 + \dot{I}_2 N_2 = \dot{I}_0 N_1 \tag{4-23}$$

式（4-23）可改写为 $\dot{I}_1 N_1 = \dot{I}_0 N_1 + (-\dot{I}_2 N_2)$，说明初级磁动势 $\dot{I}_1 N_1$ 可分解为两个分量：第一个分量 $\dot{I}_0 N_1$ 为建立主磁场所需的励磁磁动势；第二个分量 $(-\dot{I}_2 N_2)$ 为用以补偿次级磁动势的负载磁动势，它与 $\dot{I}_2 N_2$ 大小相等，相位相反。磁动势平衡方程式说明：变压器负载运行时通过磁动势平衡，使初级、次级电流紧密联系在一起，次级通过磁动势平衡对初级产生影响，次级电流的变化必将引起初级电流的变化，电能由此从初级传递到次级。

（2）电压平衡方程式

从上面的分析可知，变压器负载运行与空载运行相比，主磁通 $\dot{\Phi}$ 及初级、次级感应电动势 $\dot{E}_1$ 和 $\dot{E}_2$ 基本不变。但由于初级、次级电流变化，由此漏磁通和漏感电动势变化，反映在漏电抗压降上，初级绕组漏感电动势应改为 $\dot{E}_{\sigma 1} = -j\dot{I}_1 x_1$，次级绕组漏感电动势相应地为 $\dot{E}_{\sigma 2} = -j\dot{I}_2 x_2$。根据图 4-9 所示各物理量正方向的定义，可得变压器负载运行时初级绕组电压平衡方程式为

$$\dot{U}_1 = -\dot{E}_1 + \dot{I}_1(r_1 + jx_1) = -\dot{E}_1 + \dot{I}_1 Z_1 \tag{4-24}$$

同理，可得变压器负载运行时次级绕组的电压平衡方程式为

$$\dot{U}_2 = \dot{E}_2 - \dot{I}_2(r_2 + jx_2) = \dot{E}_2 - \dot{I}_2 Z_2 \tag{4-25}$$

式中　r_2——次级绕组电阻，Ω；

　　　x_2——次级绕组漏电抗，Ω。

次级端电压从负载端看，应等于次级电流 $\dot{I}_2$ 在负载阻抗 Z_L 上的压降，即

$$\dot{U}_2 = \dot{I}_2 Z_L \tag{4-26}$$

综上所述，可得变压器负载运行时的基本方程式为

$$\begin{cases} \dot{I}_1 N_1 + \dot{I}_2 N_2 = \dot{I}_0 N_1 \\ \dot{U}_1 = -\dot{E}_1 + \dot{I}_1 Z_1 \\ \dot{U}_2 = \dot{E}_2 - \dot{I}_2 Z_2 = \dot{I}_2 Z_L \\ \dot{E}_1 = -\dot{I}_0 Z_m \\ E_1/E_2 = N_1/N_2 = k \end{cases} \qquad (4\text{-}27)$$

4.3.3 等效电路及相量图

根据变压器负载运行时的基本方程式(4-27),可分别画出变压器初级、次级的等效电路。为了便于分析计算,现要将初级、次级电路合并到一起,关键是通过折算,使初级、次级的感应电动势相等。从 E_1 和 E_2 的表达式可知,只要人为地让初级、次级绕组的匝数相等即可,这就是变压器的折算问题。折算后的参数在符号的右上角加 "'" 表示。

(1) 变压器的折算

变压器的折算既可以用一个假想 N_1 匝的次级绕组代替原来 N_2 匝的次级绕组,又可以倒过来,用一个假想 N_2 匝的初级绕组代替原来 N_1 匝的初级绕组,这样在同一主磁通作用下,初级、次级绕组感应电动势大小相等,相位相同。下面以次级折算到初级为例进行分析。

① 次级绕组感应电动势的折算 由于折算前后主磁通和漏磁通都没有改变,而感应电动势与绕组匝数成正比,故有

$$\frac{\dot{E}_2'}{\dot{E}_2} = \frac{N_1}{N_2} = k \; ; \; \frac{\dot{E}_{\sigma 2}'}{\dot{E}_{\sigma 2}} = \frac{N_1}{N_2} = k$$

$$\dot{E}_2' = k\dot{E}_2 = \dot{E}_1 \qquad (4\text{-}28)$$

$$\dot{E}_{\sigma 2}' = k\dot{E}_{\sigma 2}$$

② 次级绕组电流的折算 折算原则:折算前后次级绕组的磁动势 $\dot{I}_2 N_2$ 不变,故有

$$\dot{I}_2' N_1 = \dot{I}_2 N_2$$

$$\dot{I}_2' = \frac{N_2}{N_1} \dot{I}_2 = \dot{I}_2/k \qquad (4\text{-}29)$$

③ 次级绕组阻抗的折算 折算原则1:折算前后次级绕组的无功功率不变,即

$$I_2'^2 x_2' = I_2^2 x_2$$

$$x_2' = (I_2/I_2')^2 x_2 = k^2 x_2 \qquad (4\text{-}30)$$

折算原则2:折算前后次级绕组的铜损耗不变,即

$$I_2'^2 r_2' = I_2^2 r_2$$

$$r_2' = (I_2/I_2')^2 r_2 = k^2 r_2 \qquad (4\text{-}31)$$

因此,次级绕组阻抗的折算值为

$$Z_2' = r_2' + \mathrm{j}x_2' = k^2(r_2 + \mathrm{j}x_2) = k^2 Z_2 \qquad (4\text{-}32)$$

④ 次级绕组电压的折算

$$\dot{U}_2' = \dot{E}_2' - \dot{I}_2' Z_2' = k\dot{E}_2 - \left(\frac{1}{k}\dot{I}_2\right)(k^2 Z_2) = k(\dot{E}_2 - \dot{I}_2 Z_2) = k\dot{U}_2 \qquad (4\text{-}33)$$

⑤ 负载阻抗的折算

$$Z_L' = \frac{\dot{U}_2'}{\dot{I}_2'} = \frac{k\dot{U}_2}{\dot{I}_2/k} = k^2 \frac{\dot{U}_2}{\dot{I}_2} = k^2 Z_L \qquad (4\text{-}34)$$

由于变比 k 为实常数,所以这种折算是一种线性变换,各物理量的相位不改变。

（2）变压器的基本方程式

次级绕组折算到初级后，变压器的磁动势平衡方程式变为

$$\dot{I}_1 N_1 + \dot{I}_2' N_1 = \dot{I}_0 N_1 \tag{4-35}$$

消去 N_1 得

$$\dot{I}_1 + \dot{I}_2' = \dot{I}_0 \tag{4-36}$$

同理，次级绕组折算到初级后，变压器负载运行时的基本方程式变为

$$\begin{cases} \dot{I}_1 + \dot{I}_2' = \dot{I}_0 \\ \dot{U}_1 = -\dot{E}_1 + \dot{I}_1 Z_1 \\ \dot{U}_2' = \dot{E}_2' - \dot{I}_2' Z_2' = \dot{I}_2' Z_L' \\ \dot{E}_1 = \dot{E}_2' = -\dot{I}_0 Z_m \end{cases} \tag{4-37}$$

（3）等效电路

根据折算后的基本方程式（4-37），可画出如图 4-12 所示的等效电路。该等效电路正确反映了变压器内部的电磁关系，称为变压器负载运行的 T 形等效电路。

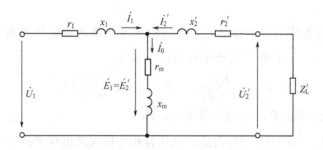

图 4-12　单相变压器的 T 形等效电路

T 形等效电路虽然能准确地表达变压器内部的电磁关系，但运算较繁琐。对于功率较大的变压器，在数值上有 $Z_m \gg Z_1$，$I_{1N} \gg I_0$，当负载变化时，$\dot{E}_1$ 变化很小，可认为 $\dot{I}_0$ 不随负载的变化而变化。这样便可把 T 形等效电路中的励磁支路移到电源端，称为 Γ 形等效电路，如图 4-13 所示，这样计算简单些，但精确度稍差。在近似计算中甚至可把励磁支路忽略，即变成简化等效电路。

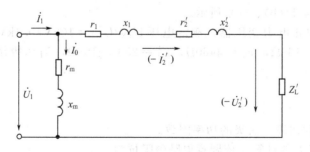

图 4-13　单相变压器的 Γ 形等效电路

（4）负载运行时的相量图

在空载相量图 4-9（b）的基础上，把折算后次级各量的相量关系加进去，即按 T 形等效电路，可画出变压器负载运行相量图，如图 4-14 所示。

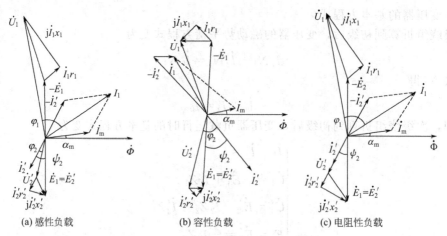

| (a) 感性负载 | (b) 容性负载 | (c) 电阻性负载 |

图 4-14　单相变压器负载运行相量图

现分几点描述变压器负载运行时相量图的绘制方法。

① 选主磁通 $\dot{\Phi}$ 作基准相量，$\dot{E}'_2 = \dot{E}_1$ 均比 $\dot{\Phi}$ 滞后 $90°$，励磁电流 $\dot{I}_m$ 超前 $\dot{\Phi}$ 一个铁耗角 $\alpha_m = \tan^{-1}(r_m / x_m)$；

② 为表达次级绕组感应电动势与电流之间的关系，将次级电压平衡方程式 $\dot{U}'_2 = \dot{E}'_2 - \dot{I}'_2 Z'_2$ 和 $\dot{U}'_2 = \dot{I}'_2 Z'_L$ 联立，可求得 $\dot{I}'_2$ 的大小和相位分别为

$$I'_2 = \frac{E'_2}{Z'_2 + Z'_L}, \quad \Psi_2 = \arctan \frac{x_2 + x_L}{r_2 + r_L} \tag{4-38}$$

式中，r_L 为负载电阻，Ω；x_L 为负载电抗，Ω。

当负载为感性时，$\dot{I}'_2$ 滞后 $\dot{E}'_2$ Ψ_2 角度，其他各相量按次级电压平衡方程式画出。

③ 根据磁动势平衡方程式，由励磁电流 $\dot{I}_m$ 加上负载电流分量（$-\dot{I}'_2$）即得初级电流 $\dot{I}_1$。

④ 根据初级绕组的电压平衡方程式，可得初级各相量。其中 $\dot{I}_1$ 与 $\dot{U}_1$ 的夹角即为变压器输入端的功率因数角 φ_1，它与负载性质有关。

这样就绘制出了负载为感性时单相变压器负载运行相量图，如图 4-14(a) 所示。容性和电阻性负载运行时的相量图也可类似绘制，差别仅在于负载次级电流 $\dot{I}'_2$ 的相位随负载性质的变化而变化，如图 4-14(b)、(c) 所示。

【例 4-1】 一台单相电力变压器，额定电压 $U_{1N}/U_{2N} = 10\text{kV}/0.4\text{kV}$，$r_1 = r'_2 = 2.44\Omega$，$x_1 = x'_2 = 8.24\Omega$，$r_m = 169\Omega$，$x_m = 4460\Omega$，$Z'_L = 250 + \text{j}188\Omega$，当初级绕组加额定电压时，试用 T 形等效电路求：

① 初级电流 I_1；

② 次级电流 I_2；

③ 次级电压 U_2 和初级、次级的功率因数。

解　① 初级电流 I_1 的计算　依题意得励磁阻抗为

$$Z_m = r_m + \text{j}x_m = 169 + \text{j}4460 = 4463\angle 88° \ (\Omega)$$

从初级看进去的等效阻抗为

$$Z_d = Z_1 + \frac{Z_m(Z'_2 + Z'_L)}{Z_m + Z'_2 + Z'_L} = 2.44 + \text{j}8.24 + \frac{4463\angle 88° \times 319\angle 38°}{169 + \text{j}4460 + 252.44 + \text{j}196.24}$$

$$= 2.44 + j8.24 + \frac{1424000\angle 126°}{4675\angle 85°} = 312\angle 42° \ (\Omega)$$

故初级电流为

$$\dot{I}_1 = \frac{\dot{U}_1}{Z_d} = \frac{10\times10^3}{312\angle42°} = 32.1\angle-42° \ (A)$$

② 次级电流 I_2 的计算　次级的折算电流为

$$\dot{I}_2' = \frac{-Z_m}{Z_m + Z_2' + Z_L'}\times\dot{I}_1 = \frac{-4463\angle88°}{4675\angle85°}\times32.1\angle-42° = -30.6\angle-39° \ (A)$$

变压器的变比为

$$k = \frac{U_{1N}}{U_{2N}} = \frac{10}{0.4} = 25$$

故次级电流为

$$\dot{I}_2 = k\dot{I}_2' = 25\times(-30.6\angle-39°) = -765\angle-39° \ (A)$$

③ 次级电压 U_2 及次级功率因数的计算

次级电压折算值为

$$\dot{U}_2' = \dot{I}_2'Z_L' = -30.6\angle-39°\times(250+j188) = -9547\angle-2° \ (V)$$

次级电压为

$$\dot{U}_2 = \frac{1}{k}\dot{U}_2' = \frac{1}{25}\times(-9547\angle-2°) = -382\angle-2° \ (V)$$

初级的功率因数为

$$\cos\varphi_1 = \cos42° = 0.74$$

次级功率因数为

$$\cos\varphi_2 = \cos(-2°+39°) = \cos37° = 0.8$$

【例 4-2】　一台单相降压变压器额定容量为 $200kV\cdot A$，额定电压为 $U_{1N}/U_{2N} = 1kV/0.23kV$，$r_1+jx_1 = 0.1+j0.16\Omega$，$r_m = 5.5\Omega$，$x_m = 63.5\Omega$。已知带额定负载运行时 $\dot{I}_{1N}$ 落后于 $\dot{U}_{1N}30°$。求空载与额定负载时的数据，由此说明空载和负载运行时有 $\dot{U}_1\approx-\dot{E}_1$，即 U_1 不变，Φ_m 不变。

解　初级漏阻抗为

$$Z_1 = r_1+jx_1 = 0.1+j0.16 = 0.1887\angle58° \ (\Omega)$$

励磁阻抗为

$$Z_m = r_m+jx_m = 5.5+j63.5 = 63.738\angle85° \ (\Omega)$$

空载时初级看进去的输入阻抗为

$$Z_d = Z_1+Z_m = 0.1+j0.16+5.5+j63.5 = 63.906\angle85° \ (\Omega)$$

空载运行时的励磁电流为

$$\dot{I}_m = \frac{\dot{U}_{1N}}{Z_d} = \frac{1000\angle0°}{63.906\angle85°} = 15.648\angle-85° \ (A)$$

空载运行时的初级漏阻抗压降为

$$\dot{I}_mZ_1 = 15.648\angle-85°\times0.1887\angle58° = 2.95\angle-27° \ (A)$$

空载运行时的初级感应电动势为

$$\dot{E}_1 = -\dot{I}_mZ_m = -15.648\angle-85°\times63.738\angle85° = -997.37\angle0° = 997.37\angle180° \ (V)$$

额定负载运行时初级电流为额定值

$$I_1 = I_{1N} = \frac{S_{1N}}{U_{1N}} = \frac{200 \times 10^3}{1000} = 200 \text{ (A)}$$

$$\dot{I}_1 = 200 \angle -30° \text{（已给）}$$

额定负载运行时初级漏阻抗压降为

$$\dot{I}_1 Z_1 = 200 \angle -30° \times 0.1887 \angle 58° = 37.74 \angle 28° = 33.32 + \text{j}17.72 \text{ (V)}$$

额定负载运行时的初级感应电动势为

$$\dot{E}_1 = -\dot{U}_{1N} + \dot{I}_1 Z_1 = -1000 + (33.32 + \text{j}17.72)$$
$$= -966.68 + \text{j}17.72 = 966.84 \angle 179° \text{ (V)}$$

比较空载运行和额定负载运行时初级感应电动势

空载时
$$\dot{E}_1 = 997.37 \angle 180° \text{ (V)}$$

$$\frac{U_{1N} - E_1}{U_{1N}} = 0.3\%$$

额定负载时

$$\dot{E}_1 = 966.84 \angle 179° \text{ (V)}$$

$$\frac{U_{1N} - E_1}{U_{1N}} = 3.3\%$$

因此，可以认为变压器空载与额定负载运行时均有 $\dot{U}_1 \approx -\dot{E}_1$，即 U_1 不变，Φ_m 不变。

4.4　变压器的参数测定和标幺值

变压器等效电路中的各种阻抗称为变压器的参数，它们对变压器的运行性能有直接的影响。知道了变压器的参数后，即可绘出等效电路，然后用等效电路去分析和计算变压器的运行性能。通常变压器的参数可以通过空载试验和短路试验来测定。本节以单相变压器为例，讨论变压器的参数测定及标幺值。

4.4.1　空载试验

空载试验也称次级开路试验，空载试验的接线如图 4-15 所示。空载试验在低压侧进行，将低压绕组作初级绕组，加上额定电压；高压绕组作次级绕组，输出端开路。

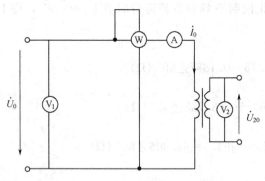

图 4-15　单相变压器空载试验接线图

空载试验测得的数据有：初级绕组的电压（也称空载电压）$\dot{U}_0$，空载电流 $\dot{I}_0$，空载时的输入功率 P_0，次级绕组的电压 $\dot{U}_{20}$。

空载试验可求得以下数值：

① 铁损耗 p_{Fe}　空载试验测得的输入功率 P_0 包括两部分：铁损耗和空载铜损耗。变压器在正常运行时，铜损耗包括初级、次级绕组的铜损耗。空载运行时，空载电流 $I_0 \ll I_1$，初级绕组铜损耗 $I_0^2 r_1$ 很小，可忽略不计；而 $I_2 = 0$，次级绕组没有铜损耗，所以可近似认为空载试验测得的功率 P_0 等于铁损耗 p_{Fe}，即

$$p_{Fe} = P_0 \tag{4-39}$$

值得注意的是，对于某些小功率变压器，如航空用变压器，则初级绕组铜损耗不能忽略，此时 p_{Fe} 略小于 P_0。

② 励磁参数 Z_m，r_m，x_m　如图 4-15 所示试验测得初级（空载）电压 U_0，次级电压

U_{20}，空载功率 P_0 及空载电流 I_0，根据变压器空载运行等效电路便可计算出空载阻抗 $Z_0 = r_0 + jx_0$。计算公式为

$$\begin{cases} z_0 = |Z_0| = \dfrac{U_0}{I_0} \\ r_0 = \dfrac{P_0}{I_0^2} \\ x_0 = \sqrt{z_0^2 - r_0^2} \end{cases} \tag{4-40}$$

式中，z_0 为空载复阻抗 Z_0 的模，Ω，$z_0 = |Z_0|$，$r_0 = r_1 + r_m$，$x_0 = x_1 + x_m$，故可求得 Z_m，r_m，x_m 分别为

$$\begin{cases} r_m = r_0 - r_1 \\ x_m = x_0 - x_1 \\ Z_m = r_m + jx_m \end{cases} \tag{4-41}$$

对大功率变压器，由于 $r_1 \ll r_m$，$x_1 \ll x_m$，故式（4-41）中 r_1，x_1 可忽略，则式（4-41）变为

$$\begin{cases} r_m = r_0 = \dfrac{P_0}{I_0^2} \\ z_m = z_0 = \dfrac{U_0}{I_0} \\ x_m = x_0 = \sqrt{z_m^2 - r_m^2} \end{cases} \tag{4-42}$$

但对某些小功率变压器，如航空用变压器，由于功率小，必须考虑初级绕组电阻和漏电抗压降的较大影响。

由于 Z_m 与磁路的饱和程度有关，故不同电压下测得的 Z_m 数值不同。为了使测得的参数符合变压器的实际运行情况，应该用额定电压下测得的数据进行计算。另外，由于空载试验是在低压侧进行的，故所得的参数是折算到低压侧的数值。如果需要获得高压侧的数值，还必须将计算所得的数值进行折算变换。

③ 变比 k 用空载试验还可以测定变压器的变比 k，用公式表示为

$$k = \frac{U_0}{U_{20}} \tag{4-43}$$

4.4.2 短路试验

变压器短路试验的接线如图 4-16 所示。试验在高压侧进行，即将高压绕组作为初级绕组；低压绕组作为次级绕组，输出端短路。

短路试验时，加在初级绕组上的电压由零逐渐增加至电流等于额定电流为止，此时加在初级绕组的电压称为短路电压 U_k，一般只为额定电压 U_{1N} 的 5%～19%。由于短路电压 $U_k \ll U_{1N}$，故铁芯中的主磁通小，磁路不饱和，相应的励磁电流也很小，所以励磁支路的作

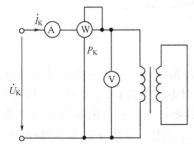

图 4-16 单相变压器短路试验接线图

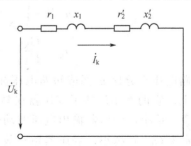

图 4-17 单相变压器简化等效电路

用可忽略，得到如图 4-17 所示的简化等效电路。这时的电路只有短路阻抗 $Z_k = r_k + jx_k$，其中，$r_k = r_1 + r'_2$，$x_k = x_1 + x'_2$。

试验测得的数据有：初级绕组的电压即短路电压 U_k，短路电流 I_k 和短路功率 P_k。

短路试验可求得以下数据：

① 铜损耗 p_{Cu} 短路试验测得的功率 P_k 包括两部分：铁损耗和铜损耗。由于短路试验时 $U_k \ll U_{1N}$，因此铁损耗远小于正常运行时的铁损耗，可忽略不计，而短路试验时电流为额定电流，其铜损耗等于满载铜损耗，故有

$$p_{Cu} = P_k \tag{4-44}$$

② 短路参数 Z_k，r_k，x_k 根据短路试验测得的数据及短路试验简化等值短路，可计算出短路参数为

$$\begin{cases} z_k = |Z_k| = \dfrac{U_k}{I_k} \\ r_k = \dfrac{P_k}{I_k^2} \\ x_k = \sqrt{z_k^2 - r_k^2} \end{cases} \tag{4-45}$$

式中 z_k——短路复阻抗 Z_k 的模，Ω，$z_k = |Z_k|$。

对正常设计的变压器绕组，可近似认为

$$r_1 \approx r'_2 \approx \dfrac{r_k}{2}, \ x_1 \approx x'_2 \approx \dfrac{x_k}{2} \tag{4-46}$$

因为电阻值的大小随温度的变化而变化，试验时的室温和变压器实际运行时的温度不一定相同。按我国国家标准规定，测出的电阻值应换算到电力变压器标准工作温度 75℃ 时的数值。

对于铜线电阻，其换算公式为

$$\begin{cases} r_{k75℃} = r_{k\theta} \dfrac{234.5 + 75}{234.5 + \theta} \\ z_{k75℃} = \sqrt{r_{k75℃}^2 + x_k^2} \end{cases} \tag{4-47}$$

式中 θ——试验时的室温，℃。

对于铝线电阻的换算公式，将式(4-47)中的常数 234.5 改为 228 即可。

由于短路试验是在高压侧进行的，因此所得参数是折算到高压侧的数值。如果需要获得低压侧的数值，还必须将计算所得的数值进行折算变换。

③ 阻抗电压 U_{kN} 在变压器的短路试验中，当绕组中的电流达到额定值时，加于初级绕组的电压为 $U_{kN} = I_{1N} z_{k75℃}$，此电压称为变压器的阻抗电压或短路电压。短路电压有两种表示方式，一种是用其占初级额定电压的百分比来表示，称为短路电压百分比（$u_k \%$）；另一种是用其与初级额定电压的相对值来表示，称为短路电压标幺值（u_k^*）。用公式分别表示为

$$u_k \% = \dfrac{U_{kN}}{U_{1N}} \times 100\% = \dfrac{I_{1N} z_{k75℃}}{U_{1N}} \times 100\%$$

$$\tag{4-48}$$

$$u_k^* = \dfrac{U_{kN}}{U_{1N}} = \dfrac{I_{1N} z_{k75℃}}{U_{1N}}$$

短路电压百分比 $u_k \%$ 或短路电压标幺值 u_k^* 是变压器的一个重要参数，常标注在变压器的铭牌上，它的大小反映了变压器在额定负载下运行时漏阻抗压降的大小。从运行角度看，$u_k \%(u_k^*)$ 越小，变压器输出电压波动受负载变化的影响越小；但从限制变压器短路电流角度看，$u_k \%(u_k^*)$ 越小，变压器短路故障时的电流就会越大，可能导致变压器受损。因此，一般中小型变压器 u_k^* 为 0.05～0.105，大型变压器 u_k^* 为 0.125～0.175 左右。

以上分析的是单相变压器的参数测定及计算方法。对三相变压器而言，变压器的参数是指一相的参数，因此只要采用相电压、相电流、一相的功率进行计算就可以了。

【例 4-3】 某三相铜线电力变压器，$Y/\triangle$ 连接，$S_N = 1000 \text{kV} \cdot \text{A}$，$U_{1N}/U_{2N} = 10 \text{kV}/231 \text{V}$，$I_{1N}/I_{2N} = 43.3/1874 \text{A}$，在室温 $20 ℃$ 时进行空载试验和短路试验，试验时测得的数据如下：

空载试验：$U_0 = 231 \text{V}$，$I_0 = 103.8 \text{A}$，$P_0 = 3800 \text{W}$；

短路试验：$U_k = 440 \text{V}$，$I_k = 43.3 \text{A}$，$P_k = 10900 \text{W}$。

求折算到高压侧的励磁参数、短路参数、额定短路损耗及阻抗电压。

解 ① 由空载试验数据求得：

变压器的变比为

$$k = \frac{U_1}{U_2} = \frac{10000/\sqrt{3}}{231} = 25$$

各励磁参数为

$$z_m = |Z_m| = \frac{U_0}{I_0} = \frac{231}{103.8/\sqrt{3}} = 3.85 \ (\Omega)$$

$$r_m = \frac{P_0}{I_0^2} = \frac{3800/3}{(103.8/\sqrt{3})^2} = 0.35 \ (\Omega)$$

$$x_m = \sqrt{z_m^2 - r_m^2} = \sqrt{3.85^2 - 0.35^2} = 3.83 \ (\Omega)$$

折算到高压侧为

$$z_m = 25^2 \times 3.85 = 2406 \ (\Omega)$$

$$r_m = 25^2 \times 0.35 = 219 \ (\Omega)$$

$$x_m = 25^2 \times 3.83 = 2384 \ (\Omega)$$

② 由短路试验求得

$$z_k = |Z_k| = \frac{U_k}{I_k} = \frac{440/\sqrt{3}}{43.3} = 5.87 \ (\Omega)$$

$$r_k = \frac{P_k}{I_k^2} = \frac{10900/3}{43.3^2} = 1.94 \ (\Omega)$$

$$x_k = \sqrt{z_k^2 - r_k^2} = \sqrt{5.87^2 - 1.94^2} = 5.54 \ (\Omega)$$

换算到 $75℃$ 为

$$r_{k75℃} = \frac{234.5 + 75}{234.5 + 20} \times 1.94 = 2.36 \ (\Omega)$$

$$x_k = 5.54 \ (\Omega)$$

$$z_{k75℃} = \sqrt{r_{k75℃}^2 + x_k^2} = \sqrt{2.36^2 + 5.54^2} = 6.02 \ (\Omega)$$

③ 额定短路损耗为

$$P_{k75℃} = 3I_{1N}^2 r_{k75℃} = 3 \times 43.3^2 \times 2.36 = 13274.2 \ (\text{W})$$

④ 一相阻抗电压为：

$$U_{kN} = I_{1N} z_{k75℃} = 43.3 \times 6.02 = 260.67 \ (\text{V})$$

4.4.3 标幺值

变压器和电机的物理量或参数的实际值与其基值的比值，称为该物理量或参数的标幺值，即

$$标幺值 = \frac{实际值}{基值}$$

一般基值都选为变压器或电机的额定值。如变压器电压基值选为：初级为 U_{1N}，次级为 U_{2N}；电流基值选为：初级为 I_{1N}，次级为 I_{2N}；阻抗基值选为：初级为 $Z_{1N}=U_{1N}/I_{1N}$，次级为 $Z_{2N}=U_{2N}/I_{2N}$；功率的基值初级、次级相同：单相为 $S_N=U_{1N}I_{1N}=U_{2N}I_{2N}$，三相为总视在功率。各物理量或参数的标幺值都用在原符号右上角加"$*$"号表示，如电流的标幺值用"I^*"表示。

采用标幺值的优点：

① 不论变压器的容量大小和电压高低，所有同类型的变压器，用标幺值表示的参数及性能数据变化范围都很小，便于进行比较分析。采用标幺值时电流、电压、阻抗不需要说明是初级还是次级，如电力变压器的空载电流 $I_0^*=0.02\sim0.10$，短路阻抗 $Z_k^*=0.04\sim0.10$，单相电弧炉变压器 $Z_k^*=0.20\sim0.24$。

② 采用标幺值时，初级、次级各物理量不需要进行折算。因为折算到初级的基值采用初级的额定值，而折算到次级的基值采用次级的额定值，所以初级、次级各量的标幺值与该量折算到初级、次级的标幺值相等，给分析和计算带来很大方便。例如

$$U_2=\frac{U_2'}{k}=\frac{U_1}{k}$$

$$U_2^*=\frac{U_2}{U_{2N}}=\frac{U_2'/k}{U_{1N}/k}=\frac{U_2'}{U_{1N}}=U_2'^*=U_1^* \tag{4-49}$$

$$r_2'=k^2r_2$$

$$r_2'^*=\frac{r_2'}{U_{2N}'/I_{2N}'}=\frac{k^2r_2}{kU_{2N}/\dfrac{I_{2N}}{k}}=\frac{k^2r_2}{\dfrac{k^2U_{2N}}{I_{2N}}}=r_2^* \tag{4-50}$$

③ 采用标幺值时，某些物理量具有相同的数值。例如短路阻抗模的标幺值等于短路电压的标幺值，即

$$u_k^*=\frac{U_{kN}}{U_{1N}}=\frac{|Z_k|I_{1N}}{U_{1N}}=|Z_k|^* \tag{4-51}*$$

另外，在三相变压器中，线电压、线电流的标幺值和相电压、相电流的标幺值是相等的。

4.5 变压器的运行特性

对于负载来讲，变压器的次级相当于一个电源。因此，我们所关心的运行特性是变压器输出电压的稳定性与效率，即（1）变压器输出电压与负载电流之间的关系，也就是变压器的外特性；（2）变压器运行时的效率特性。

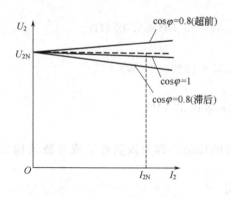

图 4-18 变压器的外特性

4.5.1 外特性

变压器的外特性是指初级电源电压和负载功率因数均保持不变的情况下，次级端电压随负载电流变化的关系曲线，即 $U_2=f(I_2)$。

分析变压器负载运行时的相量图或等效电路可知，在电源电压 U_1 不变时，由于次级电流 I_2 变化，会引起初级、次级绕组漏阻抗压降变化，进而使次级电压 U_2 变化；另外，由于负载性质不同，即 $\cos\varphi_2$ 不同，即使次级电流 I_2 相同，引起漏阻抗压降的相位不同，也会使次级电压 U_2 的大小有所不同。图 4-18 分别画出了变压器各种负载性质时的外特

性。其中，对感性负载，U_2 随 I_2 增加而下降，外特性是下倾的；对电阻性负载，U_2 也随 I_2 增加而下降，但下降较少，外特性也是下倾的；对电容性负载，U_2 则可能随 I_2 增加而升高，即外特性可能是上翘的。

变压器次级与发电机相仿，是用电负载的电压源，电压稳定性是其供电的主要性能指标。常用电压变化率 ΔU（也称电压调整率）来衡量次级电压变化的程度。电压变化率定义为当初级电压为额定值和负载功率因数一定时，变压器从空载到额定负载时，次级电压的变化量与次级额定电压之比，用公式表示为

$$\Delta U = \frac{U_{2N} - U_2}{U_{2N}} \times 100\% \tag{4-52}$$

如果折算到初级，则式(4-52)可改写为

$$\Delta U = \frac{U_{1N} - U_2'}{U_{1N}} \times 100\% \tag{4-53}$$

利用变压器简化等效电路和其对应的相量图还可求得

$$\Delta U = \beta(r_k \cos\varphi_2 + x_k \sin\varphi_2)\frac{I_{1N}}{U_{1N}} \times 100\% \tag{4-54}$$

式中 φ_2——负载的功率因数角；负载为感性时，取 $\varphi_2 > 0$；电阻性时，取 $\varphi_2 = 0$；电容性时，取 $\varphi_2 < 0$；

β——变压器的负载系数，$\beta = I_1/I_{1N}$。

从式(4-54)可知，变压器的电压变化率 ΔU 不仅取决于变压器本身的结构参数（即短路阻抗），而且与变压器外部负载的大小和性质（即 β 和 $\cos\varphi_2$）密切相关。

【例 4-4】 某三相变压器，Y/Y 连接，额定参数为：$S_N = 5600\text{kV} \cdot \text{A}$，$U_{1N}/U_{2N} = 35\text{kV}/6.3\text{kV}$，$I_k = 92.3\text{A}$，$P_k = 53\text{kW}$，$U_k = 2600\text{V}$。当 $U_1 = U_{1N}$ 时，$I_2 = I_{2N}$，测得电压恰为额定值 $U_2 = U_{2N}$。求此时负载的性质及功率因数角 φ_2 的大小（不考虑温度的换算）

解 当 $I_2 = I_{2N}$ 时，$U_2 = U_{2N}$，所以电压变化率为

$$\Delta U = 0$$

即

$$I_{1N} r_k \cos\varphi_2 + I_{1N} x_k \sin\varphi_2 = 0$$

故

$$\tan\varphi_2 = -\frac{r_k}{x_k}$$

短路参数为

$$z_k = |Z_k| = \frac{U_{1k}/\sqrt{3}}{I_{1k}} = \frac{2600/\sqrt{3}}{92.3} = 16.3 \ (\Omega)$$

$$r_k = \frac{P_k}{3 I_{1k}^2} = \frac{53000}{3 \times 92.3^2} = 2.07 \ (\Omega)$$

$$x_k = \sqrt{z_k^2 - r_k^2} = \sqrt{16.3^2 - 2.07^2} = 16.2 \ (\Omega)$$

所以

$$\tan\varphi_2 = -\frac{r_k}{x_k} = -\frac{2.07}{16.2} = -0.128$$

$$\varphi_2 = -7.3°$$

负载为容性负载。

4.5.2 效率特性

变压器负载运行时，初级绕组输入的电功率为 $P_1 = m U_1 I_1 \cos\varphi_1$（$m$ 为变压器相数，U_1、I_1 为初级相电压、相电流），其中很少部分消耗在初级绕组的电阻 r_1（称初级铜耗 $p_{Cu1} = I_1^2 r_1$）和铁芯上（称铁耗 $p_{Fe} = I_0^2 r_m$），其余大部分通过电磁感应传递给次级绕组，称为电磁功率，用公式表示为

$$P_M = P_1 - p_{Cu1} - p_{Fe} \qquad (4-55)$$

在变压器中,电磁功率 P_M 的本质是由磁场传递的功率。电磁功率 P_M 到达次级后,又有小部分消耗在次级绕组的电阻上(称次级铜耗 $p_{Cu2} = I_2^2 r_2$),余下的全部输出给负载。因此,变压器的输出功率为

$$P_2 = P_M - p_{Cu2} = m U_2 I_2 \cos\varphi_2 \qquad (4-56)$$

式中,m 为变压器相数;U_2 为次级相电压;I_2 为次级相电流。

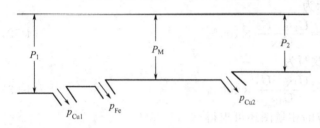

图 4-19 变压器的功率流图

考虑到变压器无论空载还是负载,只要初级加额定电压,主磁通便基本保持不变。因此变压器的铁耗基本保持不变,故铁耗又称为不变损耗;而变压器的绕组铜耗与负载电流的平方成正比,随负载的变化而变化,故铜耗又称为可变损耗。

为了直观方便,可用图 4-19 所示的功率流图来描述变压器的功率关系。

变压器的效率 η:定义为变压器次级输出功率 P_2 与初级输入功率 P_1 之比,用公式表示为

$$\eta = \frac{P_2}{P_1} \times 100\% = \frac{P_1 - \sum p}{P_1} \times 100\% = \left(1 - \frac{\sum p}{P_1}\right) \times 100\%$$

$$(4-57)$$

式中 $\sum p$——变压器的总损耗,$\sum p = p_{Fe} + p_{Cu1} + p_{Cu2}$。

与旋转电机相比,变压器的损耗小,效率较高。例如,一般中小型变压器额定工作时的效率可达 95%~98%。

变压器的效率特性:是指变压器效率随负载电流的变化曲线,如图 4-20 所示。从图中可知,开始时效率 η 随负载增加近似呈直线上升,当负载达到一定值后,η 的增加变缓,当变压器不变损耗等于可变损耗时,效率 η 达最大值,随后效率 η 随负载的增加反而下降。

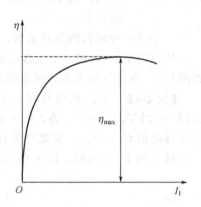

图 4-20 变压器的效率特性

4.6 三相变压器

现代电力系统均采用三相制供电,因而广泛使用三相变压器。从运行原理看,三相变压器带对称负载运行时,各相的电压和电流大小相等,相位上彼此相差 120°,因而可取一相进行分析。这时,三相变压器的任意一相与单相变压器没有什么区别,因此前面所述的单相变压器的分析方法及其结论完全适用于三相变压器在对称负载下的运行情况。

本节主要讨论三相变压器工作时的特殊问题,如三相变压器的磁路,三相变压器的绕组连接法,三相变压器的电动势以及三相变压器的并联运行等。

4.6.1 磁路分析

(1)三相变压器组的磁路

三相变压器组是由三台单相变压器按一定方式连接起来组成的,如图 4-21 所示。各相磁路彼此独立,互不相关,仅各相电路间有联系,当外加三相对称电压时,三相的磁通和励磁电流通常也是对称的。三相变压器组的初级、次级绕组可分别接成星形和三角形。

三相变压器组常用在大容量变压器中，以便于运输和制造。有时为了减少备用容量，也采用三相变压器组。

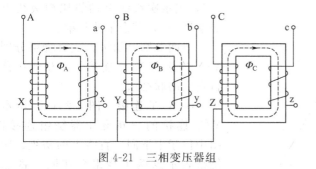

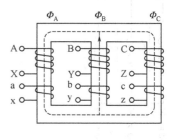

图 4-21　三相变压器组 　　　　　　　　图 4-22　三相心式变压器

（2）三相心式变压器的磁路

为了节省铁芯材料、缩小体积，常用的三相变压器是如图 4-22 所示的三相心式变压器。它简化了三相磁路，这是利用了三相对称时三相主磁通相量和为零的特点。三相心式变压器的三相磁路不对称，空载电流不对称。由于电力变压器空载电流很小，它的不对称对变压器负载运行的影响很小，可不予考虑，因而空载电流取三相的平均值。

4.6.2　绕组连接法与联结组

联结组用来表示三相变压器的绕组连接法和初级、次级对应线电动势之间的相位关系。它既说明电路连接问题，又关系到变压器电磁量谐波的问题。变压器电动势的相位还关系到变压器的并联运行以及后续课程中晶闸管触发电路与主电路同步等问题。

（1）三相变压器绕组的连接法

三相变压器有三个初级绕组和三个次级绕组，一般初级绕组用大写字母 AX、BY、CZ 表示，次级绕组用小写字母 ax、by、cz 表示。

在三相变压器中，绕组的连接主要采用星形和三角形两种连接方法。将三相绕组的末端连接在一起，由三个首端引出，便是星形连接，用字母 Y 或 y 表示，如图 4-23(a) 所示；将三相绕组的一相绕组首端（或末端）与另一相绕组的末端（或首端）相连而成闭合回路，再由三个首端引出，便是三角形连接，用字母 D 或 d 表示，如图 4-23(b) 所示。

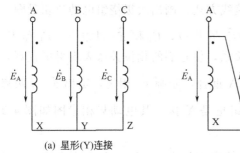

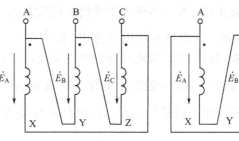

(a) 星形(Y)连接　　　　　　　　　　(b) 三角形(△)连接

图 4-23　三相变压器绕组的连接法

（2）三相变压器的联结组

三相变压器初级、次级绕组分别可连接成星形或三角形，不同的连接方式，将使初级绕组和次级绕组的对应线电动势（或称线电压）之间有不同的相位差，形成各种联结组号。我国规定，联结组标号根据电力变压器国家标准中的"时钟序数表示法"进行确定。所谓"时钟序数表示法"就是用时钟表面上的 12 个数码来表示初级、次级线电动势之间的相位差，即把初级线电动势相量当作时钟上的长针，始终指向"12"，次级线电动势相量当作短针，

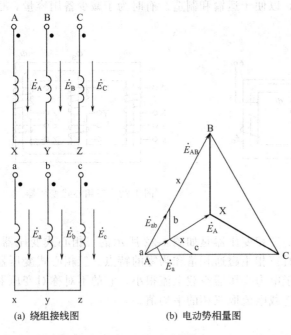

(a) 绕组接线图　　　　(b) 电动势相量图

图 4-24　Y，y0 联结组

它所指的数字乘以 30°即表示初级、次级线电动势的相位差。例如，短针指向"1"，表示次级线电动势比初级线电动势落后 30°，其余依此类推。

下面分别对初级、次级绕组分别为 Y/Y 连接和 Y/△ 连接的三相变压器分析它们的联结组。

① Y/Y 连接　图 4-24(a) 所示为 Y/Y 连接的三相变压器绕组连接图。图中位于上下同一直线上的初级、次级绕组表示这两个绕组套在同一铁芯柱上，其初级、次级绕组相电动势相位要么相同要么相反，并且采用初级、次级绕组的同极性端标为首端的标注方法。与单相变压器一样，初级、次级对应各相的相电动势同相位，这样初级线电动势 $\dot{E}_{AB}$ 与次级线电动势 $\dot{E}_{ab}$ 也同相位。如果把 $\dot{E}_{AB}$ 放在 12 点，则 $\dot{E}_{ab}$ 也指向 12 点，因此这种连接方式变压器的联结组为 Y，y0。

当已知三相变压器绕组连接法及同极性端时，确定变压器的联结组号的方法是：分别画出初级绕组和次级绕组的电动势相量图，根据初级线电动势 $\dot{E}_{AB}$ 与次级线电动势 $\dot{E}_{ab}$ 的相位关系，便可确定其联结组号。具体步骤如下。

a. 在绕组接线图上标出各相电动势相量 $\dot{E}_A$、$\dot{E}_B$、$\dot{E}_C$ 及 $\dot{E}_a$、$\dot{E}_b$、$\dot{E}_c$，如图 4-24(a) 所示。

b. 按照初级绕组接线方式，首先画出初级绕组电动势相量图，如图 4-24(b) 所示。

c. 根据同一铁芯柱上初级、次级绕组的相位关系，要么同相位，要么反相位，确定次级绕组的相电动势相位，然后按照次级绕组的接线方式，画出次级绕组电动势相量图。从图 4-24(a) 可知，初级、次级绕组相电动势 $\dot{E}_A$ 和 $\dot{E}_a$ 同相位，$\dot{E}_B$ 和 $\dot{E}_b$ 同相位，$\dot{E}_C$ 和 $\dot{E}_c$ 同相位。为了便于比较初级、次级线电动势的相位关系，使它们的相位关系表现得更直观，可让次级绕组 a 相的首端 a 与初级绕组 A 相的首端 A 重合，先画 $\dot{E}_a$ 相量，定出 a、x 两点，这样 $\dot{E}_a$ 与 $\dot{E}_A$ 不仅同方向，而且共起点。次级绕组也是 Y 接，其电动势相量图如图 4-24(b) 所示。

d. 画出初级线电动势 $\dot{E}_{AB}=\dot{E}_A-\dot{E}_B$，次级线电动势 $\dot{E}_{ab}=\dot{E}_a-\dot{E}_b$，比较 $\dot{E}_{AB}$ 与 $\dot{E}_{ab}$ 的相位关系，根据时钟表示法的规定，$\dot{E}_{AB}$ 指向钟面 12 点的位置，$\dot{E}_{ab}$ 指的数字即为连接组标号。图 4-24 (b) 中，$\dot{E}_{AB}$ 与 $\dot{E}_{ab}$ 同相，因此该变压器联结组标号为 0，表示为 Y，y0。

以上确定联结组号的步骤，同样适用于其他接线情况的三相变压器。在上述步骤中，要特别注意两点：一是根据初级、次级绕组的接线方式和绕组标志（同极性端和首末端）正确画出它们的电动势相量图；二是初级、次级绕组电动势相量图相位关系的确定依据是套在同一铁芯柱上的初级、次级绕组相电动势，要么同相，要么反相。

当变压器的绕组标志（同极性端和首末端）改变时，则变压器的联结组号也随之改变。如图 4-25 所示变压器的联结组为 Y，y6。

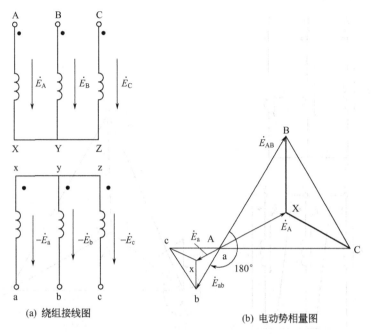

(a) 绕组接线图　　　　　　(b) 电动势相量图

图 4-25　Y，y6 联结组

Y/Y 连接的三相变压器，其联结组号都是偶数，有 Y，y0；Y，y2；Y，y4；Y，y6；Y，y8；Y，y10 共六种。

② Y/△连接　三相变压器采用 Y/△接线时，次级绕组的△形接线方式有两种，分别如图 4-26(a)、图 4-27(a) 所示。对于图 4-26(a) 所示接线，采用前面介绍的步骤可绘出电动势相量图，如图 4-26(b) 所示，由相量图可知，次级线电动势 $\dot{E}_{ab}$ 比初级线电动势 $\dot{E}_{AB}$ 滞后

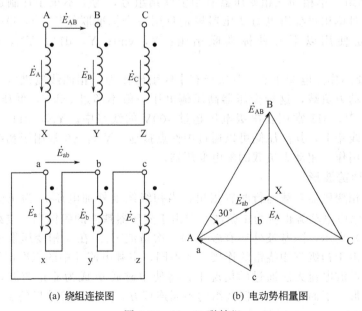

(a) 绕组连接图　　　　　　(b) 电动势相量图

图 4-26　Y，d1 联结组

$30°$，因此其联结组为 Y，d1。同理，对图 4-27(a) 所示接线，由相量图知，次级线电动势 $\dot{E}_{ab}$ 比初级线电动势 $\dot{E}_{AB}$ 滞后 $330°$，因此其联结组为 Y，d11。

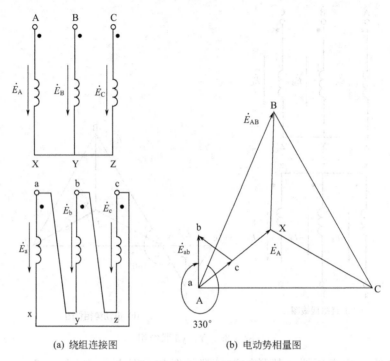

(a) 绕组连接图　　　　　(b) 电动势相量图

图 4-27　Y，d11 联结组

Y/△连接的三相变压器，其联结组号都是奇数，有 Y，d1；Y，d3；Y，d5；Y，d7；Y，d9；Y，d11 共六种。

此外，△/△连接可以得到与 Y/Y 连接同样标号的联结组号；△/Y 连接可以得到与 Y/△连接同样标号的联结组号。

③ 标准联结组　单相和三相变压器有很多联结组号，为了不至于在制造和使用时造成混乱，国家标准对单相双绕组电力变压器规定只用一个标准联结组：I，i0；对三相双绕组电力变压器规定使用以下五种标准联结组：Y，yn0；Y，d11；YN，d11；YN，y0；Y，y0。

Y，yn0 主要用作配电变压器，其次级有中线引出作为三相四线制供电，即可用于照明负载，也可用于动力负载，这种变压器高压侧电压一般不超过 35kV，低压侧电压为 400V（单相为 230V）。Y，d11 常用在次级电压超过 400V 的线路中。YN，d11 一般用在 110kV 以上的高压输电线路上，其高压侧可以通过中性点接地。YN，y0 常用于初级需要接地的场合。Y，y0 一般用作三相动力负载的配电变压器。

4.6.3　空载电动势波形

前面分析单相变压器空载运行时曾指出，当初级绕组外加电压 u_1 为正弦波时，主磁通 Φ 及初级、次级感应电动势也应为正弦波，但由于变压器铁芯的磁饱和，空载电流 i_0 呈尖顶波，如图 4-28(a) 所示，除基波外还有较强的三次谐波 i_{03}。在三相变压器中，当外加线电压为正弦波时，由于初级三相绕组的连接方式不同，空载电流 i_0 中的三次谐波电流不一定能够通过，在三次谐波电流无法通过的情况下，将使主磁通 Φ 成为非正弦波，这必然会影响到相电动势的波形。下面分析变压器绕组的不同连接方式对电动势波形的影响。

（1）Y/Y 连接的三相变压器

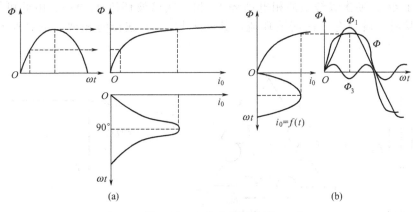

(a)　　　　　　　　　　　　　　　　　(b)

图 4-28　空载电流的波形

由于三次谐波电流的频率为基波频率的三倍，各相三次谐波电流的表达式为：

$$\begin{cases} i_{03\mathrm{A}} = I_{03\mathrm{m}} \sin 3\omega t \\ i_{03\mathrm{B}} = I_{03\mathrm{m}} \sin 3(\omega t - 120°) = I_{03\mathrm{m}} \sin 3\omega t \\ i_{03\mathrm{C}} = I_{03\mathrm{m}} \sin 3(\omega t - 240°) = I_{03\mathrm{m}} \sin 3\omega t \end{cases} \quad (4\text{-}58)$$

从式（4-58）可知，三相空载电流的三次谐波分量大小相等，相位相同。因为变压器的初级用无中线的星形接法，所以三次谐波电流无法通过，即空载电流接近正弦波，如图 4-28（b）所示。利用变压器铁芯的磁化曲线绘出的主磁通 Φ 为平顶波。平顶波的主磁通中除基波磁通 Φ_1 外，还有较强的三次谐波磁通 Φ_3。

如果三相变压器为三相组式变压器，则由于三相磁路互不相关，故各相的三次谐波磁通 Φ_3 和基波磁通 Φ_1 都能沿同一磁路闭合。三次谐波的频率 f_3 为基波频率 f_1 的三倍，由它所感应的三次谐波相电动势很大，其幅值可达基波幅值的 45%～60%，甚至更大，结果将使相电动势的波形发生畸变，幅值很大，以致可能使绕组的绝缘被击穿。

如果三相变压器为三相心式变压器，由于其三相磁路互相关联，三个大小相等、相位相同的三次谐波磁通无法在心式铁芯中互为回路，三次谐波不能通过，但可以借助变压器油及油箱壁形成闭合回路。在这种情况下，磁路的磁阻较大，故三次谐波磁通很小，因此可认为主磁通基本为正弦波，相电动势的波形也接近正弦波。当然，由于部分三次谐波磁通沿油箱壁闭合，在油箱壁内将会引起附加的涡流损耗，使油箱局部过热，变压器效率降低。

综上所述，三相组式变压器不应采用 Y/Y 连接，而三相心式变压器可以采用 Y/Y 连接，但为了减少附加损耗，凡容量较大、电压较高的心式变压器不宜采用 Y/Y 连接。

（2）△/Y 或 Y/△ 连接的三相变压器

如果三相变压器采用△/Y 连接，初级绕组空载电流中的三次谐波分量可以通过，保证了主磁通 Φ 为正弦波，由它感应的相电动势 e_1、e_2 也为正弦波。

如果三相变压器采用 Y/△ 连接，初级绕组中空载电流的三次谐波分量不能通过，因此主磁通中必然含有三次谐波磁通 Φ_3，将在次级绕组中产生同相位的三次谐波相电动势 $\dot{E}_{a3}$，$\dot{E}_{b3}$、$\dot{E}_{c3}$，如图 4-29（a）所示。但因次级绕组为三角形连接，三次谐波相电动势大小相等，相位相同，它们在次级绕组三角形的闭合回路内产生三次谐波环流 $\dot{I}_3$，如图 4-29（b）所示。

绕组的电抗往往比绕组电阻大得多，因此次级三相绕组回路中的电流 $\dot{I}_3$ 滞后 $\dot{E}_3$ 接近 90°，如图 4-29（c）所示。这就是说，$\dot{I}_3$ 产生的 $\dot{\Phi}'_3$ 与初级绕组产生的 $\dot{\Phi}_3$ 相位几乎相反，从

· 113 ·

而大大削弱了 $\dot{\Phi}_3$，使次级绕组的相电动势 $\dot{E}_3$ 和三次谐波环流 $\dot{I}_3$ 很小。由此可知，当次级为三角形连接时，就会有三次谐波环流，其效果与△/Y连接时相似，主磁通 Φ 仍接近正弦波。

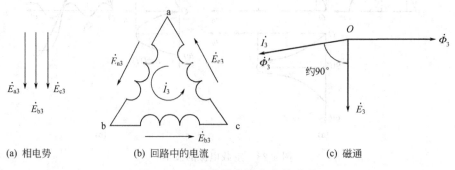

(a) 相电势　　　　　(b) 回路中的电流　　　　　(c) 磁通

图 4-29　三次谐波电流产生的磁通

综上所述，在三相变压器中，如果初级绕组或次级绕组有一方为三角形连接，则可保证相电动势接近正弦波，从而避免相电动势波形的畸变。所以，△/Y 或 Y/△ 连接获得了广泛应用，对三相变压器组和三相心式变压器都适用。

4.6.4　并联运行

变压器的并联运行，就是将两台或两台以上变压器的初级绕组接到公共的电源上，次级绕组并联起来一起向外供电，如图 4-30 所示。

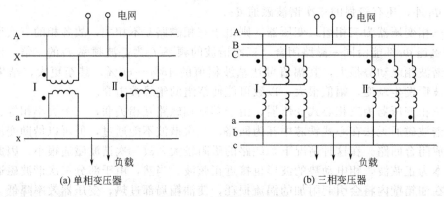

(a) 单相变压器　　　　　　　　　　(b) 三相变压器

图 4-30　变压器并联运行

变压器并联运行可以解决单台变压器供电不足的困难，提高供电的可靠性，减少储备容量，并可根据负载的大小来调整投入运行的变压器数量，提高运行效率。

（1）并联运行的理想情况

变压器并联运行时的理想情况为：

① 空载运行时，各台变压器次级电流 $i_2=0$，与各台变压器单独运行时一样；各台变压器之间不产生环流，以避免环流损耗；

② 负载运行时，各台变压器分担的负载电流应与它们的容量成正比，实现负载的合理分配；

③ 各台变压器从同一相线上输出的电流相位相同，使得总电流等于各台变压器输出电流的算术和，这样在总输出电流一定时，各台变压器的电流最小。

（2）理想并联运行的条件

为了实现变压器的理想并联运行，必须满足下列三个条件。

① 并联运行的各台变压器的额定电压应相等，即各台变压器的电压比（变比 k）应相同。

如果并联运行的各台变压器的额定电压不相等，即各台变压器的变比 k 不同，以单相变压器空载运行为例，则图 4-30(a) 所示的变压器次级电压 $U_{20\text{I}}$ 和 $U_{20\text{II}}$ 大小不等，会在二个绕组中产生环流，如图 4-31 所示。由于一般电力变压器的短路阻抗很小，所以即使两台变压器的电压比差值很小，也会产生较大的环流，这样既占用了变压器的容量，又增加了它的损耗，这种现象是不希望出现的，至少应将环流限制在一定范围内。为此，通常规定并联运行的变压器变比 k 之间相差必须小于 1%。

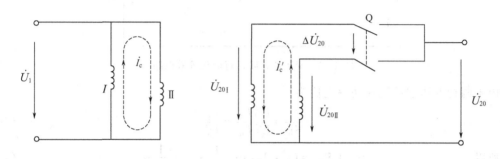

图 4-31　变比不等的两台变压器并联时的空载环流

② 并联运行的各台变压器联结组号必须相同。

如果联结组号不同，以变压器空载运行为例，则图 4-30(b) 中的变压器次级线电压 $U_{20\text{I}}$ 和 $U_{20\text{II}}$ 相位不同，至少差 30°，如图 4-32 所示，图中 $U_{20\text{I}} = U_{20\text{II}} = U_{2\text{N}}$，则空载电压差为

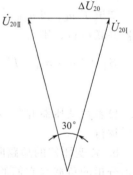

$$\Delta U_{20} = 2U_{2\text{N}} \sin \frac{30°}{2} = 0.518 U_{2\text{N}} \qquad (4\text{-}59)$$

由于电力变压器的短路阻抗很小，这样大的电压差将在两台并联运行变压器的次级绕组中产生很大的空载环流，同时初级也感应很大环流，会将变压器的绕组烧坏，故联结组号必须相同。

③ 并联运行的各台变压器的短路阻抗（或阻抗电压）的标幺值要相等。

如果并联运行的两台变压器，其电压比即变比 k 相同，联结组标号相同，则并联运行时就不会有环流产生。现讨论其短路阻抗标幺值不等的运行情况，这将关系到各台变压器的负载分配是否合理。

图 4-32　联结组号不同时的电压差

现设 I、II 两台变压器并联运行，采用简化等效电路分析其负载运行情况，如图 4-33 所示。$\dot{U}_1$、$\dot{U}_2'$ 分别为初级相电压、次级折算后的相电压。下面分析负载分配情况。

由图 4-33 可知，a、b 两点间的电压 $\dot{U}_{ab}$ 等于每一台变压器的负载电流与其短路阻抗的乘积，即 $\dot{U}_{ab} = \dot{I}_\text{I} Z_{k\text{I}} = \dot{I}_\text{II} Z_{k\text{II}}$。因此，对并联运行的各台变压器有

$$\frac{\dot{I}_\text{I}}{\dot{I}_\text{II}} = \frac{Z_{k\text{II}}}{Z_{k\text{I}}} = \left| \frac{Z_{k\text{II}}}{Z_{k\text{I}}} \right| \angle (\varphi_\text{II} - \varphi_\text{I}) \qquad (4\text{-}60)$$

由此可得到以下三点。

a. 各变压器承担的负载与它们的短路阻抗模成反比。由式 (4-60) 可得

$$\frac{I_{\mathrm{I}}}{I_{\mathrm{II}}}=\frac{|Z_{k\mathrm{II}}|}{|Z_{k\mathrm{I}}|} \tag{4-61}$$

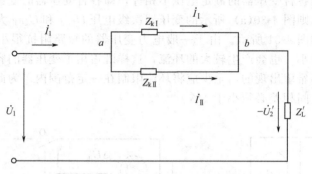

图 4-33 变压器并联运行简化等效电路

由于两台变压器的视在功率之比为

$$\frac{S_{\mathrm{I}}}{S_{\mathrm{II}}}=\frac{U_2'I_{\mathrm{I}}}{U_2'I_{\mathrm{II}}}=\frac{I_{\mathrm{I}}}{I_{\mathrm{II}}} \tag{4-62}$$

所以

$$S_{\mathrm{I}}:S_{\mathrm{II}}=I_{\mathrm{I}}:I_{\mathrm{II}}=\frac{1}{|Z_{k\mathrm{I}}|}:\frac{1}{|Z_{k\mathrm{II}}|} \tag{4-63}$$

可见，各台变压器分担的负载容量及负载电流与短路阻抗模成反比。但由于变压器铭牌上给出的是阻抗电压的标幺值，将上式中各量除以额定值，并根据式(4-51)得到

$$S_{\mathrm{I}}^*:S_{\mathrm{II}}^*=I_{\mathrm{I}}^*:I_{\mathrm{II}}^*=\frac{1}{|Z_{k\mathrm{I}}|^*}:\frac{1}{|Z_{k\mathrm{II}}|^*}=\frac{1}{u_{k\mathrm{I}}^*}:\frac{1}{u_{k\mathrm{II}}^*} \tag{4-64}$$

知道了 $u_{k\mathrm{I}}^*$ 和 $u_{k\mathrm{II}}^*$，便可根据式(4-64)求出各台变压器所分担的负载。如果是三台变压器并联运行，则有

$$S_{\mathrm{I}}^*:S_{\mathrm{II}}^*:S_{\mathrm{III}}^*=I_{\mathrm{I}}^*:I_{\mathrm{II}}^*:I_{\mathrm{III}}^*=\frac{1}{|Z_{k\mathrm{I}}|^*}:\frac{1}{|Z_{k\mathrm{II}}|^*}:\frac{1}{|Z_{k\mathrm{III}}|^*}=\frac{1}{u_{k\mathrm{I}}^*}:\frac{1}{u_{k\mathrm{II}}^*}:\frac{1}{u_{k\mathrm{III}}^*} \tag{4-65}$$

更多台变压器并联运行时依此类推。可见，短路阻抗模的标幺值相差太大的变压器不宜并联运行。

b. 各变压器的短路阻抗模的标幺值相等，即各变压器的阻抗电压标幺值相等时，各变压器分担的负载与它们的容量成正比。

从式(4-64)可知，当 $|Z_{k\mathrm{I}}|^*=|Z_{k\mathrm{II}}|^*$，即 $u_{k\mathrm{I}}^*=u_{k\mathrm{II}}^*$ 时，有

$$S_{\mathrm{I}}^*:S_{\mathrm{II}}^*=I_{\mathrm{I}}^*:I_{\mathrm{II}}^*=1 \tag{4-66}$$

即

$$\frac{S_{\mathrm{I}}}{S_{\mathrm{NI}}}:\frac{S_{\mathrm{II}}}{S_{\mathrm{NII}}}=\frac{I_{\mathrm{I}}}{I_{\mathrm{NI}}}:\frac{I_{\mathrm{II}}}{I_{\mathrm{NII}}}=1 \tag{4-67}$$

因此有

$$S_{\mathrm{I}}:S_{\mathrm{II}}=S_{\mathrm{NI}}:S_{\mathrm{NII}}$$
$$I_{\mathrm{I}}:I_{\mathrm{II}}=I_{\mathrm{NI}}:I_{\mathrm{NII}} \tag{4-68}$$

c. 各变压器的短路阻抗角相等时，各变压器电流的相位相同，总负载为各变压器承担的负载算术和。

仍以两台变压器并联运行为例，当 $\varphi_{\mathrm{I}}=\varphi_{\mathrm{II}}$ 时，由式(4-60)可知，$\dot{I}_{\mathrm{I}}$ 与 $\dot{I}_{\mathrm{II}}$ 相位相同，因此总负载电流和总视在功率分别为

$$I=I_{\mathrm{I}}+I_{\mathrm{II}}$$

$$S=S_{\text{I}}+S_{\text{II}} \tag{4-69}$$

从上面的分析可知，在短路阻抗的标幺值相等，包括短路阻抗模的标幺值相等，阻抗角也相等时，各变压器的负载分配最理想。不过实际变压器的短路阻抗角相差不大，可忽略其影响。

并联运行的变压器间容量差别越大，离开理想运行的可能性就越大，所以在变压器并联运行中，一般要求变压器的最大容量和最小容量之比不超过 3∶1。

【例 4-5】 两台额定电压和联结组号相同的变压器并联运行，它们的容量与阻抗电压标幺值分别为 $S_{\text{NI}}=100\text{kV}\cdot\text{A}$，$u_{\text{kI}}^{*}=0.04$；$S_{\text{NII}}=100\text{kV}\cdot\text{A}$，$u_{\text{kII}}^{*}=0.045$，试求当总负载为 $200\text{kV}\cdot\text{A}$ 时，两台变压器各自分担的负载是多少？为了不使两台变压器过载，总负载应为多少？

解 ①两台变压器分担的负载计算 由 $S_{\text{I}}^{*}:S_{\text{II}}^{*}=\dfrac{1}{u_{\text{kI}}^{*}}:\dfrac{1}{u_{\text{kII}}^{*}}$，得

$$\frac{S_{\text{I}}}{100}:\frac{S_{\text{II}}}{100}=\frac{1}{0.04}:\frac{1}{0.045}$$

$$\frac{S_{\text{I}}}{S_{\text{II}}}=\frac{0.045}{0.04}=\frac{4.5}{4}$$

又 $S_{\text{I}}+S_{\text{II}}=S=200$（kV·A），得

$$S_{\text{I}}+\frac{4}{4.5}S_{\text{I}}=200 \text{（kV·A）}$$

解上面的方程，得到每台变压器分担的负载为

$$S_{\text{I}}=106\text{kV}\cdot\text{A}, \quad S_{\text{II}}=94\text{kV}\cdot\text{A}$$

② 不过载时的总负载计算 由于 $S_{\text{I}}=106\text{kV}\cdot\text{A}$，已过载，要不过载只能 $S_{\text{I}}=100\text{kV}\cdot\text{A}$，因此

$$S_{\text{II}}=\frac{4}{4.5}S_{\text{I}}=\frac{4}{4.5}\times100=89 \text{（kV·A）}$$

总负载为

$$S=S_{\text{I}}+S_{\text{II}}=100+89=189 \text{（kV·A）}$$

4.7　特殊变压器

变压器的种类很多，除主要的单相和三相电力变压器外，相应地出现了适用于各种用途的特殊变压器。本节主要讨论三绕组变压器、自耦变压器、电压互感器、电流互感器等的基本原理和特点。

4.7.1　三绕组变压器

在电力系统中，常常需要通过变压器把三种不同电压的电网联系起来，有时发电厂生产的电能要同时向两个电压不同的电网输出，最经济的办法就是采用一台三绕组变压器来代替两台变比不同的双绕组变压器，这样可以减少材料用量，减小总体积，降低成本。特别是在将两个次级绕组输出的高峰错开时，初级绕组的容量就可以比两个次级绕组的容量之和小很多。另外，这样替换后还可使发电厂和变电所的设备简化，维护管理方便。因此，三绕组变压器在电力系统中得到了广泛的应用。

（1）基本方程式及等效电路

三绕组变压器的结构如图 4-34 所示。在每个铁芯柱上同心地安放了三个绕组，为了绝缘的合理和方便，一般高压绕组 1 放在最外层。对于降压变压器，中压绕组 2 放在中间，低压绕组 3 放在最里层，如图 4-34(a) 所示。对于升压变压器，为了使漏磁场分布均匀，漏电

抗分配合理，以保证较好的电压调整率和提高运行性能，把低压绕组 3 放在中间，中压绕组 2 放在最里层，如图 4-34(b) 所示。若高压绕组外加电压 u_1，则中压和低压绕组将有各自不同的电压 u_2 和 u_3。三绕组变压器的容量是按每个绕组分别计算的，每个绕组的额定电压乘以额定电流就是这个绕组的容量。变压器的额定容量是指三个绕组中容量最大的一个绕组的容量。标准连接方式有 Y/Y/Y 和 Y/Y/△ 两种。

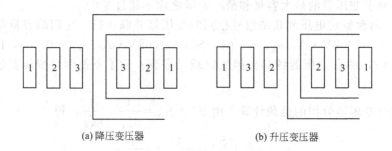

(a) 降压变压器　　　　　　　　　(b) 升压变压器

图 4-34　三绕组变压器

三绕组变压器的基本电磁关系：设 1、2、3 三个绕组的匝数分别为 N_1，N_2，N_3，并假设 1 为初级绕组，2、3 为次级绕组，则有

$$k_{12}=\frac{N_1}{N_2} \text{（1.2 绕组变压器变比）} \tag{4-70}$$

$$k_{13}=\frac{N_1}{N_3} \text{（1.3 绕组变压器变比）} \tag{4-71}$$

磁通分为以下两种。

① 主磁通：与三个绕组同时交链的磁通。

② 漏磁通：只交链一个或两个绕组的磁通，前者称为自漏磁通，后者称为互漏磁通。

由于有三个绕组在磁路方面互相耦合，它们共同作用产生主磁通 Φ，故磁动势平衡关系可表示为

$$\dot{I}_1 N_1 + \dot{I}_2 N_2 + \dot{I}_3 N_3 = \dot{I}_0 N_1 \tag{4-72}$$

表示成电流关系为

$$\dot{I}_1 + \dot{I}'_2 + \dot{I}'_3 = \dot{I}_0 \tag{4-73}$$

式中，$\dot{I}'_2 = \dot{I}_2/k_{12}$，$\dot{I}'_3 = \dot{I}_3/k_{13}$ 为绕组 2 和绕组 3 的电流折算到绕组 1 的数值。

折算后绕组 2 和绕组 3 的电动势为

$$\dot{E}_1 = \dot{E}'_2 = \dot{E}'_3 = -\dot{I}_0 Z_m \tag{4-74}$$

式中　Z_m——励磁阻抗，Ω，$Z_m = r_m + jx_m$；

　　　I_0——变压器空载电流，A，也称为励磁电流。

各绕组的漏感电动势折算值为

$$\dot{E}_{\sigma 1} = -j\dot{I}_1 x_1；\dot{E}'_{\sigma 2} = -j\dot{I}'_2 x'_2；\dot{E}'_{\sigma 3} = -j\dot{I}'_3 x'_3 \tag{4-75}$$

式中　　　x_1——绕组 1 的等效电抗，Ω，$x_1 = x_{11\sigma} - x'_{12\sigma} - x'_{13\sigma} + x'_{23\sigma}$；

　　　　　x'_2——绕组 2 的等效电抗折算值，Ω，$x'_2 = x'_{22\sigma} - x'_{12\sigma} - x'_{23\sigma} + x'_{13\sigma}$；

　　　　　x'_3——绕组 3 的等效电抗折算值，Ω，$x'_3 = x'_{33\sigma} - x'_{13\sigma} - x'_{23\sigma} + x'_{12\sigma}$；

$x_{11\sigma},x'_{22\sigma},x'_{33\sigma}$——各绕组的自漏电抗或自漏电抗的折算值，$\Omega$；

$x'_{12\sigma},x'_{13\sigma},x'_{23\sigma}$——各绕组互漏电抗折算值，$\Omega$，且有 $x'_{12\sigma} = x'_{21\sigma}$，$x'_{13\sigma} = x'_{31\sigma}$，$x'_{23\sigma} = x'_{32\sigma}$。

如果按照两绕组变压器的惯例规定电压与电流的正方向，则电压平衡方程式为

$$\dot{U}_1=-\dot{E}_1-\dot{E}_{\sigma1}+\dot{I}_1r_1=-\dot{E}_1+\dot{I}_1Z_1$$

$$\dot{U}_2'=\dot{E}_2'+\dot{E}_{\sigma2}'-\dot{I}_2'r_2'=\dot{E}_2'-\dot{I}_2'Z_2'$$

$$\dot{U}_3'=\dot{E}_3'+\dot{E}_{\sigma3}'-\dot{I}_3'r_3'=\dot{E}_3'-\dot{I}_3'Z_3' \tag{4-76}$$

式中，$\dot{U}_2'=\dot{U}_2k_{12}$；$\dot{U}_3'=\dot{U}_3k_{13}$；$Z_1=r_1+jx_1$；$Z_2'=r_2'+jx_2'$；$Z_3'=r_3'+jx_3'$；$r_1$，$r_2'$，$r_3'$ 为各绕组的电阻或电阻折算值，Ω。

根据式(4-74)、式(4-75) 和式(4-76) 可画出三绕组变压器的等效电路如图 4-35(a) 所示。负载时，由于 $I_0 \ll I_1$，可忽略励磁电流 I_0，则可得到简化的等效电路如图 4-35(b) 所示。

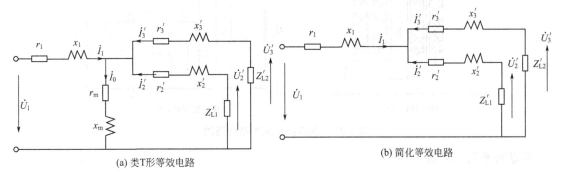

(a) 类T形等效电路　　　　　　　　　　(b) 简化等效电路

图 4-35　三绕组变压器的等效电路

（2）等效电路参数的试验测定

简化等效电路中的各等效阻抗，可通过三个短路试验求得，试验按下列顺序进行：

① 在绕组 1 上加电压，绕组 2 短路，绕组 3 开路，可得

$$Z_{k12}=r_{k12}+jx_{k12}=(r_1+r_2')+j(x_1+x_2') \tag{4-77}$$

② 在绕组 1 上加电压，绕组 2 开路，绕组 3 短路，可得：

$$Z_{k13}=r_{k13}+jx_{k13}=(r_1+r_3')+j(x_1+x_3') \tag{4-78}$$

③ 绕组 1 开路，在绕组 2 上加电压，绕组 3 短路，可得：

$$Z_{k23}=r_{k23}+jx_{k23}=(r_2'+r_3')+j(x_2'+x_3') \tag{4-79}$$

对以上 3 次试验结果中的实数和虚数部分分别求解，可得：

$$r_1=\frac{1}{2}(r_{k12}+r_{k13}-r_{k23}'),\quad x_1=\frac{1}{2}(x_{k12}+x_{k13}-x_{k23}')$$

$$r_2'=\frac{1}{2}(r_{k12}+r_{k23}'-r_{k13}),\quad x_2'=\frac{1}{2}(x_{k12}+x_{k23}'-x_{k13})$$

$$r_3'=\frac{1}{2}(r_{k13}+r_{k23}'-r_{k12}),\quad x_3'=\frac{1}{2}(x_{k13}+x_{k23}'-x_{k12}) \tag{4-80}$$

知道了三绕组变压器的参数，就可以利用它的等效电路来分析和计算它的运行性能了。三绕组变压器的效率和电压变化率 ΔU_{12} 及 ΔU_{13} 的求取与两绕组变压器相似，可参照有关公式进行计算。

4.7.2　自耦变压器

初级、次级共用一部分绕组的变压器称为自耦变压器，它用料省、效率高，所以得到了广泛应用。在实验室，普遍用自耦变压器作调压器使用。自耦变压器有单相的，也有三相的，三相自耦变压器的绕组通常接成星形。与讨论双绕组变压器一样，分析单相自耦变压器运行时的电磁关系和电磁量，也适用于对称运行的三相自耦变压器的每一相。图 4-36(a) 所

示为单相自耦变压器结构示意图，图 4-36(b) 所示为单相自耦变压器绕组接线图，图中标出了各电磁量的正方向，并采用与双绕组变压器相同的惯例。

图 4-36 所示为一台降压的单相自耦变压器，只有一个绕组，总匝数为 N_1，中间有匝数为 N_2 的抽头点 a'。当初级 AX 端接电源电压 $\dot{U}_1$ 后，在次级 ax 端即可获得电压 $\dot{U}_2$。与双绕组单相变压器一样，单相自耦变压器的变比为

$$k=\frac{N_1}{N_2}=\frac{E_1}{E_2}=\frac{U_1}{U_2} \tag{4-81}$$

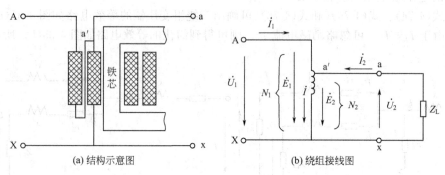

(a) 结构示意图　　　　　　　　(b) 绕组接线图

图 4-36　单相自耦变压器电路图

磁动势平衡方程式为

$$\dot{I}_1 N_1 + \dot{I}_2 N_2 = \dot{I}_0 N_1 \tag{4-82}$$

式中，$\dot{I}_0$ 为励磁电流，$\dot{I}_0 N_1$ 为建立主磁通所需的励磁磁动势，由于它的数值很小，故可忽略，则有

$$\dot{I}_1 N_1 + \dot{I}_2 N_2 = 0 \tag{4-83}$$

根据自耦变压器的特点，在绕组的 N_2 段内实际流过的电流为 $\dot{I}$，按节点电流定律有

$$\dot{I} = \dot{I}_1 + \dot{I}_2 \tag{4-84}$$

将式(4-83) 代入式(4-84)，经整理得

$$\dot{I} = \dot{I}_1(1-k) \tag{4-85}$$

式(4-85) 中 k 一般大于 1，表明电流 $\dot{I}$ 与 $\dot{I}_1$ 相位相反，k 越接近 1，则电流 $\dot{I}$ 的数值越小。

上面的分析说明，自耦变压器不仅比普通变压器省了一个低压绕组，而且保留的一个 N_2 匝部分的绕组通过的电流小，所以可减少导线的用料（省铜）和铜耗，故自耦变压器质量轻、体积小。

由式(4-83) 可知，$\dot{I}_1$ 与 $\dot{I}_2$ 的相位在忽略励磁电流 $\dot{I}_0$ 时是相反的，即相差 180°，同时 $k>1$，故有 $I_2>I_1$，得到 a' 点的实际电流有效值关系为

$$I_1 + I = I_2 \tag{4-86}$$

因此，自耦变压器的输出功率为

$$S_2 = U_2 I_2 = U_2 I_1 + U_2 I = U_2 I_1 + U_2 I_2(1-1/k) \tag{4-87}$$

式(4-87) 表明，自耦变压器的输出功率可分为两部分，其中 $U_2 I$ 是通过电磁感应传递给负载的功率，即通常所说的电磁功率；另一部分 $U_2 I_1$ 是一次电流 I_1 直接传递给负载的功率，称为传导功率。传导功率是自耦变压器所特有的。

若把图 4-36 中的 a' 点做成滑动触点，让匝数 N_2 可变，则输出电压 U_2 可变，此时的自耦变压器可作可调电压源使用。如实验室常用的自耦调压变压器，可把 220V 电源电压变换成其他电压（可以稍高于 220V，此时 $N_1 < N_2$），一般调压范围为 0～250V。

自耦变压器由于初级、次级之间有电的直接联系，高压边的高电位会传导到低压边，因此低压边（包括用电负载）须用与高压边同样等级的绝缘和过压保护装置。对三相自耦变压器，三相的中点都必须可靠地接地。否则当出现单相短路故障时，另两相的低压边会引起过电压，危及用电设备。自耦变压器的这些缺点限制了它的使用范围。

4.7.3 电压互感器

电压互感器是一种特殊的降压变压器，它的功能是将高电压变换成可直接检测的电压值。电压互感器普遍用于测量装置中，在控制系统和微机检测系统中也大量使用。

电压互感器的结构和工作原理与单相变压器相似。初级绕组匝数较多，接在被测的高压线路中；次级绕组匝数较少，测量仪表的电压线圈接在次级绕组两端，电压互感器的接线如图 4-37 所示。因为各种仪表的电压线圈阻抗都很大，正常运行时，电压互感器次级电流很小，相当于变压器空载运行状态。根据变压器基本工作原理，有

$$\frac{U_1}{U_2} \approx \frac{E_1}{E_2} = \frac{N_1}{N_2} = k_{\mathrm{u}} \tag{4-88}$$

电压表的读数 U_2 乘以变比 k_{u} 即为被测高压 U_1 的值。当电压表与专用功能的电压互感器配套使用时，电压表的刻度尺上直接标出高压侧的电压值。通常电压互感器次级电压的额定值设计为 100V。

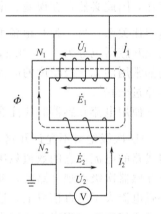

图 4-37 电压互感器电路图

实际的电压互感器，由于初级、次级绕组有漏阻抗，有工作电流就存在压降，因此电压互感器必然存在误差。作为检测元件的电压互感器有两种误差：一种是电压数值误差，即输出电压偏离变比关系；另一种是电压相位误差，通常以 $-\dot{U}_2$ 偏离 $\dot{U}_1$ 的相位角计。根据误差的大小，电压互感器分为 0.1，0.2，0.5，1.0，3.0 几个等级，各等级允许误差见有关技术标准。例如常用的 0.5 级精度的电压互感器，在额定电压时，数值误差不超过 $\pm 0.5\%$，相位误差不超过 $\pm 20'$。

使用电压互感器时应注意：

① 次级绝对不允许短路。因为次级短路时将会在初级、次级产生很大的短路电流，既影响被测系统，又会烧坏电压互感器；

② 次级绕组和铁芯应可靠接地；

③ 次级的阻抗不能太小。即次级负载电流的总和不能超过次级电流的额定值，否则初级、次级漏阻抗压降增加，误差加大，降低了电压互感器精度。

4.7.4 电流互感器

电流互感器是一种特殊的升压（降流）变压器，它的功能是将大电流变换成便于直接检测的电流值。电流互感器普遍用于测量装置中，在控制系统和微机检测系统中也大量使用。

电流互感器的接线如图 4-38 所示。初级绕组的匝数很少，只有一匝或几匝，串联在被测电流为 I_1 的电路中，次级绕组的匝数很多，与测量仪表的电流线圈相连接，其电流为

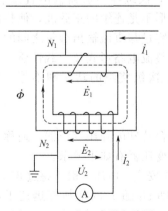

图 4-38 电流互感器电路图

I_2。根据磁动势平衡关系，有

$$\dot{I}_1 N_1 + \dot{I}_2 N_2 = \dot{I}_0 N_1 \qquad (4\text{-}89)$$

当励磁电流 I_0 很小而忽略时，有 $\dot{I}_1 N_1 + \dot{I}_2 N_2 = 0$，可得次级输出电流的数值 I_2 为

$$I_2 = \frac{N_1}{N_2} I_1 = k_i I_1 \qquad (4\text{-}90)$$

电流表的读数 I_2 除以电流变比 k_i 即为被测大电流 I_1。对于电流互感器次级电流的额定值，有关标准规定为 5A 或 1A。

式(4-90)中，$N_1 \ll N_2$，故 $k_i \ll 1$。测量要求的理想条件是：数值上 I_2 与 I_1 应保持严格变比关系；相位上 I_2 与 I_1 反相位，即相差 $180°$。但实际的电流互感器，由于有励磁电流 I_0 存在，因此必然存在误差。电流互感器也有两种误差：一种是电流数值误差，即输出电流偏离变比关系；另一种是电流相位误差，通常以 $-\dot{I}_2$ 偏离 $\dot{I}_1$ 的相位角计。根据误差的大小，电流互感器也分为 0.1，0.2，0.5，1.0，3.0 几个等级，各等级允许误差见有关技术标准。例如常用的 0.5 级精度的电流互感器，在额定电流时，数值误差不超过 $\pm 0.5\%$，相位误差不超过 $\pm 40'$。

使用电流互感器时应注意如下几点。

① 次级绝对不允许开路。因为当 $Z'_L = \infty$ 时，致使 $\dot{I}_1 = \dot{I}_0$，电流互感器初级电流 I_1 是被测线路的电流，它的数值只决定于线路负载，不随电流互感器是开路还是短路而改变。当电流互感器次级出现开路时，初级所接被测线路电流 I_1 就成了励磁电流，比起正常工作时的励磁电流大了几百倍以上，这样不仅会造成电流互感器铁损急剧增加，使它过热烧坏绝缘，而且会使次级出现高电压，击穿绝缘，危及人身和设备安全。

② 次级绕组和铁芯应可靠接地。

③ 次级的阻抗不能太大。如果次级的阻抗过大，则 I_2 变小，而 I_1 不变，造成 I_0 增加，误差增大，降低了电流互感器精度。

4.7.5 其他特殊变压器

工业生产和控制系统中，除上面所讲的几种特殊变压器外，还有整流变压器、脉冲变压器、电焊变压器等。下面对这些特殊变压器进行简单介绍。

（1）整流变压器

控制系统和工业生产中常用的直流电源，大部分都是通过整流装置提供的。整流变压器是整流电路中的电源变压器，其特点是：初级输入正弦交流电，次级经整流器输出直流电。由于整流器各臂在一个周期内轮流导通，流经整流臂的电流波形不是连续的正弦波，使整流变压器次级绕组电流可能不是连续正弦波。因此整流变压器的容量与直流输出容量之间的关系，以及初级、次级电流与输出的直流电流间的关系均取决于整流电路形式及负载性质。

在整流变压器中，当初级、次级电流波形不同时，初级、次级绕组的功率则不等，因此，整流变压器的容量为初级、次级绕组容量的平均值。

（2）电焊变压器

交流电弧焊在生产实际中应用广泛，从结构上看，它是一台特殊的降压变压器，通称为电焊变压器。为保证电焊的质量和电弧燃烧的稳定性，对电焊变压器有如下要求：

① 空载电压应达到 $60 \sim 75V$，以保证起弧容易，但为了操作安全，电压一般不超过 85V；

② 为适应电弧特性的要求，应具有迅速下降的外特性，即 U_2 随 I_2 的增加能迅速下降到零；

③ 短路电流不应过大，一般不超过额定值的两倍，工作电流要比较稳定。

为满足上述要求，电焊变压器必须具有较高的电抗，而且可以调节。为此电焊变压器的初级、次级绕组一般分装在两个铁芯柱上，使绕组的漏电抗比较大，同时在次级绕组端串联可变电抗器，根据要求改变漏电抗的大小。

（3）脉冲变压器

产生脉冲波电动势的变压器，称为脉冲变压器。脉冲变压器是脉冲数字电路中的一个基本元件。它和普通变压器一样，也是通过电磁耦合来传递信号。脉冲变压器在脉冲电路中的用途主要是：改变脉冲电压的幅值和相位，作放大器的级间耦合；进行阻抗变换，使负载阻抗与信号源匹配，在电路中隔离直流。

脉冲变压器铁芯通常选用导磁率高，铁耗小的软磁材料。脉冲变压器按输入波形不同常分为输入正弦波的脉冲变压器和输入直流方波的脉冲变压器。

有关上面几种特殊变压器的具体分析，有兴趣的同学可参考相关书籍，本书不作详细论述。

本 章 小 结

变压器是一种传递电能或传输信号的静止电磁设备，其工作原理主要建立在电磁感应和磁动势平衡这两个关系基础上。在初级、次级绕组匝数不同的情况下，通过电磁感应关系，初级、次级绕组可以得到不同的电压；通过磁动势平衡关系，次级绕组接负载时，初级绕组电流将随之变化。于是，一种交流电能就转换为另一种交流电能。

分析变压器的基本方法是将它内部的磁通分成主磁通和漏磁通来考虑，并用不同性质的参数反映它们的影响，进而把电磁场的问题简化为电路的问题。主磁通在铁芯内闭合，交链初级、次级绕组，分别在初级、次级绕组内感应电动势 E_1 和 E_2，起传递电磁功率的桥梁作用；漏磁通通过空气闭合，只交链本身绕组，产生电抗压降，不起能量传递作用。引入励磁阻抗和漏电抗两类参数，把电磁场问题简化为电路的问题，如图 4-39 所示。

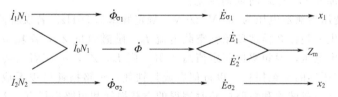

图 4-39　电磁场问题简化为电路问题示意图

为了将变压器的电磁场问题转化为电路问题，首先必须进行绕组的折算，把变比为 N_1/N_2 的实际变压器转换成变比为 1 的等效变压器，使折算后的初级、次级感应电动势相等，将初级、次级磁动势关系化为等效的电流关系；然后利用电磁感应定律、全电流定律和基尔霍夫定律，把变压器内部电动势和电压以及初级、次级绕组磁动势之间的关系表达成电压平衡方程式和磁动势平衡方程式，再利用折算和引入的参数，导出反映变压器内部实际电磁关系的等效电路。单相变压器负载运行时的 T 形等效电路及简化的 Γ 形等效电路见图 4-12和图 4-13 所示。

变压器的基本方程式是描述变压器内部电磁关系的数学表达式，等效电路和相量图是分析变压器的主要工具。等效电路可以用来进行变压器的定量计算，相量图可以用来进行变压器的定性分析。无论是列基本方程式、画相量图还是画等效电路，首先都必须规定各相量的正方向。

画等效电路和相量图时所需的参数，可通过变压器的空载试验和短路试验求得。由变压器的空载试验可求得变压器励磁参数 r_m，x_m；由变压器的短路试验可求得变压器的短路参数 r_k，x_k。

变压器的电压变化率 ΔU 和效率 η 是表征变压器运行性能的主要指标，影响它们的主要因素是短路阻抗的大小、负载的大小和性质。ΔU 的大小表征变压器负载运行时次级电压的稳定性，即供电的质量；效率 η 的大小表征变压器运行时的经济性。

三相变压器在对称负载下运行时，它的每一相就相当于一个单相变压器，因此单相变压器的基本方程式、相量图及等效电路等分析方法和结论完全适用于三相变压器。但对三相变压器运行的分析，要注意不同的联结组号和不同的铁芯结构，会影响主磁通和绕组相电动势波形，以致影响变压器的性能。其中，只要有一侧是星形带中线或三角形连接，就可通过三次谐波电流，使主磁通及绕组相电动势波形接近正弦波。

三绕组变压器的分析方法与双绕组变压器类似，它是为适应电力系统的需要而发展起来的一种特殊变压器，据此可派生出多绕组变压器。自耦变压器，初级、次级之间除了因电磁感应原理而传递的电磁功率外，还有一部分是由电路相连直接传导的功率，后者是普通双绕组变压器所没有的。

电压互感器和电流互感器是一种测量用的变压器。电压互感器用于测量高电压，工作在接近开路状态，使用时次级绝对不允许短路；电流互感器用于测量大电流，工作在接近短路状态，使用时次级绝对不允许开路。

思考题与习题

4.1　为什么说变压器在变压时，未改变电压频率？

4.2　变压器能否直接变换直流电压来传递直流电能？

4.3　变压器中主磁通与漏磁通的性质和作用有什么不同？在分析变压器时是怎样反映它们作用的？

4.4　为什么空载运行时变压器的功率因数很低？

4.5　励磁电抗 x_m 的物理意义如何？变压器的 x_m 是大好还是小好？若用空气芯而不用铁芯，则 x_m 是增加还是降低？如果初级绕组匝数增加 5%，其余不变，则 x_m 将如何变化？如果初级、次级绕组匝数各增加 5%，则 x_m 将如何变化？

4.6　某单相变压器额定电压为 380V/220V，额定频率为 50Hz。若误将低压边接到 380V 电源，变压器将会发生一些什么异常现象？空载电流 I_0，励磁阻抗 Z_m，铁耗 p_{Fe} 发生怎样的变化？如果电源电压为额定电压，但频率比额定值高 20%，问 I_0，Z_m，p_{Fe} 三者又会发生怎样的变化？

4.7　为什么变压器的空载损耗可以近似看成是铁耗，短路损耗可以看成是铜耗？负载时的实际铁耗和铜耗，与空载试验和短路试验时测得的空载损耗和短路损耗有无差别，为什么？

4.8　一台变压器，原来设计的频率为 50Hz，现将其接至 60Hz 的电网上运行，保持额定电压不变。试问其空载电流、铁耗、原、副边漏抗如何变化？

4.9　两台单相变压器，电压均为 220V/110V，初级匝数相等，但空载电流不等，且 $I_{0I} = 2I_{0II}$。今将两个初级绕组串联后加 440V 交流电压，问这两台变压器的次级电压是否相等？

4.10　变压器的电压变化率 ΔU 与阻抗电压 U_{kN} 有什么联系？U_{kN} 的大小取决于哪些因素？

4.11　变压器为什么要并联运行？并联运行的条件有哪些？

4.12　两个三相变压器组并联运行。由于初级输电线电压升高一倍（由 3300V 升为 6600V），为了临时供电，利用原有两个三相变压器组，将初级绕组串联接到输电线上，次级仍并联供电，如两变压器组的励磁电流相差一倍，则次级并联时是否会出现很大的环流？为什么？

4.13　与普通双绕组变压器相比，自耦变压器有哪些优缺点？

4.14　电压互感器和电流互感器的功能是什么？使用时必须注意什么？

4.15　一台三相变压器，额定容量 $S_N = 50kV \cdot A$，$U_{1N}/U_{2N} = 10kV/0.4kV$，高低压绕组都接成星形，求高低压侧的额定电流。

4.16　单相变压器额定数据如下：$S_N = 4.6kV \cdot A$，$U_{1N}/U_{2N} = 380V/115V$，$I_{1N}/I_{2N} = 12.1A/40A$，空载及短路试验数据为：

空载试验（低压侧） $U_0 = 115\text{V}$，$I_0 = 3\text{A}$，$P_0 = 60\text{W}$；

短路试验（高压侧） $U_k = 15.6\text{V}$，$I_k = 12.1\text{A}$，$P_k = 172\text{W}$。

求：（1）计算变压器的励磁参数和短路参数；

（2）画出折算到高压侧和低压侧的 T 型等效电路（设折算后的初次级漏阻抗相等）；

（3）阻抗电压及其有功分量和无功分量。

4.17　变压器铭牌数据如下：$S_N = 750\text{kV} \cdot \text{A}$，$U_{1N}/U_{2N} = 10\text{kV}/0.4\text{kV}$，Y，$y_{12}$ 联结组。

低压侧空载试验数据为：$U_0 = 400\text{V}$，$I_0 = 60\text{A}$，$P_0 = 3800\text{W}$；

高压侧短路试验数据为：$U_k = 440\text{V}$，$I_k = 43.3\text{A}$，$P_k = 10900\text{W}$。

测量时室温为 20℃，求：

（1）变压器的参数，并画出等效电路；

（2）当额定负载 $\cos(\varphi) = 0.8$，$\cos(-\varphi) = 0.8$ 时，计算电压变化率 ΔU，次级电压 U_2 及效率 η。

4.18　试用相量图判别下列各图的联结组号。

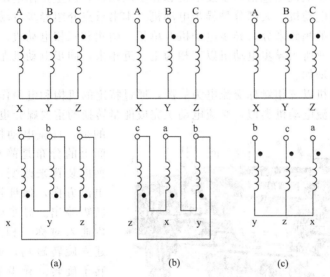

(a)　　　　　　　(b)　　　　　　　(c)

4.19　三相变压器的铭牌数据如下：$S_N = 1800\text{kV} \cdot \text{A}$，$U_{1N}/U_{2N} = 6300\text{V}/3150\text{V}$，Y，$d_{11}$ 接法，空载损耗 $P_0 = 6.6\text{kW}$，短路损耗 $P_k = 21.2\text{kW}$，求：

（1）当输出电流 $I_2 = I_{2N}$，$\cos\varphi = 0.8$ 时的效率；

（2）效率最大时的负载系数 β_m。

4.20　一台 Y，y_{12} 及一台 Y，y_8 的三相变压器，变比相等，能否设法进行并联运行？一台 Y，d_5 及一台 Y，d_7 的三相变压器，变比相等，能否设法进行并联运行？并分别画出并联运行的接线图。

4.21　两台变压器并联运行，均为 Y，d_{11} 联结组号，$U_{1N}/U_{2N} = 35\text{kV}/10.5\text{kV}$，第一台的 $S_{1N} = 1250\text{kV} \cdot \text{A}$，$u_{k1}^* = 0.065$，第二台的 $S_{2N} = 2000\text{kV} \cdot \text{A}$，$u_{k2}^* = 0.06$，求：

（1）总输出为 3250kV·A 时，每台变压器的负载为多少？

（2）在两台变压器均不过载的情况下，并联组的最大输出为多少？此时并联组的利用率为多少？

4.22　单相自耦变压器数据如下：$U_1 = 220\text{V}$，$U_2 = 180\text{V}$，$\cos\varphi_2 = 1$，$I_2 = 400\text{A}$，当不计算损耗和漏阻抗压降时，求：

（1）自耦变压器各部分绕组内的电流；

（2）感应传递功率的百分比；

（3）直接传递功率的百分比。

5. 三相异步电动机的基本原理

5.1 三相异步电动机的基本原理

交流电机是实现交流电能与机械能之间转换的电机，可分为同步电机和异步电机两大类。同步电机包括同步电动机和同步发电机，但主要作发电机用，一般发电厂所用发电机都是同步发电机。异步电机也包括异步发电机和异步电动机，但主要作电动机用，工农业生产及居民生活中所用电动机，大部分是异步电动机。本书重点介绍异步电动机。

按照供电电源的相数来分，异步电动机有单相、两相和三相电动机。家用异步电动机以单相为主，工矿企业所用异步电动机以三相为主。近年来，同步电动机尤其是永磁同步电动机的使用正在逐步增加。

三相异步电动机以三相对称交流电为能源，通过特定的机构和电磁作用原理，将电能转换成机械能。与直流电动机类似，交流电动机完成能量转换的重要媒介也是气隙磁场。不同的是，直流电动机的气隙磁场在空间上的分布是静止的，电动机通过换向装置来改变不同磁极下的电枢电流方向，保证连续的同方向电磁转矩输出。异步电动机在定子绕组内通入对称三相交流电，在气隙中建立旋转磁场，通过电磁作用带动转子旋转。异步电动机转子的机械转速 n 与旋转磁场的转速 n_1 之间存在差异是电磁作用产生的基础，异步电机也因此得名。

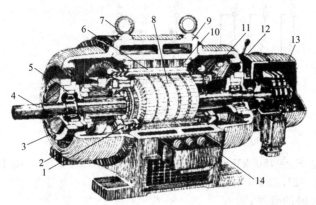

图 5-1 绕线型三相异步电动机剖面图
1—转子绕组；2—端盖；3—轴承盖；4—轴；5—轴承；6—定子绕组；7—吊环；8—转子；9—机座；10—定子铁芯；11—风扇；12—风罩；13—集电环；14—出线盒

5.1.1 基本结构

图 5-1 所示是一台绕线型三相异步电动机剖面图。与直流电动机类似，异步电动机的基本结构也是由静止的定子和转动的转子两部分构成，定子与转子之间是空气气隙。此外，还有轴承、机座、端盖和风扇等附属部件。

（1）定子

异步电动机的定子由定子铁芯、定子绕组和机座三部分组成，主要作用是构成电动机磁路一部分，并按照功能要求放置定子绕组。

定子铁芯装在机座内，如图 5-2 所示。由于通过定子铁芯的磁通大小和方向都是交变的，为了降低定子铁芯里的铁损耗，定子铁芯由表面绝缘的 0.5mm 厚硅钢片叠装而成。定子

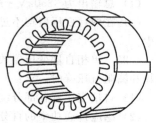

图 5-2 定子铁芯

铁芯内圆上开槽，槽内放置定子绕组，如图 5-3 所示，其中图（a）所示是开口槽，用于大中型容量高压异步电动机；图（b）所示是半开口槽，用于中型 500V 以下异步电动机；图（c）所示是半闭口槽，用于低压小型异步电动机。

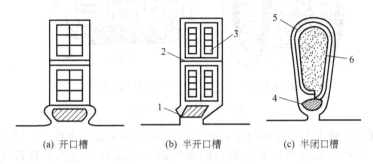

(a) 开口槽　　　　(b) 半开口槽　　　　(c) 半闭口槽

图 5-3　定子槽

1—槽楔；2—层间绝缘；3—扁铜线；4—槽楔；5—槽绝缘；6—圆导线

定子绕组是定子中的电路部分，按照一定功能要求由绝缘的铜（或铝）导线绕成。高压大、中型容量的异步电动机定子绕组常采用 Y 接，只有三根引出线，如图 5-4（a）所示。中、小容量低压异步电动机，通常有六根出线头，根据需要可接成 Y 形或 D 形，如图 5-4(b)所示。

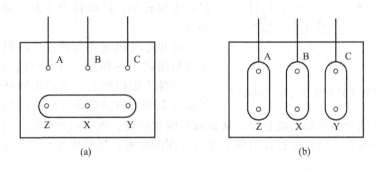

图 5-4　三相异步电动机的引出线

机座的作用主要是固定与支撑定子铁芯。如果是端盖轴承电机，还要支撑电机的转子部分，因此机座需要有足够的机械强度和刚度。对中、小型异步电动机，通常用铸铁机座。对大型电机，一般采用钢板焊接的机座，整个机座和坐式轴承都固定在同一个底板上。

（2）转子

异步电动机的转子由转子铁芯、转子绕组和转轴组成。

转子铁芯与气隙、定子铁芯和机座共同构成电动机的主磁路，一般也用 0.5mm 厚且表面涂有绝缘漆并冲有转子槽形的硅钢片叠压而成，转子铁芯固定在转轴或转子支架上，整个转子铁芯的外表呈圆柱形。

根据结构形式的不同，转子绕组分为笼型和绕线型两种。

笼型转子绕组是在转子铁芯的每个槽里放入一根比铁芯略长的导条，导条的两端分别用两个导电端环把所有的导条连接起来，形成一个自行闭合的短路绕组。如果去掉铁芯，剩下的绕组形状像个松鼠笼子，如图 5-5 所示，故称为笼型转子绕组。大中型异步电动机采用铜条与端环焊接构成的笼型转子绕组，如图 5-5(a) 所示；小型异步电动机采用铸铝转子绕组，用铸铝方法将导条、端环与风扇同时铸成，如图 5-5(b) 所示。

绕线型转子绕组和定子绕组一样，是对称的三相绕组，通常接成 Y 形，如图 5-6 所示，

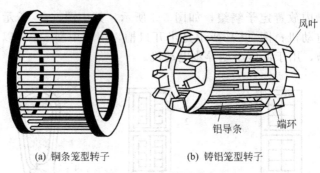

(a) 铜条笼型转子　　　　　　　(b) 铸铝笼型转子

图 5-5　笼型转子绕组

三根引出线分别接到轴上的三个滑环上，再通过电刷引出来接外部电路。绕线型转子绕组既可以自身短路，又可以通过滑环和电刷将附加电阻、电抗和其他控制装置接入转子绕组回路，改善电动机的启动性能或调节转速。绕线型转子绕组常用于中等容量电动机中。

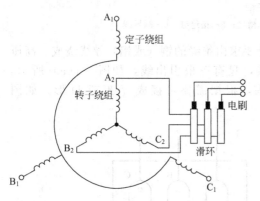

图 5-6　绕线型转子异步电动机接线示意图

从两种转子绕组结构可以看出，笼型异步电动机结构简单、制造方便、运行可靠，但不可能在转子回路中增加调节装置改善运行特性。绕线型异步电动机结构比较复杂，造价稍高，适用于启动电流较小、启动转矩较大、调速范围较广的场合。

异步电动机定子与转子之间很小的空气隙是电动机磁路的一部分，对电动机运行性能影响很大。气隙大则磁阻大，要产生同样大小的旋转磁场就需要较大的励磁电流，使电机的功率因数变差；但磁阻大可减少磁场的谐波分量，从而减少附加损耗，改善启动性能。气隙过小会使装配困难，运行不可靠。因此在设计时应兼顾各方面的要求，通常中小型异步电动机的气隙为 0.2～1.5mm。

5.1.2　铭牌数据和型号

异步电动机机座上钉有一块铭牌，上面标出了电动机主要额定数据及型号。其中，额定数据是选择三相异步电动机的重要依据。

（1）异步电动机的铭牌数据

① 额定电压 U_N：电动机额定运行时加在定子绕组上的线电压，单位为 V。

② 额定电流 I_N：额定电压下，电动机轴上输出额定功率时，定子绕组的线电流，单位为 A。

③ 额定功率 P_N：电动机在额定状态下运行时，轴上输出的机械功率，单位为 W。对于三相异步电动机，额定功率为

$$P_N = \sqrt{3} U_N I_N \eta_N \cos\varphi_N \tag{5-1}$$

式中，η_N、$\cos\varphi_N$ 分别为额定效率和功率因数。

④ 额定频率 f_N：国家规定的标准工业用电频率，单位为 Hz。我国规定标准工业用电频率为 50Hz。

⑤ 额定转速 n_N：电动机在额定电压、额定频率下，轴上输出额定功率时的转子转速，单位为 r/min。

此外，铭牌上还标有定子相数和绕组接法、温升及绝缘等级等。对绕线型异步电动机还标明了转子绕组接法、转子电压（指定子加额定电压、转子开路时滑环间的电压）和额定运

行时的转子电流等技术数据。

（2）异步电动机的型号

电机型号注明了电机的类型、规格、结构特征和使用范围，例如一般用途的小型笼型异步电动机表示如下：

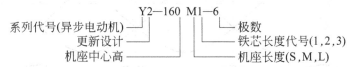

我国生产的异步电动机种类很多，下面列出了一些常见的产品系列。

Y 系列：小型笼型全封闭自冷式三相异步电动机。用于金属切削机床、通用机械、矿山机械、农业机械、小型起重机、运输机械等。

YR 系列：三相绕线型异步电动机，供冶金工业和矿山中使用。

YD 系列：多速异步电动机。

YCT 系列：电磁调速异步电动机。

YZR、YZ 系列：起重冶金专用异步电动机。其中 YZR 为绕线型，YZ 为笼型。

其他各种类型的异步电动机，可查阅有关产品目录及电机工程手册。

5.1.3 基本工作原理

（1）旋转磁场的形成原理

旋转磁场是指极性和大小不变，在气隙中以一定速度旋转的磁场，图 5-7 所示为异步电动机工作原理示意图，图中电动机的气隙中是机械旋转磁场。在定子绕组中通入三相对称交流电，可以在气隙中形成类似的旋转磁场。

假定定子三相绕组每相仅由一个线圈构成，如图 5-8 所示。三相绕组 AX、BY、CZ 在空间上互差 120°，接上对称三相交流电源，则各相电流的瞬时表达式为

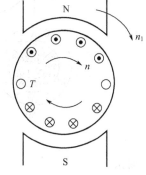

图 5-7　异步电动机工作原理示意图

$$\begin{cases} i_A = I_m \cos\omega t \\ i_B = I_m \cos(\omega t - 120°) \\ i_C = I_m \cos(\omega t - 240°) \end{cases} \quad (5\text{-}2)$$

各相电流随时间变化的曲线如图 5-8 上部分所示，为了便于分析对称三相电流产生的合成磁场，选择 $\omega t = 0°$，$\omega t = 120°$，$\omega t = 240°$，$\omega t = 360°$ 四个特定时刻进行分析。规定电流为正时，由每相的首端（A、B、C）流入，末端（X、Y、Z）流出；电流为负时，由每相的末端流入，首端流出。

当 $\omega t = 0°$ 时，电流方向如图 5-8(a) 所示，由图可知，上半部导体的电流都是流入截面，下半部导体电流流出截面。根据右手螺旋定则，三相线圈电流产生的磁场方向是从右向左，从磁力线的分布看，与一对磁极产生的磁场一样。用同样的方法可以画出 $\omega t = 120°$，$\omega t = 240°$，$\omega t = 360°$ 时电流产生的磁场方向，分别如图 5-8(b)、(c)、(d) 所示。依次观察图 5-8 (a)、(b)、(c)、(d) 所示，可以看出，从 $\omega t = 0°$ 到 120°、240°、360° 的过程中，三相电流建立的合成磁场相当于一对机械旋转磁极的旋转磁场，在空间相应转过 120°、240°、360°，旋转方向由 A 相转向 B 相再转向 C 相，即由电流超前相转向电流滞后相，本例中是顺时针方向旋转。电流变化一周，旋转磁场在空间也刚好旋转一周。

如果三相绕组每相分别由两个串联的线圈组成，A 相绕组为 A-X 与 A′-X′串联，B 相绕组为 B-Y 与 B′-Y′串联，C 相绕组为 C-Z 与 C′-Z′串联。每个线圈的跨距为 1/4 圆周，如图

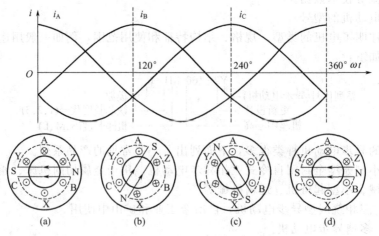

图 5-8　一对极旋转磁场示意图

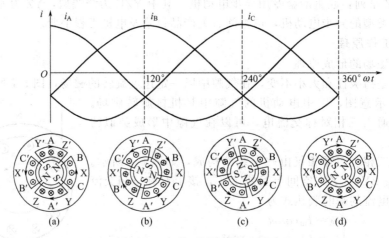

图 5-9　两对极旋转磁场示意图

5-9 所示。

　　当 $\omega t=0°$ 时，i_A 为正，i_B、i_C 为负，AX′绕组的电流由 A 流入，从 X 流出，再由 A′流入，从 X′流出。BY′绕组的电流由 Y′流入，从 B′流出，再由 Y 流入，从 B 流出。CZ′绕组的电流由 Z′流入，从 C′流出，再由 Z 流入，从 C 流出。观察整个变化过程，可以看出这时合成磁场是两对极的，电流变化一周时，旋转磁场只转过 1/2 周。

　　如果将绕组按一定规则排列，可以得到 3 对、4 对或 p 对磁极的旋转磁场，用同样的方法可以推得，对于有 p 对磁极的绕组，电流变化一周，旋转磁场转过 1/p 周。若交流电源的频率为 f_1，即电流每秒变化 f_1 周，则极对数为 p 的旋转磁场的转速为

$$n_1=\frac{60f_1}{p} \tag{5-3}$$

　　式中，旋转磁场的转速 n_1 称为同步转速，r/min。

　　（2）异步电动机基本工作原理

　　从以上分析可知，当定子三相绕组通入三相交流电时，在电机的气隙中便产生一个以同步转速 n_1 旋转的磁场，相当于一组磁极在空间旋转，如图 5-10 所示。

　　如果转子静止不动，则转子绕组与旋转磁场有相对运动，导体切割磁力线产生感应电动

势，感应电动势的方向可根据右手定则确定。由于转子导体本身形成闭合回路，转子绕组中便产生和电动势方向一致的感应电流，电流方向如图 5-10 所示。通电导体与磁场存在相对运动，必然会受到电磁力的作用，方向按左手定则确定。转子所有导体受到的力形成一个顺时针方向的电磁转矩，在此转矩的作用下，转子随着旋转磁场顺时针方向转动。

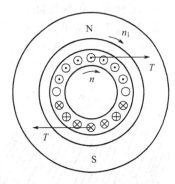

图 5-10　异步电动机工作原理

异步电动机转子的旋转方向与旋转磁场方向一致，工作在电动状态的转子机械转速 n 始终小于同步转速 n_1。如果 $n=n_1$，那么磁场与转子导体之间就没有相对运动，因而在转子导体中没有感应电动势产生，也就不可能产生感应电流和电磁转矩。如果某种情况下出现 $n>n_1$，虽然磁场与转子导体之间存在相对运动，转子导体中会产生感应电动势、感应电流和电磁转矩，但此时所受到的电磁转矩是阻碍转子旋转的，转子转速降低，直到低于同步转速。因此转子的转速不可能达到同步转速，所以这种类型的电动机称为异步电动机。又由于转子导体中的电流是由电磁感应产生的，故又称为感应电动机。

为了表示电动机的异步程度，定义了转差率

$$s=\frac{n_1-n}{n_1} \tag{5-4}$$

转差率 s 是异步电动机的重要参数，一般情况下，异步电动机的转差率不大，空载时在 0.005（0.5%）以下，额定负载时在 0.05（5%）左右。

【例 5-1】 某三相感应电动机的铭牌值为：$P_N=4kW$，$U_N=380V$，$f_N=50Hz$，$n_N=960r/min$，$\cos\varphi_N=0.77$，$\eta_N=0.84$，定子为△连接，求此电动机的额定转差率和额定电流。

解 由 $n_N=960r/min$，可知

$$n_1=1000r/min$$

由式（5-4）可得额定转差率

$$s_N=\frac{n_1-n_N}{n_1}=\frac{1000-960}{1000}=0.04$$

电动机的额定电流为

$$I_N=\frac{P_N}{\sqrt{3}U_N\cos\varphi_N\eta_N}=\frac{4000}{\sqrt{3}\times380\times0.77\times0.84}=9.4（A）$$

5.2　交流电机的定子绕组

在异步电动机定子绕组中通以对称三相交流电可以在气隙中产生旋转磁场。要建立极数和大小满足要求的旋转磁场，而且在空间的分布上尽量接近正弦波，定子绕组必须按照一定规律放置。本节对定子绕组的基本知识进行讨论。

5.2.1　交流绕组的基本知识

（1）对交流绕组的基本要求

① 在一定导体数下，获得较大的基波电动势和基波磁动势；

② 电动势和磁动势波形力求接近正弦波，谐波分量尽量小；

③ 三相绕组应对称，即三相绕组的结构相同，阻抗相等，空间位置互差 120°电角度；

④ 用材省、绝缘性能好、机械强度高和散热条件好；

⑤ 制造工艺简单，维修方便。

（2）交流绕组的基本概念

① 电角度与机械角度 电机转子圆周表面的空间几何角度是360°，这个角度称为机械角度。从电气角度看，线圈经过N、S一对主磁极时，导体中感应电动势变化一周，即变化了360°。因此一对主磁极占有的电角度是360°，电机圆周按照电角度计算就是$p\times360°$。因此

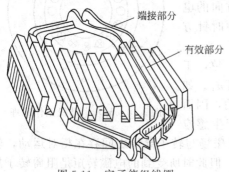

图 5-11 定子绕组线圈

$$电角度 = p \times 机械角度 \tag{5-5}$$

② 线圈 线圈是组成每相绕组的基本单元，如图5-11所示，与直流电机中电枢线圈类似，由一匝或多匝串联而成，有两条有效边和两个引出端，一个叫首端，另一个叫末端。

③ 极距与节距 极距τ是指相邻磁极轴线之间沿定子内圆表面跨过的距离，通常用每个磁极所占的槽数表示，若定子总虚槽数为Z_u，极对数为p，则

$$\tau = \frac{Z_u}{2p} \tag{5-6}$$

节距y_1是指一个线圈的两条有效边所跨定子内圆的距离，通常以槽数表示，节距应接近极距。$y_1 = \tau$的绕组称为整距绕组；$y_1 < \tau$的绕组称为短距绕组；$y_1 > \tau$的绕组称为长距绕组，通常采用整距和短距绕组。

④ 槽距角 槽距角θ是指相邻槽沿定子内圆相距的电角度

$$\theta = \frac{p \times 360°}{Z_u} \tag{5-7}$$

⑤ 每极每相槽数 每极每相槽数是指每一个极下每相所占槽数，若相数为m_1，则每极每相槽数q为

$$q = \frac{Z_u}{2pm_1} \tag{5-8}$$

图5-12所示为某定子绕组展开示意图。其中，$Z_u = 24$，$p = 2$。图中标出了极距τ，槽距角θ与每极每相槽数q。

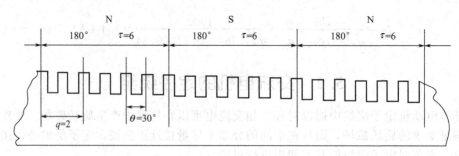

图 5-12 极距，槽距角，每极每相槽数示意图（$Z_u = 24$，$p = 2$）

（3）交流绕组的分类

① 按相数分为单相、两相、三相和多相绕组；

② 按槽内层数分为单层和双层绕组，单层绕组又分为同心式、交叉式和链式绕组，双层绕组又分为叠绕组和波绕组；

③ 按每极每相槽数是整数还是分数分为整数槽和分数槽绕组。

5.2.2 三相单层绕组

单层绕组的每一个槽内只有一个线圈边，整个绕组的线圈数等于总槽数的一半。若电机磁极对数 $p=2$，定子总槽数 $Z_u=24$，则由公式(5-6)、公式(5-7) 及公式(5-8) 可知，极距 $\tau=6$ 槽，每极每相槽数 $q=2$ 槽，槽距角 $\theta=30°$。

图 5-13 所示是三相单层绕组沿定子圆周的分布情况，图 5-14 所示为电机定子绕组三相分布示意图，图 5-15 所示为三相单层绕组的展开图。如图 5-15 所示，先将需要构造的旋转磁场某时刻的瞬时分布图绘制出来，以 A 相为例，因为 $p=2$，因此 A 相有两组线圈。先介绍 A 相的一组线圈的连接方式，一个线圈有两个有效边，若一个线圈 A_1 的一个有效边 a_1 放置在 1 号槽，则另一个有效边 a_7 在 7 号槽内，与 a_1 相距一个极距。由于每极每相槽数是 2，表示每相在一个磁极下有两个线圈串联，因此 a_7 与放置在相邻 2 号槽的线圈 A_2 的一条边 a_2 连接在一起，线圈 A_2 的另一条有效边 a_8 则放置在 8 号槽内。同理，A 相的另一组线圈，则是线圈 A_{13} 与线圈 A_{14} 串联，其中 A_{13} 的两条边分别在 13 槽和 19 槽，A_{14} 的两条边分别在 14 槽和 20 槽。A 相的两组线圈根据需要可以进行串联或者并联，本例中采用的是串联方式。为保证 B 相与 A 相绕组相差 120°电角度，C 相与 B 相绕组相差 120°电角度，B 相两组线圈放置在 5、6、11、12 和 17、18、23、24 号槽中，C 相两组线圈放置在 9、10、15、16 和 21、22、3、4 号槽中。图 5-15 所示连接方式的定子并联支路数 $a=1$。

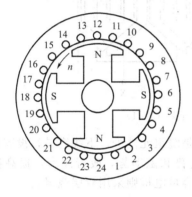

图 5-13　三相单层绕组沿定子圆周的
分布情况（$p=2$，$Z_u=24$）

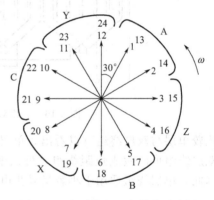

图 5-14　定子绕组三相分布示意图
（$p=2$，$Z_u=24$）

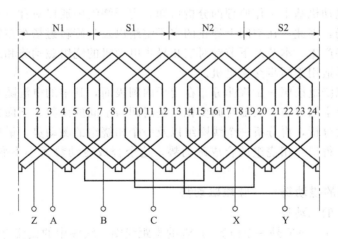

图 5-15　三相单层绕组的展开图（$p=2$，$Z_u=24$，$a=1$）

5.2.3 三相双层绕组

双层绕组每个槽内有上下两个线圈边，与直流电机的电枢绕组一样，每个线圈的一个有效边放置在一个槽的上层，另一个有效边放置在相隔节距 y_1 的下层，整个绕组的线圈数等于槽数。双层绕组有叠绕组和波绕组两种，双层叠绕组线圈组成原则和单层绕组一样，下面以 2 对极、24 槽电机为例来介绍。

绕组节距可以根据需要加以选择，为了节约材料，改善磁动势和电动势的波形，一般做成短距。图 5-16 中，选择线圈节距 $y_1=5$。1 号线圈的一个边放在 1 号槽的上层，另一个放在 $1+5=6$ 号槽的下层，2 号线圈的一个边放在 2 号槽的上层，另一个放在 7 号槽的下层，依此类推。把上层边在 N1 极下的 1、2 两个线圈串联起来，得到一个线圈组。同样，把其他极下属于 A 相的 7 与 8，13 与 14，19 与 20 号线圈分别串联起来组成线圈组，A 相的 4 个线圈组可以根据需要进行串联或并联连接，本例中给出了串联连接方式。

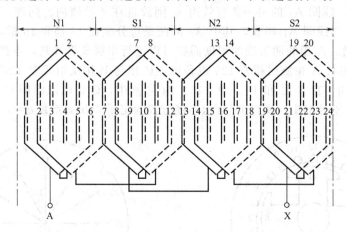

图 5-16 三相双层叠绕组的展开图 $(a=1)$

比较单层与双层绕组可以看出，单层绕组的优点是绕组元件少，下线容易，没有层间绝缘。双层绕组可以做成短距绕组，可以削弱谐波电动势和磁动势，改善波形，提高槽利用率。因此，单层绕组适用于小容量异步电动机，而大容量电机则采用双层绕组。

5.3 交流电机绕组的磁动势

通过对异步电动机基本工作原理的分析可知，定子绕组中通以对称三相交流电可以在气隙中产生旋转磁场，因此，在空间上静止的定子绕组以及与旋转磁场存在转速差的转子绕组都会有感应电动势产生。本节及下节针对三相异步电动机的绕组磁动势和感应电动势进行分析，分析结果同样适用于同步交流电机。

定子三相交流绕组按照一定规律分布在定子内圆表面，其中的电流随时间交变，绕组所产生的磁动势既沿空间分布，又随时间变化，是时间与空间的函数。下面先从一相一个线圈产生的磁动势开始分析，再分析一个线圈组以及一个相绕组的磁动势，最后将三个相绕组的磁动势叠加起来，得出三相绕组的合成磁动势，这个合成磁动势大小不变，以同步转速 n_1 沿圆周旋转。

5.3.1 单相绕组的磁动势——脉振磁动势

（1）整距线圈的磁动势

在图 5-17(a) 中，AX 是一个匝数为 N_y 的整距线圈，线圈中的交流电电流

$$i=\sqrt{2}I\cos\omega t \tag{5-9}$$

围绕在线圈的有效边的磁路磁动势大小为 iN_y。若忽略铁芯中的磁阻，则磁动势全部消耗在磁路所经过的两个气隙中，因此气隙中消耗的磁动势大小为 $iN_y/2$，而且沿气隙各处消耗的磁动势均相同。

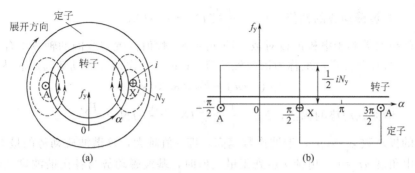

图 5-17　整距线圈产生的磁动势

若将电机在线圈 A 处沿轴向剖开，并展成直线，如图 5-17（b）所示，坐标原点在线圈的轴线上，横坐标表示沿定子铁芯内圆周的空间电角度，纵坐标表示线圈磁动势 f_y 的大小和方向。若规定电流从线圈的 X 端流入、A 端流出为电流正方向；磁动势由定子进入转子的方向为正。根据右手螺旋定则，在图示瞬间，确定线圈两个有效边的磁动势方向，在 $-\dfrac{\pi}{2}$ 到 $\dfrac{\pi}{2}$ 范围内，磁动势为正；在 $\dfrac{\pi}{2}$ 到 $\dfrac{3\pi}{2}$ 范围内，磁动势为负，幅值为 $\dfrac{1}{2}iN_y$。若考虑线圈中的电流随时间的变化，则整距线圈的磁动势是一个空间位置固定不动，但波幅的大小和方向随时间而变化的磁动势，称为脉振磁动势。一个整距线圈的脉振磁动势

$$f_y = \begin{cases} \dfrac{1}{2}iN_y = \dfrac{\sqrt{2}}{2}IN_y\cos\omega t & \left(-\dfrac{\pi}{2}<\alpha<\dfrac{\pi}{2}\right) \\[2mm] -\dfrac{1}{2}iN_y = -\dfrac{\sqrt{2}}{2}IN_y\cos\omega t & \left(\dfrac{\pi}{2}<\alpha<\dfrac{3\pi}{2}\right) \end{cases} \tag{5-10}$$

图 5-18 所示为四极电机绕组在某瞬间流过电流产生的磁动势沿气隙圆周方向上的空间分布情况。如果只看每对极产生的磁动势，则与上面的两极电机完全一样。因此对多极绕组电机只研究每对极磁动势即可。

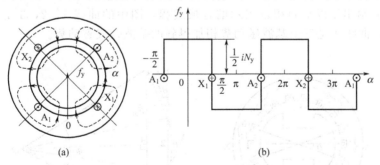

图 5-18　某瞬时四极交流电机的磁动势

将上述矩形波按傅立叶级数分解

$$f(\alpha,\omega t) = \dfrac{4}{\pi}\dfrac{\sqrt{2}}{2}IN_y\left(\cos\alpha - \dfrac{1}{3}\cos3\alpha + \dfrac{1}{5}\cos5\alpha - \dfrac{1}{7}\cos7\alpha + \cdots\right)\cos\omega t$$

$$= F_{y1}\cos\alpha\cos\omega t - F_{y3}\cos3\alpha\cos\omega t + F_{y5}\cos5\alpha\cos\omega t - F_{y7}\cos7\alpha\cos\omega t + \cdots$$

$$= f_{y1} - f_{y3} + f_{y5} - f_{y7} + \cdots \tag{5-11}$$

式(5-11) 中的第一项为基波磁动势

$$f_{y1}(\alpha,\omega t) = F_{y1}\cos\alpha\cos\omega t \tag{5-12}$$

式中　F_{y1}——基波磁动势的幅值，$F_{y1} = \dfrac{4}{\pi}\dfrac{\sqrt{2}}{2}IN_y = 0.9IN_y$。

基波磁动势的极对数等于电机的极对数，即 $p_1 = p$，幅值位置与线圈的轴线重合。

式(5-12) 的其余各项，统称为谐波磁动势，$\nu(\nu > 1)$ 次谐波磁动势通用表达式为

$$f_{y\nu}(\alpha,\omega t) = F_{y\nu}\cos\nu\alpha\cos\omega t \tag{5-13}$$

式中　$F_{y\nu}$——谐波磁动势的幅值，$F_{y\nu} = \dfrac{1}{\nu}\dfrac{4}{\pi}\dfrac{\sqrt{2}}{2}IN_y = \dfrac{0.9}{\nu}IN_y = \dfrac{F_{y1}}{\nu}$。

谐波磁动势的极对数 $p_\nu = \nu p_1$，谐波次数越高，即 ν 值越大，该谐波磁动势的最大幅值越小。

当时间电角度 $\omega t = 0°$，电流 i 达到正最大值时，基波磁动势与各次谐波磁动势都为各自最大值，在气隙空间的分布如图 5-19 所示。图中仅画出了基波及三次、五次谐波磁动势。

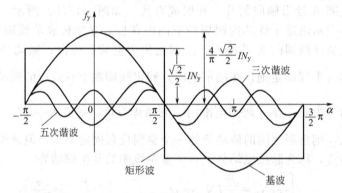

图 5-19　矩形磁动势的分解——基波与谐波磁动势分量

（2）线圈组的磁动势

线圈组由 q 个依次相距 θ 槽距角的线圈串联组成。线圈组的磁动势只需要把各个线圈的磁动势进行相量相加。

设线圈组有三个整距线圈分布于槽中，如图 5-20(a) 所示。各线圈匝数相同，且通过相同的电流，每个整距线圈在空间上所产生的矩形磁动势波幅值相同，在空间上互差 θ 电角度。图 5-20(b) 给出了以空间相量表示的合成过程，图中的曲线 1，2，3 是三个整距线圈的基波磁动势，曲线 4 是三个基波磁动势相加得到的基波合成磁动势。

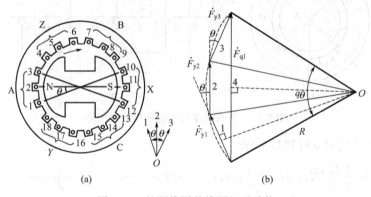

(a)　　　　　　　　　　　(b)

图 5-20　整距线圈的线圈组磁动势

图 5-20(b) 中 O 为磁动势相量多边形的外接圆圆心，R 为半径。则一个线圈和线圈组的磁动势分别为 $F_{y1} = 2R\sin\dfrac{\theta}{2}$ 与 $F_{q1} = 2R\sin\dfrac{q\theta}{2}$。因此线圈组合成基波磁动势为

$$F_{q1} = qk_{q1}F_{y1} = 0.9qk_{q1}IN_y \tag{5-14}$$

式中 k_{q1}——基波磁动势分布系数，$k_{q1} = \dfrac{\text{分布线圈的合成磁动势}}{\text{集中线圈的合成磁动势}} = \dfrac{F_{q1}}{qF_{y1}} = \dfrac{\sin q\dfrac{\theta}{2}}{q\sin\dfrac{\theta}{2}}$。

式(5-14)可理解为若将 q 个线圈集中放置在一个槽内，则线圈组的基波磁动势应为 qF_{y1}，如果将绕组中的各线圈分布在相邻的 q 个槽内，则线圈组的基波磁动势要乘上基波磁动势的分布系数 k_{q1}。

对于 ν 次谐波磁动势，相邻线圈空间相差 $\nu\alpha$ 电角度，线圈组 ν 次谐波磁动势为

$$F_{q\nu} = qk_{q\nu}F_{y\nu} = \frac{0.9}{\nu}qk_{q\nu}IN_y \tag{5-15}$$

式中 $k_{q\nu}$——ν 次谐波磁动势分布系数，$k_{q\nu} = \dfrac{\sin q\dfrac{\nu\theta}{2}}{q\sin\dfrac{\nu\theta}{2}}$。

（3）短距线圈组的磁动势

交流电机双层绕组通常采用短距线圈来削弱谐波，以改善电磁性能。单个短距线圈虽然也可以产生矩形磁动势波，但其正负半波不再以横轴为对称轴。

下面以 $Z_u = 12$，$p = 1$，$y_1 = \dfrac{5}{6}\tau$，$q = 2$ 的交流短距线圈组进行讨论。其中 A 相绕组各线圈的空间位置如图 5-21 所示。

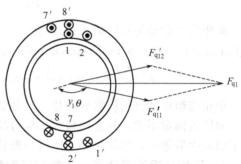

图中 1、2、7、8 表示上层线圈边，$1'$、$2'$、$7'$、$8'$ 表示下层线圈边。短距时，1-$1'$、2-$2'$ 相连为一线圈组；7-$7'$、8-$8'$ 相连为另一线圈组。由全电流定律可知，磁动势的大小和波形仅取决于槽中导体电流的大小、方向和分

图 5-21 短距线圈组的磁动势

布，而与线圈端接方式无关，故又可把 1-7、2-8 相连作为一线圈组，$1'$-$7'$、$2'$-$8'$ 相连作为另一线圈组。这样连接的两个线圈组都是整距的，从产生磁动势的角度看，与两个短距线圈组是等效的，可利用上述整距线圈磁动势的结论。两个线圈组基波磁动势的幅值分别为 F'_{q11} 和 F'_{q12}，它们大小相等，在空间上相差 $(\pi - y_1\theta)$ 角，总磁动势是它们的相量和，即

$$F_{q1} = 2F'_{q11}\sin\frac{y_1\theta}{2} = 2F'_{q11}\sin\frac{y_1}{\tau}90° = 2k_{y1}F'_{q11}$$
$$= 2(0.9qIN_y)k_{q1}k_{y1} = 2(0.9qIN_y)k_{N1} \tag{5-16}$$

式中 k_{y1}——基波磁动势短距系数，$k_{y1} = \sin\dfrac{y_1}{\tau}90°$；

k_{N1}——基波绕组系数，$k_{N1} = k_{y1}k_{q1}$。

同理，线圈组 ν 次谐波磁动势幅值为

$$F_{q\nu} = \frac{2}{\nu}(0.9qIN_y)k_{q\nu}k_{y\nu} = \frac{2}{\nu}(0.9qIN_y)k_{N\nu} \tag{5-17}$$

式中　$k_{y\nu}$——谐波磁动势短距系数，$k_{y\nu}=\sin\dfrac{\nu y_1}{\tau}90°$；

　　　　$k_{N\nu}$——谐波绕组系数，$k_{N\nu}=k_{y\nu}k_{q\nu}$。

从以上分析可知，分布系数、短距系数与绕组系数都小于 1。当绕组由集中绕组改为在圆周上的分布绕组时，磁动势幅值要乘上分布系数，若双层绕组的线圈由整距改为短距时，磁动势幅值还要乘上短距系数。分布绕组与短距绕组对基波、谐波磁动势都有削弱作用，但对谐波磁动势的削弱更为明显，可以改善气隙磁动势波形。

（4）单相绕组的磁动势

相绕组由分布在各极下的同相线圈组连接而成，一相绕组的总磁动势平均作用于各个磁极。此处单相绕组磁动势指的是一对磁极下的磁动势。设每相绕组在一条支路的串联匝数为 N，每相并联支路数为 a，相电流有效值为 I_x，则在双层绕组中 $N=2qN_y p/a$，单层绕组中 $N=qN_y p/a$。

由式（5-14）与式（5-16）可得每极每相基波磁动势幅值通式为

$$F_{\Phi 1}=0.9\,\frac{I_x N}{p}k_{N1} \tag{5-18}$$

式中　k_{N1}——基波绕组系数，对于单层绕组，$k_{y1}=1$，$k_{N1}=k_{q1}$；对于双层绕组，$k_{N1}=k_{q1}k_{y1}$。

同理，单相 ν 次谐波磁动势通用表达式为

$$F_{\Phi\nu}=\frac{1}{\nu}0.9\,\frac{I_x N}{p}k_{N\nu} \tag{5-19}$$

单相绕组磁动势瞬时值表达式为

$$f_\Phi(\alpha,\omega t)=(F_{\Phi 1}\cos\alpha-F_{\Phi 3}\cos3\alpha+F_{\Phi 5}\cos5\alpha-F_{\Phi 7}\cos7\alpha+\cdots)\cos\omega t$$

$$=0.9\,\frac{I_x N}{p}\left(k_{N1}\cos\alpha-\frac{1}{3}k_{N3}\cos3\alpha+\frac{1}{5}k_{N5}\cos5\alpha-\frac{1}{7}k_{N7}\cos7\alpha+\cdots\right)\cos\omega t \tag{5-20}$$

单相绕组磁动势是脉振磁动势，可分解为沿气隙分布的基波及一系列谐波。它们的幅值在空间位置固定不动，只是幅值大小随时间按余弦规律变化，其变化频率与电流频率相同。由于谐波次数越多，幅值越小，所以一般情况下只考虑基波磁动势的作用。

5.3.2　三相绕组的磁动势——旋转磁动势

（1）三相绕组的基波磁动势

当对称的三相绕组通以对称的三相交流电流时，由于三相电流在时间上互差 120°，三相绕组在空间上也互差 120° 电角度，假设 A 相的相位角为 0°，则三相电流产生的脉振磁动势基波的表达式分别为

$$\begin{cases}f_{A1}=F_{\Phi 1}\cos\alpha\cos\omega t\\ f_{B1}=F_{\Phi 1}\cos(\alpha-120°)\cos(\omega t-120°)\\ f_{C1}=F_{\Phi 1}\cos(\alpha-240°)\cos(\omega t-240°)\end{cases} \tag{5-21}$$

利用三角公式，可将上式改写为

$$\begin{cases}f_{A1}=f_{A1+}+f_{A1-}=\dfrac{1}{2}F_{\Phi 1}\cos(\omega t-\alpha)+\dfrac{1}{2}F_{\Phi 1}\cos(\omega t+\alpha)\\[2mm] f_{B1}=f_{B1+}+f_{B1-}=\dfrac{1}{2}F_{\Phi 1}\cos(\omega t-\alpha)+\dfrac{1}{2}F_{\Phi 1}\cos(\omega t+\alpha-240°)\\[2mm] f_{C1}=f_{C1+}+f_{C1-}=\dfrac{1}{2}F_{\Phi 1}\cos(\omega t-\alpha)+\dfrac{1}{2}F_{\Phi 1}\cos(\omega t+\alpha-120°)\end{cases} \tag{5-22}$$

以 A 相绕组为例，式（5-22）第一项：$f_{A1+}=\dfrac{1}{2}F_{\Phi 1}\cos(\omega t-\alpha)$ 是一个幅值为 $\dfrac{1}{2}F_{\Phi 1}$ 的旋

转磁动势。关于磁动势的转速，从公式可以看出，当电流变化一个周期，则磁动势分量 f_{A1+} 将沿着 α 方向转过 $360°$ 电角度，而电机气隙圆周共有 $p \times 360°$ 电角度，可以得出旋转磁动势的转速 $n_1 = \dfrac{60f}{p}$ r/min。因此，f_{A1+} 是一个幅值为 $\dfrac{1}{2}F_{\Phi1}$，转速为 $\dfrac{60f}{p}$，沿 α 正方向旋转的旋转磁动势。

同理式（5-22）第二项：$f_{A1-} = \dfrac{1}{2}F_{\Phi1}\cos(\omega t + \alpha) = \dfrac{1}{2}F_{\Phi1}\cos[\omega t - (-\alpha)]$ 是一个幅值为 $\dfrac{1}{2}F_{\Phi1}$，转速为 $\dfrac{60f}{p}$，沿 α 负方向旋转的旋转磁动势。

从以上分析可知，每一个脉振磁动势基波相量都可以分解为两个旋转磁动势，它们的幅值相同，等于脉振磁动势幅值的一半，转速相同，转向相反，如图 5-22 所示。

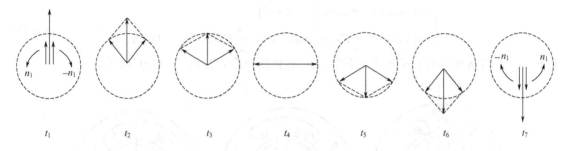

图 5-22　脉振磁动势分解为两个旋转磁动势

将三相脉振磁动势的基波各自分解为正向与反向旋转的两个旋转磁动势。如图 5-23 所示，三个反向旋转的磁动势 $\dot{F}_{A1-}$、$\dot{F}_{B1-}$、$\dot{F}_{C1-}$ 互差 $120°$，恰好互相抵消。而三个正向旋转磁动势则同相位，将它们直接相加就是三相合成磁动势基波 $\dot{F}_1$。

式（5-22）两边相加，可得

$$f_1(\alpha,\omega t) = f_{A1} + f_{B1} + f_{C1}$$
$$= \frac{3}{2}F_{\Phi1}\cos(\omega t - \alpha)$$
$$= F_1\cos(\omega t - \alpha) \qquad (5\text{-}23)$$

式中　F_1——三相绕组合成磁动势基波的幅值，

$$F_1 = \frac{3}{2}F_{\Phi1} = 1.35\frac{I_x N}{p}k_{N1} 。$$

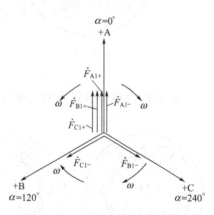

图 5-23　三相合成旋转磁动势

通过以上分析可以得出以下基本结论：

① 对称三相绕组中通以对称的三相交流电时，三相合成磁动势基波是一个空间上呈正弦分布、幅值恒定的旋转磁动势波，其幅值为每相脉振磁动势幅值的 3/2 倍，如果在对称的 m 相绕组内通以对称的 m 相电流，则合成磁动势基波也为圆形旋转磁动势，其幅值为每相脉振磁动势基波幅值的 $m/2$ 倍，即 $F_1 = \dfrac{m}{2}F_{\Phi1} = \dfrac{m}{2}\left(0.9\dfrac{I_x N}{p}k_{N1}\right)$；$m$ 相非对称绕组通入非对称 m 相电流，则合成磁动势基波为椭圆旋转磁动势。

② 合成磁动势基波的转速，即同步转速为 $n_1 = \dfrac{60f}{p}$ r/min。电流在时间上经过多少度，合成磁动势基波就在空间上转过同一数值的电角度。

③ 当某相电流达到幅值时，合成磁动势基波的幅值就与该相绕组的轴线重合。

由式(5-21)及式(5-23)可以得到，如果t_1时刻，A相电流达到幅值，$\omega t=0°$，则有

$$\begin{cases} f_{A1}(\alpha,\omega t)=F_{\Phi 1}\cos\alpha \\ f_1(\alpha,\omega t)=\dfrac{3}{2}F_{\Phi 1}\cos(\omega t-\alpha)=\dfrac{3}{2}F_{\Phi 1}\cos\alpha \end{cases} \tag{5-24}$$

三相合成磁动势在空间上的位置与A相轴线重合，如图5-24(a)所示。

同理，如果t_2时刻，B相电流达到幅值，$\omega t=120°$，则有

$$\begin{cases} f_{B1}(\alpha,\omega t)=F_{\Phi 1}\cos(\alpha-120°) \\ f_1(\alpha,\omega t)=\dfrac{3}{2}F_{\Phi 1}\cos(\omega t-\alpha)=\dfrac{3}{2}F_{\Phi 1}\cos(\alpha-120°) \end{cases} \tag{5-25}$$

此时，三相合成磁动势在空间上的位置与B相轴线重合，如图5-24(b)所示。

如果t_3时刻，C相电流达到幅值，$\omega t=240°$，则有

$$\begin{cases} f_{C1}(\alpha,\omega t)=F_{\Phi 1}\cos(\alpha-240°) \\ f_1(\alpha,\omega t)=\dfrac{3}{2}F_{\Phi 1}\cos(\omega t-\alpha)=\dfrac{3}{2}F_{\Phi 1}\cos(\alpha-240°) \end{cases} \tag{5-26}$$

此时，三相合成磁动势在空间上的位置与C相轴线重合，如图5-24(c)所示。

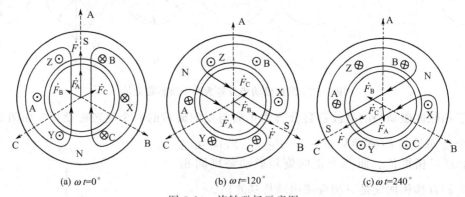

(a) $\omega t=0°$ (b) $\omega t=120°$ (c) $\omega t=240°$

图 5-24　旋转磁场示意图

④ 合成磁动势的转向由三相电流的相序和三相绕组在空间上的排列次序决定，总是由超前相转向滞后相。要改变交流电机定子旋转磁场的转向，即改变电机的旋转方向，只需改变电流相序，即把接到电机的三相交流电源中任意两根对调便可。

图5-25给出了$\omega t=0°$，$\omega t=60°$两个时刻，$p=1$及$p=2$两种情况下的旋转磁场示意图。对比图(a)与图(b)，可以看出，时间上相差60°电角度，磁动势在空间上旋转60°电角度，方向由电流超前相转向滞后相。

(2) 三相绕组的谐波磁动势

每相脉振磁动势除基波外，还存在一系列奇次谐波，根据上一节的分析可知合成磁动势中的三次及三的倍数次谐波是不存在的，其余的高次谐波合成磁动势也是余弦分布，幅度不变的旋转磁动势。表达式为

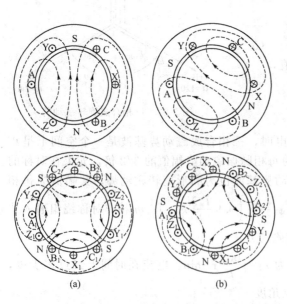

(a)　　(b)

图 5-25　两极、四极旋转磁场

$$f_\nu(\alpha,\omega t)=\frac{3}{2}F_{\Phi\nu}\cos(\omega t\pm\nu\alpha) \tag{5-27}$$

式中 $F_{\Phi\nu}$——单相 ν 次谐波磁动势的幅值，$F_{\Phi\nu}=\dfrac{1}{\nu}0.9\dfrac{I_xN}{p}k_{N\nu}$。

三相绕组合成磁动势谐波具有以下性质：

① ν 次谐波的极距为基波的 $1/\nu$，即 $\tau_\nu=\tau/\nu$；

② ν 次谐波的转速为基波转速的 $1/\nu$，即 $n_\nu=\dfrac{1}{\nu}n_1=\dfrac{60f}{\nu p}$；

③ 谐波磁动势的旋转方向取决于谐波的次数，当 $\nu=6K+1(K=1，2，3，\cdots)$ 时，合成磁动势转向与基波相同，当 $\nu=6K-1(K=1，2，3，\cdots)$ 时，其转向与基波相反。

谐波磁动势的存在，使交流电机产生附加损耗、振动和噪声，在异步电动机上引起附加转矩，使电动机启动性能变差，因此必须加以削弱。三相绕组的五、七次谐波磁动势，采用分布、短距绕组可以削弱到极小，更高次谐波磁动势本身幅度已经很小，因此三相绕组产生的磁动势，可以忽略谐波，认为基波磁动势是主要的。后面分析交流电机（包括异步电机和同步电机）时提到的磁动势均指基波磁动势。

5.4 三相交流电机绕组的电动势

异步电动机气隙中的旋转磁场，同时切割定、转子绕组，并在定、转子绕组中产生感应电动势 $\dot{E}_1$ 和 $\dot{E}_{2s}$。下面先从异步电动机定子绕组角度，来分析绕组感应电动势。

5.4.1 线圈单个有效边的基波电动势

电机导体与基波磁场做相对运动时，导体会产生感应电动势，其幅值为 $E_m=B_mlv$。若定子内圆周长以 $2p\tau$（τ 为用长度表示的极距）表示，则导体切割磁力线的线速度 $v=2p\tau n/60$，又有 $n=\dfrac{60f}{p}$，则单个导体基波电动势有效值为

$$E_c=\frac{E_m}{\sqrt{2}}=\frac{B_mlv}{\sqrt{2}}=\frac{B_ml}{\sqrt{2}}\cdot\frac{2p\tau n}{60}=\sqrt{2}fB_ml\tau \tag{5-28}$$

当磁通密度按正弦规律分布时，由于正弦函数幅值为平均值的 $\pi/2$ 倍，在一个极距内磁通密度平均值为 $2B_m/\pi$，每极磁通为 $\Phi_1=(2/\pi)B_m\tau l$，代入式(5-28)可以得到导体基波电动势有效值为

$$E_c=\frac{\pi}{\sqrt{2}}f\Phi_1=2.22f\Phi_1 \tag{5-29}$$

5.4.2 线圈基波电动势

对 $y_1=\tau$ 的整距线匝，若一条有效边处于 N 极中心，则另一条有效边必然处于 S 极中心，如图 5-26(b) 所示。两条有效边内感应电动势瞬时值刚好大小相等，方向相反。整距线匝基波电动势为

$$\dot{E}_{t1}=\dot{E}_{c1}-\dot{E}_{c1}'=2\dot{E}_{c1} \tag{5-30}$$

电动势的有效值为

$$E_{t1}=2E_{c1}=4.44f\Phi_1 \tag{5-31}$$

若线圈有 N_y 匝，由于线圈内各匝电动势大小、相位相同，则线圈基波电动势有效值为

$$E_{y1}'=N_yE_{t1}=4.44N_yf\Phi_1 \tag{5-32}$$

对于 $y_1<\tau$ 的短距线匝，如图 5-26(a) 所示虚线，导体电动势 $\dot{E}_{c1}$ 和 $\dot{E}_{c1}'$ 不是相差 $180°$，而是相差 γ 角，$\gamma=\dfrac{y_1}{\tau}180°$。则线匝电动势是两个导体电动势的相量相加，线匝基波电动势 $\dot{E}_{t1}$ 的有效值为

$$E_{t1} = 2E_{c1}\cos\frac{180° - \gamma}{2} = 2E_{c1}\sin\frac{\gamma}{2} = 2E_{c1}\sin\frac{y_1}{\tau}90° \tag{5-33}$$

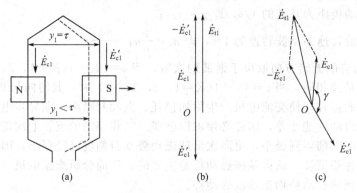

图 5-26 线匝电动势计算

将式(5-29)代入式(5-33)，可得线匝基波电动势有效值

$$E_{t1} = 4.44k_{y1}f\Phi_1 \tag{5-34}$$

式中 k_{y1}——线圈的基波短距系数，$k_{y1} = \sin\frac{y_1}{\tau}90°$。

则当短距线圈有 N_y 匝时，线圈基波电动势有效值为

$$E_{y1} = N_yE_{t1} = 4.44N_yk_{y1}f\Phi_1 \tag{5-35}$$

5.4.3 线圈组基波电动势

无论单层或双层绕组，每个线圈组都是由空间互差一个槽距角 θ 的 q 个线圈串联组成，所以线圈组的电动势应等于 q 个串联线圈电动势的相量和。

图 5-27 所示为分布线圈组基波电动势计算示意图，与分布式线圈的磁动势计算类似，线圈组基波电动势为

$$E_{q1} = E_{y1}\frac{\sin\dfrac{q\theta}{2}}{\sin\dfrac{\theta}{2}} = qk_{q1}E_{y1} \tag{5-36}$$

式中 k_{q1}——绕组的基波分布系数，$k_{q1} = \dfrac{\text{分布线圈的合成电动势}}{\text{集中线圈的合成电动势}} = \dfrac{E_{q1}}{qE_{y1}} = \dfrac{\sin q\dfrac{\theta}{2}}{q\sin\dfrac{\theta}{2}}$。

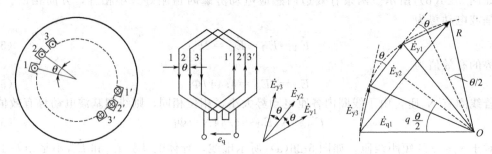

图 5-27 分布线圈组基波电动势

将式(5-35)代入式(5-36)，可得

$$E_{q1} = 4.44qN_yk_{y1}k_{q1}f\Phi_1 = 4.44qN_yk_{N1}f\Phi_1 \tag{5-37}$$

式中 k_{N1}——基波绕组系数，$k_{N1}=k_{y1}k_{q1}$，表示同时考虑短距及分布影响时，线圈组电动势乘上小于 1 的绕组系数。

5.4.4 基波相电动势

每相绕组是由同一相的线圈组串联或并联组成的，所以相绕组电动势等于 a 条并联支路中任何一条的电动势。通常，每条支路所串联的各线圈组的电动势大小相等，相位相同，可以直接相加，绕组相电动势基波的有效值为

$$E_{\Phi1}=4.44Nk_{N1}f\Phi_1 \tag{5-38}$$

式中，N 为每相在一条支路的串联匝数。由于单层绕组有 p 个线圈组，双层绕组有 $2p$ 个线圈组，因此对单层绕组 $N=pqN_y/a$，双层绕组 $N=2pqN_y/a$。式(5-38)与变压器绕组电动势计算公式相似，不同之处在于变压器为集中绕组，$k_{N1}=1$。

5.4.5 感应电动势与绕组交链磁通的关系

根据电磁感应定律 $e=-N\dfrac{\mathrm{d}\Phi}{\mathrm{d}t}$，交流电机绕组感应电动势与变压器绕组感应电动势均滞后磁通 Φ $90°$。二者的区别在于：变压器中，与绕组交链的磁通变化是因为主磁通随时间变化（脉振）所引起的；交流电机中，气隙磁通密度本身大小不变，但相对于绕组旋转，使得与绕组交链的磁通随时间变化。虽然二者引起绕组交链磁通随时间变化的原因不同，但从"交链磁通发生变化而感应电动势"的原理来看是一样的。对比交流电机的感应电动势公式(5-38)与变压器的感应电动势公式(4-10)可以看出，二者的有效值在形式上也是相同的。

5.4.6 谐波电动势及其削弱方法

在交流电机中，由于磁极磁场的非正弦分布、定转子齿槽的影响和铁芯饱和，气隙磁通密度分布往往不是正弦波，而是近似平顶波，使得相电动势随时间变化也是非正弦波形。为求得电动势的有效值，可根据傅立叶级数将非正弦磁通密度曲线，分解为在空间按正弦分布的基波及一系列高次谐波，通常只存在奇次谐波，即 $\nu=3,5,7\cdots$。

谐波电动势的计算原理与基波电动势相同，只需确定谐波短距系数 $k_{y\nu}$ 与谐波分布系数 $k_{q\nu}$。需要注意的是，同一空间机械角度对于谐波和基波来说，电角度相差 ν 倍，高次谐波电动势的频率 $f_\nu=\nu f_1$。

仿照绕组基波电动势公式求解过程，可以得到绕组谐波电动势有效值为

$$E_{\Phi\nu}=4.44Nk_{N\nu}f_\nu\Phi_\nu \tag{5-39}$$

$$\Phi_\nu=\frac{2}{\pi}B_{m\nu}\tau_\nu l=\frac{2}{\pi}B_{m\nu}\frac{\tau}{\nu}l \tag{5-40}$$

式(5-39)中的 ν 次谐波绕组系数

$$k_{N\nu}=k_{y\nu}k_{q\nu} \tag{5-41}$$

其中，ν 次谐波绕组短距系数

$$k_{y\nu}=\sin\frac{\nu y_1}{\tau}90° \tag{5-42}$$

ν 次谐波绕组分布系数

$$k_{q\nu}=\frac{\sin q\dfrac{\nu\theta}{2}}{q\sin\dfrac{\nu\theta}{2}} \tag{5-43}$$

算出各次谐波电动势有效值后，可求得相电动势的有效值为

$$E_\Phi=\sqrt{E_{\Phi1}^2+E_{\Phi3}^2+E_{\Phi5}^2+\cdots} \tag{5-44}$$

谐波电动势的存在使发电机输出电压波形畸变，附加损耗增加，效率下降；使异步电机

产生有害的附加转矩，引起振动与噪声，运行性能变坏；高次谐波电流在输电线引起谐振，产生过电压，并对邻近通讯线路产生干扰。为此，应将高次谐波电动势削弱至最小。一般采用以下方法削弱高次谐波：

① 由于三次谐波电动势在相位上彼此相差 $360°$，三相绕组 Y 形或 △ 形接法均可消除三次谐波；

② 采用短距绕组削弱谐波电动势；

③ 采用分布绕组削弱谐波电动势；

④ 改善磁极的极靴外形（凸极同步电机）或励磁绕组的分布范围（隐极同步电机），使气隙磁通密度在空间接近正弦分布。

采用上述方法后，可以削弱大部分的高次谐波，使绕组相电动势趋向正弦波形。

【例 5-2】 一台三相四极异步电动机，定子槽数 $Z_u = 36$，采用短距双层叠绕组，$y_1 = (8/9)\tau$，线圈匝数 $N_y = 44$，并联支路数 $a = 2$，频率 $f = 50Hz$，气隙磁场基波每极磁通 $\Phi_1 = 0.00685Wb$，五次谐波每极磁通 $\Phi_5 = 0.00007Wb$，七次谐波每极磁通 $\Phi_7 = 0.000018Wb$，求相绕组基波、五次谐波及七次谐波电动势有效值。

解 $\because p = 2$，$a = 2$，$Z_u = 36$

极距 $$\tau = \frac{Z_u}{2p} = \frac{36}{2 \times 2} = 9 \text{（槽）}$$

每极每相槽数 $$q = \frac{Z_u}{2pm_1} = \frac{36}{2 \times 2 \times 3} = 3 \text{（槽）}$$

节距 $$y_1 = \frac{8}{9}\tau = \frac{8}{9} \times 9 = 8 \text{（槽）}$$

槽距角 $$\theta = \frac{p360°}{Z_u} = \frac{2 \times 360°}{36} = 20°$$

每相绕组串联匝数 $$N = \frac{2pq}{a}N_y = \frac{2 \times 2 \times 3}{2} \times 44 = 264 \text{（匝）}$$

基波短距系数 $$k_{y1} = \sin\frac{y_1}{\tau}90° = \sin\left(\frac{8}{9} \times 90°\right) = \sin80° = 0.985$$

基波分布系数 $$k_{q1} = \frac{\sin\frac{q\theta}{2}}{q\sin\frac{\theta}{2}} = \frac{\sin\left(\frac{3 \times 20°}{2}\right)}{3 \times \sin\left(\frac{20°}{2}\right)} = \frac{\sin30°}{3\sin10°} = 0.96$$

基波绕组系数 $$k_{N1} = k_{y1}k_{q1} = 0.985 \times 0.96 = 0.9456$$

五次谐波短距系数 $$k_{y5} = \sin\frac{\nu y_1}{\tau}90° = \sin\left(\frac{5 \times 8}{9} \times 90°\right) = \sin400° = 0.643$$

五次谐波分布系数 $$k_{q5} = \frac{\sin\frac{\nu q\theta}{2}}{q\sin\frac{\nu\theta}{2}} = \frac{\sin\left(\frac{5 \times 3 \times 20°}{2}\right)}{3 \times \sin\left(\frac{5 \times 20°}{2}\right)} = \frac{\sin150°}{3\sin50°} = 0.217$$

五次谐波绕组系数 $$k_{N5} = k_{y5}k_{q5} = 0.643 \times 0.217 = 0.1395$$

七次谐波短距系数 $$k_{y7} = \sin\frac{\nu y_1}{\tau}90° = \sin\left(\frac{7 \times 8}{9} \times 90°\right) = \sin560° = -0.342$$

七次谐波分布系数 $$k_{q7} = \frac{\sin\frac{\nu q\theta}{2}}{q\sin\frac{\nu\theta}{2}} = \frac{\sin\left(\frac{7 \times 3 \times 20°}{2}\right)}{3 \times \sin\left(\frac{7 \times 20°}{2}\right)} = \frac{\sin210°}{3\sin70°} = -0.177$$

七次谐波绕组系数 $$k_{N7} = k_{y7}k_{q7} = 0.342 \times 0.177 = 0.0605$$

基波及各次谐波相电动势的有效值为

$$E_{\Phi1}=4.44Nk_{N1}f_1\Phi_1=4.44\times264\times0.9456\times50\times0.00685=380（\text{V}）$$

$$E_{\Phi5}=4.44Nk_{N5}f_5\Phi_5=4.44\times264\times0.1395\times5\times50\times0.00007=2.86（\text{V}）$$

$$E_{\Phi7}=4.44Nk_{N7}f_7\Phi_7=4.44\times264\times0.0605\times7\times50\times0.000018=0.45（\text{V}）$$

从计算结果可知，采用分布与短距绕组后，虽然 $k_{N1}=0.9456$，使基波电动势受到削弱，但削弱不多；而 $k_{N5}=0.1395$，$k_{N7}=0.0605$，相电动势的五次及七次谐波分量得到很大削弱，从而使相电动势的波形基本上为正弦波。

5.5 三相异步电动机的电磁关系

三相异步电动机定子绕组接三相对称交流电源，在气隙中建立一个以同步转速 n_1 旋转的磁场，并在定、转子绕组中感应电动势，从而在转子绕组中产生感应电流和拖动转矩，拖动负载旋转，实现异步电动机的能量转换。本节主要分析稳定工作状态下三相异步电动机的电磁关系，包括：（1）磁动势平衡关系；（2）电压平衡关系。从而得到异步电动机的等效电路和相量图。

5.5.1 磁路分析

根据异步电动机磁场经过的路径和性质，电机中的磁通分为主磁通 $\dot{\Phi}$ 和漏磁通（定子漏磁通 $\dot{\Phi}_{1\sigma}$ 和转子漏磁通 $\dot{\Phi}_{2\sigma}$）两大类，主磁通的幅值为 Φ_{m}。

（1）主磁通

由基波旋转磁动势所产生的通过气隙、并与定、转子绕组同时交链的基波磁通称为主磁通。简言之，主磁通就是气隙中以同步转速旋转的基波磁通，交流电机主要依靠这部分磁通实现定、转子之间的能量传递。图 5-28 给出了四极异步电动机的主磁通的分布情况。图 5-29 所示是主磁通和漏磁通所经磁路示意图。

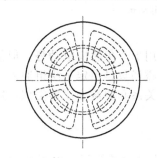

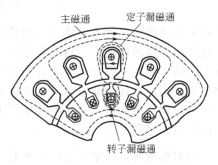

图 5-28 四极异步电动机主磁通分布情况　　　图 5-29 异步电动机的主磁通和漏磁通

（2）漏磁通

① 定子漏磁通　仅与定绕组交链而不与转子绕组交链的磁通称为定子漏磁通。定子漏磁通主要由三部分构成：横穿定子槽的槽漏磁通；交链定子绕组端部的端部漏磁通；谐波漏磁通，如图 5-30 所示。

② 转子漏磁通　当转子绕组有电流流过时，产生转子磁动势，它除了与定子磁动势共同作用产生主磁通外，还产生部分只与转子绕组交链的磁通，称为转子漏磁通。转子漏磁通也包括槽漏磁通、端部漏磁通和谐波漏磁通。

5.5.2 转子绕组开路时的电磁关系

图 5-31 所示为一台绕线型三相异步电动机示意图，定、转子都是 Y 接，定子绕组接在三相对称电源上，转子绕组开路。其中图（a）是定、转子绕组的分布图，图中规定了绕组电流、旋转磁场、转子旋转等的正方向。图（b）从电路连接角度给出了定、转子三相绕组

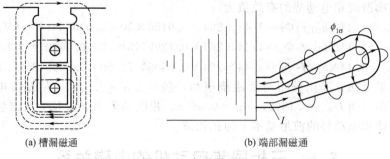

(a) 槽漏磁通   (b) 端部漏磁通

图 5-30　定子漏磁通

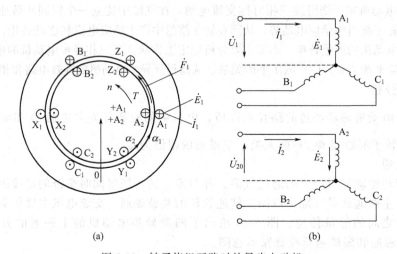

(a)   (b)

图 5-31　转子绕组开路时的异步电动机

的连接方式及电压、电流、感应电动势的正方向。

在绕组开路的情况下，转子绕组虽然在旋转磁场的作用下产生感应电动势，但是由于绕组开路，转子绕组中没有电流流过。此时，气隙中的旋转磁场只是由定子绕组通入三相对称交流电所产生的旋转磁动势建立。此时异步电动机的电磁关系和空载变压器类似，定子绕组相当于变压器初级绕组，转子绕组相当于次级绕组。

（1）电磁过程

三相对称电源接入定子绕组，便有三相对称电流 $\dot{I}_1$ 流过定子绕组，由于转子开路，此时的电流即为空载电流 $\dot{I}_0$，在气隙中建立基波旋转磁场以同步转速同时切割定、转子绕组，从而在定、转子绕组中产生感应电动势，如定子各参数以下标"1"代表，转子各参数以下标"2"代表，定、转子电动势的有效值分别为

$$\begin{cases} E_1 = 4.44 f_1 N_1 k_{N1} \Phi_{\mathrm{m}} \\ E_2 = 4.44 f_1 N_2 k_{N2} \Phi_{\mathrm{m}} \end{cases} \tag{5-45}$$

定转子电动势在相位上滞后主磁通 $\dot{\Phi}$ 90°。定、转子每相电动势之比称为电动势变比，表示为

$$k_e = \frac{E_1}{E_2} = \frac{k_{N1} N_1}{k_{N2} N_2} \tag{5-46}$$

定子基波旋转磁动势除产生主磁通外，还产生定子漏磁通 $\dot{\Phi}_{1\sigma}$，在定子绕组感应出漏电动势 $\dot{E}_{1\sigma}$，$\dot{E}_{1\sigma}$ 在相位上比 $\dot{\Phi}_{1\sigma}$ 滞后 90°，其有效值为

$$E_{1\sigma} = 4.44 f_1 N_1 k_{N1} \Phi_{1\sigma m} \tag{5-47}$$

与变压器相似，将定子漏电动势看成定子电流 $\dot{I}_0$ 在漏电抗 x_1 上的压降，$\dot{E}_{1\sigma}$ 在相位上比 $\dot{I}_0$ 滞后 $90°$，有

$$\dot{E}_{1\sigma} = -\mathrm{j}\,\dot{I}_0 x_1 \tag{5-48}$$

同时空载电流 $\dot{I}_0$ 还在定子绕组电阻 r_1 上产生电阻压降 $\dot{I}_0 r_1$。

由于转子开路，转子中无电流，转子感应电动势即为转子端电压，即 $\dot{E}_2 = \dot{U}_{20}$。图 5-32 所示为上述电磁过程示意图。

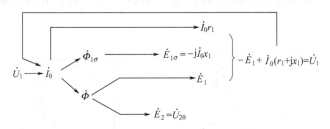

图 5-32　转子开路时的电磁关系示意图

（2）电压平衡方程式、等效电路与相量图

由图 5-32 所示的转子开路时的电路关系可以得出定子绕组电压平衡方程式为

$$\dot{U}_1 = -\dot{E}_1 + \dot{I}_0 (r_1 + \mathrm{j}x_1) = -\dot{E}_1 + \dot{I}_0 Z_1 \tag{5-49}$$

式中　Z_1——定子一相绕组漏阻抗，Ω，$Z_1 = r_1 + \mathrm{j}x_1$。

与变压器分析类似，异步电动机的励磁电流（转子开路时即为空载电流 $\dot{I}_0$）可分为有功分量 $\dot{I}_{Fe}$ 和无功分量 $\dot{I}_\mu$ 两部分。有功分量又称为铁损耗电流分量，在相位上超前主磁通 $\dot{\Phi}$ $90°$。无功分量又称为磁化电流分量，与 $\dot{\Phi}$ 同相。上述电磁关系可以表示为

$$\dot{I}_0 = \dot{I}_{Fe} + \dot{I}_\mu \tag{5-50}$$

同变压器类似，定子电动势也可表示为励磁阻抗压降

$$-\dot{E}_1 = \dot{I}_0 (r_m + \mathrm{j}x_m) = \dot{I}_0 Z_m \tag{5-51}$$

式中　Z_m——励磁阻抗，是表征铁芯损耗和磁化性能的参数，Ω；

　　　r_m——励磁电阻，反映铁芯损耗的参数，Ω；

　　　x_m——励磁电抗，对应气隙主磁通的励磁参数，Ω。

根据上述分析可以绘制异步电动机开路时的等效电路和相量图，如图 5-33 所示。虽然分析过程借用了变压器的运行原理，但是异步电动机与变压器在结构上存在很大差异，因此二者正常运行时参数范围有较大差别：①异步电动机励磁电流比变压器大得多，约占额定电流的 $20\%\sim50\%$，而变压器仅占 $5\%\sim10\%$；②异步电动

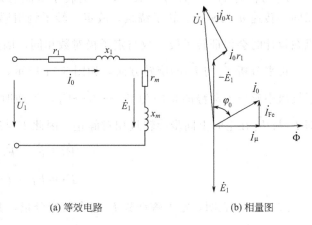

(a) 等效电路　　　　(b) 相量图

图 5-33　转子绕组开路时异步电动机等效电路与相量图

机的漏阻抗比变压器大，漏阻抗压降占额定电压的 $2\% \sim 5\%$，而变压器不超过 0.5%。尽管有这些差异存在，对于异步电动机，$I_0 z_1$ 仍远小于 E_1，在定性分析时可以认为 $\dot{U}_1 \approx \dot{E}_1$，在频率一定时，因为 $E_1 \propto \Phi_m$，则 $U_1 \propto \Phi_m$。若定子所加电压恒定，主磁通可认为基本恒定不变。

5.5.3 转子绕组短路且转子堵转时的电磁关系

如果将转子绕组短接，施加制动力使转子静止不动，并保持定、转子对应相绕组轴线重合，此时的异步电动机和短路运行的变压器是相同的，接线图如图 5-34 所示。与前面分析的转子绕组开路的情况相比，此时的转子绕组中出现了感应电流，因此气隙磁场会受到影响，需要对定子电流和转子电流的合成磁动势进行分析，并分析转子部分的电压平衡关系。

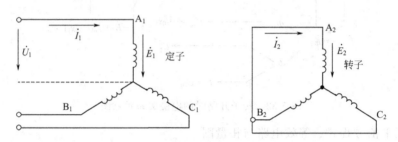

图 5-34 转子绕组短路并堵转时的异步电动机

（1）电磁过程

定子绕组通入三相对称交流电，在气隙中建立基波旋转磁动势，其幅值为

$$F_1 = \frac{m_1}{2} \times 0.9 \frac{N_1 k_{N1}}{p} I_1 \tag{5-52}$$

$\dot{F}_1$ 在气隙中产生基波旋转磁场，在定、转子绕组中分别感应出电动势 $\dot{E}_1$ 和 $\dot{E}_2$。由于转子绕组对称且短接，故转子绕组中就有对称三相电流 $\dot{I}_2$ 流过，也会建立一个圆形基波旋转磁动势 $\dot{F}_2$，其幅值为

$$F_2 = \frac{m_2}{2} \times 0.9 \frac{N_2 k_{N2}}{p} I_2 \tag{5-53}$$

$\dot{F}_2$ 的转速 $n_2 = 60 f_2 / p$，式中，f_2 为转子电流的频率。由于转子被堵转，气隙基波磁场以同一转速 n_1 切割定、转子绕组，故定、转子绕组感应电动势频率相同，即 $f_2 = f_1$。且电机在设计时会保证转子极对数与定子极对数相同，因此有 $n_1 = n_2$，即 $\dot{F}_1$ 与 $\dot{F}_2$ 转速相同。

再来分析 $\dot{F}_1$ 与 $\dot{F}_2$ 的旋转方向，如图 5-31 所示，假定 $\dot{F}_1$ 在气隙中逆时针旋转，则在转子绕组中感应电动势的相序为 $A_1 \rightarrow B_1 \rightarrow C_1$，为逆时针，则 $\dot{I}_2$ 产生的 $\dot{F}_2$ 也是逆时针方向，即 $\dot{F}_1$ 与 $\dot{F}_2$ 在空间上同步旋转且相对静止。因此 $\dot{F}_1$ 与 $\dot{F}_2$ 可以直接相加，得到

$$\dot{F}_1 + \dot{F}_2 = \dot{F}_m \tag{5-54}$$

$$\dot{F}_1 = \dot{F}_m + (-\dot{F}_2) \tag{5-55}$$

式（5-55）表明，定子磁动势 $\dot{F}_1$ 包含两个分量，其中 $\dot{F}_m$ 是用来产生主磁通 $\dot{\Phi}$ 的励磁磁动势，$(-\dot{F}_2)$ 是用来抵消转子磁动势 $\dot{F}_2$ 对主磁通的影响。与变压器分析类似，假定基波

励磁磁动势 $\dot{F}_\mathrm{m}$ 是由定子电流分量 $\dot{I}_\mathrm{m}$ 流过定子三相绕组建立的，把 $\dot{I}_\mathrm{m}$ 称为励磁电流。则有

$$F_\mathrm{m}=\frac{m_1}{2}\times 0.9\frac{N_1 k_{N1}}{p}I_\mathrm{m} \tag{5-56}$$

由于异步电动机漏阻抗不大，由空载到额定负载时 E_1 变化不大，与之相应的主磁通 Φ_m 和励磁磁动势 F_m 变化不大，因此负载时的励磁电流 I_m 与空载电流 I_0 相差不大，可以认为 $I_\mathrm{m}\approx I_0$。

（2）电磁关系

由上述分析可知，转子堵转时的定、转子电磁关系与转子开路时的不同之处在于转子电流的出现，增加了转子漏磁通在转子绕组内感应的漏电动势 $\dot{E}_{2\sigma}$，其有效值表达式为

$$E_{2\sigma}=4.44 f_1 N_2 k_{N2}\Phi_{2\sigma m} \tag{5-57}$$

$\dot{E}_{2\sigma}$ 在相位上滞后 $\dot{\Phi}_{2\sigma}90°$，可以认为

$$\dot{E}_{2\sigma}=-j\dot{I}_2 x_2 \tag{5-58}$$

同时，转子绕组中有电阻，产生电阻压降 $\dot{I}_2 r_2$。转子堵转时的电磁关系示意图如图5-35所示。

（3）转子绕组的折算

异步电动机定、转子之间没有电路上的连接，只有磁路的联系，可以依据异步电动机的电磁平衡关系和功率平衡关系建立等效电路。

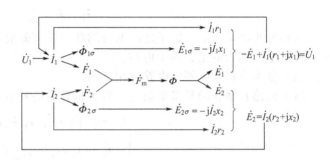

图 5-35　转子堵转时的电磁关系示意图

异步电动机转子的 m_2、N_2、k_{N2} 与定子的 m_1、N_1、k_{N1} 不同，为了建立等效电路，简化分析计算过程，需要用一个新转子代替原转子，且 $m_2'=m_1$、$N_2'=N_1$、$k_{N2}'=k_{N1}$，折算的依据是保证转子旋转磁动势 $\dot{F}_2$、转子输出功率 P_2 以及转子的功率损耗 ΔP_2 保持不变。

① 电流的折算　折算前后转子磁动势应保持不变，即 $\dot{F}_2'=\dot{F}_2$，有

$$\frac{m_1}{2}\times 0.9\frac{N_1 k_{N1} I_2'}{p}=\frac{m_2}{2}\times 0.9\frac{N_2 k_{N2} I_2}{p}$$

可以得到

$$I_2'=\frac{m_2 N_2 k_{N2}}{m_1 N_1 k_{N1}}I_2=\frac{1}{k_i}I_2 \tag{5-59}$$

式中　k_i——异步电动机电流变比，表示为

$$k_i=\frac{m_1 N_1 k_{N1}}{m_2 N_2 k_{N2}} \tag{5-60}$$

② 电动势的折算　由式（5-46）可知

$$E_2'=k_e E_2 \tag{5-61}$$

式中　k_e——异步电动机电动势变比，$k_e=\dfrac{N_1 k_{N1}}{N_2 k_{N2}}$，有 $k_i=\dfrac{m_1}{m_2}k_e$。

③ 阻抗的折算　保证转子上的有功功率，即铜损耗不变，可得

$$m_1 I_2'^2 r_2'=m_2 I_2^2 r_2 \tag{5-62}$$

折算后的转子电阻

$$r'_2 = \frac{m_2 I_2^2}{m_1 I'_2{}^2} r_2 = \frac{m_2}{m_1} k_i^2 r_2 = k_e k_i r_2 \tag{5-63}$$

根据转子漏磁场储能不变，有

$$m_1 I'_2{}^2 x'_2 = m_2 I_2^2 x_2 \tag{5-64}$$

$$x'_2 = k_e k_i x_2 \tag{5-65}$$

折算后转子功率因数角 φ'_2 为

$$\varphi'_2 = \tan^{-1} \frac{x'_2}{r'_2} = \tan^{-1} \frac{x_2}{r_2} = \varphi_2 \tag{5-66}$$

根据定、转子磁动势平衡关系 $F_1 = F_m - F'_2$ 可得

$$\frac{m_1}{2} \times 0.9 \frac{N_1 k_{N1} I_1}{p} = \frac{m_1}{2} \times 0.9 \frac{N_1 k_{N1} I_m}{p} - \frac{m_1}{2} \times 0.9 \frac{N_1 k_{N1} I'_2}{p}$$

由此得到以电流形式表示的磁动势平衡方程式为

$$\dot{I}_1 + \dot{I}'_2 = \dot{I}_m \tag{5-67}$$

这样异步电动机定、转子之间的磁的联系就等效成了电的联系，以便用一个等效电路来模拟通过电磁耦合的定、转子电路。

(4) 基本方程式、等效电路与相量图

转子短路且堵转的异步电动机，转子折算后的基本方程式为

$$\begin{cases} \dot{U}_1 = -\dot{E}_1 + \dot{I}_1 (r_1 + jx_1) \\ -\dot{E}_1 = \dot{I}_m (r_m + jx_m) \\ \dot{E}_1 = \dot{E}'_2 \\ \dot{E}'_2 = \dot{I}'_2 (r'_2 + jx'_2) \\ \dot{I}_1 + \dot{I}'_2 = \dot{I}_m \end{cases} \tag{5-68}$$

其等效电路、相量图如图 5-36 所示。

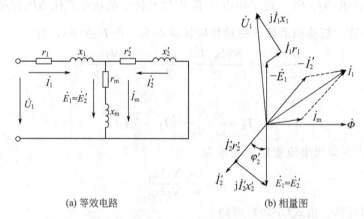

(a) 等效电路　　　　　　　　　　(b) 相量图

图 5-36　转子绕组短路、转子堵转的等效电路与相量图

异步电动机的定、转子漏阻抗都比较小，在定子绕组短路并且堵转的情况下，如果定子绕组加上额定电压，定、转子的电流都很大，约为额定电流的 4～7 倍。如果电动机长期运行在堵转情况，电动机可能会烧毁。

5.5.4　转子旋转时的电磁关系

如果将堵住转子的机构松开，转子就会在旋转磁场的作用下，带动一定的机械负载沿着

旋转磁场的方向以低于同步转速 n_1 的转速 n 稳定运行。由于转子做机械旋转后，转子绕组相对于旋转磁场的运动速度发生了变化，因此转子的感应电动势和感应电流的频率和大小都会发生变化，定、转子电流的合成磁动势的情况也会发生相应的变化。下面就针对这些变化分析异步电动机内部的电磁关系，以便得到转子旋转时异步电动机的基本方程式、等效电路和相量图。

（1）转差率与转子频率

当转子旋转时，旋转磁场以转速差 (n_1-n) 切割转子绕组，因而转子绕组感应电动势的频率（简称转子频率）f_2 为

$$f_2 = \frac{p(n_1-n)}{60} = \frac{n_1-n}{n_1} \times \frac{pn_1}{60} = sf_1 \tag{5-69}$$

式中　s——转差率，$s = \dfrac{n_1-n}{n_1}$。

在很多情况下用转差率 s 表示电动机的转速要比直接用转速 n 方便很多，可以使运算大为简化。

转子转动时，转子绕组感应电动势有效值 E_{2s} 为

$$E_{2s} = 4.44 f_2 N_2 k_{N2} \Phi_m = s \cdot 4.44 f_1 N_2 k_{N2} \Phi_m = sE_2 \tag{5-70}$$

可见，当主磁通 Φ_m 基本不变时，E_{2s} 与转差率 s 成正比，s 越大，E_{2s} 越大。由于电抗与频率成正比，转子旋转时的每相漏电抗为 $x_{2s} = sx_2$。转子电流 $\dot{I}_{2s}$ 由转子电动势 $\dot{E}_{2s}$ 产生，显然 $\dot{I}_{2s}$ 的频率与 $\dot{E}_{2s}$ 相同，即为 $f_2 = sf_1$。若转子绕组直接短接，则有

$$\dot{I}_{2s} = \frac{\dot{E}_{2s}}{r_2 + jx_{2s}} \tag{5-71}$$

转子功率因数角 φ_2 为

$$\varphi_2 = \tan^{-1} \frac{x_{2s}}{r_2} \tag{5-72}$$

【例 5-3】 一台三相异步电动机，定子绕组接到频率为 $f_1 = 50\text{Hz}$ 的三相对称电源上，运行于额定转速 $n_N = 960\text{r/min}$。求该电动机的极对数 p，转差率 s_N，额定运行时转子的电动势频率 f_2。

解 因为异步电动机额定转差率较小，根据电动机的额定转速 $n_N = 960\text{r/min}$，可以判断出 $n_1 = 1000\text{r/min}$，因此有

$$p = \frac{60f_1}{n_1} = \frac{60 \times 50}{1000} = 3$$

额定转差率　　　　　　$s_N = \dfrac{n_1-n_N}{n_1} = \dfrac{1000-960}{1000} = 0.04$

转子电动势的频率　　　$f_2 = s_N f_1 = 0.04 \times 50 = 2$（Hz）

（2）定、转子磁动势平衡关系

异步电动机正常工作时，定子旋转磁动势的转速相对于静止的定子为 n_1，转子相对于定子的机械转速是 n，转子感应电动势的频率是 $f_2 = sf_1$。由于转子电流也是三相对称电流，也会产生一个旋转磁动势 $\dot{F}_2$，则 $\dot{F}_2$ 相对转子的转速为 $n_2 = 60f_2/p$，相对于定子的转速为

$$n_2' = n_2 + n = \frac{60f_2}{p} + n = sn_1 + n = \frac{n_1-n}{n_1} n_1 + n = n_1 \tag{5-73}$$

可见，无论转子以多大的机械速度 n 旋转，转子旋转磁动势 $\dot{F}_2$ 与定子旋转磁动势 $\dot{F}_1$ 总

是同速同向旋转，在空间上相对静止。因此异步电动机的合成磁动势是稳定的，从而保证异步电动机产生恒定的电磁转矩，实现机电能量转换。在定、转子绕组中的合成磁动势

$$\dot{F}_m = \dot{F}_1 + \dot{F}_2 \quad 或 \quad \dot{F}_1 = \dot{F}_m + (-\dot{F}_2) \tag{5-74}$$

由于定子漏阻抗很小，无论空载或者负载，都有 $\dot{U}_1 \approx -\dot{E}_1$，即只要定子端接的电源电压维持稳定不变，$\dot{E}_1$ 就会保持基本不变，这样的电路约束条件要求主磁通 $\dot{\Phi}$ 和励磁磁动势 $\dot{F}_m$ 保持不变。因此 $\dot{F}_2$ 出现时，定子磁动势必须进行相应变化，增加一个 $(-\dot{F}_2)$ 与之平衡，以保证 $\dot{F}_m$ 不变。实际运行过程中，定子电流会随转子电流的变化而变化，以满足负载的需要。

（3）转子绕组的折算

由上述分析可知，转子旋转时转子电路部分的频率发生了变化，要把通过电磁关系耦合的定、转子电路等效为一个电路，先要进行频率折算，把 f_2 折算到 f_1，再进行大小的折算。

将转子电路的频率 f_2 用定子频率 f_1 来替代，实质上是在保证磁场不变情况下，用一个不转的假想转子（频率为 f_1）来替代真实转子（频率为 f_2），即把转动的转子折算成不动的转子，并保证折算前后 $\dot{F}_2$ 的转速、转向、幅值和空间相位不变。前面已经分析过，不论转子转速如何变化，$\dot{F}_2$ 的转速和转向都与 $\dot{F}_1$ 相同，而 $\dot{F}_2$ 的幅值和空间相位与转子电流 $\dot{I}_{2s}$ 有关。若假想的静止转子电流 $\dot{I}_2$ 与实际转子电流 $\dot{I}_{2s}$ 相同，则 $\dot{F}_2$ 的幅值和空间相位不变。公式（5-72）作进一步变换可得

$$\dot{I}_{2s} = \frac{\dot{E}_{2s}}{r_2 + jx_{2s}} = \frac{s\dot{E}_2}{r_2 + jsx_2} = \frac{\dot{E}_2}{r_2/s + jx_2} = \dot{I}_2 \tag{5-75}$$

式（5-75）左半部 $\dot{I}_{2s} = \dot{E}_{2s}/(r_2 + jx_{2s})$ 是转子转动时的转子电流，频率为 f_2；式（5-75）右半部 $\dot{I}_2 = \dot{E}_2/(r_2/s + jx_2)$ 对应不转的转子，频率为 f_1。这样就可以用这个假想的不转的转子来代替实际转动的转子。

频率变换后的转子电阻 r_2/s 具有重要的物理意义，可以把它分解为两部分

$$\frac{r_2}{s} = r_2 + \frac{1-s}{s} r_2 \tag{5-76}$$

经折算后的静止转子电路中除了实际转子绕组电阻 r_2 外，还串入一个与转子转速有关的附加电阻 $\frac{1-s}{s} r_2$。如果转子中有电流流过，则分别产生损耗 $I_2^2 r_2$ 和 $I_2^2 \left(\frac{1-s}{s} r_2 \right)$，前者表示转子电路铜损耗，后者是实际转子电路并不存在的虚拟损耗。此损耗与转速有关，其变化规律和机械功率随转速的变化规律是相同的，表 5-1 所示给出了异步电动机不同工作状态下对应的转差率取值范围与虚拟损耗变化情况。损耗 $I_2^2 \left(\frac{1-s}{s} r_2 \right)$ 实质上代表了异步电动机的机械功率。

表 5-1 异步电动机不同工作状态下的虚拟损耗变化情况

转差率 s	$s < 0$	$0 < s < 1$	$s = 1$	$s > 1$
转子转速 n	$n > n_1$	$0 < n < n_1$	$n = 0$	$n < 0$
异步电动机 工作状态	发电运行 吸收机械功率	电动运行 输出机械功率	转子堵转 无机械功率	电磁制动 吸收机械功率
虚拟损耗 p	$p < 0$	$p > 0$	$p = 0$	$p < 0$

必须指出，电阻 $\dfrac{1-s}{s}r_2$ 在实际转子电路中是不存在的，它是在将转动的转子等效为不转的转子时引入的参数，正好是机械功率的等效模拟电阻。

完成频率折算后，实际旋转的转子已经等效为一个不转的转子，再进行第二步折算，把转子电路折算到定子电路，折算方法与转子堵转时异步电动机的折算完全相同。折算后的参数分别为 $\dot{E}_2'$、$\dot{I}_2'$、r_2'、x_2'。

（4）基本方程式、等效电路与相量图

① 基本方程式　与转子堵转时相比较，由于进行了转子电路的频率折算，基本方程式中转子回路电压方程式有所不同，其他都是相同的。

式(5-77) 是转子旋转时的基本方程式。

$$\begin{cases} \dot{U}_1 = -\dot{E}_1 + \dot{I}_1(r_1 + \mathrm{j}x_1) \\ -\dot{E}_1 = \dot{I}_\mathrm{m}(r_\mathrm{m} + \mathrm{j}x_\mathrm{m}) \\ \dot{E}_1 = \dot{E}_2' \\ \dot{E}_2' = \dot{I}_2'(r_2' + \mathrm{j}x_2') + \dot{I}_2'\left(\dfrac{1-s}{s}r_2'\right) \\ \dot{I}_1 + \dot{I}_2' = \dot{I}_\mathrm{m} \end{cases} \tag{5-77}$$

② 等效电路　异步电动机负载运行时的等效电路如图 5-37 所示。与图 5-36(a) 相比，转子回路中多串了一个电阻 $\dfrac{1-s}{s}r_2'$。

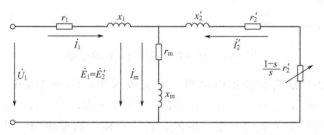

图 5-37　异步电动机负载运行时的 T 型等效电路

从等效电路可知，当异步电动机空载时，转子转速接近同步转速，转差率 s 很小，r_2'/s 趋于无穷大，电流 $\dot{I}_2'$ 近似为零，定子电流 $\dot{I}_1$ 近似为励磁电流 $\dot{I}_\mathrm{m}$。此时电动机定子的功率因数很低，约为 $0.1\sim0.2$。

当电动机带额定负载运行时，转差率 $s=0.02\sim0.05$，r_2'/s 约为 r_2' 的 $20\sim50$ 倍，等效电路转子边呈电阻性，功率因数 $\cos\varphi_2$ 较高，定子功率因数 $\cos\varphi_1$ 也较高，可达 $0.8\sim0.85$。

利用等效电路还可以分析主磁通 Φ_m 随转速 n 或转差率 s 变化的情况。由于异步电动机定子漏阻抗 z_1 不大，所以定子电流从空载到额定负载时，在 Z_1 上产生的压降 $I_1 z_1$ 与 U_1 相比较小，故有 $\dot{U}_1 \approx -\dot{E}_1$。这表明，当外施电压 U_1 恒定，异步电动机从空载到额定负载运行时，主磁通 Φ_m 和相应的励磁电流 I_m 基本上是常数。但是当异步电动机启动或运行于低速时，转差率等于或接近 1，此时 U_1 全部降落在定、转子漏阻抗上。由于定、转子漏阻抗近似相等，即 $z_1 \approx z_2'$，这样定、转子漏阻抗压降各近似为定子电压的一半，即 $E_1 \approx \dfrac{1}{2}U_1$，主磁通也将变为空载或额定负载运行时的一半左右。

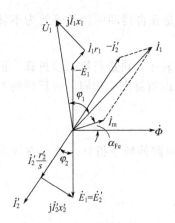

③ 相量图　异步电动机负载运行时的相量图如图 5-38 所示，其中定子电流 $\dot{I}_1$ 总是滞后 $\dot{U}_1$ 一个功率因数角 φ_1，这是因为产生气隙磁通和维持定、转子的漏磁通都需要一定的无功功率，这些感性的无功功率要从电源输入，所以定子电流必然滞后于电源电压，即异步电动机对电源来说是一个感性负载。

（5）简化等效电路

异步电动机的 T 型等效电路，计算和分析都比较复杂。在实际应用中，考虑到正常运行的电动机转差率 s 比较小，有 $\dot{U}_1 \approx -\dot{E}_1$，可以把励磁支路移到输入端，形成如图 5-39 所示的简化等效电路，使电路简化为两个并联支路，简化计算。简化等效电路基本能反映异步电动机运行时的电磁关系，但计算出的定、转子电流比用 T 型

图 5-38　异步电动机 T 型等效
电路的相量图

效电路算出的稍大，且电机越小，相对偏差越大。

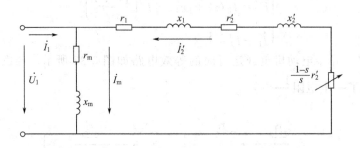

图 5-39　异步电动机的简化等效电路

【例 5-4】　一台三相笼型异步电动机，有关数据为：$P_N = 10\text{kW}$，$U_N = 380\text{V}$，$n_N = 1452\text{r/min}$，$f_{1N} = 50\text{Hz}$，△连接，$r_1 = 1.33\Omega$，$x_1 = 2.43\Omega$，$r_2' = 1.12\Omega$，$x_2' = 4.4\Omega$，$r_m = 7\Omega$，$x_m = 90\Omega$，计算额定负载时的定子电流、转子电流、励磁电流、功率因数、输入功率和效率。

解　由 $n_N = 1452\text{r/min}$，可知　　　　$n_1 = 1500\text{r/min}$

$$s_N = \frac{n_1 - n_N}{n_1} = \frac{1500 - 1452}{1500} = 0.032$$

$$Z_1 = r_1 + jx_1 = 1.33 + j2.43 = 2.77\angle 61.3°\,(\Omega)$$

$$Z_2' = r_2'/s_N + jx_2' = 35 + j4.4 = 35.28\angle 7.17°\,(\Omega)$$

$$Z_m = r_m + jx_m = 7 + j90 = 90.27\angle 85.55°\,(\Omega)$$

（1）应用 T 型等效电路

取 $\dot{U}_1 = 380\angle 0°$ 为参考相量，则定子额定相电流为

$$\dot{I}_{1N} = \frac{\dot{U}_1}{z_1 + \dfrac{z_m z_2'}{z_m + z_2'}} = \frac{380\angle 0°}{(1.33 + j2.43) + \dfrac{90.27\angle 85.55° \times 35.28\angle 7.17°}{(7 + j90) + (35 + j4.4)}} = 11.47\angle -29.43°\,(\text{A})$$

定子线电流有效值为　$I_N = \sqrt{3}I_{1N} = \sqrt{3} \times 11.47 = 19.87\,(\text{A})$

定子额定功率因数　　$\cos\varphi_{1N} = \cos 29.43° = 0.87$（滞后）

定子输入功率　　$P_1=\sqrt{3}U_N I_N\cos\varphi_{1N}=\sqrt{3}\times380\times19.87\times0.87=11376$（W）

由并联支路的电压关系可知

$$\dot{I}_1+\dot{I}_2'=\dot{I}_m;\quad(\dot{I}_1+\dot{I}_2')z_m=(-\dot{I}_2')z_2'$$

转子电流

$$\dot{I}_2'=-\frac{Z_m}{Z_2'+Z_m}\dot{I}_1=-\frac{90.27\angle85.55°}{(35+j4.4)+(7+j90)}11.47\angle-29.43°=10.02\angle170.11°\text{（A）}$$

励磁电流为

$$\dot{I}_m=\frac{Z_2'}{Z_2'+Z_m}\dot{I}_1=\frac{35.28\angle7.17°}{(35+j4.4)+(7+j90)}11.47\angle-29.43°=3.91\angle-88.27°\text{（A）}$$

效率　　　　　　$\eta_N=\dfrac{P_N}{P_1}\times100\%=\dfrac{10000}{11376}\times100\%=87.9\%$

（2）应用简化等效电路

转子电流

$$\dot{I}_2'=-\frac{\dot{U}_1}{Z_1+Z_2'}=-\frac{380\angle0°}{(1.33+j2.43)+(35+j4.4)}=10.28\angle169.35°\text{（A）}$$

励磁电流

$$\dot{I}_m=\frac{\dot{U}_1}{Z_m}=-\frac{380\angle0°}{90.27\angle85.55°}=4.21\angle-85.55°\text{（A）}$$

定子额定相电流

$$\dot{I}_1=\dot{I}_m+(-\dot{I}_2')=4.21\angle-85.55°-10.28\angle169.35°=12.08\angle-30.32°\text{（A）}$$

定子线电流有效值为　　$I_N=\sqrt{3}I_{1N}=\sqrt{3}\times12.08=20.92$（A）

定子额定功率因数为　　$\cos\varphi_{1N}=\cos30.32°=0.86$（滞后）

定子输入功率

$$P_1=\sqrt{3}U_N I_N\cos\varphi_{1N}=\sqrt{3}\times380\times20.92\times0.86=11843\text{（W）}$$

效率　$\eta_N=\dfrac{P_N}{P_1}\times100\%=\dfrac{10000}{11843}\times100\%=84.4\%$

5.5.5　笼型转子绕组的参数

笼型转子产生的旋转磁动势转向与绕线型转子相同，即定子、转子旋转磁动势转向一致，转速相同，空间上相对静止。笼型转子的三相异步电动机磁动势关系与上述分析相同。与绕线型转子相比，笼型转子有如下特点。

① 极数 p_2　笼型转子中的电动势和电流是感应出来的，因此定子有几个磁极，转子导条中的电动势和电流的方向就有几个区域。转子电流产生的磁场极数与定子极数相等，有

$$p_1=p_2=p$$

② 相数 m_2　笼型转子是对称多相绕组，相数是由电流的相位决定的，同一相绕组中电流相位应当一致。若转子槽数 Z_2 能被极对数 p 整除，转子的相数 m_2 和转子并联支路数 a_2 分别为

$$m_2=\frac{Z_2}{p};\quad a_2=p$$

若转子槽数 Z_2 不能被极对数 p 整除，Z_2 根导条每一根都构成一个支路，转子绕组称为一个多相绕组。

$$m_2=Z_2;\quad a_2=1$$

③ 绕组匝数 N_2　若 $m_2=\dfrac{Z_2}{p}$，则每相有 p 根导体，绕组匝数 $N_2=\dfrac{p}{2}$；若 $m_2=Z_2$，则每相只有 1 个导体，则转子每相匝数为 0.5。

④ 绕组系数 k_{N2}　根据每相导体数的不同，依照定子绕组的计算方法计算 k_{N2}，若每相只有 1 根导体，则转子绕组系数 $k_{N2}=1$。

5.6　三相异步电动机的功率和转矩

异步电动机是一种机电能量转换元件，本节将从能量角度讨论三相异步电动机的能量转换过程，分析其功率和转矩的平衡关系。

5.6.1　功率平衡关系

结合图 5-37 所示异步电动机的 T 型等效电路图进行分析，若加在电动机定子的相电压为 U_1，定子相电流为 I_1，则从电源输入电动机的功率 P_1 为

$$P_1=m_1U_1I_1\cos\varphi_1 \tag{5-78}$$

由等效电路图可知，P_1 进入电动机后，首先在定子上消耗一小部分铜耗 p_{Cu1}

$$p_{Cu1}=m_1I_1^2r_1 \tag{5-79}$$

另一部分损耗是定子铁芯的磁滞和涡流损耗，即等效电路中 r_m 上所消耗的有功功率 p_{Fe}，有

$$p_{Fe}=m_1I_m^2r_m \tag{5-80}$$

总的输入功率 P_1 减去定子铜损耗 p_{Cu1} 和铁损耗 p_{Fe}，余下的部分就是通过气隙磁场传递到转子的有功功率，即电磁功率 P_M

$$P_M=P_1-p_{Cu1}-p_{Fe} \tag{5-81}$$

由等效电路可知，传递到转子的电磁功率可以表述为转子等效电路上的有功功率，即电阻 r_2'/s 上的有功功率

$$P_M=m_1E_2'I_2'\cos\varphi_2'=m_1I_2'^2\frac{r_2'}{s} \tag{5-82}$$

传递到转子的电磁功率，在转子电阻上产生转子铜损耗 p_{Cu2}

$$p_{Cu2}=m_1I_2'^2r_2' \tag{5-83}$$

正常运行的异步电动机，由于转子转速接近同步转速，转差率 s 很小，转子内的感应电动势与感应电流频率 f_2 很小，只有 $1\sim3$Hz，因此转子铁损耗很小，可以忽略不计。所以电磁功率 P_M 减去转子铜耗 p_{Cu2} 后，余下的部分转化为总机械功率 P_m，从等效电路上看，就是电阻 $\frac{1-s}{s}r_2'$ 上的有功功率，即

$$P_m=P_M-p_{Cu2}=m_1I_2'^2\left(\frac{1-s}{s}r_2'\right) \tag{5-84}$$

比较式(5-82)、式(5-83)、式(5-84) 可以得到以下关系

$$P_M:p_{Cu2}:P_m=1:s:(1-s) \tag{5-85}$$

式(5-85) 说明额定运行时，转差率 s 很小，总机械功率 P_m 占电磁功率 P_M 的大部分，转子铜损耗 p_{Cu2} 只占电磁功率 P_M 的很小一部分，称为转差功率。随着电机转速的降低，转差率 s 增大，转差功率增大。当异步电机处于电磁制动状态时，$s>1$，转子铜损耗大于电磁功率，说明定子传递到转子的电磁功率不足以补偿转子铜损耗，还需要从轴上输入机械功率。

总机械功率不可能无损耗的从电动机轴上输出，还会有机械损耗 p_m 和附加损耗 p_s，机械损耗主要由轴摩擦及风阻摩擦构成。附加损耗是高次谐波磁通及漏磁通在铁芯、机座及端盖感应电动势和电流引起的损耗。一般大型电机 $p_s=0.5\%P_N$，小型电机 $p_s=1\%\sim3\%P_N$，因此电动机轴上的输出功率 P_2 为

$$P_2 = P_m - p_m - p_s = P_m - p_0 \tag{5-86}$$

式中 p_0 ——空载损耗，W，$p_0 = p_m + p_s$。

综上所述，可得三相异步电动机的功率平衡关系为

$$P_2 = P_1 - p_{Cu1} - p_{Fe} - p_{Cu2} - p_m - p_s \tag{5-87}$$

异步电动机功率传递的全过程如图 5-40 所示。

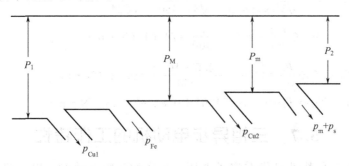

图 5-40 异步电动机的功率流图

5.6.2 转矩平衡关系

将机械功率平衡方程式(5-86)两边同除以转子的机械角速度 Ω，可以得到电动机轴上的转矩平衡方程式

$$\frac{P_m}{\Omega} = \frac{P_2}{\Omega} + \frac{p_0}{\Omega} \tag{5-88}$$

$$T = T_2 + T_0 \tag{5-89}$$

式(5-89) 左边对应总机械功率的转矩为异步电动机轴上产生的拖动转矩，即电磁转矩 T，它与空载转矩 T_0 及电动机轴上输出的机械转矩 T_2 相平衡。

由式(5-85) 可以得到

$$T = \frac{P_m}{\Omega} = \frac{(1-s)P_M}{\Omega} = \frac{P_M}{\Omega/(1-s)} = \frac{P_M}{\Omega_1} \tag{5-90}$$

式中 Ω_1 ——同步角速度，rad/s，$\Omega_1 = \Omega/(1-s)$。

式(5-90) 说明，电磁转矩 T 既可以表示为总机械功率 P_m 除以转子机械角速度 Ω，也可以表示为电磁功率 P_M 除以同步角速度 Ω_1。前者以转子本身产生的机械功率表示，因此有 $T = P_m/\Omega$；后者从旋转磁场对转子做功角度出发，旋转磁场以同步角速度驱动转子旋转，旋转磁场所做的功就是通过气隙磁场传递到转子的电磁功率，因此有 $T = P_M/\Omega_1$。

有关电磁转矩的物理表达式与参数表达式将在下一章介绍。

【例 5-5】 一台三相笼型异步电动机，有关数据为：$P_N = 7.5\text{kW}$，$U_N = 380\text{V}$，$n_N = 960\text{r/min}$，$f_{1N} = 50\text{Hz}$，定子 Y 连接，额定运行时，$\cos\varphi_1 = 0.824$，$p_{Cu1} = 474\text{W}$，$p_{Fe} = 231\text{W}$，$p_0 = 82.5\text{W}$。求电动机额定运行时的转差率、总机械功率、转子铜损耗、输入功率、效率、定子电流、输出转矩、空载转矩及电磁转矩。

解： 由 $n_N = 960\text{r/min}$，可知 $n_1 = 1000\text{r/min}$

额定转差率 $s_N = \dfrac{n_1 - n_N}{n_1} = \dfrac{1000 - 960}{1000} = 0.04$

总机械功率 $P_m = P_N + p_0 = 7500 + 82.5 = 7582.5$ （W）

转子铜耗 $p_{Cu2} = s_N P_M = \dfrac{s_N}{1 - s_N} P_m = \dfrac{0.04}{1 - 0.04} \times 7582.5 = 315.94$ （W）

输入功率

$$P_1 = P_m + p_{Cu1} + p_{Fe} + p_{Cu2} = 7582.5 + 474 + 231 + 315.94 = 8603.44 \text{（W）}$$

额定效率　$\eta = \dfrac{P_N}{P_1} \times 100\% = \dfrac{7500}{8603.44} \times 100\% = 87.2\%$

定子额定电流　$I_{1N} = \dfrac{P_1}{\sqrt{3} U_N \cos\varphi_{1N}} = \dfrac{8603.44}{\sqrt{3} \times 380 \times 0.824} = 15.86 \text{（A）}$

输出转矩　$T_{2N} = 9550 \dfrac{P_N}{n_N} = 9550 \times \dfrac{7.5}{960} = 74.61 \text{（N · m）}$

空载转矩　$T_0 = 9550 \dfrac{p_0}{n_N} = 9550 \times \dfrac{82.5 \times 10^{-3}}{960} = 0.82 \text{（N · m）}$

额定电磁转矩　$T_N = T_{2N} + T_0 = 74.61 + 0.82 = 75.43 \text{（N · m）}$

5.7　三相异步电动机的工作特性

异步电动机的工作特性是指在定子电压、频率均为额定值时，电动机的转速、定子电流、功率因数、电磁转矩、效率与输出功率的关系，即 $U_1 = U_N$，$f_1 = f_N$ 时，n、I_1、$\cos\varphi_1$、T、η 与 P_2 的关系。

5.7.1　工作特性分析

图 5-41 所示为异步电动机的工作特性曲线，分别介绍如下：

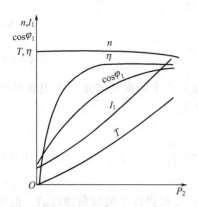

图 5-41　异步电动机的工作特性

（1）转速特性 $n = f(P_2)$

电动机空载时，输出功率 P_2 为零，转子转速 n 接近同步转速 n_1。随着负载的增加，转速 n 下降，转差率 s 增大，转子电动势和转子电流增大，以产生大的电磁转矩来平衡负载转矩。一般额定负载时，异步电动机的转差率为 $1.5\% \sim 6\%$，相应的转速 $n_N = (1-s_N)n_1$ 变化很小，因此转速特性 $n = f(P_2)$ 是一条向下稍微倾斜的曲线。

（2）定子电流特性 $I_1 = f(P_2)$

电动机空载时，输出功率 P_2 为零，转子电流 I_2' 几乎为零，此时定子电流 I_1 基本上等于励磁电流 I_m。随着负载的增加，转子转速下降，转子电流增大，定子电流也相应增大，其变化几乎与 P_2 成比例。

（3）定子功率因数特性 $\cos\varphi_1 = f(P_2)$

电动机空载时，定子电流基本上是励磁电流，主要用于无功励磁，所以功率因数很低，约为 0.2。当负载增加时，定子电流中的有功分量增加，使功率因数增加。在接近额定负载时，功率因数达到最大。当负载超过额定值时，由于转差率增大，转子电路中的电抗分量 sx_2 加大，转子电流的无功分量有所增加，相应定子电流无功分量也随之增加，从而使 $\cos\varphi_1$ 趋于下降。

（4）电磁转矩特性 $T = f(P_2)$

由上一节分析的稳态运行时异步电动机的转矩平衡方程式可得

$$T = T_2 + T_0 = \dfrac{P_2}{\Omega} + T_0$$

由于空载转矩 T_0 基本不变，机械角速度 Ω 变化不大，因此电磁转矩 T 随 P_2 的变化近似为一条直线。

（5）效率特性 $\eta = f(P_2)$

由异步电动机的效率公式

$$\eta = \frac{P_2}{P_1} = \frac{P_2}{P_2 + p_{Cu1} + p_{Fe} + p_{Cu2} + p_m + p_s} = 1 - \frac{\sum p}{P_2 + \sum p}$$

可以看出，当电动机空载时，$P_2 = 0$，$\eta = 0$。随着输出功率 P_2 增加，效率也在增加，但效率的高低决定于损耗在输入功率中所占的比重。损耗中的铁损耗和机械损耗基本上不随负载的变化而变化，称为不变损耗；而铜损耗和附加损耗随负载的变化而变化，称为可变损耗。当输出功率增加时，由于可变损耗增加较慢，所以效率上升较快。与直流电机效率变化原理类似，当可变损耗等于不变损耗时，效率最高，约为 0.75～0.94，此时负载约为 0.7～$1.0P_N$。当超过额定负载时，可变损耗增加很快，效率反而降低。一般来说，电动机容量越大，效率越高。

5.7.2 工作特性测试方法

异步电动机的工作特性可以通过负载试验或者通过等效电路计算得到。对于中、小型电动机，其工作特性可以用直接加负载的办法测得；大容量电动机因受设备的限制，通常由空载和短路试验测出电机的参数，然后再利用等效电路来计算出工作特性。测定异步电动机等效电路参数将在下一节讨论。

用直接负载法求取工作特性时，先通过空载试验测出异步电动机的铁损耗和机械损耗，并用电桥测出定子电阻。负载试验时，保持电源电压和频率为额定值，先将负载加到 5/4 额定值，然后减小负载到 1/4 额定值，分别读取不同负载下的输入功率 P_1、定子电流 I_1 和转速 n，然后计算不同负载下的功率因数 $\cos\varphi_1$、电磁转矩 T 和效率 η，并绘制出工作特性。

5.8 三相异步电动机的参数测定

用等效电路计算电动机的工作特性时，必须先知道电动机的参数，与变压器类似，可以通过空载试验和短路试验测定电动机参数。

5.8.1 空载试验

空载试验的目的是测定电动机的励磁参数 r_m、x_m，机械损耗 p_m 和铁损耗 p_{Fe}。

试验时电机轴上不带任何负载，定子加上额定频率的对称三相额定电压，稳定运行一段时间，然后调节电压，使电压从 $(1.1～1.3)U_N$ 开始逐渐降低，直至转速出现明显变化为止。记录几组定子相电压 U_1、空载相电流 I_0 和单相空载输入功率 P_0，绘制 $P_0 = f(U_1)$、$I_0 = f(U_1)$ 的曲线，如图 5-42 所示。

空载状态下，转子电流很小，转子铜耗 p_{Cu2} 和附加损耗 p_s 很小，可以忽略不计。空载

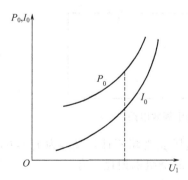

图 5-42 异步电动机的空载特性曲线

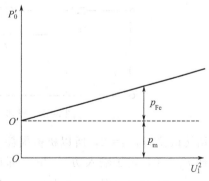

图 5-43 机械损耗的测定

时的输入功率 P_0 完全消耗在定子铜耗 p_{Cu1}、铁耗 p_{Fe} 和机械损耗 p_m 上，即

$$P_0 = p_{Cu1} + p_{Fe} + p_m \tag{5-91}$$

若从中扣除定子铜耗，得

$$P_0' = P_0 - p_{Cu1} = p_{Fe} + p_m \tag{5-92}$$

式(5-92)中，铁耗 p_{Fe} 可以认为与磁密平方成正比，即与端电压 U_1 的平方成正比。机械损耗 p_m 的大小与 U_1 无关，空载时电机转速几乎不变，可以认为机械损耗 p_m 为常值。若以 U_1^2 为横坐标，则 $P_0' = f(U_1^2)$ 近似为一条直线，此直线与纵坐标的交点；就是 p_m 的值，如图 5-43 所示。

根据空载试验测得的 I_0、P_0 可以算出

$$
\begin{cases}
z_0 = \dfrac{U_1}{I_0} \\[2mm]
r_0 = r_1 + r_m = \dfrac{P_0 - p_m}{I_0^2} \\[2mm]
x_0 = x_1 + x_m = \sqrt{z_0^2 - r_0^2}
\end{cases}
\tag{5-93}
$$

式中　z_0——空载复阻抗 Z_0 的模，Ω，$z_0 = |Z_0|$。r_1 一般为已知参数。则励磁电抗和励磁电阻分别为

$$x_m = x_0 - x_1 \tag{5-94}$$

$$r_m = r_0 - r_1 \quad 或 \quad r_m = \frac{p_{Fe}}{I_0^2} \tag{5-95}$$

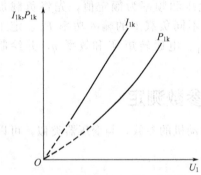

图 5-44　异步电动机的短路特性

5.8.2　短路试验

短路试验的目的是测定电动机的短路电阻 r_k 和短路电抗 x_k。

短路试验又称堵转试验，试验时将电机转子堵住不动，定子绕组外加电压从 $0.4U_N$ 开始逐渐降低。记录几组定子相电压 U_{1k}、定子相电流 I_{1k} 和定子单相输入功率 P_{1k}，绘制电机的短路特性 $P_{1k} = f(U_{1k})$、$I_{1k} = f(U_{1k})$ 的曲线，如图 5-44 所示。

异步电动机堵转时，$s=1$，代表总机械功率的附加电阻 $\frac{1-s}{s} r_2' = 0$，又由于 $z_m \gg z_2'$，$I_m \approx 0$，可以认为励磁支路开路，$\dot{I}_1 = -\dot{I}_2' = \dot{I}_{1k}$，得到短路时的简化等效电路如图 5-45 所示。

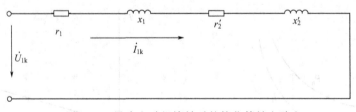

图 5-45　异步电动机堵转时的简化等效电路

堵转试验时，$n=0$，所以机械损耗 $p_m = 0$，附加损耗 p_s 忽略不计，又因为 $I_m \approx 0$，所以铁损耗 $p_{Fe} \approx 0$，定子输入功率 P_{1k} 全部转化为定、转子的绕组铜损耗，有

$$P_{1k} = m_1 I_1^2 r_1 + m_1 I_2'^2 r_2' = m_1 I_{1k}^2 (r_1 + r_2') = m_1 I_{1k}^2 r_k \tag{5-96}$$

根据短路试验数据，可以计算出短路阻抗的模值 z_k、短路电阻 r_k 和短路电抗 x_k 为

$$\begin{cases} z_k = \dfrac{U_{1k}}{I_{1k}} \\[2mm] r_k = r_1 + r_2' = \dfrac{P_{1k}}{I_{1k}^2} \\[2mm] x_k = x_1 + x_2' = \sqrt{z_k^2 - r_k^2} \end{cases} \tag{5-97}$$

式中　z_k——短路复阻抗 Z_k 的模，Ω，$z_k = |Z_k|$。

从 r_k 中减去 r_1 即可得到 r_2'。对于 x_1 和 x_2'，在大、中型异步电动机中，可认为

$$x_1 = x_2' = x_k/2 \tag{5-98}$$

对于 100kW 以下的小型异步电动机，可取 $x_2' = 0.97x_k$（2、4、6 极），或 $x_2' = 0.57x_k$（8、10 极）。

【例 5-6】 一台三相笼型异步电动机，有关数据为：$P_N = 10$kW，$U_N = 380$V，$I_N = 19.8$A，定子 Y 连接，测得电阻 $r_1 = 0.5\Omega$，空载试验数据如下：$U_1 = 380$V，$I_0 = 5.4$A，$P_0 = 425$W，$p_m = 80$W。短路试验数据如下：$U_k = 130$V，$I_k = 19.8$A，$P_k = 1100$W。求等效电路的参数 r_2'，x_1，x_2'，r_m 和 x_m。

解　求空载参数

$$z_0 = \frac{U_1/\sqrt{3}}{I_0} = \frac{380/\sqrt{3}}{5.4} = 40.7\ (\Omega)$$

$$r_0 = \frac{P_0 - p_m}{m_1 I_0^2} = \frac{P_0 - p_m}{3 \times I_0^2} = \frac{425 - 80}{3 \times 5.4^2} = 3.94\ (\Omega)$$

$$x_0 = \sqrt{z_0^2 - r_0^2} = \sqrt{40.7^2 - 3.94^2} = 40.5 (\Omega)$$

求短路参数

$$z_k = \frac{U_k/\sqrt{3}}{I_k} = \frac{130/\sqrt{3}}{19.8} = 3.79\ (\Omega)$$

$$r_k = \frac{P_k}{m_1 I_k^2} = \frac{P_k}{3 \times I_k^2} = \frac{1100}{3 \times 19.8^2} = 0.935\ (\Omega)$$

$$x_k = \sqrt{z_k^2 - r_k^2} = \sqrt{3.79^2 - 0.935^2} = 3.67\ (\Omega)$$

求定、转子绕组参数

$$r_2' = r_k - r_1 = 0.935 - 0.5 = 0.435\ (\Omega)$$

$$x_2' = 0.97x_k = 0.97 \times 3.67 = 3.56\ (\Omega)$$

$$x_1 = x_k - x_2' = 3.67 - 3.56 = 0.11\ (\Omega)$$

求励磁参数

$$r_m = r_0 - r_1 = 3.94 - 0.5 = 3.44\ (\Omega)$$

$$x_m = x_0 - x_1 = 40.5 - 0.11 = 40.39\ (\Omega)$$

说明：空载试验及短路试验公式 (5-93) 与式 (5-97) 中涉及的电压、电流及功率均为一相的值。一般三相异步电动机的实际测试数据为定子线电压、线电流及三相总功率，需要根据定子绕组的接法，换算为一相的数据。

本 章 小 结

交流电机的绕组、磁动势和电动势是交流电机的共同理论，本章所得结论完全适用于同步电机和异步电机。

三相绕组的构成原则是力求获得较大的基波磁动势（电动势），尽量削弱谐波磁动势

（电动势），并保证三相磁动势（电动势）对称，还应考虑节省材料及施工方便。

磁动势和电动势由基波与一系列谐波组成，谐波使电机的性能变差，应尽可能削弱，采用分布与短距绕组是削弱谐波最有效的方法。

三相对称绕组通以三相对称电流产生的基波合成磁动势是圆形旋转磁动势，转速 $n=60f/p$，从超前相转向落后相，幅值等于每相脉振磁动势基波幅值的 3/2。出现幅值的位置与电流最大相的相轴重合，旋转磁动势空间移动的角度等于电流变化的时间角度。任意交换两相电流，都可以改变圆形磁动势的旋转方向。

理解交流电机圆形磁动势的产生原理，需要分析单相绕组产生的磁动势——脉振磁动势，脉振磁动势幅值在空间位置固定不动，幅值大小随时间按正弦规律变化，频率与电源频率相同。一个脉振磁动势可以分解为两个旋转磁动势 $\dot{F}_+$ 与 $\dot{F}_-$，二者幅值相等，等于脉振磁动势的一半，以相反方向等速旋转。三相对称绕组通以三相对称电流时，三相脉振磁动势分解后的反向旋转磁动势 $\dot{F}_-$ 互差 120°，互相抵消。三个正向旋转磁动势 $\dot{F}_+$ 合成为圆形旋转磁动势。可以通过数学分析及相量分解理解三相脉振磁动势合成为圆形旋转磁动势的过程。

在旋转磁动势作用下，电机气隙中建立圆形旋转磁场，并通过电磁感应作用，在定、转子绕组中产生感应电动势。感应电动势的公式与变压器绕组电动势的计算公式类似，只是由于电机采用短距和分布绕组，公式要多乘一个小于 1 的绕组系数。

在研究交流电机绕组的磁动势和电动势时，要注意理解：①二者都是同一绕组中发生的电磁现象，因此绕组的短距、分布同样影响磁动势和电动势的大小和波形，计算时都要乘以一个绕组系数；②电动势只是时间的函数，而磁动势既是时间的函数又是空间的函数。

三相异步电动机转子绕组在旋转磁场作用下产生感应电动势和感应电流，并与该旋转磁场相互作用产生电磁转矩，使电动机以一定转速拖动负载旋转。异步电动机的转子的机械转速 n 与旋转磁场的转速 n_1 之间存在差异是上述电磁作用产生的基础，异步电机也因此得名。转差率 $s=(n_1-n)/n_1$ 是描述电动机运行状态的重要参数。异步电机的转速随负载的变化而变化，是电动机电磁关系、功率与转矩平衡关系共同作用的结果。

异步电动机在结构和功能上与变压器完全不同，但从电磁感应的本质来看，二者极为相似，因此可以采用研究变压器的方法来研究异步电动机。首先建立磁动势和电动势的平衡方程式，画出相量图，通过转子绕组折算和频率折算推导出等效电路。只是变压器的主磁场是脉振磁场，异步电动机的主磁场是旋转磁场。变压器的初级、次级的电动势同频率、同相位。而异步电动机旋转时，转子频率 $f_2=sf_1$，转子经频率折算后，才能获得与变压器形式一样的相量图和基本方程式。

无论异步电动机转子的转速和转向如何，定、转子磁动势基波总是相对静止，二者共同建立旋转磁场。定子磁动势能够自动补偿转子磁动势对主磁通的影响，使电动机从空载到满载运行时，气隙主磁通基本保持不变，因此异步电动机在任何转速下都能产生平稳的电磁转矩，实现机电能量转换。

异步电动机的三种基本分析方法：①基本方程式；②等效电路；③相量图，其中相量图多用于定性分析，工程计算一般用等效电路，特别是简化等效电路。等效电路中附加电阻 $[(1-s)/s]r_2'$ 是机械负载的模拟。异步电动机的功率平衡关系与转矩平衡关系与直流电机类似，不同的转差率下，电磁功率、转子铜耗与总机械功率之间存在比例关系：$P_M : p_{Cu2} : P_m = 1 : s : (1-s)$。应用等效电路时，需要知道基本参数 r_1、x_1、r_2'、x_2'、r_m、x_m，可以通过空载试验与短路试验求得。此外异步电动机的工作特性是指电源电压和频率都是额定值时，转速、定子电流、功率因数、电磁转矩及效率与输出功率的关系，应了解各种工作特性曲线的原理。

思考题与习题

5.1 交流电机中的空间电角度与几何角度有何区别，试举例说明。

5.2 交流电机的短距和分布绕组为什么可以改善电动势的波形？为什么在三相交流电机中主要应削弱五次与七次谐波？

5.3 怎样才能改变三相异步电动机气隙内旋转磁场的方向？为什么？

5.4 三相异步电动机带不同负载电动运行时，转子电流产生的磁动势相对定子的转速是否有变化，为什么？

5.5 异步电动机与变压器的绕组感应电动势公式有何异同？为什么会有差异？

5.6 三相异步电动机处于不同的运行状态时，气隙磁场主磁通是否会有变化？定子绕组感应电动势的大小是否会有变化？

5.7 试比较单相交流绕组、三相对称交流绕组所产生的磁动势有何区别？与直流绕组磁动势又有何区别？

5.8 在分析异步电动机时，转子边要进行那些折算？为什么要进行这些折算？折算的依据是什么？

5.9 异步电动机旋转时的 T 型等效电路与变压器的等效电路有无差别？异步电动机等效电路的 $[(1-s)/s]r_2'$ 代表什么？能否不用电阻而用电感和电容代替，为什么？

5.10 什么是异步电动机的转差功率？转差功率消耗在哪里？增大这部分消耗，异步电动机会出现什么现象？

5.11 三相异步电动机空载运行时，转子边功率因数 $\cos\varphi_2$ 很高，为什么定子边功率因数 $\cos\varphi_1$ 却很低？为什么额定运行时定子边 $\cos\varphi_1$ 又比较高？为什么 $\cos\varphi_1$ 总是滞后性的？三相异步电动机的效率特性是怎样的？与变压器相对比，功率损耗有哪些差别？在什么情况下效率可以达到最大值？

5.12 如果将绕线型异步电动机的定子绕组短接，而把转子绕组连接到定子额定电压、额定频率的对称三相交流电源会发生什么现象？

5.13 一台三相异步电动机铭牌值上写着额定电压 380V/220V，定子绕组接法 Y/△，试问：

（1）如果将定子绕组△接，接三相 380V 电压，能否空载运行？能否负载运行？会发生什么现象？

（2）如果将定子绕组 Y 接，接三相 220V 电压，能否空载运行？能否负载运行？会发生什么现象？

5.14 一台三相异步电动机维修好后，未将转子装入电机中，如在定子绕组上加三相额定电压进行试验，会产生什么后果？

5.15 如果在三相绕组中通入大小及相位均相同的电流 $i=I_m\sin\omega t$，此时三相合成磁动势的幅值及转速有多大？如果通入三相对称交流电的绕组在空间上集中放置在定子的同一位置，则三相合成磁动势的幅值及转速有多大？

5.16 一台三相异步电动机接于电网工作，其每相感应电动势 $E_{\Phi 1}=350V$，定子绕组每相串联匝数为 $N=312$ 匝，绕组系数 $k_{N1}=0.96$，求每极磁通 Φ_1 为多大？

5.17 某交流电机极距按定子槽数计算为 10，若希望线圈中没有五次谐波电动势，计算线圈应取多大节距？

5.18 一台三相六极异步电动机，定子槽数 $Z_u=36$，采用短距双层叠绕组，$y_1=(5/6)\tau$，线圈匝数 $N_c=6$，并联支路数 $a=1$，当接通频率 $f=50Hz$ 的三相对称电压时，每相电流的有效值 $I=20A$，求基波、五次谐波及七次谐波旋转磁动势的幅值和转速。

5.19 一台三相异步电动机，$f_1=50Hz$，$n_N=980r/min$。当定子加额定电压、转子绕组开路时，转子绕组每相感应电动势为110V。试问：

（1）忽略定子漏阻抗压降影响，额定运行时转子电动势 E_{2s} 多大，频率多大？

（2）如果转子绕组自短路，转子被卡住时，转子参数为：$r_2 = 0.1\Omega$，$x_2 = 0.5\Omega$，那么额定运行状态下转子电流多大？

5.20 一台三相异步电动机的输入功率为 8.6kW，定子铜损耗为 425W，铁损耗为 210W，额定转差率为 0.034，试计算电动机的电磁功率、转子铜损耗及机械功率。

5.21 某三相异步电动机 $f_{1N} = 60Hz$，现接到 U_N 不变，而 $f_1 = 50Hz$ 的对称三相电源上运行，试问：

（1）电动机的漏电抗、励磁电抗及空载电流如何变化？

（2）若保持转差率于原设计的 s_N 相同，则电动机的 I_2、$\cos\varphi_2$ 及 P_2 如何变化？

（3）若保持负载转矩与原 $f_{1N} = 60Hz$ 时相同，则 I_2、$\cos\varphi_2$ 及 P_2 如何变化？

5.22 一台三相异步电动机，额定数据为：$P_N = 10kW$，$U_N = 380V$，$I_N = 19.5A$，定子△连接，测得电阻 $r_1 = 0.963\Omega$，$n_N = 2932r/min$，$f_1 = 50Hz$，$\cos\varphi_{1N} = 0.89$。空载试验数据如下：$U_1 = 380V$，$I_0 = 5.5A$，$P_0 = 824W$，$p_m = 156W$。短路试验数据如下：$U_k = 89.5V$，$I_k = 19.5A$，$P_k = 605W$。试计算：

（1）等效电路的参数 r_2'，x_1，x_2'，r_m 和 x_m，并绘制 T 型等效电路；

（2）额定输入功率、定转子铜损耗、电磁功率、总机械功率和效率。

5.23 一台三相异步电动机，额定数据为：$P_N = 7.5kW$，$U_N = 380V$，$n_N = 962r/min$，$f_{1N} = 50Hz$，定子△连接，额定运行时，$\cos\varphi_1 = 0.827$，$p_{Cu1} = 470W$，$p_{Fe} = 234W$，$p_m = 45W$，$p_s = 80W$。试计算电动机额定运行时的转差率、转子电流频率、转子铜损耗、效率及定子电流。

5.24 一台三相异步电动机，额定参数为：$P_N = 10kW$，$U_N = 380V$，$n_N = 1455r/min$，$f_{1N} = 50Hz$，△连接，每相参数为：$r_1 = 1.375\Omega$，$x_1 = 2.43\Omega$，$r_2' = 1.04\Omega$，$x_2' = 4.4\Omega$，$r_m = 8.34\Omega$，$x_m = 83.6\Omega$，额定负载时的机械损耗与附加损耗共为 205W。试计算额定转速时的定子电流、功率因数、输入功率和效率。

5.25 一台三相异步电动机，有关数据为：$P_N = 3kW$，$U_N = 380V$，$I_N = 7.25A$，定子 Y 连接，测得电阻 $r_1 = 2.01\Omega$。空载试验数据为：$U_1 = 380V$，$I_0 = 3.64A$，$P_0 = 246W$，$p_m = 11W$。短路试验数据为：$U_k = 100V$，$I_k = 7.05A$，$P_k = 470W$。假设附加损耗忽略不计，短路特性为线性，且 $x_1 \approx x_2'$，试计算：

（1）等效电路的参数 r_2'，x_1，x_2'，r_m 及 x_m 的值；

（2）额定状态下，定子功率因数及电机效率的值。

6 三相异步电动机的电力拖动

6.1 三相异步电动机的机械特性

三相异步电动机的机械特性是指固定定子电压、频率和绕组参数时，电动机的转速 n 和电磁转矩 T 之间的函数关系 $n=f(T)$。由于转差率 s 与转速 n 之间存在线性关系，因此也可以用 $s=f(T)$ 表示三相异步电动机的机械特性。

从异步电动机的内部电磁关系看，电磁转矩的变化是由转差率的变化引起的，在表示电磁转矩 T 与转差率 s 之间的关系时，以 s 为自变量，把 T 随 s 变化的规律 $T=f(s)$ 称为转矩-转差率特性。

从电力拖动系统的关系看，稳态运行的电动机的电磁转矩 T 是由系统的负载转矩 T_L 决定的，因此取电磁转矩 T 为自变量，s 或者 n 随 T 的变化规律就是电动机的机械特性。

6.1.1 电磁转矩表达式

（1）物理表达式

根据 $T=\dfrac{P_M}{\Omega_1}$，且有 $\Omega_1=2\pi f_1/p$，可以得到电磁转矩的物理表达式为

$$T=\frac{P_M}{\Omega_1}=\frac{m_1 E_2' I_2' \cos\varphi_2'}{2\pi f_1/p}=\frac{pm_1}{2\pi f_1}\times 4.44 f_1 N_1 k_{N1} \Phi_m I_2'\cos\varphi_2'$$
$$=C_T \Phi_m I_2' \cos\varphi_2' \tag{6-1}$$

式中，C_T 为转矩系数，$C_T=(p/\sqrt{2})m_1 N_1 k_{N1}$，对已制成的电机，$C_T$ 为常数。

上式表明，电磁转矩与主磁通和转子电流有功分量成正比。电机中电流、磁通与作用力三个物理量的方向符合左手定则，式（6-1）称为电磁转矩的物理表达式，在形式上与直流电动机电磁转矩表达式类似。

物理表达式不能明显看出电磁转矩 T 与转差率 s 或者转速 n 之间的变化规律，并且 C_T 与 Φ_m 不易求出，给分析异步电动机运行状态带来不便，需要在此基础上采用电磁转矩的参数表达式或者实用表达式来分析电机的机械特性。

（2）参数表达式

将异步电动机电磁功率 $P_M=m_1 I_2'^2 \dfrac{r_2'}{s}$ 代入式 $T=\dfrac{P_M}{\Omega_1}$ 中，得到

$$T=\frac{P_M}{\Omega_1}=\frac{m_1}{\Omega_1}I_2'^2\frac{r_2'}{s}=\frac{pm_1}{2\pi f_1}I_2'^2\frac{r_2'}{s} \tag{6-2}$$

根据异步电动机简化等效电路可得

$$I_2'=\frac{U_1}{\sqrt{(r_1+r_2'/s)^2+(x_1+x_2')^2}} \tag{6-3}$$

将式（6-3）代入式（6-2）中，可得电磁转矩的参数表达式为

$$T=\frac{pm_1}{2\pi f_1}\times\frac{U_1^2\times(r_2'/s)}{(r_1+r_2'/s)^2+(x_1+x_2')^2} \tag{6-4}$$

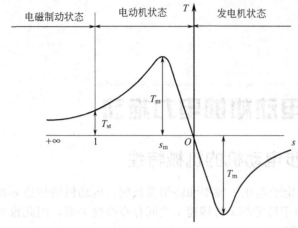

图 6-1 异步电动机的 $T=f(s)$ 曲线

式 (6-4) 反映了异步电动机电磁转矩 T 与电源电压 U_1、频率 f_1、电机参数 $(r_1, r_2', x_1, x_2', p, m_1)$ 和转差率 s 之间的关系。当 U_1、f_1 与电机参数不变时，电磁转矩 T 仅与转差率 s 有关。由此可作出 T 与 s 之间的关系曲线 $T=f(s)$，如图 6-1 所示。

从图 6-1 可以看出，该曲线是一个关于原点对称的非线性曲线。异步电动机在电动运行状态和发电运行状态时，均会出现最大电磁转矩 T_m。式 (6-4) 对 s 求导数，并令 $dT/ds = 0$，可得到 T_m 对应的转差率 s_m，称为临界转差率，用公式表示为

$$s_m = \pm \frac{r_2'}{\sqrt{r_1^2 + (x_1 + x_2')^2}} \tag{6-5}$$

将式 (6-5) 代入式 (6-4)，得到最大电磁转矩为

$$T_m = \pm \frac{pm_1 U_1^2}{4\pi f_1 \left[\pm r_1 + \sqrt{r_1^2 + (x_1 + x_2')^2} \right]} \tag{6-6}$$

在一般异步电动机中，通常 $r_1 \ll (x_1 + x_2')$，故上两式可表示为

$$s_m = \pm r_2'/(x_1 + x_2') \tag{6-7}$$

$$T_m = \pm \frac{pm_1 U_1^2}{4\pi f_1 (x_1 + x_2')} \tag{6-8}$$

以上四个表达式 "+" 号用于电动状态，"−" 号用于发电状态。由式 (6-6) 可知，发电状态的 T_m 比电动状态的要大，但二者差别不大，在以后的分析计算中为简便起见，认为电动与发电状态的 T_m 大小相等。

参数表达式对于分析电机参数对电磁转矩的影响非常有用，但是，由于电机参数要通过试验和计算得到，在产品目录中没有给出，应用有一定困难。因此，需要推导电磁转矩实用表达式，以便利用产品目录或铭牌数据来计算电机参数。

（3）实用表达式

一般异步电动机铭牌上都会给出电机过载能力 λ_m，并由此可知电机的最大电磁转矩 $T_m = \lambda_m T_N$，电磁转矩的实用表达式可以从观察电磁转矩 T 与最大电磁转矩 T_m 的相对变化规律入手求取。

将式 (6-4) 除以式 (6-6) 可得

$$\frac{T}{T_m} = \frac{2r_2' \left[\pm r_1 + \sqrt{r_1^2 + (x_1 + x_2')^2} \right]}{\pm s \left[(r_1 + r_2'/s)^2 + (x_1 + x_2')^2 \right]} \tag{6-9}$$

由式 (6-5) 可以得到：

$$\sqrt{r_1^2 + (x_1 + x_2')^2} = \pm r_2'/s_m \tag{6-10}$$

将式 (6-10) 代入式 (6-9)，可得：

$$\frac{T}{T_\mathrm{m}} = \frac{2r_1 + 2\dfrac{r_2'}{s_\mathrm{m}}}{2r_1 + \dfrac{r_2'}{s} + \dfrac{s}{s_\mathrm{m}^2}r_2'} \tag{6-11}$$

将式(6-11)分子分母乘以$\dfrac{s_\mathrm{m}}{r_2'}$，可以得到：

$$T = \frac{2+\varepsilon}{s/s_\mathrm{m} + s_\mathrm{m}/s + \varepsilon}T_\mathrm{m} \tag{6-12}$$

式中，$\varepsilon = (2r_1/r_2')s_\mathrm{m}$。一般情况下$r_1 \approx r_2'$，$s_\mathrm{m} \approx 0.1 \sim 0.2$，因此$\varepsilon \approx 2s_\mathrm{m} \approx 0.2 \sim 0.4$。在式（6-12）的分子中，$\varepsilon$比2小得多；分母中，对任何值都有$(s/s_\mathrm{m}) + (s_\mathrm{m}/s) > 2$，所以$\varepsilon \ll (s/s_\mathrm{m} + s_\mathrm{m}/s)$。为简化计算，将式中$\varepsilon$略去，得到异步电动机电磁转矩的实用表达式为

$$T = \frac{2T_\mathrm{m}}{s/s_\mathrm{m} + s_\mathrm{m}/s} \tag{6-13}$$

6.1.2 固有机械特性

三相异步电动机的机械特性是从电力拖动角度考虑的，转速n或者转差率s随电磁转矩T变化的函数关系，即$n=f(T)$或者$s=f(T)$。通常，把n和s标注在同一坐标系中。

固有机械特性是指异步电动机工作在额定电压和额定频率下，按照规定的接线方式接线、定、转子电路中不外接电阻、电感或电容时的机械特性，如图6-2所示。其中曲线1为正向旋转时的固有机械特性，曲线2为反向旋转时的固有机械特性。下面针对正向旋转时的情况分别进行讨论。

（1）电动状态

图6-2所示的第Ⅰ象限为电动状态，$0<s\leqslant1$，$0<n\leqslant n_1$，电磁转矩T和转速n同方向，都为正值。电动状态的机械特性可以分为AC段和CD段两部分。

① AC段：近似为直线，对任何负载均能稳定运行，是机械特性的工作段。

其中：

a. 同步运行点A：对应$T=0$，$n=n_1$，$s=0$。

由于异步电动机空载时也存在空载转矩T_0，电机实际上不可能工作在该点。

b. 额定工作点B：其转速、转差率、转矩、电流和功率都是额定值。

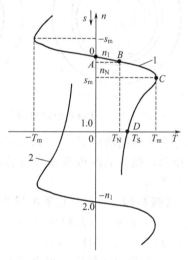

图6-2 三相异步电动机的固有机械特性

机械特性上的额定转矩指额定电磁转矩T_N，等于额定输出转矩$T_{2\mathrm{N}}$与空载转矩T_0之和。在工程计算中通常忽略T_0，有

$$T_\mathrm{N} \approx T_{2\mathrm{N}} = 9550\frac{P_\mathrm{N}}{n_\mathrm{N}} \tag{6-14}$$

上式中额定功率P_N单位为kW，额定转速n_N单位为r/min，额定电磁转矩T_N的单位为N·m。

c. 最大转矩点C：对应最大转矩T_m，临界转差率s_m。

最大转矩T_m是三相异步电动机的性能指标之一，不仅反映了电动机的过载能力，对启

动性能也有影响。在任何情况下电动机的负载都不能大于 T_m，否则电动机的转速将急剧下降，直至堵转，因此该点又称为临界转矩点。最大电磁转矩 T_m 与额定电磁转矩 T_N 的比值称为最大转矩倍数，又称为过载能力，即

$$\lambda_m = \frac{T_m}{T_N} \tag{6-15}$$

一般三相异步电动机 $\lambda_m = 1.6 \sim 2.2$，起重、冶金用异步电动机 $\lambda_m = 2.2 \sim 2.8$。

② CD 段：通过前面讨论的电力拖动系统稳定运行条件：$T = T_L$，$\dfrac{dT}{dn} < \dfrac{dT_L}{dn}$ 可知，恒转矩负载在 CD 段不能稳定运行，风机和泵类负载可以稳定运行，但因为转差率大，定、转子电流都很大，不宜长期运行。

其中：

启动点 D：对应 $T = T_{st}$，$n = 0$，$s = 1$。

将 $s = 1$ 代入电磁转矩的参数表达式(6-4)，得到启动转矩为：

$$T_{st} = \frac{pm_1 U_1^2 r_2'}{2\pi f_1 [(r_1 + r_2')^2 + (x_1 + x_2')^2]} \tag{6-16}$$

启动转矩与额定转矩的比值称为启动转矩倍数 K_{st}，有

$$K_{st} = \frac{T_{st}}{T_N} \tag{6-17}$$

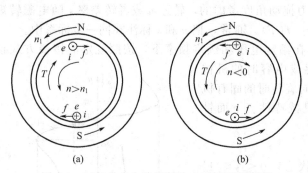

图 6-3　三相异步电动机制动电磁转矩示意图

一般 $K_{st} = 0.8 \sim 1.2$。

（2）发电状态

图 6-2 所示的第 Ⅱ 象限为发电状态，$s < 0$，$n > n_1$，电磁转矩 $T < 0$，是制动性转矩，电磁功率也是负值，向电网回馈电能，如图 6-3(a) 所示。

（3）电磁制动状态

图 6-2 所示的曲线 1 的第 Ⅳ 象限部分为电磁制动状态，$s > 1$，$n < 0$，电磁转矩 $T > 0$，当绕线型异步电动机转子串入大阻值的电阻，被位能性负载拖着反转时，属于这种状态，称为转速反向的反接制动，如图 6-3 (b) 所示。

【例 6-1】　一台三相笼型异步电动机定子绕组 Y 连接，额定电压 $U_N = 380V$，额定转速 $n_N = 957 r/min$，电源频率 $f_1 = 50Hz$，电机等效电路参数：$r_1 = 2.08\Omega$，$x_1 = 3.12\Omega$，$r_2' = 1.53\Omega$，$x_2' = 4.25\Omega$。计算：

① 额定电磁转矩、临界转差率、最大电磁转矩及过载倍数；

② 启动转矩及启动转矩倍数。

解　由 $n_N = 957 r/min$，可知　　　　$n_1 = 1000 r/min$

额定转差率

$$s_N = \frac{n_1 - n_N}{n_1} = \frac{1000 - 957}{1000} = 0.043$$

由于定子绕组 Y 连接，有额定相电压

$$U_1 = \frac{U_N}{\sqrt{3}} = 220 \text{ (V)}$$

① 额定转矩为　　　$T_N = \frac{pm_1}{2\pi f_1} \times \frac{U_1^2 \times (r_2'/s)}{(r_1 + r_2'/s)^2 + (x_1 + x_2')^2}$

$$= \frac{3 \times 3 \times \left(\frac{380}{\sqrt{3}}\right)^2 \times \frac{1.53}{0.043}}{2\pi \times 50 \left[\left(2.08 + \frac{1.53}{0.043}\right)^2 + (3.12 + 4.25)^2\right]} = 33.5\,(\text{N} \cdot \text{m})$$

临界转差率为
$$s_{\text{m}} = \frac{r_2'}{x_1 + x_2'} = \frac{1.53}{3.12 + 4.25} = 0.2$$

最大转矩为
$$T_{\text{m}} = \frac{pm_1 U_1^2}{4\pi f_1 (x_1 + x_2')} = \frac{3 \times 3 \times 220^2}{4 \times \pi \times 50 \times (3.12 + 4.25)} = 94\,(\text{N} \cdot \text{m})$$

过载倍数为
$$\lambda_{\text{m}} = \frac{T_{\text{m}}}{T_{\text{N}}} = \frac{94}{33.5} = 2.8$$

② 启动转矩
$$T_{\text{st}} = \frac{pm_1 U_1^2 r_2'}{2\pi f_1 \left[(r_1 + r_2')^2 + (x_1 + x_2')^2\right]}$$

$$= \frac{3 \times 3 \times \left(\frac{380}{\sqrt{3}}\right)^2 \times 1.53}{2\pi \times 50 \left[(2.08 + 1.53)^2 + (3.12 + 4.25)^2\right]} = 31.5\,(\text{N} \cdot \text{m})$$

启动转矩倍数
$$K_{\text{st}} = \frac{T_{\text{st}}}{T_{\text{N}}} = \frac{31.5}{33.5} = 0.94$$

6.1.3 人为机械特性

人为改变三相异步电动机的某些参数所得到的机械特性称为人为特性。这里主要介绍改变定子电压 U_1、定子回路电阻或电抗、转子回路电阻所得到的人为机械特性。

(1) 降低定子电压得到的人为机械特性

由于三相异步电动机的磁路在额定电压下已有饱和的趋势，故不宜再升高电压。降低定子端电压 U_1，由式（6-5）可知临界转差率 s_{m} 不变；由式（6-4）、式（6-6）、式（6-16）知电磁转矩 T、最大转矩 T_{m} 和启动转矩 T_{st} 与 U_1^2 成正比例降低；而同步转速 n_1 与 U_1 无关，保持不变。因此，降低定子电压得到的人为机械特性是一组过同步运行点，保持 s_{m} 不变的曲线簇，如图 6-4 所示。

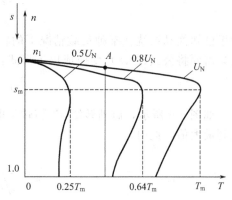

图 6-4 三相异步电动机定子降压后的人为机械特性

降压后的人为机械特性的工作段特性变软，转差率增大。若降压后负载转矩保持不变，则电动机稳定运行时，尽管转速减小，转差率增大，但变化不大。从电磁转矩的物理表达式 $T = C_{\text{T}} \Phi_{\text{m}} I_2' \cos \varphi_2'$ 可以看出，由于电压减小影响主磁通 Φ_{m} 变小，定、转子电流增大。若电压降低过多，电动机带额定负载运行时，电流将大于额定值，长期运行会烧毁电机。此外，降压运行后 T_{m} 明显减小，电机的过载能力也随之大大降低。

(2) 定子回路串接三相对称电阻或电抗后的人为机械特性

由式（6-4）、式（6-5）、式（6-6）、式（6-16）可知，定子回路串接三相对称电阻或电抗，相当于增加了公式分母中定子回路电阻或电抗的值，除了同步转速 n_1 不变，临界转差率 s_{m}、电磁转矩 T、最大转矩 T_{m} 和启动转矩 T_{st} 都会减小。其人为机械特性如图 6-5 所示。

(3) 转子回路串接三相对称电阻后的人为机械特性

由式（6-4）、式（6-5）、式（6-6）、式（6-16）可知，转子回路串接三相对称电阻，相当于

增加转子回路电阻 r_2'，同步转速 n_1 与临界转矩 T_m 保持不变，临界转差率 s_m 随着转子回路电阻 r_2' 的增大而增大，电磁转矩 T 随着 r_2' 的增大而减小。其人为机械特性如图 6-6 所示。

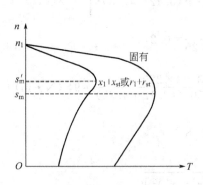

图 6-5 定子回路串接三相对称电阻
或电抗后的人为机械特性

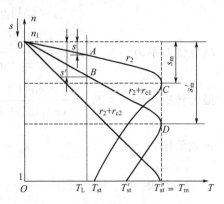

图 6-6 转子回路串接三相对称
电阻后的人为机械特性

如图 6-6 所示的工作点 A（未串电阻）与工作点 B（串接电阻 r_{c1}），结合电磁转矩的参数表达式可知，若电机在转子回路串接电阻前后带同样的负载，即电磁转矩 $T_A = T_B$，则在电机其他参数保持不变的情况下，工作点 A 与工作点 B 的转差率和转子回路电阻有如下关系：$r_2'/s_A = (r_2' + r_c')/s_B$，假定固有机械特性某工作点的转差率是 s，转子回路串电阻后的人为机械特性曲线上，相同电磁转矩工作点的转差率为 s'，如图 6-6 所示。则以上关系可表示为

$$\frac{s'}{s} = \frac{r_2' + r_c'}{r_2'} = \frac{r_2 + r_c}{r_2} \tag{6-18}$$

如果已知拖动系统在某种负载情况下的转速 n' 或转差率 s'，要确定转子回路外串电阻的值，则只需要将公式(6-18) 变换成以下形式：

$$r_c = \left(\frac{s'}{s} - 1\right) r_2 \tag{6-19}$$

如图 6-6 所示，启动转矩 T_{st}' 随转子电阻增加而增大，当 $s_m' = 1$ 时，$T_{st}' = T_m$，启动转矩达到最大值，此时

$$s_m' = \frac{r_2' + r_c'}{\sqrt{r_1^2 + (x_1 + x_2')^2}} = 1$$

$$r_c' = \sqrt{r_1^2 + (x_1 + x_2')^2} - r_2' \tag{6-20}$$

如果转子回路串入的电阻再增加，即 $s_m' > 1$，则启动转矩反而减小。

6.1.4 利用电磁转矩实用表达式计算机械特性

前面已经推导出了电磁转矩的实用表达式为 $T = \dfrac{2T_m}{s/s_m + s_m/s}$。从表达式可知，只有求出最大转矩 T_m 和临界转差率 s_m，才能求出 $T = f(s)$ 关系。下面介绍两种 T_m 和 s_m 的求法，具体的拖动系统分析可以灵活运用。

（1）已知固有机械特性（T_N，s_N）求 s_m

若已知三相异步电动机的铭牌数据中的额定功率 P_N（单位为 kW），额定转速 n_N（单位为 r/min）和过载能力 λ_m，则

额定转矩 T_N（单位为 N·m）为

$$T_N = 9550 \frac{P_N}{n_N}$$

额定转差率 s_N 为

$$s_N = \frac{n_1 - n_N}{n_1}$$

忽略空载转矩，近似认为 $T = T_N$，且 $T_m = \lambda_m T_N$，将上述各值代入公式(6-13) 有

$$T_N = \frac{2\lambda_m T_N}{s_N/s_m + s_m/s_N}$$

整理后有

$$s_m^2 - 2\lambda_m s_N s_m + s_N^2 = 0$$

解得

$$s_m = s_N\left(\lambda_m \pm \sqrt{\lambda_m^2 - 1}\right)$$

因为 $s_m > s_N$，上式应取 + 号，则

$$s_m = s_N\left(\lambda_m + \sqrt{\lambda_m^2 - 1}\right) \tag{6-21}$$

（2）已知人为机械特性 (T_L, s') 求 s_m'

若电动机工作点在人为机械特性曲线上，已知该工作点的负载转矩 T_L 和转差率 s'，代入电磁转矩实用表达式有 $T_L = \dfrac{2\lambda_m T_N}{s'/s_m' + s_m'/s'}$，可以求出临界转差率 s_m' 为

$$s_m' = s'\left(\lambda_m \frac{T_N}{T_L} + \sqrt{\lambda_m^2\left(\frac{T_N}{T_L}\right)^2 - 1}\right) \tag{6-22}$$

在应用实用电磁转矩表达式时，若电动机在额定负载范围内运行时，由于 $s_m/s \gg s/s_m$，若忽略 s/s_m，则实用表达式(6-13) 可以简化为

$$T = \frac{2T_m}{s_m}s \tag{6-23}$$

即在一定范围内，机械特性曲线可以近似为一条直线。

（3）求取人为机械特性——转子回路外串电阻的电阻值

相同负载下，转子回路串电阻前后的转差率与电阻之间的关系见公式(6-18) 和公式(6-19)，在实际应用中若求取绕线型异步电动机转子外串电阻值一般采用以下两种方法：

① 式(6-19) 给出的关系

$$r_c = (s'/s - 1)r_2$$

② 利用临界转差率的值，得到

$$r_c = (s_m'/s_m - 1)r_2 \tag{6-24}$$

其中式(6-24) 可以看做是式(6-19) 的一种特殊情况。

以转子绕组为 Y 连接为例，r_2 可按照下式求出

$$r_2 \approx z_{2s} = \frac{s_N E_{2N}}{\sqrt{3} I_{2N}} \tag{6-25}$$

式中，E_{2N} 为转子静止时，转子额定线电动势；I_{2N} 为转子额定线电流；z_{2s} 为 $s = s_N$ 时转子每相绕组阻抗，$z_{2s} = r_2 + \mathrm{j}x_{2s} = r_2 + \mathrm{j}sx_2$。由于 $s_N \ll 1$，$r_2 \gg s_N x_2$，故 $r_2 \approx z_{2s}$。

【例 6-2】 一台三相异步电动机，额定功率 $P_N = 70\mathrm{kW}$，额定电压 380V/220V，额定转速 $n_N = 725\mathrm{r/min}$，最大转矩倍数 $\lambda_m = 2.4$，求转矩的实用公式。

解 额定转矩 $\quad T_N = 9550 \dfrac{P_N}{n_N} = 9550 \times \dfrac{70}{725} = 922 \ (\mathrm{N \cdot m})$

最大转矩 $\quad T_m = \lambda_m T_N = 2.4 \times 922 = 2212.8 \ (\mathrm{N \cdot m})$

额定转差率 $\quad s_N = \dfrac{n_1 - n_N}{n_1} = \dfrac{750 - 725}{750} = 0.033$

临界转差率 $s_m = s_N(\lambda_m + \sqrt{\lambda_m^2 - 1}) = 0.033 \times (2.4 + \sqrt{2.4^2 - 1}) = 0.15$

转矩实用公式为

$$T = \frac{2T_m}{s/s_m + s_m/s} = \frac{2 \times 2212.8}{s/0.15 + 0.15/s} = \frac{4425.6}{s/0.15 + 0.15/s}$$

【例 6-3】 一台绕线型异步电动机有关参数为：$P_N = 75kW$，$n_N = 720r/min$，$\lambda_m = 2.4$，转子绕组每相电阻 $r_2 = 0.0224\Omega$。试求：

① 要使启动瞬间电动机产生的电磁转矩为最大转矩 T_m，转子回路每相应串入多大电阻？

② 电动机拖动恒转矩负载 $T_L = 0.8T_N$，要求电动机的转速为 $n = 500r/min$，求转子回路每相应串入多大电阻？

解 额定转差率 $\qquad s_N = \dfrac{n_1 - n_N}{n_1} = \dfrac{750 - 720}{750} = 0.04$

固有特性临界转差率

$$s_m = s_N(\lambda_m + \sqrt{\lambda_m^2 - 1}) = 0.04 \times (2.4 + \sqrt{2.4^2 - 1}) = 0.183$$

① 启动瞬间要求 $T_{st} = T_m$，则人为机械特性的临界转差率 $s'_m = 1$，因此转子每相应串入的电阻：

$$r_c = (s'_m/s_m - 1)r_2 = (1/0.183 - 1) \times 0.024 = 0.1 \ (\Omega)$$

② 计算 $T_L = 0.8T_N$，$n = 500r/min$ 时，转子外串电阻有两种解法，即如图 6-6 所示，可以利用工作点 A、B 的转差率的值来计算：$r_c = (s'/s - 1)r_2$，也可以利用临界点 C、D 的转差率的值计算：$r_c = (s'_m/s_m - 1)r_2$。

解法一：

$n = 500r/min$ 时（工作点 B）的转差率为

$$s' = \frac{n_1 - 500}{n_1} = \frac{750 - 500}{750} = 0.33$$

若 $T_L = 0.8T_N$ 时，固有机械特性上的工作点 A 的转差率为 s，有

$$s = s_m\left(\lambda_m\frac{T_N}{T_L} - \sqrt{\lambda_m^2\left(\frac{T_N}{T_L}\right)^2 - 1}\right) = 0.183\left(2.4 \times \frac{T_N}{0.8T_N} - \sqrt{2.4^2 \times \left(\frac{T_N}{0.8T_N}\right)^2 - 1}\right) = 0.0314$$

转子每相外串电阻为

$$r_c = (s'/s - 1)r_2 = (0.33/0.0314 - 1) \times 0.0224 = 0.213 \ (\Omega)$$

解法二：

已求得固有机械特性临界转差率 $s_m = 0.183$（工作点 C）。经计算可知转子串电阻人为机械特性的工作点 B 的转差率 $s' = 0.33$，可得人为机械特性的临界转差率 s'_m 为

$$s'_m = s'\left(\lambda_m\frac{T_N}{T_L} + \sqrt{\lambda_m^2\left(\frac{T_N}{T_L}\right)^2 - 1}\right) = 0.33 \times \left(2.4 \times \frac{T_N}{0.8T_N} + \sqrt{2.4^2 \times \left(\frac{T_N}{0.8T_N}\right)^2 - 1}\right) = 1.923$$

转子每相外串电阻为

$$r_c = (s'_m/s_m - 1)r_2 = (1.923/0.183 - 1) \times 0.0224 = 0.213 \ (\Omega)$$

说明：由于工作点 A、B 在机械特性的近似线性部分，且 $s < s_N$，可应用简化的实用表达式 $T = \dfrac{2T_m}{s_m}s$ 来进行求解，以简化计算，但二者结果会有一些差异。

6.2　三相异步电动机的启动

三相异步电动机构成的拖动系统，要求电机在启动过程中：（1）启动电流不能太大，减小对电网的冲击；（2）要有足够的启动转矩，保证生产机械正常启动，缩短启动时间。此外

还要求启动设备简单，价格低廉，便于操作及维护。

6.2.1 直接启动的问题

三相异步电动机直接启动是指电动机直接加额定电压，定子回路不串任何元器件的启动方式。从机械特性曲线上可以看出，与直流电机的启动不同，三相异步电动机的直接启动过程存在启动电流很大，启动转矩不大两方面的问题。对于普通笼型异步电动机，启动电流 $I_{st}=K_i I_N=(4\sim7)I_N$（$K_i$ 为启动电流倍数），启动转矩 $T_{st}=(0.9\sim1.3)T_N$，对于绕线型三相异步电动机，启动转矩 $T_{st}<T_N$。

虽然三相异步电动机启动时存在短时间内有较大的电流，但由于不存在换向问题，一般对不频繁的启动，异步电动机可以承受；对频繁的启动，需要限制每小时最高启动次数。但是启动电流过大会造成电动机本身过热，影响寿命；同时，当供电变压器的容量相对电动机的容量不是很大时，会使其输出电压短时大幅度下降，不仅让正在启动的电动机转矩下降很多，造成启动困难，而且会使同一电网上的其他用电设备不能正常工作。一般要求启动电流对电网造成的电压降不超过 10%，偶尔启动时不超过 15%。因此，为了满足上述要求，确保在获得较大启动转矩的同时降低启动电流，除小容量或轻载运行的三相异步电动机可以直接启动外，大部分电动机需要采取相应的启动措施。

对笼型异步电动机，除直接启动外，可采用如下办法启动：①降低定子电压；②加大定子端电阻或者电抗；③改进结构，如增大转子导条的电阻，改进转子槽形等；④软启动等。

对于绕线型异步电动机，还可采用加大转子端电阻或电抗的方法达到减小启动电流、增大启动转矩的目的。

6.2.2 笼型三相异步电动机的直接启动

笼型异步电动机在设计时已考虑了直接启动时的电磁转矩和发热对电动机的影响，只要负载对启动过程要求不高，且供电电网允许的情况下，可以采用设备简单、操作方便的直接启动方法。

一般 7.5kW 以下的小容量异步电动机都可以直接启动。若供电变压器容量较小，而电动机符合式(6-26)要求的，也允许直接启动。

$$K_i=\frac{I_{st}}{I_{1N}}\leqslant\frac{1}{4}\left[3+\frac{电源总容量(kV\cdot A)}{启动电动机容量(kV\cdot A)}\right] \tag{6-26}$$

式中 K_i——启动电流倍数，$K_i\approx4\sim7$，可以在产品目录中查到。

如不满足式(6-26)，则不能直接启动，需采用降压启动，把启动电流限制到允许数值。

6.2.3 笼型三相异步电动机的降压启动

(1) 定子串三相对称电阻或电抗降压启动

① 接线原理图 定子回路串三相对称电阻或电抗降压启动接线图如图 6-7 所示。启动

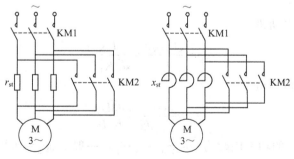

(a) 定子回路串电阻降压启动　　(b) 定子回路串电抗降压启动

图 6-7　定子回路串三相对称电阻或电抗降压启动接线图

时接触器 KM1 闭合，KM2 断开，电动机定子绕组通过启动电阻 r_{st} 或启动电抗 x_{st} 接入电网，启动电流在 r_{st} 或 x_{st} 上产生压降，加在定子绕组上电压降为 U'_1，从而减少启动电流。启动后，KM2 闭合，切除 r_{st} 或 x_{st}，电动机进入正常运行。

② 启动电流和启动转矩的分析与计算　下面以回路中串电阻为例来进行分析，若额定电压启动时，电动机的启动电流为 I_{st}，启动转矩为 T_{st}，定子串入电阻后启动电流降为 I'_{st}，启动转矩为 T'_{st}。假设电动机启动电流需要降低 a 倍，即 $a = I_{st}/I'_{st}$，则

$$T_{st}/T'_{st} = (U_1/U'_1)^2 = (I_{st}/I'_{st})^2 = a^2$$

说明定子回路串电阻启动时，如果启动电流降到直接启动时的 $1/a$，则启动转矩降为原来的 $1/a^2$。因此这种方法只能用于空载或轻载启动。

定子串三相对称电阻降压启动简化等效电路如图 6-8 所示。

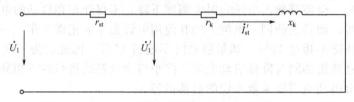

图 6-8　定子串三相对称电阻降压启动简化等效电路图

直接启动时，

$$I_{st} = \frac{U_1}{\sqrt{(r_1+r'_2)^2 + (x_1+x'_2)^2}} = \frac{U_1}{\sqrt{r_k^2 + x_k^2}}$$

串入电阻后，

$$I'_{st} = \frac{U_1}{\sqrt{(r_1+r'_2+r_{st})^2 + (x_1+x'_2)^2}} = \frac{U_1}{\sqrt{(r_k+r_{st})^2 + x_k^2}}$$

由 $a = I_{st}/I'_{st}$ 可得：

$$\frac{U_1}{\sqrt{r_k^2 + x_k^2}} = \frac{aU_1}{\sqrt{(r_k+r_{st})^2 + x_k^2}}$$

解得

$$r_{st} = \sqrt{a^2 r_k^2 + (a^2-1)x_k^2} - r_k \qquad (6\text{-}27)$$

如果定子回路串电抗启动，则按照同样的方法可解得：

$$x_{st} = \sqrt{a^2 x_k^2 + (a^2-1)r_k^2} - x_k \qquad (6\text{-}28)$$

式中的短路电阻 r_k 和短路电抗 x_k 可以由短路试验测得，也可以根据电动机铭牌数据估算得到，估算方法如下：

对于 Y 接的异步电动机

$$z_k = \frac{U_N/\sqrt{3}}{I_{st}} = \frac{U_N}{\sqrt{3}K_i I_N} \qquad (6\text{-}29)$$

对于 D 接的异步电动机

$$z_k = \frac{U_N}{I_{st}/\sqrt{3}} = \frac{\sqrt{3}U_N}{K_i I_N} \qquad (6\text{-}30)$$

异步电动机启动时的功率因数为 $\cos\varphi_{st} = r_k/z_k$，一般 $\cos\varphi_k = 0.25 \sim 0.4$，有

$$\begin{cases} r_k = (0.25 \sim 0.4)z_k \\ x_k = \sqrt{z_k^2 - r_k^2} = (0.97 \sim 0.92)z_k \end{cases} \qquad (6\text{-}31)$$

定子串电阻启动时，r_{st} 上要消耗较多电能，很不经济，适用于低压小功率电动机。定子串电抗启动主要用于高压大功率电动机。

（2）Y-D 降压启动

① 接线原理图　正常运行时定子绕组接成 D 形的三相笼型异步电动机，启动时接成 Y 形，接线图如图 6-9 所示。启动时接触器 KM1、KM3 闭合，定子绕组接成 Y 形，电动机降压启动。当电动机转速接近稳定转速时，KM3 断开，KM2 闭合，定子绕组接成 D 形，启动过程结束。

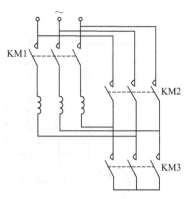

图 6-9　Y-D 启动接线图

② 启动电流和启动转矩的分析与计算　假设电网供给电动机的启动电流为 I_S，电动机的启动电流为 I_{st}。启动时，定子绕组接成 Y 形，电动机每相绕组承受相电压，则此时电网供给电动机的启动电流为：

$$I_{SY} = I_{stY} = \frac{U_N/\sqrt{3}}{z_k} = \frac{1}{\sqrt{3}}\frac{U_N}{z_k} \tag{6-32}$$

若用 D 形接法直接启动，电动机每相绕组承受线电压，则此时电网供给电动机的启动电流为：

$$I_{SD} = \sqrt{3}I_{stD} = \sqrt{3}\frac{U_N}{z_k} \tag{6-33}$$

因此有

$$I_{SY} = \frac{1}{3}I_{SD} \tag{6-34}$$

因为 $T_{st} \propto U_1^2$，Y 启动时相电压等于 $1/\sqrt{3}$ 线电压，直接 D 启动时相电压等于线电压，因此有

$$T_{stY} = \frac{1}{3}T_{stD} \tag{6-35}$$

可见利用 Y-D 方法启动，启动电流和启动转矩都是直接启动的 1/3，适用于电动机的轻载启动，而且限于正常运行为 D 接法的电动机。

（3）自耦变压器降压启动

① 接线原理图　三相笼型异步电动机采用自耦变压器启动接线图如图 6-10 所示，其中 TA 为自耦变压器。启动时接触器 KM2、KM3 闭合，自耦变压器原边加额定电压，由绕组抽头决定的次级电压加到定子绕组上，电动机在低电压下启动。当转速升高接近稳定转速时，KM2、KM3 断开，KM1 闭合，切除自耦变压器，全电压加于定子绕组上，启动结束。

② 启动电流和启动转矩的分析与计算　自耦变压器降压启动一相电路如图 6-11 所示。

根据自耦变压器原理，其初级电压、电流与次级电压、电流的关系为

$$U_N/U_1' = I_{st2}/I_{st1} = N_1/N_2 = k \tag{6-36}$$

式中　U_N——变压器初级电压，V；

　　　I_{st1}——变压器初级电流，A；

　　　I_{st2}——电动机电压为 U_1' 时的启动电流（即变压器的次级电流），A；

　　　k——自耦变压器变比。

当电动机全压启动时，加在电动机端的线电压为 U_N，采用自耦变压器降压启动时，加

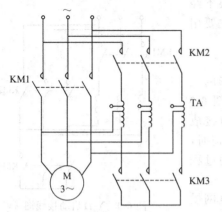
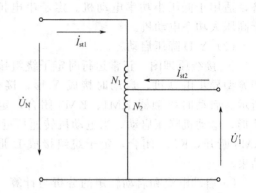

图 6-10　自耦变压器降压启动接线图　　　图 6-11　自耦变压器降压启动的一相电路图

在电动机端的线电压变为 $U_1' = U_N/k$，由于 $I \propto U$，降压启动时电动机定子启动电流：

$$I_{st2} = I_{st}/k \tag{6-37}$$

式中　I_{st}——电动机全压启动时的启动电流，A。

因为电动机接自耦变压器次级，初级接电网，因此电动机从电网吸收的电流，也就是串自耦变压器后的启动电流为

$$I_{st}' = I_{st1} = I_{st2}/k = I_{st}/k^2 \tag{6-38}$$

自耦变压器降压启动时的启动转矩 T_{st}' 与直接启动时的启动转矩 T_{st} 之间的关系为

$$T_{st}'/T_{st} = (U_1'/U_N)^2 = (N_2/N_1)^2 = 1/k^2 \tag{6-39}$$

与直接启动相比较，采用自耦变压器降压启动时，启动电压降到额定电压的 $1/k$，启动电流和启动转矩是直接启动的 $1/k^2$。自耦变压器降压启动在较大容量的笼型异步电动机上应用广泛，实际应用的自耦变压器被设计为多抽头式的，按一定比例设计。例如 QJ2 和 QJ3 系列自耦变压器都设计为三抽头。对于 QJ2 型，抽头的匝数比分别为 55%、64% 和 73%；对于 QJ3 型，抽头的匝数比分别为 40%、60% 和 80%。

（4）三种降压启动方法的比较

三相异步电动机的降压启动方法与直接启动的比较，见表 6-1。

表 6-1　降压启动与直接启动对比表

启动方法	启动电压相对值（电机相电压）	启动电流相对值（电源线电流）	启动转矩相对值	启动设备	应用场合
直接启动	1	1	1	最简单	电机容量小于 7.5kW
串电阻或电抗启动	$1/a$	$1/a$	$1/a^2$	一般	任意容量，轻载启动
Y-D 启动	$1/\sqrt{3}$	$1/3$	$1/3$	简单	正常运行为 D 形，电机可频繁启动
自耦变压器启动	$\dfrac{1}{N_1/N_2} = \dfrac{1}{k}$	$1/k^2$	$1/k^2$	较复杂	较大容量电机，较大负载不频繁启动

在确定启动方法时，应根据电网允许的最大启动电流、负载对启动转矩的要求及启动设备的复杂程度、价格与维护成本等条件综合考虑。

【例 6-4】一台三相笼型异步电动机，定子绕组 D 形接法，相关数据为：$P_N = 28kW$，$U_N = 380V$，$I_N = 58A$，$\cos\varphi_{1N} = 0.88$，$n_N = 1455r/min$，启动电流倍数 $K_i = 6$，启动转矩倍数 $K_{st} = 1.1$，过载能力 $\lambda_m = 2.3$。供电变压器要求启动电流小于或等于 150A，负载启动转矩为 73.5N·m。请选择一种合适的降压启动方法：能采用 Y-D 启动方法，则优先选用；

若采用定子串电抗器启动，要算出电抗的具体数值；若采用自耦变压器降压启动，需从 55％、64％、73％三种抽头中确定一种。

解 电动机额定转矩为

$$T_N = 9550 \frac{P_N}{n_N} = 9550 \times \frac{28}{1455} = 183.78 \ (N \cdot m)$$

保证正常启动的最小转矩为

$$T_{stL} = 1.1 T_L = 1.1 \times 73.5 = 80.85 \ (N \cdot m)$$

① 校验能否采用 Y-D 方法启动　Y-D 启动时的启动电流为

$$I'_{st} = \frac{1}{3} I_{st} = \frac{1}{3} K_i I_N = \frac{1}{3} \times 6 \times 58 = 116 \ (A)$$

Y-D 启动时的启动转矩为

$$T'_{st} = \frac{1}{3} T_{st} = \frac{1}{3} K_{st} T_N = \frac{1}{3} \times 1.1 \times 183.78 = 67.39 \ (N \cdot m)$$

由计算结果可以看出，虽然 $I'_{st} < I_{stL} = 150A$，但 $T'_{st} < T_{stL} = 80.85 N \cdot m$，因此不能采用 Y-D 方法启动。

② 校验能否采用定子串电抗器降压启动　不串电抗器启动的启动电流为

$$I_{st} = K_i I_N = 6 \times 58 = 348 \ (A)$$

减压倍数 a 为

$$a = \frac{I_{st}}{I_{stL}} = \frac{348}{150} = 2.32$$

串电抗的最大启动转矩为

$$T'_{st} = \frac{1}{a^2} T_{st} = \frac{1}{a^2} K_{st} T_N = \frac{1}{2.32^2} \times 1.1 \times 183.78 = 37.6 \ (N \cdot m)$$

显然，由于 $T'_{st} < T_{stL} = 80.85 N \cdot m$，也不能用定子串电抗降压启动。

③ 校验能否采用自耦变压器降压启动　当抽头为 55％时，启动电流与启动转矩为

$$I'_{st} = 0.55^2 I_{st} = 0.55^2 \times 6 \times 58 = 105.27 \ (A)$$

$$T'_{st} = 0.55^2 T_{st} = 0.55^2 \times 1.1 \times 183.78 = 61.15 \ (N \cdot m)$$

虽然 $I'_{st} < I_{stL} = 150A$，但 $T'_{st} < T_{stL} = 80.85 N \cdot m$，因此不能采用 55％抽头。

当抽头为 64％时，启动电流与启动转矩为

$$I'_{st} = 0.64^2 I_{st} = 0.64^2 \times 6 \times 58 = 142.5 \ (A)$$

$$T'_{st} = 0.64^2 T_{st} = 0.64^2 \times 1.1 \times 183.78 = 82.8 \ (N \cdot m)$$

此时，$I'_{st} < I_{stL} = 150A$，且 $T'_{st} > T_{stL} = 80.85 N \cdot m$，因此 64％抽头可以采用。

当抽头为 73％时，启动电流为

$$I'_{st} = 0.73^2 I_{st} = 0.73^2 \times 6 \times 58 = 185.45 \ (A)$$

无需计算启动转矩，因为 $I'_{st} > I_{stL} = 150A$，可以确定不能采用 73％抽头。

6.2.4　高启动转矩的笼型三相异步电动机

三相异步电动机的降压启动方法，在减小了启动电流的同时，都不同程度地降低了启动转矩，只适合空载或轻载启动。对于重载启动，特别是在要求启动过程很快的情况下，则需要启动转矩较大的异步电动机。由电磁转矩的物理表达式可以看出，增大转子电阻可以有效增大启动转矩。对于绕线型异步电动机，可以在转子回路串电阻，而对于笼型异步电动机，则只能通过改进电机结构来增大启动时的转子回路电阻。

（1）转子电阻值较大的笼型异步电动机

对于笼型异步电动机，浇注式鼠笼一般用铝浇注，而高转差率异步电动机、起重冶金用异步电动机的鼠笼采用合金铝（如锰铝或硅铝）浇注，或同时采用转子小槽，减小导条截面

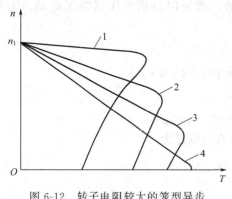

图 6-12　转子电阻较大的笼型异步
电动机的机械特性
1—普通笼型；2—高转差率；
3—起重冶金；4—力矩式

积来增加转子电阻。一般焊接式鼠笼采用紫铜，而力矩异步电动机采用黄铜，黄铜的电阻率比紫铜高，转子电阻也比较大。

转子电阻大，直接启动时的启动转矩大，最大转矩也大，但同时额定转差率较大，运行段机械特性较软，如图 6-12 所示。

高转差率异步电动机适用于要求启动转矩较大或带冲击性负载的机械，如剪床、冲床、锻压机。这些机械中常有机械惯性较大的飞轮，当冲击负载来到时，转速降落大，由飞轮释放出来的动能大，帮助电动机克服高峰负载。起重冶金用异步电动机用于频繁启动、制动的起重、冶金设备上。力矩异步电动机最大转矩约在 $s=1$ 处，能在堵转到接近同步转速的范围内稳定运行，转速随负载变化，适用于恒张力恒线速传动的设备中，如卷取机。

上述类型的笼型异步电动机转子电阻大，正常运行时效率较低，而且电动机价格较贵。

（2）深槽式笼型异步电动机

深槽式笼型异步电动机的转子槽形深而窄，其深度与宽度之比 $h/b=10\sim12$，如图 6-13 所示，而普通笼型异步电动机的比值不超过 5。当转子导条有交流电流时，槽漏磁通的分布情况如图 6-14（a）所示，导条的槽底部分交链的漏磁通比槽口部分多，因此槽底部分的漏电抗较大，槽口部分漏电抗较小。

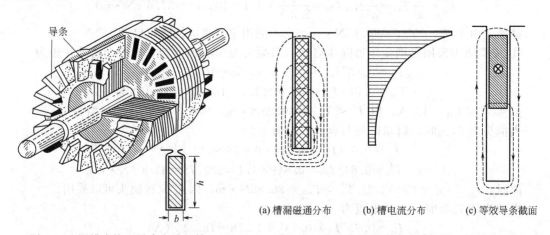

图 6-13　深槽式笼型异步电动机转子

(a) 槽漏磁通分布　　(b) 槽电流分布　　(c) 等效导条截面

图 6-14　深槽式笼型异步电动机转子电流分布图

电动机刚启动时，$s=1$，转子电流频率 $f_2=sf_1=f_1$ 较高，转子漏电抗较大，转子电阻相对很小，电流的分配主要取决于电抗，因此电流主要从漏电抗较小的槽口处通过，如图 6-14（b）所示。这种当频率较高时交流电流集中到导条槽口的现象称为集肤效应，相当于转子导条截面积减小了，如图 6-14（c）所示，这样转子电阻增大，令启动电流减小而启动转矩增加。随着转子转速升高，转差率 s 减小，转子电流频率 f_2 减小，集肤效应越来越不明显。启动过程结束后，$f_2=1\sim3\text{Hz}$，集肤效应消失，转子导条内的电流分布均匀，导条电阻变为较小的直流电阻。

深槽式笼型异步电动机的转子漏磁通较多，转子漏电抗较大，其过载能力和功率因数均比普通笼型异步电动机稍低，如图 6-15 所示。

（3）双笼型异步电动机

双笼型异步电动机的转子上装有两套并联的鼠笼，如图 6-16 所示。外笼导条截面积小，用电阻率较高的黄铜制成，电阻较大；内笼导条截面积大，用电阻率较低的紫铜制成，电阻较小。电动机运行时，导条内有交流电流过，内笼交链的漏磁通多，漏电抗较大；外笼交链的漏磁通少，漏电抗较小。

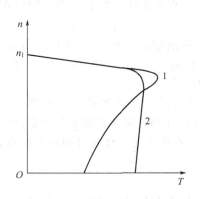

图 6-15　深槽式笼型异步
电动机的机械特性
1—普通笼型；2—深槽式笼型

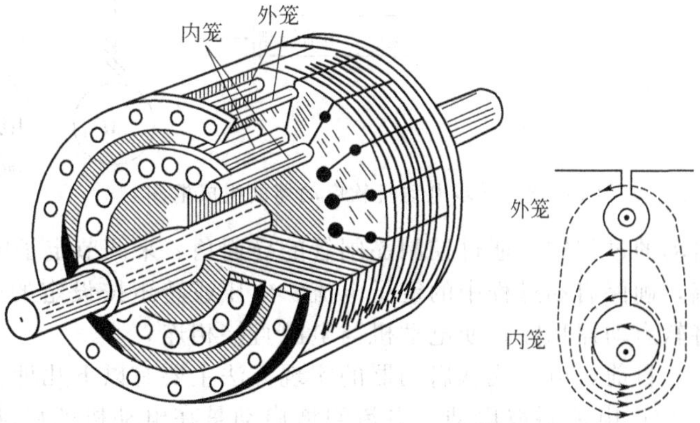

图 6-16　双笼型异步电动机转子

与深槽式转子类似，电动机启动时转子频率较高，电流的分配主要取决于电抗。内笼电抗大、电流小；外笼电抗小，电流大。因此启动时外笼起主要作用，外笼又称为启动笼。电动机启动后正常运行时，转子电流频率很低，电流的分配主要取决于电阻。内笼电阻小、电流大；外笼电阻大、电流小。因此运行时内笼起主要作用，内笼又称为运行笼。

外笼、内笼各自的机械特性如图 6-17 所示的曲线 1 和曲线 2，合成曲线 3 就是双笼异步电动机的机械特性。改变外笼和内笼的参数，可以得到不同形状的机械特性。

双笼异步电动机的启动转矩较大，由于双笼转子比普通转子漏电抗大，功率因数稍低，但效率相差不多。由于不像深槽式异步电动机转子槽很深，因此双笼转子比深槽转子机械强度更好，适用于高转速大容量的电机。

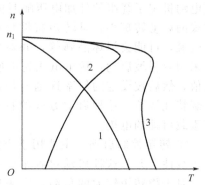

图 6-17　双笼型异步电动机的机械特性
1—外笼；2—内笼；3—双笼

6.2.5　笼型三相异步电动机的软启动

上面介绍了几种笼型三相异步电动机的降压启动方法，这些启动方法的共同缺点是：均需在转子转速升到一定值时切换为全压正常运行。如果切换时刻把握不好，不仅会造成启动过程不平滑，而且会在启动过程中引起二次电流冲击，延长启动时间，增加启动损耗。随着电力电子技术、计算机技术、自动控制技术等的发展，既节能又可以提高启动性能的异步电动机启动方法日益成熟，并获得了越来越广泛的应用。

目前，在电力拖动系统中广泛应用的异步电动机启动方法主要有两种：（1）采用变频器启动；（2）采用软启动。变频器启动是通过变频和调压来满足启动要求，其工作原理见 6.4.3 节。从性能上说，变频器启动要比软启动优越，但变频器价格较高。软启动是保持电源频率不变，仅通过改变定子电压满足启动要求。软启动不仅可以根据不同的应用场合选择

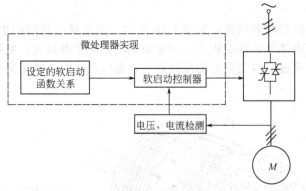

图 6-18 异步电动机软启动器的组成框图

不同的启动控制方案，而且可以实现软停车、轻载节能以及过流、过压保护等多种功能，因此应用较广。软启动器的实现方案较多，这里仅介绍电子式软启动器的系统组成及工作原理。

电子式软启动器的组成框图如图6-18所示，主要组成部分为：三相反并联晶闸管，软启动控制器，电流、电压检测装置等，它实际上是一台交流调压器。

电子式软启动器的工作原理是在启动的过程中，通过控制晶闸管的导通角 α 来调节定子电压，并利用闭环控制来限制启动电流，确保启动过程中的定子电流、电压或转矩按设定的函数关系变化，直到启动过程结束，将软启动器切除，使电动机与电源直接相连。

目前，电子式软启动器的实现方法主要有以下几种。

① 电流斜坡启动　电流斜坡启动是在电动机的启动过程中限制其启动电流不超过某一设定值的启动方式，一般采取电流反馈控制。电流斜坡启动首先使启动电流随时间按设定规律变化，直到达到预先设定的电流限定值 I_m，然后保持电流恒定，直至启动结束。启动过程中，电流变化率 di/dt 按电动机负载的具体情况设定。di/dt 越大，则启动转矩越大，启动时间越短。这种启动方式的启动电流小，可按需要调整，对电网电压影响较小，目前应用最多，尤其是在风机和泵类负载场合。

② 电压斜坡启动　电压斜坡启动简单，无需电流闭环控制，通过控制晶闸管的导通角 α 使电动机定子绕组的外加电压随时间按预先设定的斜率上升，电压变化连续。这种启动方式的启动转矩小，且转矩特性呈抛物线上升。由于不限流，启动过程中存在一定的冲击电流，可能会损坏晶闸管，并对电网造成一定的影响，目前已很少应用。改进的方法是采用双斜坡启动：输出电压先迅速升至 U_1，U_1 为电动机启动所需的最小转矩对应的电压值，然后按设定的斜率逐渐升压，直至达到额定电压。初始电压及电压上升率可根据负载特性调整。这种启动方式的特点是启动电流相对较大，但启动时间相对较短，适用于重载启动的电机。

③ 转矩控制启动　主要用于重载启动，控制电机定子绕组的外加电压使电动机启动转矩线性上升。这种启动过程平滑，柔性好，同时可减少对电网的冲击，但启动时间较长。对于静转矩较大的负载，常采取转矩加突跳控制启动，启动的瞬间用突跳转矩，以克服拖动系统的静转矩，然后控制转矩使之平稳上升。这种方法对电网影响较大，且干扰其他负载。

④ 阶跃启动　阶跃启动可以确保在最短时间内使启动电流达到设定值。通过调节启动电流的设定值可以达到快速启动的效果。

上述各种软启动方法各有优缺点，具体采用哪一种方案，可根据负载的大小、类型及启动要求确定。

6.2.6　绕线型三相异步电动机的启动

通过对三相异步电动机的人为机械特性分析可知，三相绕线型异步电动机启动时，转子回路串接适当阻值的三相对称电阻，既能限制启动电流，又能增大启动转矩，最大可使启动转矩 T'_{st} 等于最大电磁转矩 T_m。启动结束后，可以切除串入电阻，电动机的效率不受影响。

由于绕线型电动机结构较复杂，价格较高，控制维护较困难，通常在笼型异步电动机难以满足拖动系统要求时，如重载和需要频繁启动的场合，才选用绕线型电动机。

（1）转子串频敏变阻器启动

① 接线原理图　转子串频敏变阻器启动的绕线型三相异步电动机接线图如图 6-19 所示，启动开始，接触器 KM2 断开，KM1 闭合，转子串入频敏变阻器启动。电机转速达到稳定值后，接触器 KM2 闭合，切除频敏变阻器，电动机进入正常运行状态。

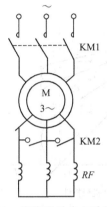

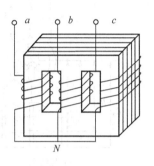

图 6-19　绕线型异步电动机转子
串频敏变阻器启动接线图

图 6-20　频敏变阻器结构示意图

频敏变阻器是由 30～50mm 厚的钢板叠成铁芯，在铁芯柱上套有线圈的电抗器，如图 6-20 所示，类似一台没有二次绕组的三相变压器。其等效电路与变压器空载等效电路相似，忽略绕组漏阻抗后，只剩下励磁电阻 r_m 与励磁电抗 x_m，如图 6-21(a) 所示。

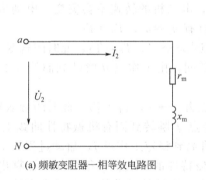

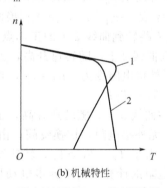

(a) 频敏变阻器一相等效电路图

(b) 机械特性

1—固有机械特性；2—串频敏变阻
器的人为机械特性

图 6-21　串频敏变阻器启动工作原理图

② 频敏变阻器的工作原理　转子回路串频敏变阻器启动时，随着转子回路频率 $f_2 = sf_1$ 的降低，频敏变阻器的阻抗 $Z_m = r_m + jx_m$ 自动减小，启动过程既限制了启动电流，又得到了较大的启动转矩。具体工作过程如下：

电动机启动时，转差率 $s = 1$，转子回路频率 $f_2 = f_1$，由于频敏变阻器的铁损耗 p_{Fe} 与 f_2 的平方成正比，此时铁损耗大，即如图 6-21(a) 所示等效电路 z_m 较大，其中励磁电阻比励磁电抗大得多，从而使转子回路电阻增大，电动机启动电流减小，启动转矩增大。随着转速的上升，转差率 s 下降，转子回路频率 f_2 减小，p_{Fe} 减小，相应 r_m 与 x_m 都自动减小，使电动机平滑启动。启动结束后，$f_2 = sf_1$ 很小，z_m 很小，频敏变阻器自动不起作用。

转子回路串频敏变阻器的机械特性如图 6-21(b) 所示，只要 $Z_m = r_m + jx_m$ 设计合理，就可以得到近似于恒启动转矩的机械特性。

（2）转子串电阻分级启动

① 接线原理图　与直流电动机电枢回路串电阻分级启动原理类似，绕线型异步电动机也可以采取转子回路串电阻分级启动的方法，其接线原理图与机械特性如图 6-22 所示。下面以图中所示的三级启动为例来说明启动过程，其中 T_1 为启动转矩，T_2 为切换转矩，T_1 与 T_2 均大于负载转矩 T_L。

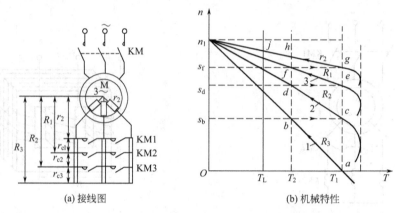

(a) 接线图　　　　　　　　　(b) 机械特性

图 6-22　绕线型异步电动机转子串电阻分级启动

a. 启动开始，闭合接触器 KM，断开 KM1、KM2、KM3，转子外接电阻为：$R_3 = r_{c1} + r_{c2} + r_{c3}$，此时电动机的电磁转矩 $T = T_1 > T_L$，电动机从 a 点开始加速启动；

b. 随着电机转速的升高，电动机工作在人为特性曲线 1 上，由工作点 a 运行到工作点 b 时，转速由 0 升高至 n_b，电磁转矩由 T_1 减小到 T_2，此时闭合 KM3，电阻 r_{c3} 被切除，转子外接电阻变为：$R_2 = r_{c1} + r_{c2}$，由于切换瞬间，电动机的转速不会突变，电动机由特性曲线 1 上的工作点 b 跳转到曲线 2 上的工作点 c，且有 $n_b = n_c$，$T_c = T_1$；

c. 在特性曲线 2 上，随转速升高，工作点由 $c \to d$，$T_d = T_2$，此时闭合 KM2，电阻 r_{c2} 被切除，转子外接电阻变为：$R_1 = r_{c1}$，切换瞬间，由工作点 d 跳转到曲线 3 上的工作点 e，且有 $n_d = n_e$，$T_e = T_1$；

d. 在特性曲线 3 上，随转速升高，工作点由 $e \to f$，$T_f = T_2$，此时闭合 KM1，电阻 r_{c1} 被切除，转子无外接电阻，切换瞬间，由工作点 f 跳转到固有机械特性曲线上的工作点 g，且有 $n_f = n_g$，由于 $T_g = T_1 > T_L$，转速逐渐升高到稳定工作点 j，启动过程结束。

② 启动电阻的计算　由于异步电动机机械特性的非线性，很难准确计算出各级启动电阻值。为简化计算，考虑到在 $0 < s < s_m$ 范围内，机械特性曲线可近似为直线，用机械特性近似表达式 $T = \dfrac{2T_m}{s_m} s$ 计算各级启动电阻，有如下基本结论：

a. 对于图 6-22(b) 中的同一条机械特性曲线，由于 T_m，s_m 相同，因此 $T \propto s$；

b. 对于图 6-22(b) 中不同的机械特性曲线，在跳转点，两个工作点转速相同，即 s 相同，由于 T_m 一直保持不变，又已知 $s_m = \dfrac{r_2' + r_c'}{x_1 + x_2'}$，则有 $T \propto \dfrac{1}{s_m} \propto \dfrac{1}{r_2 + r_c}$；

c. 对于图 6-22(b) 中不同的机械特性曲线，如果电磁转矩相同，则有 $\dfrac{s'}{s} = \dfrac{r_2 + r_c}{r_2}$。

设 $\beta = \dfrac{T_1}{T_2} > 1$，根据结论 b，在跳转点 $f \to g$，有 $\dfrac{r_2 + r_{c1}}{r_2} = \dfrac{R_1}{r_2} = \dfrac{T_1}{T_2} = \beta$，即 $R_1 = \beta r_2$，同理可得 $R_2 = \beta R_1$，$R_3 = \beta R_2$，若系统有 m 级分级启动，则各级总电阻有如下关系

$$
\begin{cases}
R_1 = \beta r_2 \\
R_2 = \beta R_1 = \beta^2 r_2 \\
\cdots\cdots \\
R_m = \beta R_{m-1} = \beta^m r_2
\end{cases}
\tag{6-40}
$$

根据结论 c，观察图 6-22(b) 中的启动工作点 a 与工作点 g，有

$$
\frac{s'}{s} = \frac{1}{s} = \frac{R_3}{r_2} = \beta^3
\tag{6-41}
$$

为了能够利用电动机铭牌数据来进行分析计算，根据结论 a，在固有机械特性曲线上，有

$$
\frac{T_N}{T_1} = \frac{s_N}{s}
\tag{6-42}
$$

由式(6-41) 与式(6-42) 可以得到 $\beta^m = \dfrac{T_N}{s_N T_1}$，写为

$$
\beta = \sqrt[m]{\frac{T_N}{s_N T_1}} \text{ 或 } \beta = \sqrt[m+1]{\frac{T_N}{s_N T_2}}
\tag{6-43}
$$

由公式(6-40) 与公式(6-43)，可以进行分级电阻的计算。具体计算有两种情况。

一种情况是已知启动极数 m，计算方法如下：

a. 按照要求或者根据 $T_1 \leqslant 0.85 T_m$，选取 T_1；

b. 由公式(6-43)，求取 β；

c. 由 $T_2 = T_1/\beta$ 求取 T_2，判断是否满足 $T_2 \geqslant (1.1 \sim 1.2) T_L$，若满足继续步骤 d；若不满足，重新选取 T_1 或增加启动级数 m，重复步骤 b；

d. 估算或者试验方法确定 r_2；

e. 按照式(6-40) 计算各级电阻值。

另一种情况是启动级数 m 未知，按下列方法计算：

a. 按照要求或者根据 $T_1 \leqslant 0.85 T_m$ 和 $T_2 \geqslant (1.1 \sim 1.2) T_L$ 选取 T_1 和 T_2；

b. 计算 $\beta = T_1/T_2$；

c. 由公式(6-43) 计算启动级数 m，m 取结果的相邻最大整数，根据 m 值，利用公式(6-43) 重新计算 β，并确定 T_1 或 T_2 具体数值；

d. 估算或者试验方法确定 r_2；

e. 按照式(6-40) 计算各级电阻值。

综上所述，绕线型异步电动机转子回路串频敏变阻器或串电阻分级启动，适用于大、中容量电动机的重载启动。转子串频敏变阻器启动具有结构简单，价格便宜，运行可靠，维护方便等优点，已获得了广泛的应用；转子回路串电阻分级启动，可以获得最大的启动转矩，启动时功率因数高，启动电阻可兼作调速电阻。但启动设备复杂，投资较大，维护不方便。

【例 6-5】 一台三相绕线型异步电动机，转子绕组 Y 连接，相关数据为：$P_N = 40\text{kW}$，$n_N = 1460\text{r/min}$，$E_{2N} = 420\text{V}$，$I_{2N} = 61.5\text{A}$，$\lambda_m = 2.6$。启动时负载转矩 $T_L = 0.75 T_N$，求转子串电阻三级启动的电阻值。

解 由同步转速 $n_1 = 1500\text{r/min}$ 和 n_N 可求得额定转差率

$$
s_N = \frac{n_1 - n_N}{n_1} = \frac{1500 - 1460}{1500} = 0.027
$$

转子每相电阻

$$
r_2 \approx \frac{s_N E_{2N}}{\sqrt{3} I_{2N}} = \frac{0.027 \times 420}{\sqrt{3} \times 61.5} = 0.106 \ (\Omega)
$$

最大启动转矩

$$T_1 \leqslant 0.85\lambda_m T_N = 0.85 \times 2.6 T_N = 2.21 T_N, \quad 取\ T_1 = 2.21 T_N$$

启动转矩比

$$\beta = \sqrt[m]{\frac{T_N}{s_N T_1}} = \sqrt[3]{\frac{T_N}{0.027 \times 2.21 T_N}} = 2.56$$

校验切换转矩

$$T_2 = \frac{T_1}{\beta} = \frac{2.21 T_N}{2.56} = 0.863 T_N$$

$$1.1 T_L = 1.1 \times 0.75 T_N = 0.825 T_N$$

$$T_2 > 1.1 T_L, \text{合适。}$$

启动时各级转子回路总电阻

$$R_1 = \beta r_2 = 2.56 \times 0.106 = 0.271\ (\Omega)$$

$$R_2 = \beta^2 r_2 = 2.56^2 \times 0.106 = 0.695\ (\Omega)$$

$$R_3 = \beta^3 r_2 = 2.56^3 \times 0.106 = 1.778\ (\Omega)$$

各级转子回路外串电阻

$$r_{c1} = R_1 - r_2 = 0.271 - 0.106 = 0.165\ (\Omega)$$

$$r_{c2} = R_2 - R_1 = 0.695 - 0.271 = 0.424\ (\Omega)$$

$$r_{c3} = R_3 - R_2 = 1.778 - 0.695 = 1.083\ (\Omega)$$

6.3　三相异步电动机的制动

为了满足不同生产机械对电力拖动的要求，异步电动机与直流电动机一样，应具有各种运行状态。三相异步电动机的制动过程，是指根据需要将电动机转速由稳定转速降为零或者下降转速到某一稳定值的过程。从前面对三相交流电动机的原理分析可见：（1）电磁转矩 T 与转速 n 方向一致，电机处于电动状态，此时电磁转矩为驱动转矩，电机从电源吸收电功率，输出机械功率，其机械特性在Ⅰ、Ⅲ象限，如图 6-23 所示；（2）电磁转矩 T 与转速 n 方向相反，电机处于制动状态，此时电磁转矩为制动转矩，从电机轴上输入的机械功率转换为电功率，消耗于转子电阻或回馈到电网中去，其机械特性在Ⅱ、Ⅳ象限。

根据制动状态中电磁转矩 T 与转速 n 的不同情况，可以分为能耗制动、反接制动与回馈制动，下面分别进行介绍。

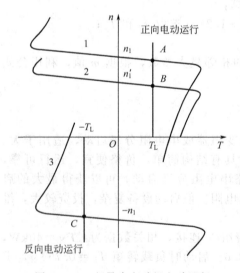

图 6-23　三相异步电动机电动运行
1—固有机械特性；2—降低电源频率的人为机械特性；3—电源相序为负序（A-C-B）时的固有机械特性

6.3.1　能耗制动

（1）能耗制动原理

若断开三相异步电动机定子绕组电源，则电机内的磁动势消失，电磁转矩 $T = 0$，电动机在负载转矩的作用下，自然停车，这是自然制动过程。

三相异步电动机在运行过程中，仅定子绕组通电。一旦定子绕组断电，气隙中将不再存在磁场，无法产生制动性质的电磁转矩。因此，为实现三相异步电动机能耗制动，需提供额外的励磁电源。

能耗制动的实现方法是将异步电动机的定子绕组迅速脱离电网，同时将其切换到直流电源上。通过给定子绕组加入直流励磁电流建立静止磁场。于是旋转的转子切割静止磁场，产生具有制动性质的电磁转矩，从而确保拖动系统快速停车或使位能性负载匀速下放。

能耗制动接线图如图 6-24 所示。若接触器 KM1 闭合，KM2 断开，电机运行于正向电动状态。能耗制动时，将 KM1 断开，KM2 闭合，使定子绕组脱离三相交流电网后，经限流电阻通入直流电 I_d。

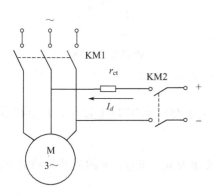 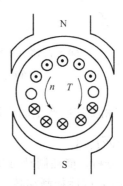

图 6-24　异步电动机能耗制动接线图　　　图 6-25　异步电动机能耗制动原理图

流过定子绕组的直流电 I_d 会在电机气隙中建立一个静止磁场，转子由于惯性作用继续沿原方向旋转，转子导体中产生感应电动势和感应电流，转子电流与气隙磁场相互作用产生的电磁转矩 T 与转速 n 方向相反，电动机处于制动状态，如图 6-25 所示。

能耗制动实质上是将拖动系统中储存的动能或势能经电机转变为电能，消耗在转子回路的电阻上。能耗制动可用于反抗性负载准确停机，也可用于位能负载匀速下放的情况：①若带反抗性负载，当转速下降到零时，拖动系统的动能降为零，电磁转矩也为零，电机停转后不会反向启动，制动过程结束；②若带位能性负载，电机停转后会在位能性负载转矩的作用下反向启动，进入第Ⅳ象限稳定运行，以一定速度下放重物。

（2）能耗制动的等效电路

能耗制动的原理与机械特性，可以借用三相交流电旋转磁场原理与三相异步电动机的原理进行分析。如图 6-26 所示，把由直流电 I_d 建立的静止磁场看成是以同步转速 n_1 旋转的旋转磁场，同时将转子相对转速变换为 n_1+n。

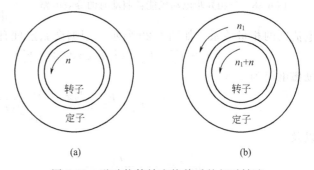

图 6-26　磁动势等效变换前后的相对转速

若直流电 I_d 产生的磁动势幅值为 F_d，其大小与定子绕组的接法及通入 I_d 的方式有关。设定子绕组 Y 接，直流电 I_d 从端子 A 流入，B 流出，如图 6-27 所示。则磁动势

$$F_d = \sqrt{3} F_A = \sqrt{3} \frac{4}{\pi} \times \frac{1}{2} \times \frac{N_1 k_{N1}}{p} I_d$$

若电机通入三相对称交流电，每相交流电流的有效值为 I_1，则三相合成磁动势：$F_1 = \frac{3}{2} \times \frac{4}{\pi} \times \frac{\sqrt{2}}{2} \times \frac{N_1 k_{N1}}{p} I_1$，若使 $F_1 = F_d$，则 $I_1 = \sqrt{\frac{2}{3}} I_d$，即 I_d 产生的固定磁动势与通入大小为

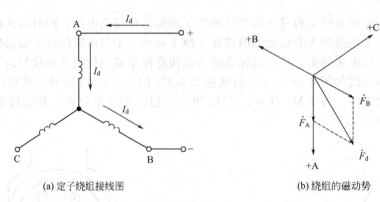

(a) 定子绕组接线图　　　　　　　　　　　(b) 绕组的磁动势

图 6-27　定子绕组通入直流电时的磁动势

$I_1 = \sqrt{\dfrac{2}{3}} I_d$ 的三相交流电产生的旋转磁动势等效。若定子绕组采用 D 形接法，I_d 由任意两端通过，则 $I_1 = \sqrt{2} I_d / 3$。

通过以上分析，能耗制动时相当于气隙中存在转速为 $n_1 = 60 f_1 / p$ 的旋转磁动势 F_1，转子转速为 $n_1 + n$，故能耗制动转差率为

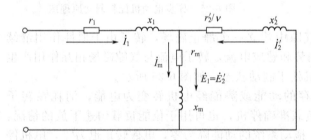

$$\nu = \frac{n_1 - (n_1 + n)}{n_1} = -\frac{n}{n_1} \quad (6\text{-}44)$$

类似分析电动状态时的等效电路关系，可以得到如图 6-28 所示能耗制动时的等效电路。

（3）能耗制动的机械特性

能耗制动时，电动机内铁损耗很小，可将其忽略，即 $r_m = 0$。根据以上等效电路可以画出电机定、转子电流与励磁

图 6-28　三相异步电动机能耗制动时的等效电路

电流间的相量关系，如图 6-29 所示，根据余弦定理有

$$I_1^2 = I_2'^2 + I_m^2 - 2 I_2' I_m \cos(90° + \varphi_2') = I_2'^2 + I_m^2 + 2 I_2' I_m \sin\varphi_2' \quad (6\text{-}45)$$

励磁电流为

$$I_m = \frac{E_2'}{x_m} = \frac{I_2' z_2'}{x_m} = \frac{I_2'}{x_m} \sqrt{(r_2'/\nu)^2 + x_2'^2} \quad (6\text{-}46)$$

以及

$$\sin\varphi_2' = \frac{x_2'}{\sqrt{(r_2'/\nu)^2 + x_2'^2}} \quad (6\text{-}47)$$

将式（6-46）、式（6-47）代入式（6-45）整理后得

$$I_2'^2 = \frac{I_1^2 x_m^2}{(r_2'/\nu)^2 + (x_m + x_2')^2} \quad (6\text{-}48)$$

则电磁转矩为

$$T = \frac{P_M}{\Omega_1} = \frac{m_1 I_2'^2 r_2'/\nu}{\Omega_1} = \frac{m_1 I_1^2 x_m^2 r_2'/\nu}{\Omega_1 [(r_2'/\nu)^2 + (x_m + x_2')^2]} \quad (6\text{-}49)$$

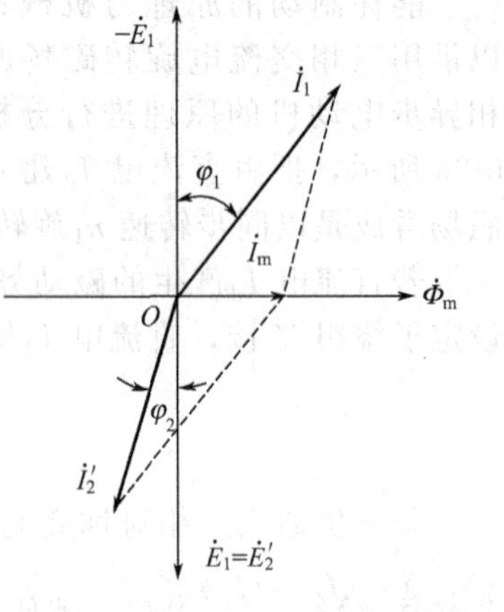

式（6-49）是能耗制动的机械特性表达式。将式（6-49）对 ν

图 6-29　能耗制动的电流相量图

求导，并令 $dT/d\nu=0$，可得最大制动转矩及其对应的转差率为

$$T_{mT}=-\frac{m_1}{\Omega_1}\times\frac{I_1^2 x_m^2}{2(x_m+x_2')} \tag{6-50}$$

$$\nu_m=-\frac{r_2'}{x_m+x_2'} \tag{6-51}$$

根据以上分析可以绘制三相异步电动机能耗制动时的机械特性如图 6-30 所示。若转子回路电阻相同而通入的直流电增大时，ν_m 相同，T_{mT} 绝对值增大，见曲线 1 与 2 所示。若通入的直流电相同而转子回路电阻增大时，则 ν_m 绝对值增大，T_{mT} 不变，见曲线 1 与 3 所示。

由式(6-49) 和式(6-50) 可得能耗制动机械特性实用表达式为

$$T=\frac{2T_{mT}}{\nu/\nu_m+\nu_m/\nu} \tag{6-52}$$

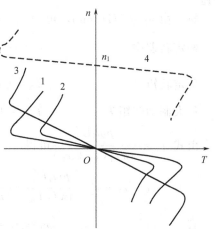

图 6-30 异步电动机能耗制动机械特性

电动状态与能耗制动状态的机械特性形式虽然相同，但二者有本质区别：

① 电动状态时，合成磁场是转速为同步转速 n_1 的旋转磁场，合成磁通近似不变；能耗制动磁场静止不动，磁通量正比于直流电流 I_d；

② 电动状态时，定子电流 I_1 随转差率 s 变化；能耗制动的 I_d 与 ν 无关，为定值；

③ 电动状态时，特性曲线均通过同步转速点；能耗制动时特性曲线均通过原点；

④ 能耗制动等效电路中的电流、电动势各电量是等效电流 I_1 产生磁动势作用的结果，并不代表实际运行的各量。

能耗制动时，既要制动转矩大，又不能使定、转子电流过大引起绕组过热，必须适当选择 I_d 与外接电阻值。一般对笼型电动机取 $I_d=(4\sim5)I_0$；对于绕线型电动机取 $I_d=(2\sim3)I_0$；$r_{ct}=(0.2\sim0.4)\dfrac{E_{2N}}{\sqrt{3}I_{2N}}-r_2$。其中 I_0 为异步电动机空载电流，一般有 $I_0=(0.2\sim0.5)I_{1N}$。此时最大制动转矩 $T_{mT}=(1.25\sim2.2)T_N$。

（4）能耗制动分析

三相异步电动机工作在电动运行状态时，采用能耗制动停车，电动机的运行过程见图 6-31。

对于反抗性负载，可采用能耗制动实现快速、准确停车。能耗制动切换瞬间，由于惯性，电动机转速不会突变，电动机从正常电动运行工作点 A 过渡到能耗制动特性曲线 2 上的工作点 B，然后沿箭头方向运行到原点 O，电动机转速降为零，制动过程结束。

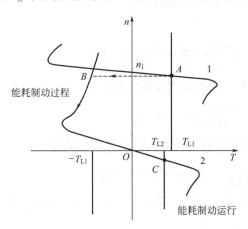

图 6-31 电动机带不同负载时的能耗制动过程
1—固有机械特性；2—能耗制动机械特性

对于位能性负载，当运行到原点 O 时，若不将电动机转子制动住，则电机在位能性负载转矩的作用下，带动电机反转，沿图中箭头方向运行，直至工作点 C，电机稳速运行，此时 $T_C=T_{L2}$，位能性负载以速度 $|n_C|$ 稳速下放。此时电动机轴上输入的机械功率靠重物下

降时减少的位能提供，转换为电功率后消耗在转子回路中。

【例 6-6】 某三相绕线型异步电动机有关参数为：$P_N=60kW$，$U_N=380V$，$I_{1N}=133A$，$n_N=577r/min$，$E_{2N}=253V$，$I_{2N}=160A$，$\lambda_m=2.5$，空载电流 $I_0=60A$，定、转子均为 Y 连接。现采用能耗制动，定子绕组接线方式如图 6-27(a) 所示。试求：

① 为使电机快速停车，要求 $T_{mT}=1.5T_N$ 时，$\nu'_m=-0.4$，转子回路应串入多大电阻？

② 在外串电阻不变时，要求电动机带位能负载转矩 $T_L=0.8T_N$ 稳速下放，求下放时的转速。

解 由 $n_N=577r/min$，可知 $n_1=600r/min$，$p=5$

额定转差率 $$s_N=\frac{n_1-n_N}{n_1}=\frac{600-577}{600}=0.0383$$

额定转矩 $$T_N=9550\frac{P_N}{n_N}=9550\times\frac{60}{577}=993 (N\cdot m)$$

最大制动转矩为 $$T_{mT}=1.5T_N=1.5\times993=1489.5 (N\cdot m)$$

由式 $T_m=\dfrac{pm_1U_1^2}{4\pi f_1(x_1+x'_2)}$ 可得

$$x_k=x_1+x'_2=\frac{pm_1U_1^2}{4\pi f_1 T_m}=\frac{pm_1U_1^2}{4\pi f_1\lambda_m T_N}=\frac{5\times3\times(380/\sqrt{3})^2}{4\pi\times50\times2.5\times993}=0.463 (\Omega)$$

有 $$x_1\approx x'_2=\frac{x_k}{2}=\frac{0.463}{2}=0.232 (\Omega)$$

因为定、转子都为 Y 接，$m_1=m_2=3$，转子折算中的变比 $k_i=k_e=k$。

$$k=\frac{E_{1N}}{E_{2N}}\approx\frac{0.95U_N}{E_{2N}}=\frac{0.95\times380}{253}=1.427$$

转子电阻 $$r_2=s_N\frac{E_{2N}/\sqrt{3}}{I_{2N}}=0.0383\times\frac{253/\sqrt{3}}{160}=0.035 (\Omega)$$

折算至定子边的电阻 $$r'_2=k^2 r_2=1.427^2\times0.035=0.0713 (\Omega)$$

利用等效电路求 x_m（忽略 r_m）

$$x_m\approx\frac{E_{1N}}{I_0}\approx\frac{0.95(U_N/\sqrt{3})}{I_0}=\frac{0.95\times380}{\sqrt{3}\times60}=3.215 (\Omega)$$

① 求转子回路应串入的电阻　转子不串电阻时，能耗制动临界转差率为

$$\nu_m=-\frac{r'_2}{x_m+x'_2}=-\frac{0.0713}{3.215+0.232}=-0.021$$

转子外串电阻时的人为机械特性，仿照电动状态时转子外串电阻的计算公式有

$$r_t=\left(\frac{\nu'_m}{\nu_m}-1\right)r_2=\left(\frac{-0.4}{-0.021}-1\right)\times0.035=0.63\Omega$$

② 求位能负载 $T_L=0.8T_N$ 的下放速度　将 $T_L=0.8T_N$，$T_{mT}=-1.5T_N$，$\nu'_m=-0.4$ 代入能耗制动的实用表达式，可得

$$T=\frac{2T_{mT}}{\nu/\nu_m+\nu_m/\nu}$$

有 $0.8T_N=\dfrac{2\times(-1.5T_N)}{\nu/(-0.4)+(-0.4)/\nu}$，解得

$$\nu_1=0.116，\nu_2=1.38 （运行于不稳定区，舍去）$$
$$n=-\nu n_1=-0.116\times600=-70(r/min)$$

即位能负载的下放速度为70r/min，图 6-31 所示的工作点 C。

6.3.2 反接制动

三相异步电动机的反接制动，分为定子电源反接的反接制动和转速反向的反接制动两种。

（1）定子两相反接的反接制动

① 反接制动原理　图 6-32 所示为绕线型异步电动机接线图。接触器 KM1 闭合，KM2 断开，电动机处于正常电动工作状态，拖动负载 T_L 稳速运行于图 6-33 所示工作点 A。若断开 KM1，闭合 KM2，则电源相序发生改变（由 $A \rightarrow B \rightarrow C$ 相序变为 $A \rightarrow C \rightarrow B$ 相序），旋转磁场方向随之反向，而转子转速不可能突变，因此转子感应电动势与感应电流反向，电磁转矩也反向，电动机处于制动运行状态，电动机转速迅速下降，直到转速 $n=0$，电机停转，实现快速制动停车。

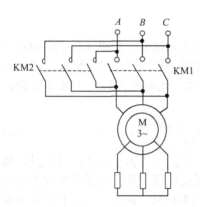

图 6-32　绕线型异步电动机定子两相
反接的反接制动接线图

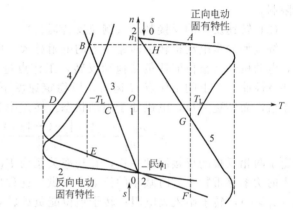

图 6-33　异步电动机反接制动机械特性

② 机械特性　电动机固有特性如图 6-33 的曲线 1 所示。当定子两相反接时，旋转磁场反向，电机由工作点 A 跳转到反向电动曲线 4 上的工作点 B，有 $n_A = n_B$。以下公式中，同步转速 n_1、转速 n 等符号均代表变量，加绝对值符号后代表数值大小。在第 II 象限反向电动机械特性曲线上的转差率为

$$s = \frac{n_1 - n}{n_1} = \frac{-|n_1| - |n|}{-|n_1|} = \frac{|n_1| + |n|}{|n_1|} > 1 \tag{6-53}$$

反接制动时的电磁功率 P_M、总机械功率 P_m 和转差功率（转子铜损耗）p_{Cu2} 分别为：

$$P_M = m_1 I_2'^2 \frac{r_2' + r_t'}{s} > 0 \tag{6-54}$$

$$P_m = (1-s)P_M = m_1 I_2'^2 \frac{1-s}{s}(r_2' + r_t') < 0 \tag{6-55}$$

$$p_{Cu2} = m_1 I_2'^2 (r_2' + r_t') = P_M - P_m = P_M + |P_m| \tag{6-56}$$

式（6-54）～式（6-56）中，r_t' 为转子回路串入的电阻。

可见，电动机既要从电网吸收电功率（$P_M > 0$），又要从轴上输入机械功率（$P_m < 0$），后者是在反接制动降速过程中由拖动系统转动部分减少的动能提供。两者都转变为转差功率 p_{Cu2}，消耗在转子回路电阻中。因此转子回路应串入比启动电阻还大的电阻，以负担大部分转子铜损耗，使电动机不致因过热而烧坏，如图 6-33 的人为机械特性 3 所示。

（2）制动分析

电动机拖动位能性负载或反抗性负载稳定运行，反接制动瞬间，工作点 $A \rightarrow B$。

a. 若反向时串入的电阻不大，则沿特性曲线 4，工作点 $B \rightarrow D$，制动减速至零。

b. 若反向时串入足够大电阻，则沿特性曲线 3，工作点 $B \to C$，制动减速至零。

若拖动系统带反抗性负载，则减速至零后，需要比较此时的电磁转矩 $T(T_C$ 或者 $T_D)$ 与 T_L 的大小，若 $|T| < |T_L|$，则系统不会反向启动；若 $|T| > |T_L|$ 则电机进入反向电动状态，稳定运行在反向电动状态，如图 6-33 所示的曲线 4 工作点 $D \to E$。对于位能性负载，电动机被负载拖动继续加速，超过同步转速进入回馈制动状态，在第 IV 象限工作点 F 稳定运行。图 6-33 所示的几种可能的运行情况总结如下：

a. 对反抗性负载，$|T_C| < |T_L|$，$A \to B \to C$，电机停车；

b. 对反抗性负载，$|T_D| > |T_L|$，$A \to B \to D \to E$，$T_E = T_L$，电机反向电动运行于工作点 E；

c. 对位能性负载，$A \to B \to D \to E \to F$，$T_F = T_L$，电机回馈制动运行于工作点 F。

笼型异步电动机转子回路无法串电阻，因此反接制动的次数和两次制动间隔的时间都受到限制。

（3）转速反向的反接制动（倒拉反转运行）

绕线型异步电动机转子回路串入的电阻越大，电动机转速越低。若串入的电阻超过一定值，电动机还会被位能性负载拖动反转，工作点进入第 IV 象限。如图 6-33 所示，异步电动机在特性曲线 5 上的工作点 G 运行，以稳定速度下放重物。此时电磁转矩未改变方向，仍为正值，而转速为负，电机处于制动状态。转差率为

$$ s = \frac{n_1 - n}{n_1} = \frac{|n_1| - (-|n|)}{|n_1|} = \frac{|n_1| + |n|}{|n_1|} > 1 \tag{6-57} $$

与定子两相反接的反接制动一样，其功率关系为 $P_M > 0$，$P_m < 0$，$p_{Cu2} = P_M + |P_m|$，轴上输入的功率靠重物下放时减小的位能来提供。这种反接制动的特点是：定子绕组按正相序接线（$n_1 > 0$），转子串入大电阻；转子被位能负载转矩拖动而反转（$n < 0$），在第 IV 象限稳定运行，因此称为转速反向的反接制动，又称倒拉反转运行。

【例 6-7】 某三相绕线型异步电动机有关参数与例 6-6 相同，试求：

① 电动机在额定运行时突然将定子任意两相对调，要求制动初瞬的制动转矩为 $1.2T_N$，应在转子回路每相串入多大电阻？

② 采用转速反向的反接制动运行，使位能负载 $T_L = 0.8T_N$，以 150r/min 的速度稳速下放，应在转子回路串入多大电阻？

解 例 6-6 已求出 $r_2 = 0.035\Omega$，$s_N = 0.0383$

① 如图 6-33 所示，反接制动瞬间，工作点由额定工作点 A 跳转到工作点 B。

固有特性临界转差率为

$$ s_m = s_N(\lambda_m + \sqrt{\lambda_m^2 - 1}) = 0.0383 \times (2.5 + \sqrt{2.5^2 - 1}) = 0.183 $$

由工作点 B 的数据：$T = 1.2T_N$，$n = n_N$，可得

$$ s' = \frac{n_1 - n}{n_1} = \frac{(-600) - 577}{-600} = 1.96 $$

代入 $T = \dfrac{2T_m}{s'/s_m' + s_m'/s'}$，可得

$$ 1.2T_N = \frac{2 \times 2.5 \times T_N}{1.96/s_m' + s_m'/1.96} $$

可以求得转子回路串电阻人为机械特性的临界转差率：

$$ s_{m1}' = 7.67, \qquad s_{m2}' = 0.5 $$

若取 $s_{m1}' = 7.67$，则对应图 6-33 中的曲线 3，应串电阻：

$$ r_{c1} = (s_{m1}'/s_m - 1)r_2 = (7.67/0.183 - 1) \times 0.035 = 1.43 \ (\Omega) $$

若取 $s'_{m2}=0.5$，则对应图 6-33 中的曲线 4，应串电阻：
$$r_{c2}=(s'_{m2}/s_m-1)r_2=(0.5/0.183-1)\times0.035=0.06\ (\Omega)$$

在实际应用中，根据拖动系统需要选择不同的人为机械特性。

② 根据题目中给出的图 6-33 曲线 5 中工作点 G 的数据：$T_L=0.8T_N$，$n=-150\text{r/min}$，可得
$$s'=\frac{n_1-n}{n_1}=\frac{600-(-150)}{600}=1.25$$

代入 $T=\dfrac{2T_m}{s'/s'_m+s'_m/s'}$，可得
$$0.8T_N=\frac{2\times2.5\times T_N}{1.25/s'_m+s'_m/1.25}$$

可以求得转子回路串电阻人为机械特性的临界转差率为
$$s'_{m1}=0.206(\text{不合理，舍去})$$
$$s'_{m2}=7.606$$

转子回路应串电阻为
$$r_c=(s'_m/s_m-1)r_2=(7.606/0.183-1)\times0.035=1.42\ (\Omega)$$

6.3.3 回馈制动

当拖动系统的电机转速大小高于同步转速时（$|n|>|n_1|$），系统处于回馈制动状态。下面分两种情况讨论电机回馈制动性能。

（1）位能性负载拖动电机进入反向回馈制动运行

在讨论异步电动机定子两相反接的反接制动运行情况时已经分析过，电机可能在位能性负载转矩拖动下进入第Ⅳ象限运行，此时 $|n|>|n_1|$，$n<0$，电磁转矩与转速方向相反，系统处于制动运行状态，如图 6-34(b) 所示的工作点 C 与 D。

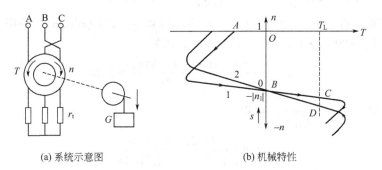

(a) 系统示意图　　　　(b) 机械特性

图 6-34　异步电动机反向回馈制动

此时转差率为
$$s=\frac{n_1-n}{n_1}=\frac{-|n_1|-(-|n|)}{-|n_1|}=\frac{|n_1|-|n|}{|n_1|}<0 \tag{6-58}$$

可以得到功率关系为
$$P_M=m_1I_2'^2\frac{r_2'+r_t'}{s}<0 \tag{6-59}$$

$$P_m=(1-s)P_M=m_1I_2'^2\frac{1-s}{s}(r_2'+r_t')<0 \tag{6-60}$$

且 $|P_m|>|P_M|$，$p_{Cu2}=P_M-P_m>0$，电动机的实际功率传递关系是：重物下降减少的位能转变为电机轴上输入的机械功率 P_m，扣除转子回路铜损耗 p_{Cu2} 后转变为电磁功率

P_M送给定子，再扣除定子铜损耗和铁损耗后，余下的就是回馈给电网的功率P_1。这时异步电动机实际上是一台与电网并联运行的交流发电机。为了防止下降转速过快，转子串电阻不宜太大。

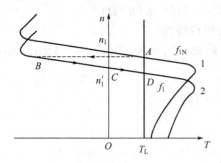

图6-35　异步电动机正向回馈
制动的机械特性

（2）异步电动机正向回馈制动

当笼型异步电动机采用变极调速或变频调速时，由高速变换到低速的降速过程中，也会发生回馈制动。图6-35所示为变频调速的机械特性（E_1/f_1为常数），电动机原来在固有特性曲线1的工作点A稳定运行，若突然将定子频率由f_{1N}降至f_1，电动机的机械特性变为曲线2，运行点从$A \to B \to C \to D$，最后稳定运行在D点。在降速过程曲线2的BC段，转速$n>0$，电磁转矩$T<0$，且$|n|>|n_1'|$，$s<0$，电动机处于回馈制动状态。不过这种情况下是过渡状态，不能稳定运行。

【例6-8】　某起重机吊钩由一台三相绕线型异步电动机拖动，电动机的额定数据为：$P_N=40kW$，$n_N=1464r/min$，$\lambda_m=2.2$，$r_2=0.06\Omega$，电动机下放重物$T_L=208N \cdot m$。下放重物有低速、高速两档，低速时要求速度为$0.25n_1$，高速时要求速度为$1.05n_1$。试求在低速、高速两档转子回路需串多大电阻。

解　由$n_N=1464r/min$，可知$n_1=1500r/min$

$$s_N=\frac{1500-1464}{1500}=0.024$$

由$\lambda_m=2.2$可得

$$s_m=s_N(\lambda_m+\sqrt{\lambda_m^2-1})=0.024\times(2.2+\sqrt{2.2^2-1})=0.1$$

$$T_N=9550\frac{P_N}{n_N}=9550\times\frac{40}{1464}=260.8（N \cdot m）$$

① 低速下放，有$n=-0.25|n_1|=-0.25\times1500=-375（r/min）$，采用倒拉反转方式。由工作点$T_L=208N \cdot m$，$n=-375r/min$，可知

$$s'=\frac{n_1-n}{n_1}=\frac{1500-(-375)}{1500}=1.25$$

代入公式$T=\dfrac{2T_m}{s'/s_m'+s_m'/s'}$，可得

$$208=\frac{2\times2.2\times260.8}{1.25/s_m'+s_m'/1.25}$$

解上述方程，可求得倒拉反转转子回路串电阻机械特性的临界转差率为

$$s_{m1}'=6.66,\ s_{m2}'=0.24（不合理，舍去）$$

应串电阻为

$$r_c=(s_{m1}'/s_m-1)r_2=(6.66/0.1-1)\times0.06=3.94（\Omega）$$

② 高速下放，采用对调两相电源方式，有

$$n=-1.05|n_1|=-1.05\times1500=-1575（r/min）$$

由工作点：$T_L=208N \cdot m$，$n=-1575r/min$，可知

$$s'=\frac{n_1-n}{n_1}=\frac{(-1500)-(-1575)}{-1500}=-0.05$$

代入公式$T=\dfrac{2T_m}{s'/s_m'+s_m'/s'}$，可得

$$208 = \frac{2 \times 2.2 \times (-260.8)}{(-0.05)/s'_m + s'_m/(-0.05)}$$

解上述方程式,可求得对调两相电源后的临界转差率

$$s'_{m1} = 0.266, \quad s'_{m2} = 0.009(不合理,舍去)$$

应串电阻为

$$r_c = (s'_{m1}/s_m - 1)r_2 = (0.266/0.1 - 1) \times 0.06$$
$$= 0.1(\Omega)$$

6.3.4 三相异步电动机的各种运行状态

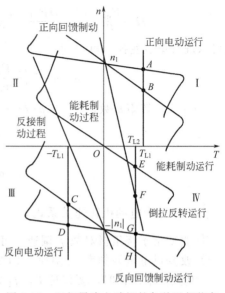

图 6-36 三相异步电动机的各种运行状态

电动机往往不是在某一种状态下运行,而是根据生产机械的工艺要求,经常改变运行状态。与直流电动机一样,三相异步电动机按照转矩 T 与转速 n 的方向的关系,可分为电动运行状态和制动运行状态,各种运行状态如图 6-36 所示。异步电动机拖动系统稳定运行的充要条件也是在工作点满足: $T = T_L$,且 $dT/dn < dT_L/dn$。

(1)电动运行状态——第 I、III 象限(T 与 n 同向)

若电机运行于第 I 象限,$T>0$,$n>0$,称为正向电动运行状态;若电机运行于第 III 象限,$T<0$,$n<0$,称为反向电动运行状态。在电动状态,电机从电网吸收电能,经过转子转换为机械能输出。

(2)制动运行状态——第 II、IV 象限(T 与 n 反向)

电机运行于第 II、IV 象限,T 与 n 反向,能耗制动、反接制动和回馈制动等各种可能的制动运行状态绘制在图 6-36 中,要确定电机的运行状态和稳定运行点需要根据具体情况进行分析。

6.4　三相异步电动机的调速

随着交流电机调速理论和技术的进步,特别是电力电子器件和微处理器的飞速发展,交流调速系统的性能已经能达到直流调速系统的水平。发达国家从 20 世纪 80 年代开始用交流传动系统逐步取代直流传动系统。

本节只涉及异步电动机调速的基本方法,有关调速系统的详细介绍请参考相关书籍。

6.4.1 调速方法

与直流电动机转矩控制相比,异步电动机的转矩变化关系复杂,控制困难。拖动系统对转速的控制本质上是对转矩的控制。由稳态运行时异步电动机的转矩物理表达式

$$T = \frac{P_M}{\Omega_1} = C_T \Phi_m I'_2 \cos\varphi'_2$$

可知,由于气隙磁通 Φ_m 与定、转子电流都有关系,且磁通 Φ_m 与转子电流是相互影响的变量,对于一般的笼型异步电机来说,无法测量、更无法直接控制转子电流。式中的转子功率因数 $\cos\varphi'_2$ 与转速 n(转差率 s)有关,电机运行时转子电阻 r_2 也会随温度变化而变化,因此实现对异步电动机的高性能调速控制非常困难。必须借助现代控制方法和现代调速装置,才能完成交流拖动系统调速。

根据前面推导的有关电磁功率 P_M、总机械功率 P_m、转差功率 p_{Cu2} 之间的关系式 $P_M : P_m : p_{Cu2} = 1 : (1-s) : s$ 和电磁转矩 T 的物理表达式可以得到

$$\Omega = \frac{P_{\mathrm{m}}}{T} = \frac{(1-s)P_{\mathrm{M}}}{T} = \frac{P_{\mathrm{M}}}{T} - \frac{P_{\mathrm{Cu2}}}{T} = \frac{m_1 E_1}{C_{\mathrm{T}} \Phi_{\mathrm{m}}} - \frac{m_1 I_2'^2 r_2'}{T} = \Omega_1 - \Delta\Omega \qquad (6\text{-}61)$$

也可以进行单位变换，可得到

$$n = 9.55 \frac{m_1 E_1}{C_{\mathrm{T}} \Phi_{\mathrm{m}}} - 9.55 \frac{m_1 I_2'^2 r_2'}{T} = n_1 - \Delta n \qquad (6\text{-}62)$$

式中 C_{T}——转矩常数，$C_{\mathrm{T}} = (p/\sqrt{2}) m_1 N_1 k_{\mathrm{N1}}$。

$$n_1 = 9.55 \frac{m_1 E_1}{C_{\mathrm{T}} \Phi_{\mathrm{m}}} = \frac{60 f_1}{p} \qquad (6\text{-}63)$$

$$\Delta n = 9.55 \frac{m_1 I_2'^2 r_2'}{T} \qquad (6\text{-}64)$$

由三相异步电动机转速关系式 $n = n_1(1-s) = \dfrac{60 f_1}{p}(1-s)$，可以把调速方法分为三类：

① 改变定子绕组极对数 p 调速　可以分级改变同步转速 n_1、Δn、T_{m}。

② 改变供电电源频率 f_1 调速　即变压变频调速，通过改变电源频率 f_1 改变同步转速 n_1，从基频向下调速时，要保证 E_1/f_1 为常数，气隙中的磁通 Φ_{m} 为常数；从基频向上调速时，保证 U_1 为额定值不变，随着 f_1 的升高，气隙磁通 Φ_{m} 将减小。

③ 改变转差率 s 调速　常用的改变转差率调速方式有：

a. 降低电源电压调速　由于频率 f_1 不变，降低电源电压即降低 E_1，由 $E_1 = 4.44 f_1 N_1 k_{\mathrm{N1}} \Phi_{\mathrm{m}}$ 可知，Φ_{m} 减小，临界转矩 T_{m} 降低，由降低定子电压的人为机械特性曲线可知，要拖动相同的负载，$T = T_{\mathrm{L}}$，Δn 增大，电机速度下降。

b. 转子串电阻调速　对于绕线型异步电动机，可以在转子回路串电阻，增大 r_2'，Δn 随之线性增大，电机速度下降。

c. 串级调速　把绕线型异步电动机的定子绕组和转子绕组分别与交流电网或其他含电动势的电路相连接，使它们之间可以进行电功率的相互传递。常用于风力发电、大功率风机系统的调速。

d. 转差离合器调速　电磁转差离合器由电枢和磁极构成，工作原理与异步电动机的原理类似。通过调节磁极的励磁电流来改变负载转速。

通过对异步电动机功率传递过程的分析可知，从定子传入转子的电磁功率 P_{M} 可以分成两部分：一部分总机械功率 $P_{\mathrm{m}} = (1-s)P_{\mathrm{M}}$ 是拖动负载的有效功率；另一部分转差功率 $p_{\mathrm{Cu2}} = sP_{\mathrm{M}}$，与转差率 s 成正比。从能量转换的角度看，调速时转差功率 sP_{M} 是否增大，是变成热能消耗掉还是得到回收，都是评价调速系统效率高低的标志。以此为标准，可以把上述异步电动机调速方法分为两类：

① 损耗功率控制型调速系统　全部转差功率 sP_{M} 都转换成热能消耗在转子回路中，上述调速方法中降低电源电压调速、转子串电阻调速、转差离合器调速属于这一类。这类系统的效率很低，而且越到低速时效率越低，系统以增加转差功率的消耗来换取转速的降低（恒转矩负载时）。但是此类系统结构简单，设备成本低，有一定的应用价值。

② 电磁功率控制型调速系统　上述其余调速方法属于这一类。虽然电机运行时，转差功率 sP_{M}（转子铜损耗）是不可避免的，但此类系统中，无论转速高低，转子铜损耗部分基本不变，因此效率也较高。变压变频调速是目前应用最广泛的高性能交流调速系统，但在定子电路侧要配置与电动机容量相当的变压变频装置。

除了上述电气方法调速，还可以辅助各种机械方法调速。本节从异步电动机机械特性角度介绍上述调速方法的基本原理，篇幅所限，其他调速方法以及调速系统的具体实现方法请参考运动控制相关文献，在此不再赘述。

6.4.2 改变极对数调速

改变异步电动机的定子绕组极对数 p，可以改变同步转速 n_1，从而实现转速的调节。

变极调速仅适用于笼型异步电动机，因为其转子极对数能自动跟随定子极对数的改变而改变，定子、转子极对数总是相等而产生持续稳定电磁转矩。而绕线型异步电动机在定子极对数改变时，必须同时改变转子绕组接法以保持定、转子极对数相等，因此一般不采用改变极对数调速。

通过改变绕组的接线方式，可以实现定子绕组极对数的改变。图 6-37 所示的一个四极电机 A 相定子绕组的两个线圈头尾相连时（正向串联），具有四个磁极（$2p=4$）；如果将定子绕组的连接方式改成如图 6-38(a)（反向串联）或图 6-38(b)（反向并联）的形式，则会产生两极磁场（$2p=2$），同步转速 n_1 升高一倍，从而达到调速的目的。

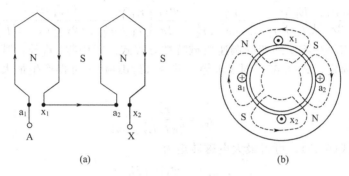

(a)   (b)

图 6-37　四极三相异步电动机 A 相定子绕组

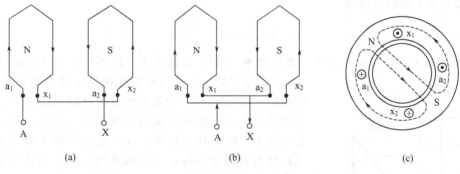

(a)   (b)   (c)

图 6-38　二极三相异步电动机定子 A 相绕组

为了保证变极调速前后电动机的转向不变，变极调速的同时应改变定子绕组的相序。因为电机的极对数为 p 时，A、B、C 三相相位关系为 $0°$、$120°$、$240°$，在极对数为 $2p$ 的情况下，三者的关系将变为 $2\times0°=0°$，$2\times120°=240°$，$2\times240°=480°$（相当于 $120°$）。显然极对数为 p 及 $2p$ 时定子绕组的相序相反，电机转向相反，所以必须改变电源的相序，确保变速前后电机转向相同。

变极调速具有设备简单、运行可靠、机械特性硬等优点，但属于有级调速。多用于各种机床、起重、运输传送带等生产机械的电力拖动。

为了改善变极调速电动机调速平滑性，可将变极调速与降压调速相结合，用变极实现粗调，用变压实现细调，这样既扩大了调速范围，提高了调速的平滑性，又可使降压调速避免运行在高转差率的情况，减少低速损耗。

6.4.3 变频调速

改变异步电动机电源频率 f_1，同样可以改变旋转磁场的同步转速 n_1，达到调速的目的。

把额定频率称为基频，则变频调速可以实现从基频向下或向上调速。

（1）由基频向下变频调速

从三相异步电动机的相电压公式 $U_1 \approx E_1 = 4.44 f_1 N_1 k_{N1} \Phi_m$ 可见，若减小电源频率 f_1 的同时 U_1 保持不变，则气隙磁通 Φ_m 将增大，引起电机铁芯磁路饱和，从而导致励磁电流过大、铁耗增加，电机功率因数下降，严重时甚至烧毁电机。因此降低电源频率的同时，必须同时减小电源电压。

① 保持 E_1/f_1 为常数，降频调速　保持 E_1/f_1 为常数，则 Φ_m 为常数，这是恒磁通控制方式。此时电动机的电磁转矩为

$$T = \frac{P_M}{\Omega_1} = \frac{m_1 I_2'^2 (r_2'/s)}{2\pi n_1/60} = \frac{m_1 p}{2\pi f_1} \left[\frac{E_2'}{\sqrt{(r_2'/s)^2 + x_2'^2}} \right]^2 \frac{r_2'}{s}$$

$$= \frac{m_1 p f_1}{2\pi} \left(\frac{E_1}{f_1} \right)^2 \frac{1}{r_2'/s + s x_2'^2/r_2'} = \frac{m_1 p}{2\pi} \left(\frac{E_1}{f_1} \right)^2 \frac{(sf_1) r_2'}{r_2'^2 + (2\pi)^2 (sf_1)^2 L_2'^2} \tag{6-65}$$

式（6-65）是保持 E_1/f_1 不变的变频调速机械特性方程式。式中除 sf_1 外，其他各参量均为常数。先把频率 f_1 固定，式（6-65）对 s 求导，并令 $\mathrm{d}T/\mathrm{d}s = 0$，可得产生最大电磁转矩时的临界转差率为

$$s_m = \frac{r_2'}{2\pi f_1 L_2'} \tag{6-66}$$

将式（6-66）代入式（6-65），可得最大电磁转矩为

$$T_m = \frac{m_1 p}{8\pi^2 L_2'} \left(\frac{E_1}{f_1} \right)^2 \tag{6-67}$$

最大电磁转矩处的转速降为

$$\Delta n_m = s_m n_1 = \frac{30 r_2'}{\pi p L_2'} \tag{6-68}$$

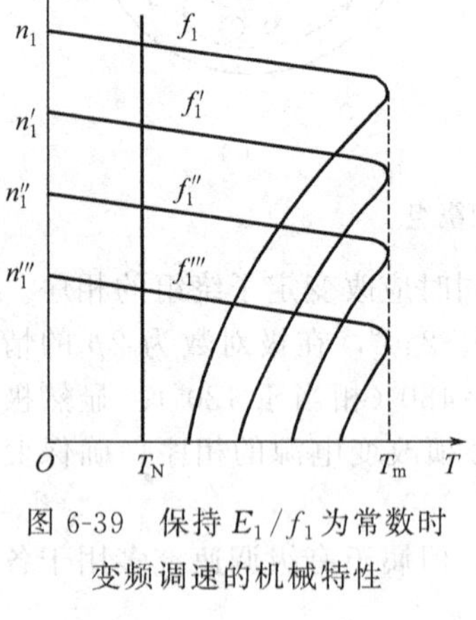

图 6-39　保持 E_1/f_1 为常数时
变频调速的机械特性

从式（6-66）～式（6-68）看出，改变频率 f_1 时，若保持 E_1/f_1 不变，T_m 与 Δn_m 与 f_1 无关，T_m 为常数，各条机械特性曲线工作段相互平行，硬度相同。由式（6-65）绘制的机械特性曲线如图 6-39 所示，这种调速方式与他励直流电动机降低电源电压调速类似，其优点为：机械特性较硬；在一定静差率下调速范围宽；低速运行时稳定性好；可实现无级调速，调速平滑性好；正常负载运行时转差率 s 较小，转差功率小，效率高。

由式（6-65）可以看出，调速过程中，sf_1 保持不变，可以保证输出电磁转矩 T 为常数，因此此调速方法属于恒转矩调速方式。

② 保持 U_1/f_1 为常数，降频调速　由于异步电机的感应电动势难以直接控制，当电动势较高时，可忽略定子阻抗压降，认为 $U_1 \approx E_1$，保持 U_1/f_1 为常数，此时磁通 Φ_m 近似为常数，电动机的电磁转矩为

$$T = \frac{m_1 p U_1^2 r_2'/s}{2\pi f_1 [(r_1 + r_2'/s)^2 + (x_1 + x_2')^2]}$$

$$= \frac{m_1 p}{2\pi} \left(\frac{U_1}{f_1} \right)^2 \frac{(sf_1) r_2'}{(sr_1 + r_2')^2 + (2\pi)^2 (sf_1)^2 (L_1 + L_2')^2} \tag{6-69}$$

最大转矩及临界转差率分别为

$$T_m = \frac{m_1 p}{4\pi} \left(\frac{U_1}{f_1}\right)^2 \frac{1}{r_1/f_1 + \sqrt{(r_1/f_1)^2 + (2\pi)^2 (L_1 + L_2')^2}} \tag{6-70}$$

$$s_m = \frac{r_2'}{\sqrt{r_1^2 + (2\pi f_1)^2 (L_1 + L_2')^2}} \tag{6-71}$$

式(6-70)表明，最大转矩 T_m 随着 f_1 的降低而减小。当 f_1 接近 f_{1N} 时，r_1/f_1 相对 $L_1 + L_2'$ 较小，f_1 下降，T_m 减小不多；当 f_1 较低时，T_m 将明显减小。根据式(6-69)绘制机械特性如图 6-40 所示。其中虚线部分是保持 E_1/f_1 为常数时的机械特性，通过比较分析可见，保持 U_1/f_1 为常数的机械特性在低频运行时，T_m 下降较多，电机机械性能变差，可能会带不动负载。

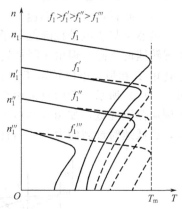

图 6-40　保持 U_1/f_1 为常数时
变频调速的机械特性

由于 U_1/f_1 为常数，磁通 Φ_m 近似为常数，这种调速方法属于近似的恒转矩调速方式。

（2）由基频向上变频调速

由基频向上变频调速时，$f_1 > f_{1N}$，要保持磁通 Φ_m 恒定，定子电压需要高于额定值，这是不允许的。只能保持 U_1 为额定值不变，随着 f_1 的升高，气隙磁通 Φ_m 将减小，相当于他励直流电动机的弱磁调速方式。

当 $f_1 > f_{1N}$ 时，r_1 比 r_2'/s 及 $x_1 + x_2'$ 都小得多，可忽略不计，则最大转矩及临界转差率分别为

$$T_m = \frac{m_1 p}{4\pi f_1} \frac{U_1^2}{[r_1 + \sqrt{r_1^2 + (x_1 + x_2')^2}]^2}$$

$$\approx \frac{m_1 p U_1^2}{4\pi f_1} \frac{1}{2\pi f_1 (L_1 + L_2')} \propto \frac{1}{f_1^2} \tag{6-72}$$

$$s_m = \frac{r_2'}{\sqrt{r_1^2 + (x_1 + x_2')^2}} \approx \frac{r_2'}{2\pi f_1 (L_1 + L_2')} \propto \frac{1}{f_1} \tag{6-73}$$

最大转矩时的转速降为

$$\Delta n_m = s_m n_1 \approx \frac{r_2'}{2\pi f_1 (L_1 + L_2')} \times \frac{60 f_1}{p} = 常数 \tag{6-74}$$

由以上公式可以看出，f_1 越高，T_m 与 s_m 越小，Δn_m 不变，各机械特性运行段近似平行，如图 6-41 所示。正常运行时，转差率 s 很小，r_2'/s 比 r_1 及 $x_1 + x_2'$ 都大很多，将后者忽略，电磁功率可表示为

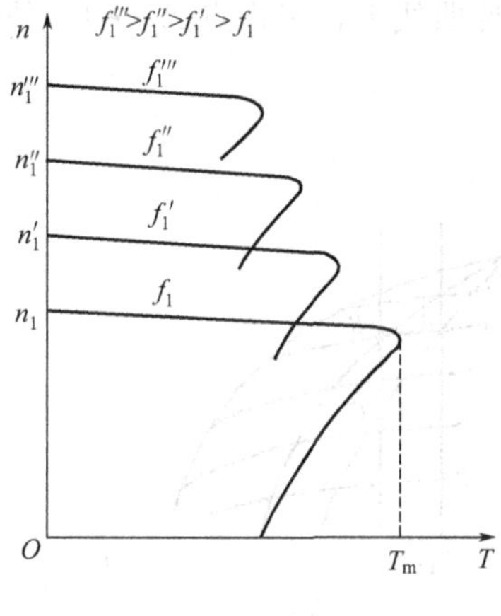

$$P_M = m_1 I_2'^2 \frac{r_2'}{s} = m_1 \left[\frac{U_1}{\sqrt{(r_1 + r_2'/s)^2 + (x_1 + x_2')^2}}\right]^2 \frac{r_2'}{s}$$

$$\approx m_1 U_1^2 s / r_2' \tag{6-75}$$

运行时若 I_1 保持额定不变，则不同频率下 s 的变化不大，因此 $P_M \approx 常数$，可近似看成恒功率调速方式。

（3）变频调速的特点

① 变频调速设备结构复杂，价格较贵，容量有限。但随着电力电子技术的发展，变频器向着简单可靠，性能优异，价格便宜，操作方便等趋势发展；

② 变频器具有机械特性较硬，静差率小，转速稳定

图 6-41　保持 U_1 恒定，升频
调速时的机械特性

性好，调速范围广，平滑性高等特点，可实现无级调速；

③ 变频调速时，转差率 s 较小，转差功率损耗较小，效率较高；

④ 变频调速时，基频以下的调速为恒转矩调速方式，基频以上调速时，近似为恒功率调速方式；

⑤ 变频调速器已广泛用于生产机械等很多领域。

6.4.4 改变转差率调速

（1）降低定子电压调速

虽然从异步电动机降低定子电压的人为机械特性分析结果看，可以通过降低定子电压，实现转速的下降，但由于降低定子电压 U_1 的过程中，同步转速 n_1 与临界转差率 s_m 不变，电磁转矩 T 和最大电磁转矩 T_m 与 U_1^2 成正比减小，导致电机调速范围变窄，无实用价值，如图 6-42(a) 所示。若同时采用绕线型异步电动机转子串电阻或高转差率笼型异步电动机，可使调速范围变宽，如图 6-42(b) 所示。但降压后电机机械特性变软，很难满足静差率的要求，且低速时过载能力差，运行的稳定性差，很少采用。

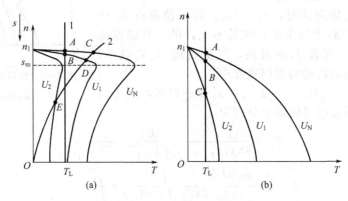

图 6-42　三相异步电动机降压调速

1—恒转矩负载；2—风机、泵类负载

为了提高调压调速机械特性的硬度，采用速度闭环控制系统，如图 6-43(a) 所示，其中双向晶闸管的输出电压 U 可以由电机转速控制。设电动机运行于图 6-43(b) 所示的 A 点，负载为 T_{L1}。当负载变为 T_{L2} 时，如无转速反馈，电机的电压不变，电机工作点沿原特性曲线从工作点 $A \rightarrow C$ 稳速运行，转速变化很大。增加了速度反馈后，转速下降时，控制系统使双向晶闸管的输出电压增加，电机运行于增加了电压的特性曲线上，工作点 $A \rightarrow B$，使电机的机械特性硬度提高。

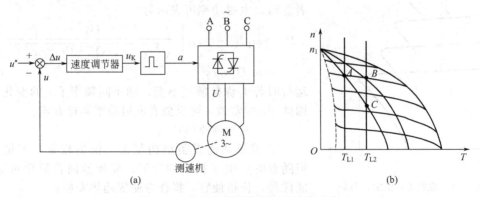

图 6-43　具有速度反馈的调压调速系统

这种调速方法既不是恒转矩调速，又不是恒功率调速，主要用于对调速精度不高的生产机械，如低速电梯、简单的起重机械、风机、泵类等生产机械。

（2）转子回路串电阻调速

通过改变绕线型异步电动机转子串入的电阻大小，就可以改变电动机的转速，对恒转矩负载，其调速过程如图 6-44 所示，转子外串电阻越大，拖动系统转速越低。

当负载 T_L 不变时，外接电阻与转差率之间的关系有：$\dfrac{r_2}{s}=\dfrac{r_2+r_c}{s'}$。由电磁转矩的参数表达式可以看出，调速过程中电磁转矩保持不变，可见绕线型异步电动机转子串电阻调速是恒转矩调速。

转子外串电阻越大，转差率越大，消耗在转子回路的转差功率越大，效率越低。而且在低速下运

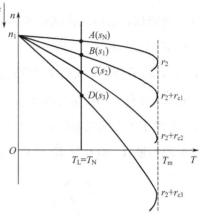

图 6-44　绕线型异步电动机
转子串电阻调速

行时机械特性软，负载转矩稍有变化就会引起转速较大的波动，稳定性不好，在保证一定静差率的前提下，调速范围不大（一般为 2～3）。此外这种调速方式只能分级调速，且级数不能太多，因此调速的平滑性差。

转子串电阻调速的优点是设备简单，投资小，调速与启动电阻可共用。多用于周期性断续工作方式、低速运行时间不长、调速性能要求不高的场合，如桥式起重机。

（3）串级调速

绕线型异步电动机转子回路串电阻调速时，转子外串电阻越大，转差率越大，消耗在转子回路的转差功率越大，效率越低。串级调速就是在转子回路中不串入电阻，而是串入一个与转子同频率（f_2）的可控外加电动势 $\dot{E}_{ad}$，通过改变 $\dot{E}_{ad}$ 的大小和相位，将转差功率回馈到电网中去，既可节能，又可达到调速的目的。

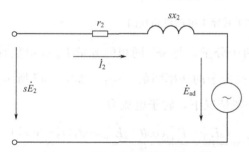

图 6-45　转子回路串附加电动势
$\dot{E}_{ad}$ 的一相等效电路

① 串级调速原理　图 6-45 所示为转子回路串入附加电动势 $\dot{E}_{ad}$ 时的一相等效电路。下面分三种情况进行分析。

a. $\dot{E}_{ad}$ 与 $s\dot{E}_2$ 同相或反相　转子回路串入与 $s\dot{E}_2$ 同相位的 $\dot{E}_{ad}$ 后，转子电流 I_2 变为

$$I_2=\frac{sE_2+E_{ad}}{\sqrt{r_2^2+(sx_2)^2}} \tag{6-76}$$

转子电流 I_2 增大，刚串入 $\dot{E}_{ad}$ 时，由于机械惯性，s 与 $\cos\varphi_2$ 来不及变化，电磁转矩 $T=C_T\Phi_m I_2\cos\varphi_2$ 增加，$T>T_L$，电动机加速，s 减小，sE_2 下降，I_2 与 T 随之降低，电动机的加速度下降但仍在加速，直至 $T=T_L$，升速过程结束，在新的稳定转速运行。如 E_{ad} 足够大，则转速 n 可以达到甚至超过同步转速 n_1。这种调速方法称为超同步串级调速。

转子回路串入与 $s\dot{E}_2$ 相位相反的 $\dot{E}_{ad}$ 后，转子电流 I_2 变为

$$I_2 = \frac{sE_2 - E_{\mathrm{ad}}}{\sqrt{r_2^2 + (sx_2)^2}} \tag{6-77}$$

I_2 与 T 将降低,电动机将减速到新的稳定转速。这种调速方法称为次同步串级调速。

b. $\dot{E}_{\mathrm{ad}}$ 超前 $s\dot{E}_2\,90°$ 转子串入超前 $s\dot{E}_2\,90°$ 的 $\dot{E}_{\mathrm{ad}}$ 的异步电动机相量图如图 6-46 所示。引入 $\dot{E}_{\mathrm{ad}}$ 后,转子合成电动势 $\dot{E}$ 相位超前于 $s\dot{E}_2$,且 E 略大于 sE_2,转子电流稍有增长,但转子电流对 $\dot{E}$ 的相位差仍可认为等于 φ_2,从相量图上看,φ_1 有所减小,因此 $\cos\varphi_1$ 提高。这是由于 $\dot{E}_{\mathrm{ad}}$ 提供了部分无功电流,减小了定子从电源吸收的无功电流,因此提高了功率因数。图 (b) 中的相量 $s\dot{E}_2'$ 由相量 $\dot{E}_2'$ 代替,按比例相量 $\dot{E}_{\mathrm{ad}}'$ 及 $\dot{E}'$ 分别由 $\dot{E}_{\mathrm{ad}}'/s$ 及 $\dot{E}'/s$ 代替。

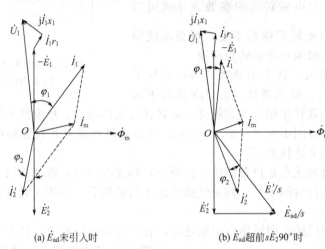

(a) $\dot{E}_{\mathrm{ad}}$ 未引入时   (b) $\dot{E}_{\mathrm{ad}}$ 超前 $s\dot{E}_2\,90°$ 时

图 6-46 $E_{\mathrm{ad}} = 0$ 及 $\dot{E}_{\mathrm{ad}}$ 超前 $s\dot{E}_2\,90°$ 时异步电动机相量图

c. $\dot{E}_{\mathrm{ad}}$ 超前 $s\dot{E}_2$ 任一角度 θ 可将 $\dot{E}_{\mathrm{ad}}$ 分解成两个分量,与 $s\dot{E}_2$ 同相的分量 $E_{\mathrm{ad}}\cos\theta$ 能使电动机升速,而超前 $s\dot{E}_2\,90°$ 的分量 $E_{\mathrm{ad}}\sin\theta$ 可以提高定子的功率因数 $\cos\varphi_1$,如图 6-47 所示。

② 串级调速的机械特性 在 $\dot{E}_{\mathrm{ad}}$ 超前 $s\dot{E}_2$ 的一般情况下,转子电流为

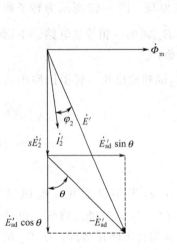

$$\dot{I}_2' = \frac{s\dot{E}_2' + \dot{E}_{\mathrm{ad}}'}{r_2' + jsx_2'} = \frac{(s\dot{E}_2' + \dot{E}_{\mathrm{ad}}'\cos\theta + j\dot{E}_{\mathrm{ad}}'\sin\theta)(r_2' - jsx_2')}{r_2'^2 + (sx_2')^2}$$
$$\tag{6-78}$$

异步电动机的电磁转矩为

$$T = C_{\mathrm{T}}\Phi_{\mathrm{m}} I_2'\cos\varphi_2 = C_{\mathrm{T}}\Phi_{\mathrm{m}} I_{2a}' \tag{6-79}$$

式中 I_{2a}'——转子电流有功分量折算值,A,即式(6-78) 中 $\dot{I}_2'$ 的实数部分,计算可得

$$I_{2a}' = \frac{sr_2'E_2' + r_2'E_{\mathrm{ad}}'\cos\theta + sx_2'E_{\mathrm{ad}}'\sin\theta}{r_2'^2 + (sx_2')^2}$$
$$= \frac{sr_2'E_2'}{r_2'^2 + (sx_2')^2}\left(1 + \frac{E_{\mathrm{ad}}'}{sE_2'}\cos\theta + \frac{E_{\mathrm{ad}}'x_2'}{r_2'E_2'}\sin\theta\right) \tag{6-80}$$

将式(6-80) 代入式(6-79),整理后得到

$$T = T_{\mathrm{D}}\left(1 + \frac{E_{\mathrm{ad}}'}{sE_2'}\cos\theta + \frac{E_{\mathrm{ad}}'x_2'}{r_2'E_2'}\sin\theta\right) \tag{6-81}$$

图 6-47 $\dot{E}_{\mathrm{ad}}$ 超前 $s\dot{E}_2$ 某一角度 θ 时转子回路相量图

式中 T_D——当 $E_{ad}=0$ 时异步电动机电磁转矩，$T_D=C_T\Phi_m\dfrac{sr_2'E_2'}{r_2'^2+(sx_2')^2}$。

由电磁转矩实用表达式知

$$T_D=\frac{2T_{mD}}{s/s_{mD}+s_{mD}/s} \tag{6-82}$$

式中 T_{mD}——当 $E_{ad}=0$ 时异步电动机的最大转矩；

$\quad\quad s_{mD}$——当 $E_{ad}=0$ 时异步电动机的临界转差率。

因此引入 $\dot E_{ad}$ 后，电磁转矩可表示为

$$T=\frac{2T_{mD}}{s/s_{mD}+s_{mD}/s}\left(1+\frac{E_{ad}'}{sE_2'}\cos\theta+\frac{E_{ad}'x_2'}{r_2'E_2'}\sin\theta\right) \tag{6-83}$$

考虑两种特殊情况：

a. $\theta=90°$ 时

$$T=\frac{2T_{mD}}{s/s_{mD}+s_{mD}/s}\left(1+\frac{E_{ad}'x_2'}{r_2'E_2'}\right) \tag{6-84}$$

说明 $\dot E_{ad}$ 超前 $s\dot E_2$ 90°时，临界转差率 s_{mD} 不变，对转速影响不大，最大转矩比 $E_{ad}=0$ 时的转矩增大了 $\left(1+\dfrac{E_{ad}'x_2'}{r_2'E_2'}\right)$ 倍。

b. $\theta=0°$ 或 $\theta=180°$ 时

$$T=\frac{2T_{mD}}{s/s_{mD}+s_{mD}/s}\left(1\pm\frac{E_{ad}'}{sE_2'}\right)=T_1\pm T_2 \tag{6-85}$$

式中 T_1——当 $E_{ad}=0$ 时异步电动机的电磁转矩，由旋转磁场与 $s\dot E_2$ 引起的部分电流相互作用产生，$T_1=\dfrac{2T_{mD}}{s/s_{mD}+s_{mD}/s}$；

$\quad\quad T_2$——由旋转磁场与 E_{ad} 引起的那部分电流相互作用产生的转矩分量，即

$$T_2=\frac{2T_{mD}s_{mD}}{s_{mD}^2+s^2}\times\frac{E_{ad}'}{E_2'}$$

图 6-48(a)、(b) 表示串级调速两个转矩分量 T_1 及 T_2 与 n 的关系曲线。其中 $n=f(T_1)$ 即普通异步电动机的机械特性。$n=f(T_2)$ 是一条对称于 $n=n_1$ 的曲线，T_2 的符号与 E_{ad} 相同，$\theta=0°$ 时，$\dot E_{ad}$ 与 $s\dot E_2$ 同相，T_2 为正值；$\theta=180°$ 时，$\dot E_{ad}$ 与 $s\dot E_2$ 反相，T_2 为负值。

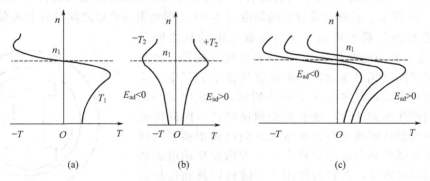

图 6-48 串级调速时异步电动机的机械特性

将 $n=f(T_1)$ 与 $n=f(T_2)$ 叠加，得到图 6-48(c) 串级调速的机械特性，可见，当 $E_{ad}>0$ 时，串级调速机械特性上移，可向上调速；当 $E_{ad}<0$ 时，串级调速机械特性下移，

可向下调速。改变 $\dot{E}_{ad}$ 的大小和方向，就可以在同步转速以上或以下平滑调速。

由式（6-85）可以得出串入 $\dot{E}_{ad}$ 后，电动机在同步运行点（$I_2=0$，$T=0$）对应的转差率 s_0 为

$$s_0 = \mp \frac{E'_{ad}}{E'_2} \tag{6-86}$$

串级调速的同步转速为

$$n'_1 = n_1 \pm s_0 n_1 = n_1 \left(1 \mp \frac{E'_{ad}}{E'_2}\right) \tag{6-87}$$

式中，$E'_{ad}>0$ 时，取"+"号，$n'_1>n$；$E'_{ad}<0$ 时，取"-"号，$n'_1<n$。由图 6-48（c）可知，$E_{ad}<0$ 时最大转矩下降，过载能力降低，启动转矩减小。

③ 串级调速的特点

a. 可以把大部分转差功率回馈电网，运行效率较高；

b. 机械特性较硬，调速范围较大，可实现无级调速，调速平滑性较好；

c. 调速设备结构复杂，成本高。国内应用较多的是次同步串级调速系统；

d. 低速时过载能力较差，系统总功率因数不高；

e. 广泛用于风机、泵类、空气压缩机及恒转矩负载上。

（4）转差离合器调速

电磁转差离合器调速系统包括笼型异步电动机、电磁转差离合器和可控整流电源三部分组成，如图 6-49 所示。

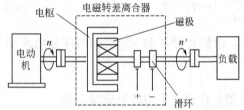

图 6-49　电磁转差离合器调速系统示意图

转差离合器主要由电枢和磁极两个旋转部分组成，电枢部分与异步电动机连接，并由电动机带动旋转，是主动部分，其转速就是电动机的转子转速，不可调；磁极部分与负载连接，是从动部分。

电磁转差离合器的结构有多种形式，但原理是相同的。电枢部分可以装鼠笼绕组，也可以是整块铸钢。为整块铸钢时，可以看成是无限多根鼠笼条并联，其中流过的涡流类似鼠笼导条中的电流。磁极由铁芯与励磁绕组组成，由可控整流电源通过滑环引入直流励磁电流 I_f 以建立磁场，极数可多可少，可以通过电磁感应作用使磁极转动，从而带动负载转动。

假设异步电动机以转速 n 顺时针旋转，则离合器的电枢部分随电动机转子顺时针同速旋转，如图 6-50 所示。若磁极部分的励磁电流 $I_f=0$，则电枢与磁极之间没有电磁联系，磁极和与之相连接的负载不转动，这时负载与电动机之间是"离开"状态。若励磁电流 $I_f \neq 0$，则磁极建立磁场，由于电枢与磁极之间有相对运动，电枢鼠笼导条中会产生感应电动势和感应电流，方向如图 6-50 中所示。感应电流与磁场相互作用产生电磁力 f，使电枢受到逆时针方向的电磁转矩 T，该电磁转矩就是与异步电动机输出转矩相平衡的阻转矩。磁极则受到与电枢同样大小、方向相反的电磁转矩，即顺时针转矩 T，在它的作用下，磁极以及相连接的负载顺时针转动，转速为 n'，此时负载与电动机处于"合上"的状态，二者的旋转方向是一致的。显然只有电枢与磁极之间存在相对运动才能产生转差离合器的电磁转矩 T，

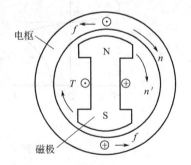

图 6-50　电磁转差离合器的
工作原理

所以 $n' < n$，转差离合器的"转差"正是由此得名。

电磁转差离合器的原理与异步电动机相似，机械特性也相似。只是由于离合器电枢电阻比较大，其机械特性要软得多，而且理想空载点的转速为异步电动机的转速 n，不是电动机的同步转速 n_1。改变离合器磁极的励磁电流 I_f 的大小可以改变磁场强弱，效果与改变异步电动机电源电压类似：若转速相同，则 I_f 越大，电磁转矩 T 也越大；若转矩相同，则 I_f 越大，转速越高。电磁转差离合器的机械特性如图 6-51 所示，改变励磁电流 I_f，就可以调节负载的转速。

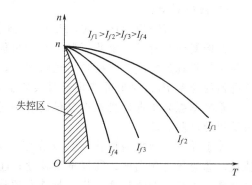

图 6-51　电磁转差离合器的机械特性

电磁转差离合器设备简单，控制方便，可平滑调速。但由于机械特性较软，转速稳定性较差，调速范围小，且低速时效率也比较低。适合通风机和泵类负载，与异步电动机降压调速相似。

电磁转差离合器与异步电动机装成一体，即同一个机壳时，称为滑差电机或电磁调速异步电动机。

本 章 小 结

异步电动机的电磁转矩有三个表达式：①物理表达式（物理概念明确）；②参数表达式（电磁转矩与电机参数关系清楚，是研究电机各种特性的依据）；③实用表达式［形式简单，根据产品目录数据便可绘制 $T = f(s)$ 曲线］。

稳态运行的电动机的电磁转矩 T 由负载转矩 T_L 决定，取电磁转矩 T 为自变量，s 或者 n 随 T 的变化规律就是电动机的机械特性。在额定电压和额定频率下，不改变电机本身参数的机械特性是异步电动机的固有机械特性，改变电机参数可改变机械特性的形状，称为人为机械特性：

① 降低端电压 U_1，n_1 与 s_m 不变，T（包括 T_{st} 和 T_m）相对 U_1^2 成正比例降低；

② 增大 r_1 或 x_1，n_1 不变，s_m 与 T（包括 T_{st} 和 T_m）会减小；

③ 增大 r_2，n_1 与 T_m 不变，s_m 与 T_{st} 变化，其中 s_m 会增大。

掌握采用电磁转矩实用表达式（某些条件下可用近似表达式）计算机械特性的方法，这是异步电动机在各种运行状态的计算基础。

异步电动机启动电流很大但启动转矩却不大，不能满足生产机械的要求。必须限制启动电流，同时保证有一定的启动转矩。小容量的电动机尽可能采用直接启动。正常运行为 D 接的电动机，轻载时可优先采用 Y-D 降压启动，中载时可采用自耦变压器启动。对大、中容量电动机，轻载时可采用定子串电抗降压启动。绕线型异步电动机可采用转子串电阻或频敏变阻器启动，启动性能良好，多用于频繁启动的场合。近年来，性能优越的软启动器获得了越来越广泛的应用。

三相异步电动机处于制动状态时，电磁转矩 T 与转速 n 反向。

① 能耗制动：

$$P_1 = 0，\quad P_m < 0，\quad p_{Cu2} > 0$$

定子电枢通入直流电在气隙中建立固定不变的磁场，电机将拖动系统中储存的动能转变为电能，消耗在电阻上。转速降为零时，拖动系统的动能降为零，电磁转矩也为零，可用于反抗性负载的准确停车，也可以进入第 Ⅳ 象限，用于位能负载匀速下放，电磁转矩为制动转矩。

② 反接制动，包括定子两相反接的反接制动、转速反向的反接制动：

$$P_1 > 0, \quad P_M > 0, \quad P_m < 0, \quad p_{Cu2} = P_M + |P_m| > 0$$

电动机既要从电网吸收电功率，又要从轴上输入机械功率，都转变为转差功率 p_{Cu2}，消耗在转子回路电阻中。

③ 回馈制动：

$$P_1 < 0, \quad P_M < 0, \quad P_m < 0, \quad 且 \ |P_m| > |P_M|, \quad p_{Cu2} = P_M - P_m > 0$$

回馈制动运行时，重物下降减少的位能转变为电机轴上输入的机械功率，扣除机械损耗和转子铜损耗后转变为电磁功率送给定子，再扣除定子铜损耗和铁损耗后，余下的就是回馈给电网的功率 P_1。这时异步电动机实际上是一台与电网并联运行的交流发电机。

需要掌握异步电动机在四象限的各种运行状态，掌握制动产生条件、机械特性、功率关系及制动电阻计算。

关于异步电动机的调速，主要介绍了六种调速方法的基本原理，包括：①变极对数 p 调速；②变压变频调速；③降电压调速；④转子串电阻调速；⑤串级调速；⑥电磁转差离合器调速。主要从调速原理、机械特性与调速特点等几方面分析各种调速方法。

思考题与习题

6.1 异步电动机的电磁转矩物理表达式与直流电动机的电磁转矩表达式有何异同，试比较说明。

6.2 如何利用电磁转矩的实用表达式绘制机械特性曲线，试举例说明，并说明在什么情况下可以使用简化的实用表达式进行相关计算。

6.3 异步电动机的最大转矩与哪些参数有关？异步电动机可否在最大转矩下长期运行？为什么？

6.4 异步电动机的人为机械特性有哪些？各有什么特点？

6.5 拖动系统对电动机启动有什么要求？为什么异步电动机不能直接启动？

6.6 为什么采用自耦变压器降压启动比采用串电阻或电抗降压启动的启动转矩大？

6.7 如果在绕线型异步电动机的转子回路串入电抗，是否也能起到减小启动电流、增大启动转矩的作用？

6.8 绕线型异步电动机转子串电阻启动时，串入电阻的阻值是否越大越好？

6.9 绕线型异步电动机转子绕组串频敏变阻器启动时，为什么参数适当时，可使启动过程中电磁转矩较大，并基本保持恒定？若将频敏变阻器换成普通三相变压器的初级绕组（次级绕组开路），是否有同样的效果？

6.10 三相异步电动机能耗制动时，制动转矩与通入定子绕组的直流电流有何关系？制动过程中气隙磁通是否有变化？如何变化？

6.11 改变电源的反接制动如何实现？对于反抗性负载，是否能够准确停车？

6.12 笼型异步电动机采用反接制动时，为什么每小时的制动次数不能太多？

6.13 绕线型异步电动机拖动位能性负载运行时，在电动状态增大转子电阻时转速下降，而继续增大电阻，进入转速反向的反接制动，转速反而增大？

6.14 是否可以说"异步电动机只要转速超过同步转速就进入回馈制动状态"？为什么？

6.15 异步电动机拖动位能性负载时，进入回馈制动状态运行的条件是什么？此时功率传递关系是怎样的？

6.16 一台三相笼型异步电动机有关参数为：$U_N = 380V$，$f_{1N} = 50Hz$，$n_N = 1440r/min$，定子绕组 Y 接，$r_1 = 2.05\Omega$，$r_2' = 1.5\Omega$，$x_1 = 3.1\Omega$，$x_2' = 4.2\Omega$。求额定转矩、最大转矩、过载能力及临界转差率。

6.17 一台三相绕线型异步电动机有关参数为：$P_N = 150kW$，$U_N = 380V$，$n_N = 1460r/min$，$\lambda_m = 3.1$，定子绕组 Y 接。求额定转差率、临界转差率、额定转矩与最大转矩。

6.18 一台三相笼型异步电动机有关参数为：$P_N = 320kW$，$U_N = 6000V$，$n_N = 740r/min$，$I_N = 40A$，$\cos\varphi_{1N} = 0.83$，$K_i = 5.04$，$K_{st} = 1.93$，$\lambda_m = 2.2$ 定子绕组 Y 接。求：

（1）直接启动时的启动电流与启动转矩；

（2）把启动电流限制在 160A，定子回路每相应串入多大的电抗？启动转矩是多少？

6.19 一台三相笼型异步电动机有关数据为：$U_N = 380V$，$n_N = 1450r/min$，$I_N = 20A$，定子绕组 D 接，$\cos\varphi_{1N} = 0.87$，$\eta = 87.5\%$，$K_i = 7$，$K_{st} = 1.4$。求：

（1）轴上输出的额定转矩；

（2）电网电压降至多少不能满载启动；

（3）用 Y-D 启动时，启动电流为多少？能否半载启动？

（4）如用自耦变压器在半载下启动，启动电流为多少？并确定电压抽头。

6.20 一台绕线型异步电动机有关参数为：$P_N = 11kW$，$n_N = 715r/min$，$E_{2N} = 163V$，$I_{2N} = 47.2A$，$\lambda_m = 2.5$，负载转矩 $T_L = 98N \cdot m$。定、转子绕组均为 Y 连接。求三级启动时的每级启动电阻值。

6.21 一台三相绕线型异步电动机有关参数为：$P_N = 150kW$，$U_N = 380V$，$n_N = 1455r/min$，$\lambda_m = 2.6$，$E_{2N} = 213V$，$I_{2N} = 420A$。定、转子绕组均为 Y 连接。求：启动转矩以及启动转矩增大一倍时，转子每相串入的电阻值。

6.22 某起重机主钩电动机为绕线型异步电动机，定、转子绕组均为 Y 连接。有关参数为：$P_N = 22kW$，$n_N = 723r/min$，$E_{2N} = 197V$，$I_{2N} = 70.5A$，$\lambda_m = 3$，作用到电动机轴上的位能性负载 $T_L = 100N \cdot m$。求：

（1）在固有特性上提升负载时，电动机的转速有多大？

（2）在固有特性上利用回馈制动稳定下降负载时，电动机转速有多大？

（3）如果要使电动机以 $800r/min$ 的转速回馈制动下降该负载，转子内每相应串入多大电阻？

6.23 同上题电动机，位能性负载 $T_L = 100N \cdot m$。求：

（1）电动机以 $758r/min$ 的转速，采用转速反向的反接制动方法下降重物，转子每相应串入多大电阻？

（2）当转子每相串入附加电阻 $r_c = 119r_2$，重物下降时的电动机转速多大？

（3）当转子每相串入附加电阻 $r_c = 49r_2$，电动机的转速多大？重物的运动状态是怎样的？

6.24 某绕线型异步电动机的数据为：$P_N = 5kW$，$U_N = 380V$，$I_N = 14.9A$，$n_N = 960r/min$，定、转子绕组均为 Y 连接，$E_{2N} = 164V$，$I_{2N} = 20.6A$，$\lambda_m = 2.3$，拖动 $T_L = 0.75T_N$ 恒转矩负载，现采用反接制动，要求停车时转矩为 $1.8T_N$。求：

（1）转子每相应串入多大电阻？

（2）若停车后不切断电源，则电动机是否会反向启动？若可以反向启动，系统稳定后电动机的转速有多大？负载处于何种运行状态？

6.25 某笼型异步电动机的参数为：$P_N = 11kW$，$U_N = 380V$，$I_N = 21.8A$，$f_{1N} = 50Hz$，$n_N = 2930r/min$，$\lambda_m = 2.2$，拖动 $T_L = 0.8T_N$ 的恒转速负载运行。求：

（1）电动机的转速；

（2）若降低电源电压到 $0.8U_N$，求电动机的转速；

（3）若频率降低到 $0.8f_{1N} = 40Hz$，保持 E_1/f_1 不变，求电动机的转速。

7 同步电机

7.1 同步电机的基本工作原理

同步电机是一种交流电机，与异步电机不同，同步电机的转速 n 与定子电流频率 f 具有固定的比例关系，满足方程式 $n=\dfrac{60f}{p}$，同步电机因此得名。同步电机最主要用途是作为发电机，也可作为电动机运行。本章主要介绍同步电动机。只要极对数确定，电源频率不变，即使负载在一定范围内变化，同步电动机的转速也一直保持不变。而直流电动机和异步电动机的转速则随负载的变化而变化。

同步电动机主要用于拖动不需调速的大功率机械，例如大容量的球磨机、鼓风机和水泵等。与同容量的异步电动机相比，同步电动机功率因数较高，运行时还可改善电网的功率因数。小型或微型单相同步电动机一般用于计时、测量、录音、搅拌等装置中。

7.1.1 基本结构

同步电机主要由定子和转子两大部分构成，定子、转子之间是气隙，如图7-1所示。有些小容量同步电动机采用旋转电枢式，如图7-2(a)所示。一般同步电动机都采用旋转磁极式，本章只介绍旋转磁极式同步电动机，简称同步电动机。

同步电机的定子结构与异步电机基本相同，也是由机座、定子铁芯和定子绕组组成，且定子绕组也是三相对称交流绕

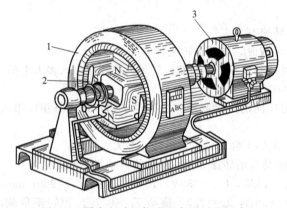

图 7-1　同步电动机构造示意图（凸极式）
1—定子；2—转子；3—励磁机

组，而转子则有所不同。按转子励磁方式的不同，同步电机可分为永磁式同步电机和转子带直流励磁的同步电机；按转子结构的不同，同步电机又分为隐极式和凸极式同步电机，如图7-2(b)、(c) 所示。

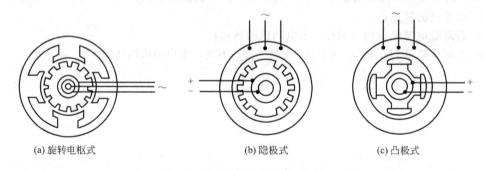

(a) 旋转电枢式　　　　　　(b) 隐极式　　　　　　(c) 凸极式

图 7-2　同步电机结构的主要类型

隐极式转子一般采用整块的高机械强度和良好导磁性能的合金钢锻制而成，并与转轴连成一体，没有明显的磁极形状，气隙均匀，转子圆柱体上有嵌放分布式励磁绕组的开槽。

凸极式转子一般采用钢板叠成或用铸钢铸成，有明显的磁极形状，气隙不均匀。磁极上套有线圈，各磁极上的线圈串联起来构成励磁绕组。

随着稀土永磁材料的发展，小型同步电机趋向采用永磁式转子。

同步电动机转子多采用凸极式，大容量高速的同步电动机才做成隐极式结构。由高速汽轮机驱动的汽轮发电机，一般都是隐极式，由水轮机驱动的水轮发电机，则做成凸极式。

同步电动机的励磁电源有两种，由励磁机供电或由交流电源经整流而得到，因此每台同步电动机应配备一台励磁机或整流励磁装置，方便调节励磁电流。

7.1.2 基本工作原理

图 7-3 所示是同步电机的工作模型图，图（a）所示为一对极凸极同步电机模型图；图（b）所示为两对极同步电机模型图。同步电机同样遵循电机运行的可逆原理。下面以一对极凸极同步电机为例，介绍同步电机的不同工作状态。

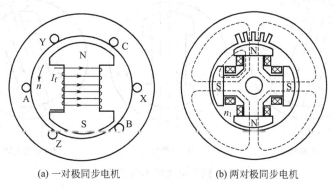

(a) 一对极同步电机   (b) 两对极同步电机

图 7-3 同步电机工作模型图

（1）发电工作状态

同步电机的转子励磁绕组通过滑环接入直流电 I_f，就会产生对转子本身无相对运动的磁场，磁通从转子 N 极出来，经气隙—定子铁芯—气隙，进入转子 S 极构成闭合回路。定子电枢绕组与三相异步电机相同。当原动机驱动转子旋转时，磁力线切割定子电枢绕组，在定子绕组中感应出电动势，若定子三相绕组的出线端接上三相负载，就可以输出电功率，将转轴上输入的机械能转换成电能输出。

若转子的机械转速为 n(r/min)，则转子旋转一周，绕组中的感应电动势交变一个周期，若电机有 p 对磁极，则交变 p 个周期，因此感应电势的频率 f(Hz) 为

$$f = \frac{pn}{60} \tag{7-1}$$

第五章已经讨论过，对称的三相绕组中流过对称的三相电流，会产生绕组旋转磁动势，其转速为同步转速 $n_1 = \frac{60f}{p}$，旋转方向取决于三相电流的相序。若只考虑基波，则绕组旋转磁动势与转子励磁磁动势同极数、同转向、同转速，在空间上始终保持相对静止关系，二者合成为负载时的气隙磁动势。

转子励磁磁动势与气隙合成磁动势也同步旋转，转子励磁磁动势在前，在空间上与合成磁动势存在某一相位角 θ，θ 称为功率角或功角。

图 7-4(a) 所示说明了同步电机工作在发电状态时，通过原动机驱动旋转的转子励磁磁极拖动气隙磁场以同步转速旋转，在定子绕组中感应出感应电势与电流，从而将机械能变换

成电能输出。

（2）空载状态

若减少原动机的输入功率，则功率角 θ 相应减小，当 $\theta=0$ 时，两磁场间的电磁转矩为零，电机不传递电磁功率，原动机输入的机械功率只用来克服空载损耗，此时电机处于空载状态，如图 7-4(b) 所示。

（3）电动工作状态

若电机转子轴上带有机械负载，则转子磁极轴线落后于合成磁动势轴线，功率角 θ 改变方向，合成磁场拖动转子磁极旋转，转速仍为同步转速。若电机轴上带的机械负载增大，则功率角 θ 反方向增大，电磁转矩相应增大，直到与负载转矩平衡，此时电机处于电动工作状态，如图 7-4(c) 所示，将输入的电功率转化为机械功率输出。

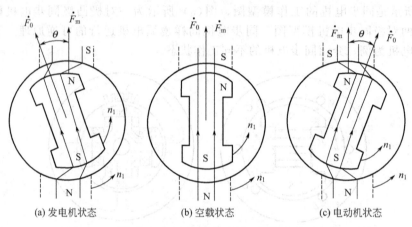

(a) 发电机状态　　　(b) 空载状态　　　(c) 电动机状态

图 7-4　同步电机的不同工作状态

由以上分析可知，同步电机在运行过程中，定子旋转磁场与转子磁场保持相对静止，二者之间相互作用，产生电磁转矩，进行能量交换。定子、转子磁场的强弱及其轴线之间的夹角，决定了同步电机能量转换的方向与电机功率的大小。

7.1.3　铭牌数据和型号

（1）同步电机的铭牌数据

同步电机的铭牌上的额定数据有：

① 额定容量 S_N 或额定功率 P_N

额定容量 S_N 是指同步电机出线端的额定视在功率，单位为 kV·A 或 MV·A；额定功率 P_N 指额定状态下发电机输出端输出的额定有功功率，或额定状态下电动机轴上输出的有效机械功率，单位为 kW 或 MW。

② 额定电压 U_N，额定运行时，定子绕组上的三相线电压，单位为 V 或 kV。

③ 额定电流 I_N，额定运行时，流过定子三相绕组的线电流，单位为 A。

④ 额定频率 f_N，额定运行时的频率，我国标准工频为 50Hz，单位为 Hz。

⑤ 额定功率因数 $\cos\varphi_N$，电机在额定运行时的功率因数。

⑥ 额定效率 η_N

对于三相同步发电机：$P_N = S_N\cos\varphi_N = \sqrt{3}U_N I_N \cos\varphi_N$；

对于三相同步电动机：$P_N = \sqrt{3}U_N I_N \cos\varphi_N \eta_N$。

⑦ 额定转速 n_N，同步电机的同步转速，单位为 r/min。

⑧ 额定励磁电流 I_{fN}（单位为 A）与额定励磁电压 U_{fN}（单位为 V）。

（2）同步电动机的型号

国产同步电动机的型号如 TD118/41-6，含义如下：

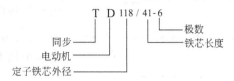

常用的同步电动机型号有：

TD 系列是防护式、卧式结构一般同步电动机，配置直流励磁机或可控硅励磁装置。可拖动通风机、水泵、电动发电机组。

TDK 系列一般为开启式，也有防爆型或管道通风型拖动压缩机用的同步电动机，配可控硅整流励磁装置。用于拖动空压机、磨煤机等。

TDZ 系列是一般管道通风、卧式结构轧钢用同步电动机，配直流发电机励磁或可控硅励磁装置。用于拖动各种类型的轧钢设备。

TDG 系列是封闭式轴向分区通风隐极结构的高速同步电动机，配直流发电机励磁或可控硅整流励磁。用于化工、冶金或电力部门拖动空压机、水泵等设备。

TDL 系列是立式、开启式自冷通风同步电动机，配单独励磁机。用于拖动立式轴流泵或离心式水泵。

其他各种类型的异步电动机，可查阅有关产品目录及电机工程手册。

7.2 同步电动机的电磁关系

同步电动机中，通过气隙且同时交链定子、转子的磁通为主磁通。稳定运行的同步电动机主磁场由定子电枢旋转磁动势 $\dot{F}_a$ 与转子励磁磁动势 $\dot{F}_0$ 共同建立，该合成磁场是同步电机进行能量转换的基础。同步电动机电磁关系的分析，主要分析：①定子绕组电流与旋转磁动势、转子的励磁电流与磁动势以及定子绕组感应电势之间的关系；②定子电枢电势平衡方程；③各电磁相量之间的关系图。

7.2.1 隐极同步电动机的电磁关系

同步电动机稳态工作时，定子绕组有对称三相电流流过，产生磁动势，建立磁场。其中仅与定子绕组交链而不与转子绕组交链的磁通是定子漏磁通 $\dot{\Phi}_\sigma$，其余是经过主磁路的磁通 $\dot{\Phi}_a$，由三相合成旋转磁动势 $\dot{F}_a$ 建立，该磁动势称为电枢磁动势，转速为同步转速 n_1，转向由电流的超前相转向滞后相。

另一方面，转子励磁绕组通入直流励磁电流 I_f 后，产生励磁磁动势 $\dot{F}_0$，励磁磁动势相对于转子静止。由于转子本身以同步转速旋转，所以励磁磁动势 $\dot{F}_0$ 相对于定子也以同步转速 n_1 旋转，方向与旋转磁动势 $\dot{F}_a$ 同向。

因此，作用在同步电动机主磁路上共有两个磁动势，即定子电枢旋转磁动势 $\dot{F}_a$ 与转子励磁磁动势 $\dot{F}_0$，二者都是以同步转速 n_1 同方向旋转，即同步旋转，在空间上保持相对静止，二者合成为基波磁动势 $\dot{F}_m$。

$$\dot{F}_m = \dot{F}_a + \dot{F}_0 \tag{7-2}$$

合成的基波磁动势 $\dot{F}_m$ 产生气隙磁场。由于隐极同步电动机气隙均匀，磁动势所产生的气隙磁场是正弦分布的，在电枢绕组中感应基波电动势 $\dot{E}_1$，如图 7-5 所示。

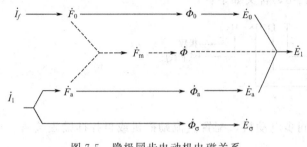

图 7-5 隐极同步电动机电磁关系

按照感应电机的惯例选取同步电动机各电磁量的参考方向，图 7-5 所示 $\dot{E}_1$ 为反电势，定子一相绕组的电压平衡方程式可表示为

$$\dot{U}_1 = -\dot{E}_1 + \dot{I}_1 r_1 + j\dot{I}_1 x_\sigma \tag{7-3}$$

式中 r_1——定子绕组电阻，Ω；

x_σ——定子漏抗，Ω。

如图 7-5 所示，若不考虑磁饱和引起的非线性有

$$\dot{E}_1 = \dot{E}_0 + \dot{E}_a \tag{7-4}$$

对于大容量同步电动机，定子绕组电阻 r_1 很小，常常忽略式（7-3）中的 $\dot{I}_1 r_1$，公式（7-3）可改写为

$$\dot{U}_1 = -\dot{E}_0 - \dot{E}_a + j\dot{I}_1 x_\sigma \tag{7-5}$$

若把电枢电动势写成某一等效电抗压降的形式，则有 $\dot{E}_a = -j\dot{I}_1 x_a$，其中 x_a 称为电枢电抗或者电枢反应电抗。隐极同步电动机气隙均匀，可以认为 x_a 是一个常数，大小与电枢磁场相对于转子的位置无关，x_a 为反映主磁路的电枢电抗，在数值上 x_a 要比电枢漏电抗 x_σ 大很多。将 $\dot{E}_a = -j\dot{I}_1 x_a$ 代入式（7-5），可得

$$\dot{U}_1 = -\dot{E}_0 + j\dot{I}_1 x_a + j\dot{I}_1 x_\sigma \tag{7-6}$$

上式中令 $x_c = x_a + x_\sigma$，称为隐极同步电动机的同步电抗，则有

$$\dot{U}_1 = -\dot{E}_0 + j\dot{I}_1 x_c \tag{7-7}$$

上式即隐极同步电动机电压平衡方程式。

图 7-6(a)、(b) 所示分别是对应式（7-3）与式（7-7）的等效电路图。图 7-6(c) 所示是对应于电压平衡方程式（7-7）的相量图，由相量图可以看出，调节相量 $\dot{E}_0$ 的长度，定子电枢电压 $\dot{U}_1$ 与电枢电流 $\dot{I}_1$ 之间可以变换不同的相位关系，因此同步电动机在拖动负载做功的同时，又可以改善电网功率因数。

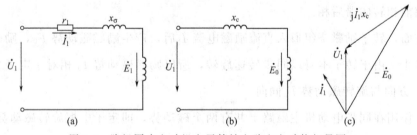

图 7-6 隐极同步电动机定子等效电路和电动势相量图

7.2.2 凸极同步电动机的电磁关系

由图 7-2(c) 所示的凸极同步电动机的结构简图可以看出，凸极同步电动机气隙不均匀，不同的位置磁阻不同，因此对应于电枢磁动势的电枢反应电抗 x_a 不是常值，而是转子空间位置的函数。为了分析凸极同步电动机电磁关系，先规定两个轴：转子 N 极到 S 极的中心

线称为纵轴（直轴），或称 d 轴；与纵轴相距90°电角度的轴线称为横轴（交轴），或称 q 轴，如图7-7(a) 所示。

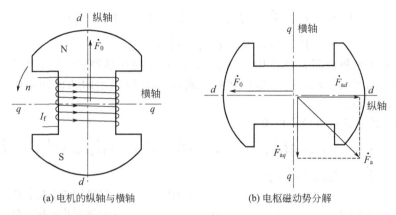

(a) 电机的纵轴与横轴　　　　(b) 电枢磁动势分解

图7-7　同步电机的电枢磁动势分解

d 轴、q 轴随着转子一同旋转，励磁磁动势 $\dot{F}_0$ 作用在 d 轴方向，电枢磁动势 $\dot{F}_a$ 与转子之间无相对运动，可以分解为两个分量：一个分量在纵轴方向，称为纵轴电枢磁动势，用 $\dot{F}_{ad}$ 表示；一个分量在横轴方向，称为横轴电枢磁动势，用 $\dot{F}_{aq}$ 表示，有

$$\dot{F}_a = \dot{F}_{ad} + \dot{F}_{aq} \tag{7-8}$$

可以分别考虑 $\dot{F}_{ad}$ 与 $\dot{F}_{aq}$ 在电机主磁路中的作用，再进行综合分析。因为 $\dot{F}_{ad}$ 永远作用在纵轴方向，$\dot{F}_{aq}$ 永远作用在横轴方向，尽管气隙不均匀，但对纵轴或横轴来说，都分别为对称磁路，这种分析问题的方法称为双反应原理。相应的电枢电流也分解为两个分量：一个分量是 $\dot{I}_d$，产生纵轴电枢磁动势 $\dot{F}_{ad}$；一个分量是 $\dot{I}_q$，产生横轴电枢磁动势 $\dot{F}_{aq}$，有

$$\dot{I}_1 = \dot{I}_d + \dot{I}_q \tag{7-9}$$

纵轴、横轴电枢磁动势分别在气隙中产生磁场，同时也在定子绕组漏磁路里产生漏磁通。$\dot{F}_{ad}$ 与 $\dot{F}_{aq}$ 在气隙圆周上以同步转速 n_1 旋转，在定子绕组中分别产生感应电势 $\dot{E}_{ad}$ 与 $\dot{E}_{aq}$，有

$$\dot{E}_a = \dot{E}_{ad} + \dot{E}_{aq} \tag{7-10}$$

凸极同步电动机的电磁关系如图7-8所示。

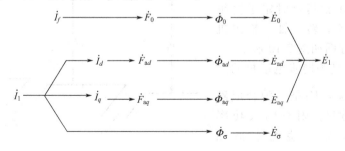

图7-8　凸极同步电动机电磁关系

若纵轴感应电势 $\dot{E}_{ad}$ 与横轴感应电势 $\dot{E}_{aq}$ 分别用电流分量与电抗的乘积表示，则凸极同步电动机的电压为

$$\dot{U}_1 = -\dot{E}_0 - \dot{E}_a + j\dot{I}_1 x_\sigma = -\dot{E}_0 - (\dot{E}_{ad} + \dot{E}_{aq}) + j\dot{I}_1 x_\sigma$$
$$= -\dot{E}_0 + j\dot{I}_d x_{ad} + j\dot{I}_q x_{aq} + j\dot{I}_1 x_\sigma \qquad (7\text{-}11)$$

上式中略去了定子电枢电阻 r_1 的作用。其中，x_{ad} 与 x_{aq} 对应纵轴和横轴的电枢反应电抗，若不考虑磁路饱和的影响，x_{ad} 与 x_{aq} 都是常数。式(7-11) 所揭示的凸极同步电动机电动势相量图如图 7-9(a) 所示。

将式(7-9) 代入式(7-11)，可得

$$\dot{U}_1 = -\dot{E}_0 + j\dot{I}_d x_{ad} + j\dot{I}_q x_{aq} + j\dot{I}_1 x_\sigma = -\dot{E}_0 + j\dot{I}_d x_{ad} + j\dot{I}_q x_{aq} + j\dot{I}_d x_\sigma + j\dot{I}_q x_\sigma$$
$$= -\dot{E}_0 + j\dot{I}_d x_d + j\dot{I}_q x_q \qquad (7\text{-}12)$$

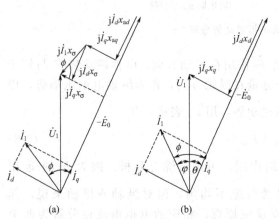

(a)　(b)

图 7-9　凸极同步电动机电动势相量图

磁关系可以看做是凸极同步电机的特例。

式中　x_d——纵轴同步电抗，Ω，$x_d = x_{ad} + x_\sigma$；
　　　x_q——横轴同步电抗，Ω，$x_q = x_{aq} + x_\sigma$。

对应电动势平衡方程式(7-12) 的电动势相量图如图 7-9(b) 所示。图中 φ 是功率因数角，即 $\dot{U}_1$ 与 $\dot{I}_1$ 之间的夹角；ϕ 是内功率因数角，即 $\dot{I}_1$ 与 $-\dot{E}_0$ 之间的夹角；θ 是功角，即 $\dot{U}_1$ 与 $-\dot{E}_0$ 之间的夹角。三者之间的关系为

$$\phi = \theta + \varphi \qquad (7\text{-}13)$$

从以上分析可知，当 $x_d = x_q$ 时，即纵轴与横轴的等效电枢反应电抗相同时，表示气隙磁场是均匀的，相应的电磁关系与隐极同步电机的电磁关系一致，即隐极同步电机电

7.3　同步电动机的功率、转矩和功（矩）角特性

分析了同步电动机的电磁关系之后，下面讨论同步电动机在电力拖动系统中的工作特性，由于同步电动机正常运行时转速是同步转速，不随转矩变化，只需要分析同步电动机转矩的变化规律，用同步电动机功率（转矩）随功角 θ 变化的关系曲线 $P_M = f(\theta)$ 或 $T = f(\theta)$ 来表示。由于正常运行时的同步角速度 Ω_1 是常数，因此电磁功率 P_M 与电磁转矩 T 成正比，功角特性曲线 $P_M = f(\theta)$ 与矩角特性曲线 $T = f(\theta)$ 有相同的形状。

7.3.1　功率传递与转矩平衡

同步电动机正常运行时定子绕组从电网吸收电功率，转子轴上输出机械功率，功率流程图如图 7-10 所示。

若 U_1、I_1 分别为同步电动机的定子相电压和相电流，$\dot{E}_1$ 是气隙合成磁动势感应的电动势。则有输入功率 $P_1 = mU_1 I_1 \cos\varphi$，定子绕组铜损耗 $p_{Cu} = mI_1^2 r_1$，对三相交流同步电动机

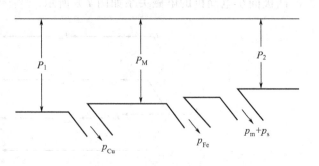

图 7-10　同步电动机功率流图

$m=3$。输入功率 P_1 除一小部分变为定子铜损耗 p_{Cu} 外，其余功率通过气隙传递到转子，成为电磁功率 P_M，有

$$P_M = P_1 - p_{Cu} = mE_1I_1\cos\phi \qquad (7\text{-}14)$$

电磁功率 P_M 去掉铁损耗 p_{Fe}、机械损耗 p_m 和附加损耗 p_s 之后是电动机轴上输出的机械功率 P_2，有

$$P_2 = P_M - p_{Fe} - p_m - p_s = P_M - p_0 \qquad (7\text{-}15)$$

式中，p_0 为空载损耗，$p_0 = p_{Fe} + p_m + p_s$。

式(7-15)两端除以同步角速度 Ω_1，整理后得到同步电动机转矩平衡方程式

$$T = T_2 + T_0 \qquad (7\text{-}16)$$

式中 T——电磁转矩，$N \cdot m$，$T = P_M/\Omega_1$；

     T_2——电动机轴上输出的机械转矩，$N \cdot m$，$T_2 = P_2/\Omega_1$；

     T_0——空载转矩，$N \cdot m$，$T_0 = p_0/\Omega_1$。

【例 7-1】 已知一台三相六极同步电动机的数据为：额定功率 $P_N = 250kW$，额定电压 $U_N = 380V$，额定功率因数 $\cos\varphi_N = 0.8$，额定效率 $\eta_N = 88\%$，定子每相电阻 $r_1 = 0.03\Omega$，定子绕组为 Y 接。试求：额定运行时定子输入的电功率 P_1，额定电流 I_N，电磁功率 P_M 与电磁转矩 T_N。

解   定子输入的电功率为

$$P_1 = \frac{P_N}{\eta_N} = \frac{250}{0.88} = 284 \text{ (kW)}$$

额定电流

$$I_N = \frac{P_1}{\sqrt{3}U_N\cos\varphi_N} = \frac{284 \times 10^3}{\sqrt{3} \times 380 \times 0.8} = 539.4 \text{ (A)}$$

额定电磁功率

$$P_M = P_1 - 3I_N^2 r_1 = 284 - 3 \times 539.4^2 \times 0.03 \times 10^{-3} = 257.8 \text{ (kW)}$$

额定电磁转矩

$$T_N = 9.55\frac{P_M}{n} = 9.55 \times \frac{257.8}{1000} \times 10^3 = 2462 \text{ (N} \cdot \text{m)}$$

7.3.2   功（矩）角特性

同步电动机的功角特性，是指外加定子电压和转子励磁电流不变的情况下，电磁功率 P_M 随功角 θ 的变化曲线。

对于大功率同步电动机，由于容量大，效率比较高，定子铜损耗所占比例很小，可以略去，有

$$P_M \approx P_1 = 3U_1I_1\cos\varphi = 3U_1I_1\cos(\phi - \theta)$$
$$= 3U_1I_1\cos\phi\cos\theta + 3U_1I_1\sin\phi\sin\theta$$
$$= 3U_1I_q\cos\theta + 3U_1I_d\sin\theta \qquad (7\text{-}17)$$

由图 7-9(b) 所示的相量关系可以得出

$$I_q x_q = U_1\sin\theta, \quad I_d x_d = E_0 - U_1\cos\theta \qquad (7\text{-}18)$$

有

$$I_q = \frac{U_1\sin\theta}{x_q}, \quad I_d = \frac{E_0 - U_1\cos\theta}{x_d} \qquad (7\text{-}19)$$

将式(7-18)、式(7-19)代入式(7-17)，可得

$$P_M = 3U_1\frac{U_1\sin\theta}{x_q}\cos\theta + 3U_1\frac{E_0 - U_1\cos\theta}{x_d}\sin\theta$$
$$= 3\frac{U_1E_0}{x_d}\sin\theta + \frac{3}{2}U_1^2\left(\frac{1}{x_q} - \frac{1}{x_d}\right)\sin2\theta$$

$$= P'_M + P''_M \tag{7-20}$$

式(7-20)即为凸极同步电动机功角特性的表达式，电磁功率 P_M 分为两项：第一项 P'_M 是功角 θ 的正弦函数；第二项 P''_M 是 2θ 的正弦函数。从功率关系可以推出对应的电磁转矩为

$$T = \frac{P_M}{\Omega_1} = 3\frac{U_1 E_0}{x_d \Omega_1}\sin\theta + \frac{3U_1^2}{2\Omega_1}\left(\frac{1}{x_q} - \frac{1}{x_d}\right)\sin2\theta$$
$$= T' + T'' \tag{7-21}$$

对于隐极同步电动机，$x_d = x_q = x_c$，$P''_M = 0$，$T'' = 0$，可以看作凸极同步电动机的特例，有

$$P_M = 3\frac{U_1 E_0}{x_c}\sin\theta \tag{7-22}$$

$$T = \frac{P_M}{\Omega_1} = 3\frac{U_1 E_0}{x_c \Omega_1}\sin\theta \tag{7-23}$$

根据式(7-21)与式(7-23)可以分别绘制凸极与隐极同步电动机的矩角特性曲线，如图 7-11 所示。

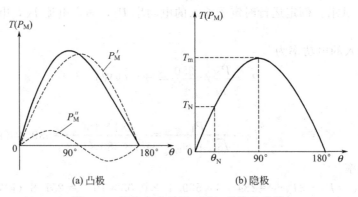

(a) 凸极　　　　　　　(b) 隐极

图 7-11　同步电动机矩（功）角特性曲线

7.3.3　功角的物理意义

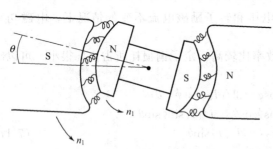

图 7-12　功角示意图

功（矩）角 θ 是电压 $\dot{U}_1$ 与 $-\dot{E}_0$ 之间的夹角，若略去 $\dot{I}_1 r_1$ 和 $\mathrm{j}\dot{I}_1 x_\sigma$，则有 $\dot{U}_1 = -\dot{E}_1$。这样功角也可以看成是合成感应电势 $\dot{E}_1$ 与转子磁动势在定子绕组的感应电势 $\dot{E}_0$ 之间的夹角，同时也是合成磁动势 $\dot{F}_m$ 与转子磁动势 $\dot{F}_0$ 之间的夹角，如图 7-12 所示。

转矩公式(7-21)的第一项为

$$T' = 3\frac{U_1 E_0}{x_d \Omega_1}\sin\theta \tag{7-24}$$

是合成磁动势 $\dot{F}_m$ 对应的磁极对转子磁极磁拉力所形成的转矩，如果上式中的外加电压 U_1 与励磁电流 I_f 不变，则转矩 T' 与功（矩）角 θ 的正弦成正比，如图 7-11 所示。当 $\theta = 0°$ 时，定子、转子在同一轴线上，磁拉力最大，但无切向力，因此转矩 $T' = 0$。随着 θ 角的增大，转矩 T' 逐渐增大；当 $\theta = 90°$ 时，转矩 T' 最大；到 $\theta = 180°$，定转子磁极又回到同一轴线上，这时两对磁极同性相斥，斥力最大，但也无切向力，转矩 $T' = 0$；当 $\theta > 180°$ 时，转矩变为负值，仍按正弦规律变化。

转矩公式(7-21)的第二项为

$$T'' = \frac{3U_1^2}{2\Omega_1}\left(\frac{1}{x_q} - \frac{1}{x_d}\right)\sin 2\theta \qquad (7-25)$$

只存在于凸极同步电动机中，称为反应转矩。该项与 $\dot{E}_0$ 无关，即与直流励磁无关，而与凸极同步电动机的 x_d 和 x_q 的差异有关，是由凸极气隙不均匀引起的，是 2θ 的正弦函数，如图7-13 所示。

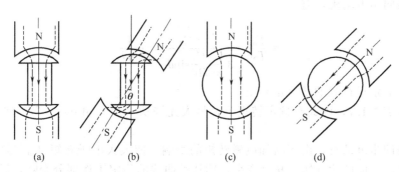

图 7-13　同步电动机反应转矩示意图

① 凸极同步电动机 $\theta = 0°$　磁力线由定子合成磁极进入转子，磁力线无扭斜，没有切向力，无反应转矩。

② 凸极同步电动机 $0° < \theta < 90°$　由于磁力线有选择最小磁阻磁路的性质，因此磁力线进入转子时发生扭斜，转子受到切向附加转矩作用，该转矩即为反应转矩。

$\theta = 90°$ 时，磁力线走交轴磁路，磁阻最大，磁力线无扭斜，磁路对称，无切向力，此时的反应转矩为零。

$90° < \theta < 180°$ 时反应转矩的情况与上述过程类似，只是方向相反。

③ 图 7-13(d) 所示的隐极同步电动机气隙磁场均匀分布，无论在任何位置都没有反应转矩。

7.3.4　稳定运行分析

下面以隐极式同步电动机为例分析同步电动机的稳定运行问题。

电动机的矩角特性如图 7-14 所示，总负载转矩为 T_L，则图中 a、b 两点都是系统的平衡点，有 $T_a = T_b = T_L$，若负载转矩突然有增量 ΔT_L 的变化，使得 $T_L > T$，则电动机瞬时减速，使得 θ 角拉大：

① 在工作点 a，则有电磁转矩 T_a 增大，若 ΔT_L 在一段时间不消除，则电动机在新的平衡点 a' 运行。当增量 ΔT_L 消除，$T > T_L$，电动机瞬时加速，θ 角减小，电动机重新回到工作点 a 稳定运行；

② 在工作点 b，则有电磁转矩 T_b 减小，使得 $T_L > T$ 情况加剧，拖动系统继续减速，电动机无法稳定工作在 b 点。

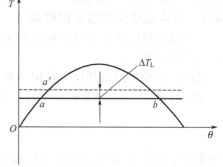

图 7-14　同步电动机稳定工作点示意图

同步电动机的转矩曲线以 T_m 为界，将机械特性分为稳定和不稳定工作区。同步电动机静态稳定运行的条件可以总结为

$$\frac{\mathrm{d}T}{\mathrm{d}\theta} > 0 \quad \text{或} \quad \frac{\mathrm{d}P_M}{\mathrm{d}\theta} > 0 \qquad (7-26)$$

$\frac{\mathrm{d}T}{\mathrm{d}\theta}$ 或 $\frac{\mathrm{d}P_M}{\mathrm{d}\theta}$ 数值的大小，表示了同步电动机保持稳定运行、抗干扰能力的强弱。而且一般同

步电动机在正常运行时，为了有足够的能力保持电动机不失步稳定运行，需要使最大电磁转矩（或功率）比额定转矩（或功率）大一定的倍数，即

$$K = \frac{T_m}{T_N} \quad \text{或} \quad K = \frac{P_{max}}{P_N} \tag{7-27}$$

称为过载能力或过载倍数。

对于隐极同步电动机，有

$$K = \frac{T_m}{T_N} = \frac{3\dfrac{U_1 E_0}{x_c \Omega_1}}{3\dfrac{U_1 E_0}{x_c \Omega_1}\sin\theta_N} = \frac{1}{\sin\theta_N} \tag{7-28}$$

式中　θ_N——额定运行时的功（矩）角。

一般要求 $K > 1.7$，因此在额定转矩下，最大允许功（矩）角 $\theta_N \approx 35°$，通常设计 $\theta_N = 25° \sim 35°$。

对于凸极同步电动机，由于附加电磁转矩的影响，使最大电子转矩 T_m 与最大电磁功率 P_{max} 略有增大，对应的功（矩）角 θ 变小，即特性曲线的稳定工作部分变陡，说明了凸极同步电动机的过载倍数比隐极同步电机大，因此一般同步电动机大多做成凸极式。

当负载变化时，功（矩）角 θ 随之变化，从而使同步电动机的电磁转矩 T 与电磁功率 P_M 跟着变化，以达到新的平衡状态。同步电动机的转子转速 n 则严格按照同步转速旋转，因此同步电动机的机械特性曲线是一条与横轴平行的直线，属于绝对硬特性。

7.4　功率因数调节

接到电网上的负载，主要是工矿企业的用电设备，其中最主要的是异步电动机和变压器，它们都是感性负载，从电网上吸收感性无功功率，这样就降低了电网的功率因数，使发、供电设备容量不能充分利用，线路损耗和压降增大。

通过对同步电动机的电磁关系分析以及相量图可以看出，调节同步电动机转子励磁电流 $\dot{I}_f$ 的大小，就可以改变转子磁动势 $\dot{F}_0$ 的大小，从而改变定子绕组中相应的感应电动势 $\dot{E}_0$ 的大小，进而影响到电源电压 $\dot{U}_1$ 与绕组电流 $\dot{I}_1$ 之间的相位关系。通过调节励磁电流，就可以改变同步电动机的功率因数。

7.4.1　同步电动机的功率因数调节

下面以隐极同步电动机的电动势相量图来进行功率因数调节的分析，所得结论完全适用于凸极同步电动机。

若同步电动机的负载保持稳定，调节励磁 I_f 的大小，由电动机转矩和功率的平衡关系可知，电磁转矩 T 与电磁功率 P_M 保持不变，有

$$T = 3\frac{U_1 E_0}{x_c \Omega_1}\sin\theta = \text{常数} \tag{7-29}$$

由于电源电压 $\dot{U}_1$ 的大小及频率 f 以及电动机的同步电抗 x_d 都是常数，上式中

$$E_0 \sin\theta = \text{常数} \tag{7-30}$$

当改变励磁电流 I_f 时，感应电动势 $\dot{E}_0$ 的大小随之变化，同时满足式(7-30)的约束条件。又因为负载转矩不变时，忽略各种损耗的变化后，可认为电动机的输入功率 P_1 不变，即

$$P_1 = 3U_1 I_1 \cos\varphi = \text{常数} \tag{7-31}$$

在电源电压大小不变的情况下，有

$$I_1 \cos\varphi = 常数 \qquad (7\text{-}32)$$

式(7-32) 表明了电动机定子边的有功电流应维持不变。

根据式(7-30) 与式(7-32) 的约束条件，绘制三种不同励磁电流 I_f，I_f'，I_f'' 对应的电动势相量图，如图 7-15 所示。其中，当 $I_f'' < I_f < I_f'$ 时，有 $E_0'' < E_0 < E_0'$。

由图 7-15 可知，电流 $\dot{I}_1$ 的变化轨迹总在与电压 $\dot{U}_1$ 垂直的虚线上，$\dot{E}_0$ 的变化轨迹总在与电压 $\dot{U}_1$ 平行的虚线上。当改变励磁电流 I_f 时，同步电动机的变化规律如下：

① 当励磁电流为 I_f 时，定子电流 $\dot{I}_1$ 与电压 $\dot{U}_1$ 同相，同步电动机只从电网吸收有功功率，功率因数 $\cos\varphi = 1$，同步电动机在电网上相当于一个纯电阻负载；

② 当励磁电流为 I_f''，比正常励磁电流小时，称为欠励状态，此时感应电动势 E_0 减小为 E_0''，定子电

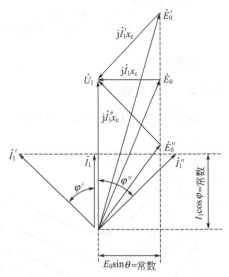

图 7-15　改变隐极同步电动机励磁电流的电动势相量图

流 $\dot{I}_1''$ 落后电压 $\dot{U}_1$ 的角度为 φ''，同步电动机除了从电网吸收有功功率外，还要从电网吸收滞后性无功功率，同步电动机在电网上相当于一个电阻电感性负载；

③ 当励磁电流为 I_f'，比正常励磁电流大时，称为过励状态，此时感应电动势 E_0 增大为 E_0'，定子电流 $\dot{I}_1'$ 超前电压 $\dot{U}_1$ 的角度为 φ'，同步电动机除了从电网吸收有功功率外，还要从电网吸收超前的无功功率，同步电动机在电网上相当于一个电阻电容性负载。

由以上分析可见，改变同步电动机的励磁电流，可以改变其功率因数，这一点是异步电动机无法做到的。同步电动机拖动负载运行时，一般要加大励磁电流，处于过励状态，以改善电网的功率因数。

【例 7-2】 已知一台隐极式同步电动机，额定电压 $U_N = 6000V$，额定电流 $I_N = 71.5A$，定子绕组为 Y 接，额定功率因数 $\cos\varphi_N = 0.9$（超前），同步电抗 $x_c = 48.5\Omega$，忽略定子电阻 r_1。试求：额定运行时空载电动势 E_0，功率角 θ_N，输入功率 P_1，电磁功率 P_M 与过载倍数 λ。

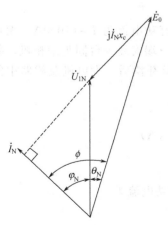

图 7-16　例 7-2 隐极同步电动机电动势相量图

解　参考图 7-16 所示，此时隐极同步电动机处于过励状态。

由 $\cos\varphi_N = 0.9$，可知 $\varphi_N = 25.8°$（超前）

定子绕组为 Y 接，$U_{1N} = \dfrac{U_N}{\sqrt{3}} = \dfrac{6000}{\sqrt{3}} = 3464$（V）

根据图中的几何关系，可得

$$E_0 = \sqrt{U_{1N}^2 + (I_N x_c)^2 - 2U_{1N}I_N x_c \cos(90+\varphi_N)} = 5862 \text{（V）}$$

由相量图可知

$$\cos\phi = \frac{U_{1N}\cos\varphi_N}{E_0} = \frac{3464 \times 0.9}{5862} = 0.532$$

有　　　　　　　　$\phi = \arccos 0.53 = 57.9°$

功角　　　　$\theta_N = \phi - \varphi_N = 57.9 - 25.8 = 32.1°$

电磁功率为

$$P_M = 3 \times 10^{-3} \frac{U_{1N}E_0}{x_c} \sin\theta_N = 0.003 \times \frac{3464 \times 5862}{48.5} \times \sin 32.1 = 667.4 \text{ (kW)}$$

过载倍数

$$\lambda = \frac{1}{\sin\theta_N} = \frac{1}{0.53} = 1.89$$

7.4.2 U形曲线

保持电网电压 $\dot{U}_1$ 和电动机负载不变的情况下，改变励磁电流 I_f，测出对应的定子电流

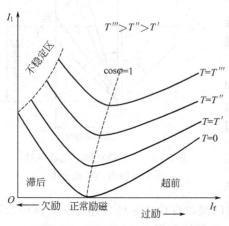

图 7-17 同步电动机的 U 形曲线

I_1，可以得到二者的关系曲线 $I_1 = f(I_f)$，曲线的形状类似字母"U"，称为同步电动机的 U 形曲线。对于不同的恒定负载做出 U 形曲线，负载转矩越大，曲线越向上移，如图 7-17 所示。

每条 U 形曲线的最底端，定子电流为最小值，此时定子电枢仅从电网吸收有功功率，功率因数 $\cos\varphi = 1$。把不同负载情况下的 U 形曲线的这些点连起来，构成 $\cos\varphi = 1$ 的线，它微微向右倾斜，说明输出纯有功功率时，输出功率增大的同时，必须相应增加一些励磁电流。

当同步电动机带一定负载时，减小励磁电流 I_f，感应电动势 E_0 也会减小，从而使电磁功率 P_M 减小，若 P_M 减小到一定程度，功（矩）角 θ 超过 90°，电动机就失去同步，即图 7-16 中虚线所示的不稳定区，因此同步电动机最好不要运行于欠励状态。

7.4.3 同步调相机

调相机也称为补偿机，是同步电动机工作于空载运行状态，通过调节励磁电流，专门给电网提供无功功率，以改善电网的功率因数。调相机从电网吸取一定的有功功率，这部分功率用于补偿各种损耗功率。

当电网功率因数下降时，增大调相机的励磁电流，使其运行于过励状态，调相机向电网输出一个滞后的无功电流，从而减少了负载从电网吸收的无功电流，即负载所需的无功功率有相当一部分由调相机负担。图 7-18（a）所示是一个装有调相机的输电系统原理图，图 7-18（b）所示是用同步调相机改善电网功率因数的示意图。

【例 7-3】 有一台同步发电机带一感性负载，负载所需的有功电流为 $I_a = 1000A$，无功电流 $I_r = 1000A$。为了减少发电机和线路中的无功电流，在用户端安装一台同步调相机，并在过励的情况下自电网中吸收容性（超前）电流 $I_c = 250A$，求补偿后，发电机及线路中的无功电流值。

解 没有补偿时，发电机及线路总电流为

$$I = \sqrt{I_a^2 + I_r^2} = \sqrt{1000^2 + 1000^2} = 1414 \text{ (A)}$$

功率因数为

$$\cos\varphi = \frac{I_a}{I} = \frac{1000}{1414} = 0.71$$

如图 7-18（b）所示，线路上接入同步调相机后，线路的无功电流为

$$I_r' = I_r - I_c = 1000 - 250 = 750 \text{ (A)}$$

当有功电流不变时，总电流为

$$I' = \sqrt{I_a^2 + I_r'^2} = \sqrt{1000^2 + 750^2} = 1250 \text{ (A)}$$

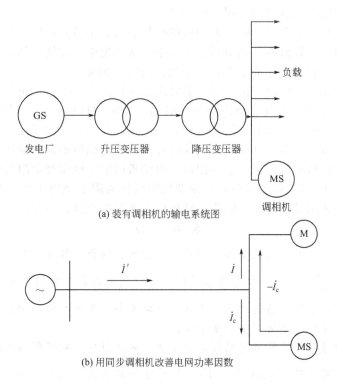

(a) 装有调相机的输电系统图

(b) 用同步调相机改善电网功率因数

图 7-18　同步调相机的工作原理

M—感性负载（感应电动机）；MS—同步调相机

补偿后的功率因数

$$\cos\varphi = \frac{I_a}{I'} = \frac{1000}{1250} = 0.8$$

从该例中可见，安装调相机后，可以提高功率因数，减少线路电流，减少线路损耗。

7.5　同步电动机的启动

同步电动机直接启动时，定子绕组接入电网，电机气隙中的磁场为定子电枢建立的旋转磁场，以同步转速 n_1 旋转。而转子由于惯性作用处于静止状态，这样转子磁极所受的电磁转矩每经过半个周期，方向就改变一次，平均转矩等于零。可以说同步电动机没有启动转矩，不能自启动。常用的启动方法有：辅助电动机启动、异步启动与变频启动。

采用辅助电动机法启动时，一般选用和同步电动机具有相同极数的小型异步电动机与同步电动机同轴，拖动同步电动机转子接近于同步转速旋转，然后将同步电动机接入电网，并通入励磁电流，把同步电动机拉入同步运转。该方法只能用于空载启动的同步电动机，例如电动机-发电机变流机组或大型同步补偿机。这种方法不

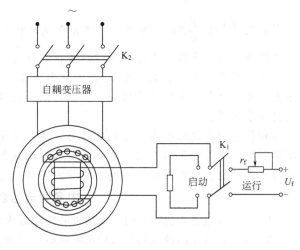

图 7-19　同步电动机异步启动线路图

适合容量较大，又要带负载启动的同步电动机。

随着电力电子技术的发展，同步电动机的变频启动应用越来越广。把同步电动机的供电电源频率从零或很小的数值逐渐调节到额定频率，从而把电枢旋转磁场的转速从低到高调节到同步转速，整个过程中要保证牵引转子不失步的同步加速。

异步启动是同步电动机启动最简单、最常用的方法，在同步电动机转子上设置启动用的笼型绕组，接通电源时，先由笼型绕组异步启动，当电动机接近同步转速时，再给转子励磁，形成同步转矩，使转子被牵入同步运行，其线路图如图7-19所示。

在异步启动阶段，同步电动机的励磁绕组若开路，会感应很高的电压，容易造成绝缘击穿或其他危险。因此启动时，第一步要把同步电动机的励磁绕组经电阻后短接。串接电阻约为励磁绕组电阻的10倍。启动完毕后，笼型绕组就作为阻尼绕组工作，在稳态工作时就不起作用了。因此在采用异步启动的同步电动机中，笼型绕组就是兼作启动的阻尼绕组。

本 章 小 结

与其他电机比较，同步电机最基本的特点是转速、磁极对数和电流频率三者之间保持严格的关系，即 $n=\dfrac{60f}{p}$。一般同步电机采用旋转磁极式，磁极分隐极式和凸极式两种，隐极式多用于高速同步发电机，凸极式多用于低速发电机和同步电动机。同步电动机需配备一台励磁机或整流励磁装置，方便调节励磁电流。

同步电机同样遵循电机的可逆原理，定子旋转磁场与转子磁场保持相对静止，以同步转速旋转，合成基波磁动势为 $\dot{F}_\mathrm{m}=\dot{F}_\mathrm{a}+\dot{F}_0$。转子磁场与合成磁场相互作用，产生电磁转矩，进行能量交换。

同步电动机的内部电磁关系和各物理量之间的关系（基本方程式、相量图、运行特性等）是本章的主要内容。凸极同步电动机气隙不均匀，不同位置磁阻不同，采用双反应原理分析，即将磁阻在横轴和纵轴分解，进行电磁关系分析后再综合。隐极式电动机气隙磁场均匀，可以看做是凸极同步电机的特例。

功（矩）角 θ 是电压 $\dot{U}_1$ 与 $-\dot{E}_0$ 之间的夹角，也可以看成是 $\dot{E}_1$ 与 $\dot{E}_0$ 之间的夹角，同时也是 $\dot{F}_\mathrm{m}$ 与 $\dot{F}_0$ 之间的夹角，是描述同步电动机运行状态的重要变量。电磁功率 P_M 随功角 θ 的变化曲线是同步电动机的功角特性。当负载变化时，功（矩）角 θ 随之变化，电磁转矩 T 与电磁功率 P_M 跟着变化，达到新的平衡状态。同步电动机静态稳定运行的条件为：$\dfrac{\mathrm{d}T}{\mathrm{d}\theta}>0$ 或 $\dfrac{\mathrm{d}P_\mathrm{M}}{\mathrm{d}\theta}>0$，$\dfrac{\mathrm{d}T}{\mathrm{d}\theta}$ 或 $\dfrac{\mathrm{d}P_\mathrm{M}}{\mathrm{d}\theta}$ 数值的大小，表示了电动机保持稳定运行、抗干扰能力的强弱。由于反应转矩的作用，凸极同步电动机的过载倍数较大，一般同步电动机大多做成凸极式。

同步电动机的 $I_1=f(I_\mathrm{f})$ 曲线称为 U 形曲线，由曲线可知，调节同步电动机转子励磁电流 I_f，可改变电动机的功率因数。拖动负载运行时，加大励磁电流，处于过励状态，可改善电网功率因数。

调相机是同步电动机的一种特殊运行状态，也是一种提供无功功率的电源，对提高电网的功率因数、保持电压的稳定、减少线路的有功损耗有很大作用。

同步电动机启动较困难，一般采取异步启动、变频启动、辅助电机启动等方法。

思考题与习题

7.1　与异步电动机比较，同步电动机的转速由什么决定？

7.2　为什么要把凸极式同步电动机的电枢电流分解为纵轴、横轴分量？如何分解？什么情况下电枢电流只有纵轴分量？什么情况下只有横轴分量？

7.3　试绘制同步电动机的功（矩）角特性曲线示意图，并给出同步电动机稳定运行条件，在图上标出稳定运行区域。

7.4　为什么同步电动机一般工作在过励状态？

7.5　为什么同步电动机转子多做成凸极式结构？

7.6　简述同步调相机的工作原理与作用。

7.7　从同步发电机过渡到电动机时，功角 θ、电枢电流 I_1 与电磁转矩 T 的大小和方向如何变化？

7.8　一台三相十极同步电动机的数据为：额定功率 $P_N = 3000 \text{kW}$，额定电压 $U_N = 6000 \text{V}$，额定功率因数为 $\cos\varphi_N = 0.8$（超前），额定效率 $\eta_N = 96\%$，定子每相电阻 $r_1 = 0.21\Omega$，定子绕组为 Y 接。求：

（1）额定运行时的定子输入的电功率 P_1；

（2）额定电流 I_N；

（3）额定电磁功率 P_M；

（4）额定电磁转矩 T_N。

7.9　一台三相隐极式同步电动机的数据为：额定电压 $U_N = 400 \text{V}$，额定电流 $I_N = 23 \text{A}$，定子绕组 Y 接，额定功率因数为 $\cos\varphi_N = 0.8$（超前），同步电抗 $x_c = 10.4\Omega$，忽略定子电阻。求额定运行时的：

（1）空载电动势 E_0；

（2）功率角 θ_N；

（3）电磁功率 P_M；

（4）过载倍数 λ。

7.10　一台三相隐极式同步电动机定子绕组 Y 接，额定电压 $U_N = 380 \text{V}$，已知电磁功率 $P_M = 15 \text{kW}$ 时对应的 E_0 为 250V（单相），同步电抗 $x_c = 5.1\Omega$，忽略定子电阻。求：

（1）功率角 θ；

（2）最大电磁功率。

7.11　一台三相凸极式同步电动机，定子绕组为 Y 接，额定电压为 380V，纵轴同步电抗 $x_d = 6.06\Omega$，横轴同步电抗 $x_q = 3.43\Omega$。运行时电动势 $E_0 = 250 \text{V}$（单相），$\theta = 28°$，求电磁功率 P_M。

7.12　一个车间消耗的总功率为 200kW，$\cos\varphi = 0.65$（滞后）。其中有两台异步电动机，消耗功率及功率因数分别为：（1）$P_I = 41 \text{kW}$，$\cos\varphi_I = 0.625$；（2）$P_{II} = 20 \text{kW}$，$\cos\varphi_{II} = 0.641$。若将它们用同步电动机代替，要求同步电动机消耗同样的电磁功率并运行在超前功率因数下（设两台同步电动机的功率因数相同），把整个车间的功率因数提高到 1。试求这两台同步电动机的功率因数。

8. 微控电机

8.1 单相异步电动机

单相异步电动机用单相电源供电，由于使用方便，故在家用电器（如电冰箱，电风扇，洗衣机等）和医疗器械中得到了广泛应用。与同容量的三相异步电动机相比，单相异步电动机的体积较大，运行性能也稍差，因此单相异步电动机只做成几十瓦到几百瓦的小容量电机。

8.1.1 基本结构

单相异步电动机主要有分相式（包括电阻分相与电容分相）和罩极式两种，除罩极式电动机有凸出的磁极外，单相异步电动机的铁芯均与普通三相异步电动机类似。

单相异步电动机的定子上通常装有两个绕组，一个是工作绕组（主绕组），用来产生主磁场并从电源输入电功率；另一个是启动绕组（辅绕组），一般情况下它仅在启动时接入，当转速接近正常转速时，离心开关或继电器触点就把启动绕组从电源断开。所以，正常运行时，单相异步电动机一般只有工作绕组接在电源上，图 8-1 所示为单相异步电动机的接线示意图。

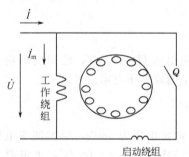

图 8-1 单相异步电动机的接线示意图

小型单相异步电动机的定子内径较小，嵌线比较困难，故大多采用单层绕组。为了削弱定子磁动势中的三次谐波以改善启动性能，也有采用双层绕组和正弦绕组的。在分相式启动的单相异步电动机中，通常工作绕组占定子总槽数的 2/3，启动绕组占定子总槽数的 1/3。

单相异步电动机的转子均为普通的笼型转子。

8.1.2 工作原理

单相异步电动机的工作原理可以用旋转磁场理论来说明。

单相异步电动机的定子绕组接入电源，工作绕组就会产生一个脉振磁动势。此脉振磁动势可分解为两个大小相等、转向相反、转速相同的旋转磁动势 F^+ 和 F^-，如图 8-2 所示。若磁路为线性，把正向和反向旋转磁动势所产生的磁场与转子作用所产生的结果叠加起来，即可得到原来脉振磁动势所产生磁场与转子作用的结果。

若转子转速为 n，转子对正向旋转磁场的转差率为 s，则转子对反向旋转磁场的转差率为

$$\frac{-n_0 - n}{-n_0} = 2 - s \qquad (8-1)$$

正向旋转磁场与其所感应的转子电流作用，产生正

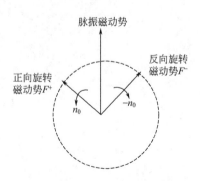

图 8-2 脉振磁动势的分解图

向电磁转矩 T^+；反向旋转磁场与其所感应的转子电流作用，产生反向电磁转矩 T^-；根据前面的分析可知，两者之和（$T^+ + T^-$）即为电动机的合成电磁转矩 T，如图 8-3 所示。

由图 8-3 可知，$s=1$ 时，合成电磁转矩为零，故单相异步电动机无启动转矩。因此，必须采用专门的措施使之启动。此外，在 $s=1$ 的左右两边，合成转矩是对称的，因此单相异步电动机无固定的转向，工作时的转向由启动时的转动方向决定。

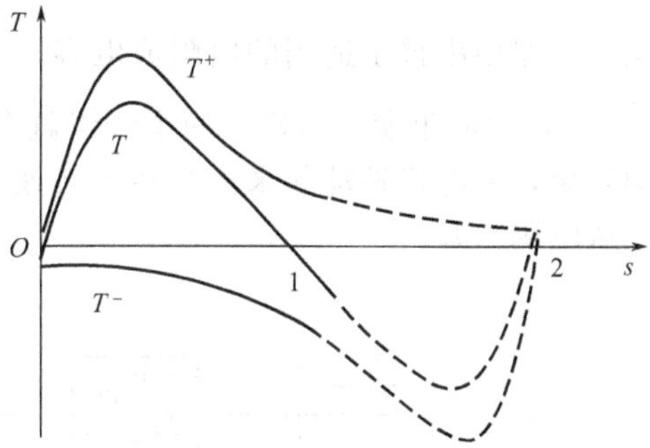

图 8-3　单相异步电动机 T-s 曲线

8.1.3　等效电路

根据旋转磁场理论，对正向和反向磁场分别引用类似三相异步电动机的分析方法，可得出单相异步电动机的等效电路，如图 8-4 所示。图中，r_1 和 x_1 为定子绕组的电阻和电抗；E^+ 和 E^- 分别为气隙中的正向和反向合成磁场在定子主绕组中的感应电动势；励磁阻抗 Z_m 对应于脉振磁场在主绕组中的响应；r_2' 和 x_2' 为折算到工作绕组边转子的电阻和电抗。由于定子正转和反转磁动势的幅值分别等于脉振磁动势幅值的 $1/2$，故在对应的正转和反转等效电路中，励磁阻抗各为 $0.5Z_m$，转子电阻和电抗的折算值各为 $0.5r_2'$ 和 $0.5x_2'$；另外，由于转子对正向和反向旋转磁场的转差率分别为 s 和 $2-s$，所以转子回路的总等效电阻分别为

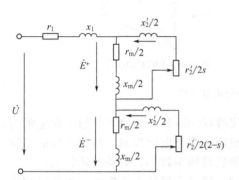

图 8-4　单相异步电动机的等效电路

$0.5r_2'/s$ 和 $0.5r_2'/(2-s)$。

当转子不动时，转差率 $s=1$，气隙中正向和反向旋转磁场的幅值相等，为气隙脉振磁场幅值的 $1/2$，因此正向和反向旋转磁场在定子绕组中所感应的电动势 E^+ 和 E^- 大小相等，为气隙合成磁场所感应的总电动势大小的 $1/2$；等效电路中的 $r_2'/2(2-s)$ 和 $r_2'/2s$ 相等，即等效正向和反向转子回路完全相同。

当转子旋转时，正向和反向旋转磁场的作用不同。当电机转动后，$s<1$，$2-s>1$，等效附加电阻 $r_2'/2s > r_2'/2(2-s)$，故 $E^+ > E^-$。这说明随着转速的上升，气隙中的正向旋转磁场增大，反向旋转磁场减小，于是正向电磁转矩大于反向电磁转矩，使合成电磁转矩成为正值，如图 8-3 所示。正常运行时，s 很小，正向旋转磁场的幅值数倍于反向旋转磁场的幅值，故气隙中的合成磁场接近于圆形旋转磁场，此时反向电磁转矩的作用不太明显。

由于单相异步电动机中始终存在一个反向旋转磁场，因此这种电机的最大转矩倍数、效率和功率因素等均稍低于三相异步电动机。

8.1.4　启动和调速

（1）启动方法

单相异步电动机由于无启动转矩，故自己不能启动。启动时，为产生启动转矩，应设法在气隙中形成一个椭圆或圆形的合成旋转磁动势。为此，在定子上另装一个空间位置不同于工作绕组的启动绕组，且使启动绕组的电流在时间相位上也不同于工作绕组内的电流。常用的方法有：分相法和罩极法。

① 分相式启动　启动绕组与工作绕组在空间互差 90°电角度，启动绕组串接适当的电阻

或电容经离心开关或继电器触点 Q，与工作绕组并联接到电源上，如图 8-5（a）所示。因启动绕组回路中串接了适当的电阻或电容，故启动绕组中的电流 i_{SA} 就会超前于主绕组中的电流 i_m 一定的电角度。这样，两个绕组就会在气隙中形成一个椭圆形旋转磁场，产生一定的启动转矩，使电机转动起来。当转子转速达到同步转速的 $75\%\sim80\%$ 时，离心开关将启动绕组从电源断开。

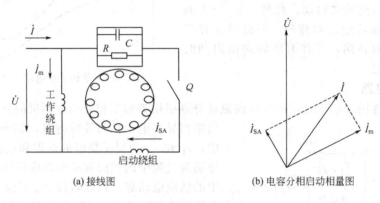

(a) 接线图 (b) 电容分相启动相量图

图 8-5 分相启动的单相异步电动机

启动绕组串入电阻或经适当选择启动绕组的导线线规和匝数，使启动绕组回路电阻增大的分相式启动称为电阻分相启动。这时，由于两绕组阻抗都是电感性的，两相电流的相位差不大，使得气隙中旋转磁场椭圆度较大，所以产生的启动转矩较小，启动电流较大。

启动绕组串电容的分相式启动称为电容分相启动。通过选择适当的电容，可使启动绕组中的电流 i_{SA} 超前工作绕组中电流 i_m 约 $90°$ 电角度，如图 8-5（b）所示，这样就可在气隙中建立一个接近于圆形的旋转磁场，从而产生较大的启动转矩，同时又可使启动电流减小。

对于分相启动的单相异步电动机，可通过把工作绕组或启动绕组接电源的两出线端对调来改变电动机的转向。

② 罩极式启动 罩极式单相异步电动机的定子铁芯多数做成凸极式，但也有隐极式的，两种定子工作原理完全一样，只是凸极式结构更为简单和有特点。凸极式单相异步电动机的主要结构如图 8-6 所示，转子不变，仍然是普通的鼠笼式转子。在每个定子磁极上装有工作绕组。在磁极极靴的 1/3 处开有小槽，槽内嵌有短路铜环，把部分磁极"罩"起来，此铜环也称为罩极线圈。

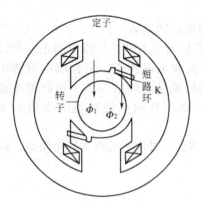

图 8-6 罩极式启动单相异步电动机

当工作绕组通入单相交流电时，产生脉振磁通，其中一部分磁通 $\dot{\Phi}_1$ 不通过铜环，另一部分磁通 $\dot{\Phi}_2$ 则通过铜环。由于 $\dot{\Phi}_1$ 和 $\dot{\Phi}_2$ 在空间上有一定的相位差（所差的空间角为半个极面占据的空间电角度），在时间上也有一定的相位差（由短路环自行闭合所引起的电磁变化形成），这样在罩极式单相异步电动机中就会产生椭圆形旋转磁场。在椭圆形旋转磁场的作用下，电动机将产生一定的启动转矩，使转子顺着磁场旋转的方向转动起来。

罩极式启动的单相异步电动机的启动转矩较小，只用于电唱机、录音机、电钟，电动仪表及小型电扇，容量一般在 40W 以下。

罩极式启动的单相异步电动机；电机的转向总是从磁极未罩部分向被罩部分的方向旋转。因此，即使把工作绕组接电源的两出线端对调，也不能改变罩极式单相异步电动机转子的转向。

（2）调速方法

小功率单相异步电动机应用很广，且有些设备，如自动化传动机械、电扇等需要调速运行。

单相异步电动机可以用调压方法调速，这和三相异步电动机的调压调速原理类似。由于异步电动机的电磁转矩近似与电压平方成正比，因此电压减小时转速将下降，如果设计的转子电阻稍大些，就会有一定的调速范围，如图 8-7 所示。实现的办法是用电子开关做调压器，或采用串联电抗器，以控制电机端电压。常用的吊扇调速器，实际上就是串联电抗器调压。有关电子调压原理将在后续课程中研究。

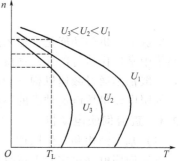

图 8-7　异步电动机调压调速原理

许多电容分相的单相异步电动机也常采用工作绕组或启动绕组抽头的接法实现调速，典型的有 L 形接法、T 形接法等，下面进行简单介绍。

① L 形接法　图 8-8 所示为 L 形接法的原理电路。它的三个绕组分别为工作绕组 A、启动绕组 B 和附加绕组 A'。其中，A' 绕组轴线与 A 绕组轴线重合，而与 B 绕组轴线空间差 90° 电角度。绕组连接成 L 形。

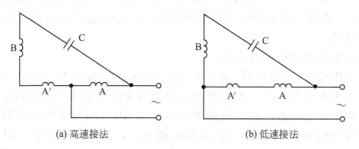

(a) 高速接法　　　　　　　　(b) 低速接法

图 8-8　L 形接法原理电路

在单相电源电压一定时，图 8-8(a) 所示为高速接法，图 8-8(b) 所示为低速接法。它们的主要差别是，图 (a) 是工作绕组 A 单独接电源，图 (b) 则是绕组 A' 与绕组 A 串联后接电源。图 (a) 的工作绕组匝数少，主磁通大；图 (b) 则因匝数多而主磁通小。电动机的电磁转矩大小主要取决于主磁通的大小，所以按图 (a) 和图 (b) 所示接法的机械特性类同

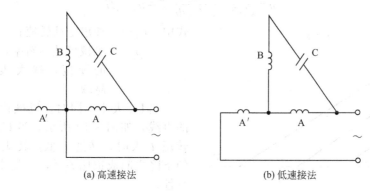

(a) 高速接法　　　　　　　　(b) 低速接法

图 8-9　T 形接法原理电路

于图 8-7 所示的电压高和电压低的机械特性。

不难看出,再增加附加绕组或在附加绕组中增设中间抽头,即可获得多速控制。目前一些台扇就是采用这种调速方案。

② T 形接法 图 8-9 所示为 T 形接法的原理电路。图 (a) 所示附加绕组 A′没有接入电路,此时工作绕组没有附加匝数,因而主磁通大,电机工作转速高;图 (b) 所示的接法则与图 8-8(b) 所示的类同,为低速接法。

8.2 伺服电动机

伺服电动机的功能是将输入的电信号转换为电动机转轴上的角位移或角速度,在自动控制系统中常用作执行部件。伺服电动机的转速通常要比控制对象(负载)的运动速度高得多,一般都是通过减速机构(如齿轮)将两者连接起来。

伺服电动机按电流种类的不同,可分为直流伺服电动机和交流伺服电动机两大类。

8.2.1 直流伺服电动机

(1) 基本结构和工作原理

直流伺服电动机实际上就是微型他励直流电动机,由装有磁极的定子、可以转动的电枢和换向器等组成。按励磁方式的不同,可分为电磁式和永磁式两种。永磁式直流伺服电动机的励磁采用永久磁铁,电磁式直流伺服电动机的励磁则采用励磁绕组。为了适应各种不同系统的需要,目前从结构上和材料上都作了许多改进,出现了不少新品种。

直流伺服电动机的工作原理与普通直流电动机的工作原理相同,电磁转矩公式为 $T=C_T\Phi I_a$。由此可知,直流伺服电动机在电枢电流 $I_a=0$ 或磁通 $\Phi=0$ 时,电磁转矩 $T=0$,电动机能自动停止转动。

(2) 直流伺服电动机的控制和应用

直流伺服电动机转速、转向的控制方式与普通他励直流电动机一样。只要改变磁通方向或电枢电流方向即可改变其转向,改变磁通或电枢电流的大小即可改变转速的大小,故直流伺服电动机的控制方式有两种:改变电枢绕组电压 U_a 的方向与大小的控制方式,称为电枢控制;改变励磁绕组电压 U_f 的方向与大小的控制方式,称为磁场控制。对于永磁式直流伺服电动机只有电枢控制,而对于电磁式直流伺服电动机,由于磁场控制有严重的缺点(调节特性在某一范围内不是单值函数,每个转速对应两个控制信号),使用的场合很少。

直流伺服电动机进行电枢控制时,电枢绕组即为控制绕组,控制电压 U_a 直接加到电枢绕组上进行控制。对于电磁式直流伺服电动机来说,励磁绕组电压 U_f 恒定,且不考虑电枢反应的影响,可得电枢控制的直流伺服电动机机械特性表达式为

$$n=\frac{U_a}{C_e\Phi}-\frac{R_a}{C_eC_T\Phi^2}T=n_0-\beta T \tag{8-2}$$

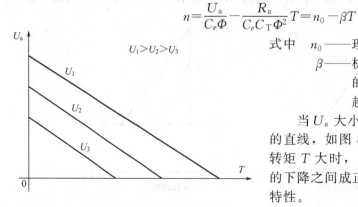

图 8-10 直流伺服电动机的机械特性

式中 n_0——理想空载转速;

β——机械特性的斜率,表示机械特性的硬度,越大表示机械特性越软。

当 U_a 大小不同时,机械特性为一组平行的直线,如图 8-10 所示。当 U_a 大小一定时,转矩 T 大时,转速 n 低,转矩的增加与转速的下降之间成正比关系,这是非常理想的机械特性。

直流伺服电动机的另一个重要特性是调节

特性。调节特性是指电动机在一定的负载转矩下，稳态转速 n 随控制电枢电压 U_a 的变化关系。调节特性反应电机在带负载情况下转速随控制信号的变化情况。

① 负载恒定时的情况　当负载恒定时，电动机的转矩方程为

$$T = T_2 + T_0 \tag{8-3}$$

式中　T_2——负载转矩，为恒定值；

　　　T_0——空载转矩。

在不考虑风阻等其他外界因素的情况下，空载转矩也为恒定值，因此通常认为电动机的电磁转矩也是不变量。在电磁转矩恒定的情况下考虑直流伺服电动机的机械特性，并经适当变形就可得到直流伺服电动机在负载恒定情况下的调节特性为

$$n = -\frac{R_a}{C_e C_T \Phi^2} T + \frac{U_a}{C_e \Phi} = -n' + kU_a \tag{8-4}$$

式中　$-n'$——调节特性曲线在转速轴上的截距；

　　　k——调节特性的斜率。

由式(8-4) 可画出直流伺服电动机的调节特性，如图 8-11(a) 所示。从图中转矩为 T_1 的调节特性可知，这条特性曲线在横轴，也就是电压轴上的截距为 U_{a1}。经计算有

$$U_{a1} = \frac{T R_a}{C_T \Phi} = I_a R_a \tag{8-5}$$

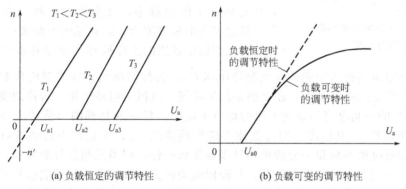

(a) 负载恒定的调节特性　　　　　(b) 负载可变的调节特性

图 8-11　直流伺服电动机的调节特性

由于负载保持恒定，所以 U_{a1} 保持不变，称为直流伺服电动机的起始电压。若电枢电压在 $0 \sim U_{a1}$ 之间，虽然有电枢电压存在，但是电动机仍然维持静止不动，这一区间称为"死区"或"控制失灵区"；在 U_{a1} 之后的区段，电动机的调节特性才表现为线性性质。负载转矩越大"死区"就越大。

调节特性曲线的斜率 k 表示转速随电枢电压变化的程度，只与电动机本身的参数有关，与外界的负载变化无关。

在不同的负载情况下，直流伺服电动机的调节特性是一组平行直线。

② 负载变化时的情况　在实际的控制系统中，负载往往很难保持恒定不变。在负载变化时，直流伺服电动机的调节特性就不再是一条直线了。由于在不同的转速条件下转矩会有所不同，因此电枢电流也会发生相应的变化，随着转速的增大，电阻上的压降也增大，电枢电动势 E_a 的增量逐渐减小，此时直流伺服电动机的调节特性接近一种近似饱和的特性，如图 8-11(b) 所示。

从上面分析可知，电枢控制的直流伺服电动机的机械特性和负载恒定时的调节特性都是线性的，而且不存在"自转"现象（控制信号消失后，电机仍不停止转动的现象称为"自转"现象），在自动控制系统中是一种很好的执行元件，如一些便携式电子设备中用的永磁

式直流伺服电动机，录像机及精密机床用的直流伺服电动机等。

但需要注意的是，电枢控制的直流伺服电动机并不是在任何情况下都能迅速准确反应控制电压的变化。由于摩擦及电机结构等原因，在电压降到一定程度时，直流伺服电动机的转速会时快时慢，很不均匀，通常称之为低速爬行状态。这时，必须采用更好的控制方法或使用稳定性更好的直流伺服电动机才能解决。

8.2.2 交流伺服电动机

（1）基本结构和工作原理

交流伺服电动机实际上就是两相异步电动机，其原理电路如图 8-12 所示。定子上安装

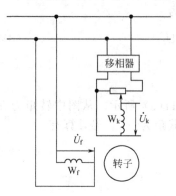

图 8-12 交流伺服电动机
的原理电路

空间相差 90°电角度的两相绕组，直接接于电源电压的绕组称励磁绕组 W_f，这相绕组始终通有一定频率的交流电压 $\dot{U}_f$；另一相加控制电压的绕组称控制绕组 W_k，这相绕组加控制电压 $\dot{U}_k$，其频率与励磁电压相同。交流伺服电动机的转子转速由控制电压 $\dot{U}_k$ 的高低和相位来控制。

交流伺服电动机的转子主要有笼型和非磁性空心杯两种。笼型结构电动机的体积小，机械强度好，励磁电流较小（与非磁性空心杯的相比），所以采用笼型转子的较多。但空心杯转子的惯量小，又无齿槽，故运行平稳，噪声小，其缺点是电机气隙大，消耗励磁电流大。

交流伺服电动机的工作原理与单相异步电动机有相似之处。交流伺服电动机的励磁绕组加励磁电压 $\dot{U}_f$，若控制绕组未加控制电压 U_k（即 $U_k=0$），此时产生的是脉振磁动势，建立的是脉振磁场，电机无启动转矩；若控制绕组加控制电压 U_k，且产生的控制电流与励磁电流的相位不同时，建立的是椭圆形旋转磁场（若励磁电流与控制电流相差 90°电角度，则可能建立圆形旋转磁场），于是产生启动转矩，电机就转动起来了。如果电机参数和一般的单相异步电动机一样，则当控制信号消失时，电机转速虽会有所下降，但仍会继续不停地转动，从而使电动机无法准确地执行控制信号发出的停转指令，控制信号无法有效地控制电动机，达不到伺服的效果，这种失控现象称为"自转"。

出现"自转"现象当然是人们所不希望的，如何消除呢？产生这种现象的原因是因为交流伺服电动机的励磁绕组中始终通有交流电，产生脉振磁场，在控制信号为零时，没有一个制动性的转矩迫使电机停转。要想达到伺服的效果，必须要有一个制动转矩使电机在控制信号为零时停转。通常采用的方法是加大交流伺服电动机转子的电阻，例如导条或杯子采用电阻率较高的铜或铝的合金做成，这样在脉振磁场作用下产生的正转和反转机械特性如图 8-13 实线所示，图中虚线为转子电阻较小的机械特性。

由图 8-13 可知，只要转子电阻足够大，那么电动机转子在脉振磁场作用下的合成电磁转矩 T 的方向始终与转子转向相反，即为制动转矩，在控制信号消失后，使电机制动到停转。当转子的电阻增大到 $r_2' \geqslant x_1 + x_2'$ 时，不仅可以消除"自转"现象，还可以扩大交流伺服电动机的稳定运行范围。但转子电阻过大，会降低启动转矩，从而影响它的快速性。

（2）交流伺服电动机的控制及应用

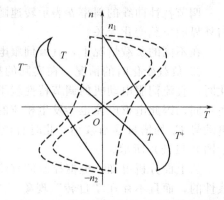

图 8-13 脉振磁场作用下的机械特性

交流伺服电动机的控制信号为控制电压。由于在控制绕组中所加控制电压的频率与励磁绕组中的交流电频率相同，因此对交流伺服电动机的控制就只有幅值和相位这两个参数及两参数的组合。具体的控制方式有幅值控制、相位控制和幅相控制三种。

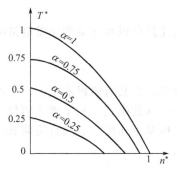

① 幅值控制　幅值控制是指控制电压 $\dot{U}_k$ 与励磁电压 $\dot{U}_f$ 的相位差保持90°不变，而以 $\dot{U}_k$ 的幅值大小作为控制量来控制电机的转速，如图8-14所示。

在实际应用中为了方便，常将实际控制电压的幅值 U_k 与其额定幅值 $U_{kN}=U_f$ 相比，比值称为有效信号系数，用 α 表示

$$\alpha=\frac{U_k}{U_{kN}} \tag{8-6}$$

图 8-14　幅值控制接线图

系数 α 不但表示控制电压幅值的大小，而且还可以表示电动机不对称运行的程度。当 $\alpha=1$ 时，电动机的磁场为圆形旋转磁场，设计交流伺服电动机时，当励磁绕组与控制绕组分别为额定值时，两绕组产生的磁动势幅值相等，产生的电磁转矩最大；当 $\alpha\neq1$ 时，电动机的磁场为椭圆形旋转磁场，α 越小，气隙磁场的椭圆度越大，产生的电磁转矩越小；在 $\alpha=0$ 时，控制信号消失，气隙磁场为脉振磁场，电机停转。

幅值控制的交流伺服电动机的机械特性和调节特性如图 8-15 所示。图中的转矩和转速都采用相对值。

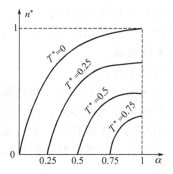

图 8-15　幅值控制时的机械特性和调节特性

② 相位控制　相位控制是指保持控制电压 $\dot{U}_k$ 的幅值不变，调节控制电压 $\dot{U}_k$ 与励磁电压 $\dot{U}_f$ 之间的相位差来控制电机的转速和转向的控制方式，如图 8-16 所示。

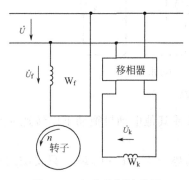

图 8-16　相位控制接线图

相位控制时，励磁绕组直接接到交流电源上，控制绕组则经过移相器后接到同一交流电源上。$\dot{U}_k$ 的相位可通过移相器改变，从而改变 $\dot{U}_k$ 与 $\dot{U}_f$ 之间的相位差，使电机的转速改变。改变 $\dot{U}_k$ 与 $\dot{U}_f$ 之间的相位差还可以改变电动机的转向，若将交流伺服电动机的控制电压 $\dot{U}_k$ 的相位改变 180°电角度，即可改变交流伺服电动机的转向。

相位控制交流伺服电动机的机械特性和调节特性与幅值控制相似，也是非线性的。

③ 幅值-相位控制　同时调节控制电压 $\dot{U}_k$ 的幅值和相位的控制称为幅值-相位控制，图 8-17 所示为幅值-相位控制的典型接线图。

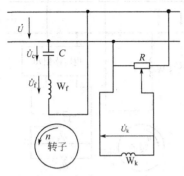

图 8-17　幅值-相位控制接线图

幅值-相位控制的交流伺服电动机的控制信号变化时，电机内合成气隙磁场的大小与椭圆度随着发生变化，从而使其转矩、转速变化，使电动机随控制信号而具有伺服性。

幅值-相位控制的交流伺服电动机的机械特性和调节特性与幅值控制相似，也是非线性的。

幅值-相位控制线路简单，不需要复杂的移相装置，只需电容进行分相，成本低廉，且输出功率较大，因而使用较多。

从上述分析可知，交流伺服电动机的结构简单，抗干扰性好，在自动控制系统中常作为执行元件使用。例如一些雷达天线是由交流伺服电动机拖动的。交流伺服电动机根据雷达接收机发送来的反映目标方位和距离的电信号，拖动雷达天线转动跟踪目标。

8.3　测速发电机

测速发电机是一种测量转速的微型发电机，它的功能是将机械转速信号变换成电压信号，并要求输出的电压信号与转速成正比。测速发电机在自动控制系统和计算装置中应用其广，主要作校正元件和计算元件用。

按电流种类的不同，测速发电机分为直流测速发电机和交流测速发电机两大类。

8.3.1　直流测速发电机

（1）基本结构和工作原理

直流测速发电机实际就是一种微型直流发电机，由装有磁极的定子，可以转动的电枢和换向器等组成。按励磁方式的不同，可分为电磁式（他励式）和永磁式两种。

直流测速发电机的工作原理与一般直流发电机基本相同。它与直流伺服电动机正好是互为可逆的两种运行方式。原理电路如图 8-18 所示。

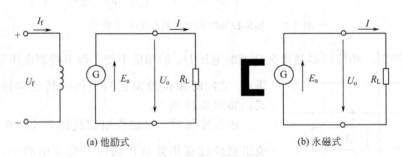

(a) 他励式　　　　　　　　　　　　　(b) 永磁式

图 8-18　直流测速发电机原理电路

工作时，直流测速发电机加励磁，当转子在伺服电动机或其他电动机拖动下以转速 n 旋转时，电枢绕组切割磁通 Φ 而产生感应电动势：$E = C_e\Phi n$。

空载时，直流测速发电机的输出电压就是电枢感应电动势：$U_o = E = C_e\Phi n$。只要磁通 Φ 一定，输出电压 U_o 与转速 n 成正比。

负载时，若电枢电阻为 R_a，负载电阻为 R_L，不计电刷和换向器间的接触电阻，则直流测速发电机的输出电压为

$$U_o = E_a - R_a I = E_a - \frac{U_o}{R_L} R_a \tag{8-7}$$

整理后得

$$U_o = \frac{C_e \Phi}{1 + R_a/R_L} n = Cn \tag{8-8}$$

式中　C——直流测速发电机输出特性的斜率，$C = \dfrac{C_e \Phi}{1 + R_a/R_L}$。

从式(8-8) 可知，只要 Φ、R_a 和 R_L 都保持不变，负载时直流测速发电机的输出电压 U_o 仍与转速 n 成正比。改变转子的转向，输出电压的极性随之改变。

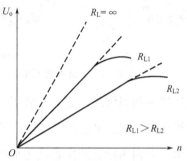

图 8-19　直流测速发电机的输出特性

（2）误差分析

上述 U_o 与 n 之间的线性关系是在理想情况下得到的，在实际中是难以做到的，U_o 与 n 之间的实际关系与理想的线性关系之间存在着误差。直流测速发电机实际的输出特性如图 8-19 中实线部分。造成输出特性出现误差的原因主要有以下几点：

① 电枢反应　直流测速发电机负载时的电枢电流会产生电枢反应，电枢反应的去磁作用使气隙磁通 Φ 减小。根据负载时输出电压与转速的关系式(8-8) 可知，当 Φ 减小时，输出电压减小，从图 8-19 所示的输出特性看，就是斜率减小。而且电枢电流越大，电枢反应的去磁作用越显著，输出特性斜率减小越明显，输出特性变为曲线。

② 电机温升　若直流测速发电机长期使用，其励磁绕组会发热，绕组阻值会随温度的升高而增大，励磁电流会因此而减小，从而使气隙磁通 Φ 减小，输出电压减小，输出特性斜率减小。温度升得越高，斜率减小越明显，特性越向下弯曲。

为了减小温度变化带来的非线性，通常把直流测速发电机的磁路设计为饱和状态，减少因励磁电流减小而引起的磁通 Φ 的减小，从而减小输出特性的线性误差。

另外，可在励磁回路中串入一个阻值较大而温度系数较小的锰铜或康铜电阻，以减小由于温度变化而引起的电阻变化，从而减少因温度变化而产生的非线性误差。

③ 接触电阻　当考虑电刷与换向器的接触电阻 R_1 时，直流测速发电机的输出电压与转速的关系变为

$$U_o = \frac{C_e \Phi}{1 + \dfrac{R_a + R_1 + R_1}{R_L}} n \tag{8-9}$$

而接触电阻 R_1 总是随负载电流的变化而变化。当负载电流较小时，接触电阻较大，使此时本来就不大的输出电压变得越小，造成较大的线性误差；当负载电流较大时，接触电阻较小而且基本趋于稳定，线性误差相对而言要小得多。

从上面的分析可知，直流测速发电机的转速 n 越高，R_L 越小，误差越大。因此，在直流测速发电机的技术数据中给出了最大线性工作转速和最小负载电阻值。使用时，实际转速不应超过最大线性工作转速，负载电阻不应小于最小负载电阻，以保证 U_o 与 n 之间的误差不超过允许的误差范围。

8.3.2　交流测速发电机

交流测速发电机分为同步测速发电机和异步测速发电机两种。下面仅介绍异步测速发电机的基本结构、工作原理及误差分析。

（1）基本结构和工作原理

交流测速发电机与交流伺服电动机的结构相似。定子上有两个互差 90°的绕组，工作

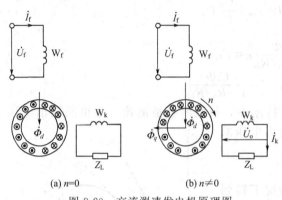

(a) $n=0$ (b) $n \neq 0$

图 8-20　交流测速发电机原理图

时，一个加励磁电压，称为励磁绕组；另一个用来输出电压，称为输出绕组。转子有笼型和空心杯型两种，前者转动惯量大，性能差，目前广泛应用的是后者。这种电机的结构如图 8-20 所示。

当定子励磁绕组外接频率为 f 的交流电源 $\dot{U}_f$ 后，交流绕组中有电流 $\dot{I}_f$ 流过，在直轴（即垂直轴）产生频率为 f 的脉振磁通 $\dot{\Phi}_d$。

当转子静止，即 $n=0$ 时，交流测速发电机类似于一台变压器，励磁绕组相当于变压器的初级绕组，空心杯转子可看成是有无数根导条的笼型转子，相当于变压器短路时的次级绕组。磁通 $\dot{\Phi}_d$ 在空心杯转子中感应出变压器电动势 $\dot{E}_d$ 和电流 $\dot{I}_d$，产生与励磁电源同频率、方向为励磁绕组轴线方向的磁动势，即直轴磁动势，故直轴脉振磁通 $\dot{\Phi}_d$ 是由励磁磁动势和转子直轴磁动势共同作用而建立的，如图 8-20(a) 所示。由于 $\dot{\Phi}_d$ 轴线与输出绕组轴线垂直，不能在输出绕组中感应电动势，所以转子不转时，理论上输出绕组无电压输出。

当转子旋转，即 $n \neq 0$ 时，并不会改变上面的情况，但转子绕组中除因上述原因产生的 $\dot{E}_d$ 外，还会因转子绕组切割 $\dot{\Phi}_d$ 产生交轴（即输出绕组的轴线）电动势 $\dot{E}_q$ 和电流 $\dot{I}_q$，并建立交轴脉振磁通 $\dot{\Phi}_q$。若忽略杯形转子漏抗的影响，$\dot{\Phi}_q$ 的频率为励磁电源频率 f，幅值 Φ_{qm} 正比于转速 n。这时位于交轴的输出绕组将匝链 $\dot{\Phi}_q$ 而产生感应电动势，其有效值为

$$E_k = 4.44 f W_k k_{wk} \Phi_{qm} = Kn \tag{8-10}$$

当测量用的负载阻抗 Z_L 很大时，输出的负载电流 I_k 则很小，所以测速发电机的输出电压 U_o 近似为

$$U_o \approx E_k = Kn \tag{8-11}$$

式中　K——单位转速产生的输出电压，即输出特性的斜率。

从上面的分析可知，交流测速发电机输出电压的频率为励磁电源的频率，与转速 n 的大小无关。

（2）误差分析

交流测速发电机的误差主要有三种：线性误差、剩余电压和相位误差。

① 线性误差　只有在严格保持直轴磁通 $\dot{\Phi}_d$ 不变的前提下，交流测速发电机的输出电压才与转子转速成正比，但在实际中直轴磁通 $\dot{\Phi}_d$ 是变化的，原因主要有两方面：一方面转子旋转时产生的交轴脉振磁通 $\dot{\Phi}_q$，杯形转子也同时切割该磁通，从而产生直轴磁动势并使直轴磁通产生变化；另一方面，杯形转子的漏抗是存在的，它产生的是直轴磁动势，也使直轴磁通产生变化。直轴磁通变化的结果是使测速发电机产生线性误差。

为减小转子漏抗引起的线性误差，异步测速发电机都采用非磁性空心杯转子，常用电阻率大的磷青铜制成，以增大转子电阻，从而可忽略转子漏抗（漏阻抗），同时使杯形转子转动时切割直轴磁通 $\dot{\Phi}_d$ 而产生的直轴磁动势明显减弱。另外，提高励磁电源频率，即提高电机的同步转速，也可减小线性误差。

② 剩余电压　转子静止时，交流测速发电机的输出电压应为零，但实际上还会有一个

很小的电压输出，此电压称为剩余电压。剩余电压虽然不大，但却会使控制系统的精度大为降低，影响系统的正常运行，甚至会产生误动作。

产生剩余电压的原因很多，最主要的原因是制造工艺不佳。要减小剩余电压，根本的方法是提高制造和加工精度，但也可采用一些措施进行补偿，比较有效的补偿方法是阻容电桥补偿法。

③ 相位误差　在自动控制系统中，不仅要求测速发电机的输出电压的大小与转速成正比，而且还要求输出电压与励磁电压同相位。输出电压与励磁电压的相位误差是由励磁绕组的漏抗、杯形转子的漏抗产生的，可在励磁回路中串电容进行补偿。

交流测速发电机的线性误差、剩余电压和相位误差是交流测速发电机的主要技术数据，而且都是空载运行时的技术数据。实际选用时，应使负载阻抗远大于测速发电机的输出阻抗，使其尽量工作在接近空载状态，以减少误差。

8.4　步进电动机

步进电动机是由脉冲控制运行的特殊同步电动机，它将脉冲电信号转换为角位移或线位移。步进电动机主要应用在对位置控制精度要求比较高的场合，如绘图仪器、打印机以及精密仿形机床等的驱动控制上。步进电动机的输出转矩比较大，可以直接带动负载运行。

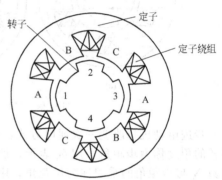

图 8-21　三相反应式步进电动机结构

8.4.1　基本结构

从励磁的方式来看，步进电动机分为反应式、永磁式和感应式三种。其中，反应式步进电动机应用最为普遍，本节重点介绍这种电动机的结构、工作原理以及相关控制与应用。

反应式步进电动机的结构如图 8-21 所示，转子为齿槽结构，既无绕组，又无永磁块，与反应式同步电动机转子结构类似；定子铁芯由硅钢片叠成，定子上的磁极突出，并绕有定子绕组，分为几相，用来控制步进电动机的运行。

图 8-21 所示为一台三相反应式步进电动机，定子上绕有三相绕组。典型的供电电路及三相供电情况如图 8-22 所示。

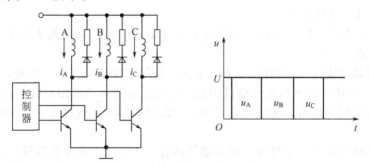

图 8-22　典型供电电路及三相供电情况

永磁式步进电动机的定子结构与反应式步进电动机的定子结构大致相同，也是硅钢片铁芯，在上面绕有定子绕组，但转子为永磁磁钢。

感应式步进电动机的定子结构与反应式步进电动机的定子结构也大致相同，转子的结构与电磁减速式同步电动机相同。

8.4.2 工作原理

步进电动机的工作原理类似于同步电动机的工作原理。下面以三相反应式步进电动机为例来说明反应式步进电动机的工作原理。

当给 A 相施加一定宽度的脉冲电压，B 相、C 相均不通电时，A 相产生磁场，根据磁通要走磁阻最小路径的特点，电磁转矩就会将转子旋转到和 A 相轴线一致的地方，即转子与定子 A 相的齿对齐，如图 8-23(a) 所示；然后将 A 相断电，C 相保持不通电，B 相施加与前一时刻 A 相脉冲宽度相同的脉冲电压，由于凸极效应，转子将转过一个角度，使转子与 B 相的齿对齐，如图 8-23(b) 所示；随之，将 B 相断电，A 相保持前一时刻的不通电状态，C 相加与前一时刻 B 相脉冲宽度相同的脉冲电压，电机转子又转过一个角度，使转子与定子 C 相的齿对齐，如图 8-23(c) 所示。如此循环往复，就可以使电机不停地旋转。

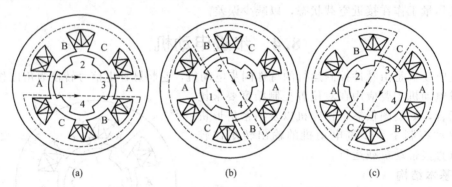

    (a)   (b)   (c)

图 8-23　三相反应式步进电动机的工作原理

步进电动机每改变一次通电方式，电动机就旋转过一个角度，称为一拍。经过一拍转子旋转的角度称为步距角，用 θ_b 表示，例如上例中 $\theta_b = 30°$。步进电动机一个通电周期的运行拍数 N 与步距角的乘积称为齿距角，用 θ_t 表示。因此，步距角、齿距角和运行拍数之间的关系可表示为

$$\theta_b = \frac{1}{N}\theta_t = \frac{360°}{NZ_r} \qquad (8\text{-}12)$$

式中　Z_r——转子齿数。

式(8-12) 中的 N 为运行拍数，可表示为

$$N = mk_z \qquad (8\text{-}13)$$

式中　m——步进电动机的相数；

　　　k_z——通电方式系数，如对三相反应式步进电动机，三拍通电方式 $k_z = 1$；六拍通电方式 $k_z = 2$。

大多数情况希望步进电动机的 θ_b 小，N 大，以便实现精确控制。为此，从式(8-12) 和式(8-13) 可知，需增加转子齿数及电机相数。常用的步进电动机相数有三相、四相、五相、六相等几种，从实用角度看，相数不宜过多，因此增加转子齿数是设计小步距角步进电动机的有效途径。

对步进电动机每输入一个脉冲，输出轴就转过一个角度，其角位移量与输入脉冲数成正比，这种控制为角度控制。对步进电动机的定子绕组也可输入连续脉冲，使步进电动机连续不断地旋转，从而实现速度控制，脉冲给得快，电动机旋转得就快；反之电动机旋转得就慢，其转速与脉冲的频率成正比。当步进电动机定子绕组输入脉冲频率为 f 时，步进电动机的转速为

$$n = \frac{60f}{NZ_r} \qquad (8\text{-}14)$$

从式(8-14)可知，步进电动机的转速与脉冲电源频率成严格正比关系。因此在恒定脉冲电源作用下，步进电动机可作同步电动机使用，也可通过控制脉冲电源频率很方便地实现速度调节。

8.4.3 控制与应用

步进电动机的控制方法很多，而且目前还在不断发展。为此先来讨论步进电动机的通电方式。对于前面讨论的三相反应式步进电动机，当 A、B、C 三相轮流通电，一个通电周期结束，电动机转子经过三拍，这种通电方式称为三相单三拍，这里的"三相"是指步进电动机具有三相定子绕组；"单"是指在每次通电时只有一相绕组得电。若按 AB→BC→CA→AB 相序轮流通电，即每次通电时，定子绕组中有两相绕组得电，三次通电状态为一循环，这种通电方式称为三相双三拍。在双三拍通电方式下，每次通电时电动机转子将与两相绕组合成的磁场轴线重合。

三相步进电动机除了三拍的运行方式外，还有三相六拍的运行方式。若将上述两种三拍通电方式结合起来，按 A→AB→B→BC→C→CA→A 相序轮流通电，即一相与两相间隔地轮流通电，六次通电状态为一循环，这种通电方式称为三相六拍。在这种通电方式下，一个通电周期结束，电动机转子经过六拍，这样电动机的旋转将更趋平稳，与三拍运行相比，在低速时步进现象不明显。

若要使电动机反转，只需将电动机的通电相序改变即可。对于三相单三拍，反转的通电相序为 A→C→B→A；对于三相双三拍，反转的通电相序为 AC→CB→BA→AC；对于三相六拍，反转的通电相序为 A→AC→C→CB→B→BA→A。更多相的步进电动机的通电方式与三相时的通电方式大同小异。

由于步进电动机定子中输入的是脉冲电信号，因此使用计算机来进行控制非常合适。近年来，有关应用单片机进行步进电动机控制的方法在工程上已有很多的讨论和应用。下面主要介绍步进电动机的细分驱动控制。

步进电动机的细分驱动控制是指在每次输入控制脉冲时，不是将绕组电流全部通入或关断，只改变相应绕组中额定电流的一部分，绕组电流有多个稳定的中间状态，相应的磁场矢量存在多个中间状态，相邻的两相或多相绕组的合成磁场方向也有多个中间状态。这时，转子相应的每步转动原步距角 θ_b 的一部分，额定电流分成多少次切换，转子就以多少步来完成一个原有的步距角，这就称为细分驱动。细分驱动时的步距角通常称为微步角，用 θ_m 表示。

细分驱动的本质是绕组的传统矩形电流波供电改为阶梯形电流波供电。理论上要求绕组中的电流以若干个等幅等宽的阶梯上升到额定值，或以同样的阶梯从额定值下降到零。图8-24 所示为三相双三拍细分驱动控制各绕组电流波形。

使用单片机实现步进电动机的细分驱动控制，有多种实现方式。最常用的开关型步进电

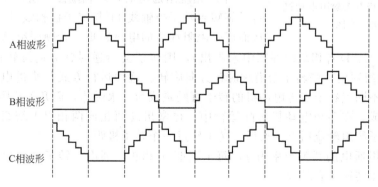

图 8-24　三相双三拍细分驱动控制各绕组电流波形

动机细分驱动电路有斩波式和脉宽调制式两种。斩波式细分驱动电路的基本工作原理是对电机绕组中的电流进行检测，并转换成电压，与 D/A 输出的控制电压进行比较，若检测出的电流转换电压大于控制电压，开关电路使功放管截止，反之，使功放管导通。这样，D/A 输出不同的控制电压值，绕组中流过不同的电流值。

脉宽调制式细分驱动电路是把 D/A 输出的控制电压加在脉宽调制电路的输入端，脉宽调制电路将输入的控制电压转换为相应宽度的矩形波，通过对功放管通断时间的控制，改变输出到电动机绕组上的平均电流。由于电动机是一个感性负载，对电流有一定的滤波作用，而且脉宽调制电路的调制频率较高，虽然是断续通电，但电动机中的电流还是平稳的。与斩波式细分驱动电路相比，脉宽调制式细分驱动电路的控制精度高、工作频率稳定，但线路复杂。因此脉宽调制式细分驱动电路多用于综合驱动性能要求较高的场合。脉宽调制式细分驱动电路的关键是脉宽调制，其作用是将给定的电压信号调制成具有相应脉冲宽度的矩形波。

随着电力电子技术、计算机技术和电机技术的不断发展，步进电动机的应用范围会越来越广，在数字控制系统中发挥更大的作用。

8.5 开关磁阻电动机

开关磁阻电动机是 20 世纪 80 年代逐渐发展起来的一种典型机电一体化新型电动机。由于它具有结构简单、转子转动惯量小、动态响应快、效率高、可靠性高等优点，而且可在散热条件差、存在化学污染等环境下运行，自面世以来一直被人们广泛重视，应用领域不断拓展。

8.5.1 基本结构

开关磁阻电动机由定子、转子构成，且定子、转子均由硅钢片叠压制成凸极式结构。为避免存在零转矩点（或称死点），定子、转子的极数（或齿数）之比一般不为整数。开关磁阻电动机常用的定、转子极数的配合为 8/6 极或 6/4 极，但也有采用 2/2 极、4/2 极、10/8 极和 12/10 极的。图 8-25 所示为一台 8/6 极开关磁阻电动机的结构图。图中，定子的凸极上绕有绕组，两个相对极的绕组串联在一起构成一相绕组，转子凸极上不缠绕任何绕组。

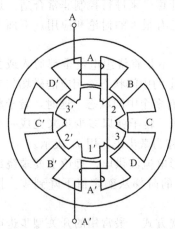

图 8-25 8/6 极开关磁阻电动机结构示意图

8.5.2 工作原理

磁力线总是沿磁阻最小的路径自行闭合。开关磁阻电动机的转矩是磁阻性质的，现以图 8-25 所示为例进行分析。

当 A 相绕组通电时，A 相励磁，所产生的磁场力图使转子旋转到转子极轴线 11′ 与定子极轴线 AA′ 重合的位置，从而产生磁阻性质的电磁转矩。若顺序给 A、B、C、D 相绕组通电（B、C、D 各相绕组在图中未画出），则转子会沿逆时针方向旋转；若依次给 B、A、D、C 相绕组通电，则转子会沿顺时针方向旋转。这种运行方式与步进电动机的运行方式非常类似，不同点在于步进电动机的转子有励磁或为一永磁体，而开关磁阻电动机的转子仅由硅钢片叠成。在多相电动机实际运行中，也常出现两相或两相以上绕组同时通电的情况。当每相定子绕组轮流通电一次后，转子转过一个转子极距。

设每相绕组通电的开关频率为 f，每个周期 m 相轮流通电，转子极数为 Z_r，则开关磁阻电动机的同步转速可表示为

$$n = 60f/Z_r \tag{8-15}$$

同步转速的单位为 r/min。由于是磁阻性质的电磁转矩，所以开关磁阻电动机的转向与相绕组的电流方向无关，仅取决于相绕组通电的相序，而且需设置有转子位置传感器以确定定子每相绕组何时需要通电或断电。开关磁阻电动机输出的电磁转矩由通过定子相绕组的电流大小决定。

设定子 AA′ 相为励磁相，可得开关磁阻电动机的电压平衡方程式为

$$U = Ir + L\frac{\mathrm{d}I}{\mathrm{d}t} + I\omega\frac{\mathrm{d}L}{\mathrm{d}\theta} \tag{8-16}$$

式中　r——定子相绕组的内阻；

　　　L——定子绕组的相电感，它随转子位移角的变化而变化，如图 8-26(a) 所示；

　　　θ——转子位移角；

　　　ω——转子旋转角速度，$\omega = \mathrm{d}\theta/\mathrm{d}t$。

当 $\dfrac{\mathrm{d}L}{\mathrm{d}\theta} > 0$ 时，表示电动机吸收电功率，产生机械功率，电磁转矩为驱动性转矩；当 $\dfrac{\mathrm{d}L}{\mathrm{d}\theta} < 0$ 时，表示电动机吸收机械功率，回馈电功率，电磁转矩为制动性转矩。

开关磁阻电动机有两个重要特征：(1) 磁路严重非线性；(2) 定子相绕组中电流的非正弦性。若忽略磁路的非线性，则开关磁阻电动机的电磁转矩可表示为

$$T(\theta, t) = \frac{I^2}{2} \times \frac{\mathrm{d}L}{\mathrm{d}\theta} \tag{8-17}$$

从式(8-17) 可知，开关磁阻电动机电磁转矩的方向与 $\mathrm{d}L/\mathrm{d}\theta$ 的方向一致，与定子相绕组通入电流的方向无关。在一相绕组的励磁作用下，产生的对应转矩为脉冲形式的转矩，如图 8-26(b) 所示。

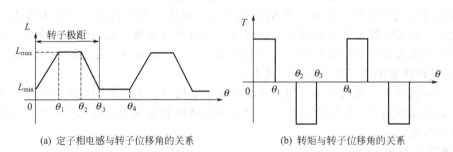

(a) 定子相电感与转子位移角的关系　　　(b) 转矩与转子位移角的关系

图 8-26　定子一相励磁时，电感、转矩与转子位移角的关系曲线

由图 8-26 可知，通过控制加到开关磁阻电动机定子绕组中电流脉冲的幅值、宽度及其与转子的相对位置，就可控制开关磁阻电动机电磁转矩的大小和方向。

8.5.3　控制方式

开关磁阻电动机的控制系统主要由开关磁阻电动机、功率变换器、位置检测装置、控制器四大部分组成，如图 8-27 所示。

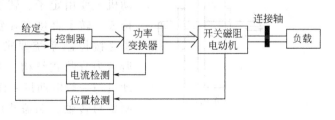

图 8-27　开关磁阻电动机控制系统组成

功率变换器向开关磁阻电动机提供所需的能量，主要起开关作用，控制定子相绕组的接通与断开，同时也为相绕组的储能提供回馈路径。功率变换器的形式与给定电压、电动机相数、主开关器件的种类有关。位置检测装置主要作反馈元件，目前大多采用光电码盘，以利于位置闭环控制和产生较理想的电流波形。控制器的作用是根据运行的控制要求和电动机实际运行情况不断调节输出信号，然后通过功率变换器改变电机的励磁，使之达到实际工程运行的控制要求。

从工作原理上看，开关磁阻电动机类似于大步距角步进电动机，因而其控制方式与步进电动机类似。

必须指出，开关磁阻电动机的控制与步进电动机的控制又有不同，表现在：（1）开关磁阻电动机中绕组的导通角和关断角是可控的，而步进电动机中绕组的导通角和关断角是固定不变的；（2）开关磁阻电动机是连续运行的，而步进电动机是断续运行的。

开关磁阻电动机结构简单、效率高、调速范围宽，正越来越受到广泛的关注和研究，但还有一些关键技术亟待解决，如转矩波动问题、噪声高的问题等。

8.6　力矩电动机

8.6.1　概述

力矩电动机是一种特殊类型的伺服电动机，它可以不用齿轮等减速机构直接驱动负载，并通过控制输入电压信号直接调节负载的转速。在位置控制方式的伺服系统中，它可以长期工作在堵转状态；在速度控制方式的伺服系统中，它可以工作在低速状态，且输出较大的转矩。所以，在自动控制系统中力矩电动机是一种直接驱动负载的执行元件。

由于没有中间的减速装置，采用力矩电动机拖动负载（单轴拖动系统）与采用高速的伺服电动机经过减速装置拖动负载（多轴拖动系统）相比有很多优点，主要表现为：响应快速、高精度、机械特性及调节特性的线性度好，而且结构紧凑、运行可靠、维护方便、振动小等，尤其突出表现在低速运行时，转速可低到 0.00017r/min（4 天才转一圈，低于地球自转速度），其调速范围可以高达几万、几十万。

力矩电动机分为直流力矩电动机、交流力矩电动机及无刷直流力矩电动机等。从工作原理看，它们就是低速直流伺服电动机、笼型异步电动机和无刷直流电动机，所不同的是转矩更大，转速较低。

8.6.2　直流力矩电动机

直流力矩电动机是一种永磁式低速直流伺服电动机，它的工作原理与普通直流伺服电动机基本相同。但它的外形和普通直流伺服电动机完全两样，直流力矩电动机通常做成扁平式结构，电枢长度与直径之比一般仅为 0.2 左右，并选取较多的极对数，以便使直流力矩电动机在一定的电枢体积和电枢电压下能产生较大的转矩和较低的转速。

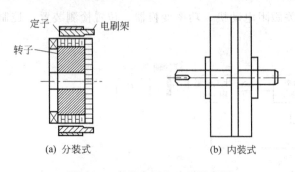

图 8-28　直流力矩电动机示意图

直流力矩电动机总体结构型式有分装式和内装式两种。分装式直流力矩电动机主要由定子、转子和电刷架三大件构成。转子直接套在负载轴上，转轴和机壳按控制系统要求配置。图 8-28（a）所示为分装式结构。内装式直流力矩电动机与一般电动机一样，把定子、转子、刷架与转轴、端盖装成整机，如图 8-28（b）所示。

常用的直流力矩电动机有 SYL 系列。

8.6.3 交流力矩电动机

交流力矩电动机主要指三相异步力矩电动机，它可用于传动需要恒定张力和恒定线速度的卷线机械上，如数控机床以及电影、造纸、橡胶、电缆设备等机械上。三相异步力矩电动机具有宽广的调速范围和较软的机械特性，其转速随负载转矩的变化而变化，并允许长期堵转运行。

三相异步力矩电动机的工作原理与普通笼型异步电动机基本相同，但它的结构和一般笼式异步电动机不同，它采用电阻率较高的导电材料（如黄铜）作为转子导条及端环。由于它允许长期低速运行，甚至堵转运行，电动机发热相当严重，故采用开启式结构，转子具有轴向通风孔，并外加鼓风机强迫通风。但小容量交流力矩电动机也有采用封闭式结构的。

8.6.4 使用注意事项

力矩电动机因经常使用在低速和堵转状态，而伺服系统又要求它在一定的转速范围内进行转速调节，对它的机械特性和调节特性的线性度都有很高的要求。因此，力矩电动机的额定参数常常会给出一定使用条件（如电压及散热面大小）时的空载转速和堵转转矩。

电动机加电压后，转速为零时的电磁转矩称为堵转转矩，转速为零的运行状态称为堵转运行状态。一般电机不能长时间运行于堵转状态，但力矩电动机经常使用于低速和堵转运行状态。电机长时间堵转时，稳定温升不超过允许值时输出的最大堵转转矩称为连续堵转转矩，相应的电枢电流称为连续堵转电流，电枢电压称为连续堵转电压。因电机的温升与散热情况有关，所以在不同的使用条件下，力矩电动机可以输出不同的连续堵转转矩。运行转速大于零时，输出转矩小于堵转转矩，力矩电动机机械特性为直线。为此，根据出厂测试情况，往往在电机铭牌上给出不带散热面或带有规定散热面时的连续堵转转矩。

力矩电动机在运行时，会产生一个正比于电枢电流的去磁磁动势。若电机在很短时间内电枢电流超过连续堵转电流而又不使电机发热烧坏，这样电机能输出较大的堵转转矩，但电流太大会使永久磁铁去磁，受去磁限制的最大堵转转矩称为峰值转矩，相应的电枢电流称为峰值电流。永磁式直流力矩电动机技术数据中给出了峰值转矩、峰值电流。永磁式直流力矩电动机磁钢一旦失磁，必须重新充磁才能恢复正常工作。

8.7 直线电动机

8.7.1 概述

直线电动机是近年来国内外积极研究开发的新型控制电机之一。它是一种不需要中间转换装置，而能直接作直线运动的电动机械。过去，在各种工程技术中需要直线运动时，一般是用旋转电机通过曲柄连杆或涡轮蜗杆等传动机构来获得。但是，这种传动形式往往会带来结构复杂，重量重，体积大，齿合精度差且工作不可靠等缺点。近十多年来，随着科学技术的发展，直线电机的研究和生产也得到了快速的发展，目前在交通运输、机械工业以及仪器仪表工业中，直线电机已得到推广应用。在自动控制系统中，更加广泛地采用直线电机作为驱动、指示和信号元件，例如在快速记录仪中，伺服电动机改用直线电机后，可以提高仪器的精度和频带宽度；在电磁流速计中，可用直线测速机来量测导电液体在磁场中的流速。另外，在录音磁头和各种记录装置中，也常用直线电机传动。

与旋转电动机传动相比，直线电动机传动具有如下优点：

① 简化结构，提高精度，减少振动和噪音。在做直线运动的机械系统中，采用直线电动机驱动时，由于不需要中间传动机械，因而使整个机械系统得到简化，提高了精度，减少了振动和噪音。

② 响应快速。用直线电动机驱动时，由于不存在中间传动机构的惯量和阻力矩的影响，因而加速和减速时间短，可实现快速启动和正反向运行。

③ 提高可靠性，延长使用寿命。仪表用直线电动机，可以省去电刷和换向器等易损零件，提高了仪表的可靠性，延长了仪表的使用寿命。

④ 可提高电动机的容量定额。直线电动机由于散热面积大，容易冷却，所以允许较高的电磁负荷，可提高电动机的容量定额。

⑤ 装配灵活性大，往往可将电动机和其他机件合成一体。

直线电动机有多种型式，原则上对每一种旋转电动机都有其相应的直线电动机，但具体结构则需要结合应用情况进行研究试验。一般，按着直线电动机的工作原理来区分，可分为直线直流电动机、直线异步电动机和直线同步电动机（包括直线步进电动机）三种。在伺服系统中，与传统元件相应，也可制成直线运动形式的信号和执行元件。由于直线电动机和旋转电动机在原理上基本相同，所以本节仅介绍直线异步电动机、直线直流电动机和直线步进电动机。

8.7.2 直线异步电动机

（1）主要类型和结构

直线异步电动机也和旋转异步电动机一样，具有结构简单、使用方便、运行可靠等优点。直线异步电动机主要有三种形式：扁平形、管形和圆盘形。扁平形直线异步电动机可以看作是由普通的旋转异步电动机直接演变而来的。将图 8-29(a) 所示的异步电动机展开可用以说明直线异步电动机的工作原理。设想将它沿径向剖开，并将定、转子圆周展成直线，如图 8-29(b)，就得到了最简单的扁平型直线异步电动机。由定子演变而来的一侧称为初级，由转子演变而来的一侧称为次级。直线异步电动机的运动方式可以是固定初级，让次级运动，此称为动次级；相反，也可以固定次级而让初级运动，此称为动初级。

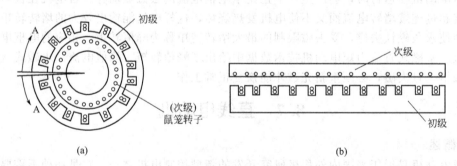

图 8-29 直线异步电动机的形成

图 8-29 所示直线异步电动机的初级和次级长度相等，这在实际应用中是行不通的。因为初级、次级要做相对运动，假设在开始时初级、次级正好对齐，那么在运动过程中，初级、次级之间的电磁耦合部分将逐渐减小，影响正常运行。因此，在实际应用中必须把初级、次级做得长短不等，以扩大其运动范围。根据初级、次级间相对长度，可把扁平形直线异步电动机分成短初级和短次级两类。由于短初级结构比较简单，制造和运行成本较低，故一般常用短初级，如图 8-30 所示。只有在特殊情况下才采用短次级。

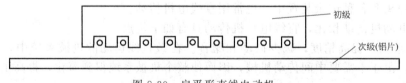

图 8-30 扁平形直线电动机

图 8-30 所示的扁平形直线异步电动机仅在次级的一边具有初级,这种结构形式称为单边型。单边型除了产生切向力外,还会在初级、次级间产生较大的法向力,这在某些应用中是不希望的。为了更好地利用次级和消除法向力,可以在次级的两侧都装上初级,这种结构形式称为双边型,如图 8-31 所示。

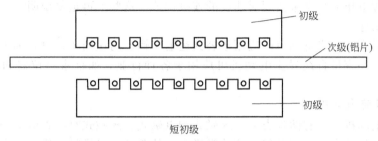

图 8-31 双边形直线电动机

与旋转异步电动机一样,扁平形直线异步电动机的初级铁芯也由硅钢片叠成,表面开有齿槽,槽中安放着三相、两相或单相绕组;单相直线异步电动机可做成罩极式的,也可通过电容移相。扁平形直线异步电动机的次级形式较多,有类似鼠笼转子的结构,但由于其工艺和结构比较复杂,在短初级直线异步电动机中很少采用。最常用的次级有三种:第一种是整块钢板,称为钢次级或磁性次级,这时钢既起导磁作用,又起导电作用;第二种是在钢板上复合一层铜板和铝板,称为复合次级,钢主要用于导磁,而导电主要靠铜或铝;第三种是单纯的铜板或铝板,称为铜(铝)次级或非磁性次级,这种次级一般用于双边形异步电动机中,使用时必须使一边的 N 极对准另一边的 S 极。

除了上面讨论的扁平形直线异步电动机外,还有管形和圆盘形直线异步电动机。管形和圆盘形直线异步电动机可由扁平形直线异步电动机演变而来,由于篇幅有限,这里不再赘述。

(2)工作原理

以单边型直线异步电动机为例,由于直线异步电动机是由旋转异步电动机演变而来的,因此当直线异步电动机的初级三相绕组中通以对称三相交流电流以后,建立三相合成磁动势,在合成磁动势作用下,和旋转的异步电动机一样,也产生气隙磁场,不过这个气隙磁场不再是旋转的,而是按 A、B、C 相序沿直线移动的一种磁场,这种磁场称为行波磁场。

显然,行波磁场直线移动速度与旋转磁场在定子内圆表面上的线速度是一样的,即

$$v_0 = \frac{D}{2} \times \frac{2\pi n_1}{60} = \frac{D}{2} \times \frac{2\pi}{60} \times \frac{60 f_1}{P} = 2\tau f_1 \qquad (8\text{-}18)$$

式中,D 为电动机电枢直径;τ 为极距;f_1 为电源频率。

行波磁场切割拉直的转子(次级),根据电磁感应定律,将在次级中产生感应电动势。根据电磁力定律,通电的次级与气隙中行波磁场相互作用,便会产生电磁力。在旋转的异步电动机中,由电磁力形成电磁转矩,而在直线异步电动机中,如果初级是固定不动的,那么次级在电磁力作用下,将会跟随行波磁场的移动而移动。若次级移动的线速度为 v,则转差率 s 为

$$s = \frac{v_0 - v}{v_0} \qquad (8\text{-}19)$$

次级移动速度为

$$v = (1-s)v_0 = 2 f_1 \tau (1-s) \qquad (8\text{-}20)$$

式(8-20)表明直线异步电动机的速度与电机极距及电源频率成正比,因此改变电机极

距或电源频率都可改变直线异步电动机的速度。

与旋转异步电动机一样，改变直线异步电动机初级绕组的通电相序，可改变直线异步电动机的运动方向，因而可使直线异步电动机作往复直线运动。

直线异步电动机的其他特性，如机械特性、调节特性等都与旋转异步电动机相似，通常也是靠改变电源电压或频率来实现对速度的连续调节，这些不再重复说明。

（3）主要用途

目前大容量直线异步电动机已应用于公共运输车辆、高速列车、材料加工、挤压加工及液体金属泵等；小容量直线异步电动机可应用于各种行业，如幕帘牵拉器和滑动门开闭装置等。

8.7.3 直线直流电动机

直线直流电动机主要有两种类型：永磁式和电磁式。永磁式直线直流电动机多用在功率较小的自动记录仪表中，如记录仪中笔的纵横走向的驱动，摄像机中快门和光圈的操作机构的驱动，电表试验中探测头的驱动，电梯门控制器的驱动等。永磁式直线直流电动机由定子和动子组成，定子采用强磁铁，由框架软铁构成，其气隙较为均匀，动子中绕有绕组，在通电后动子受到电磁力的作用就会运动起来。根据电机的可逆原理，也可将其应用在直线测速方面，成为直线测速发电机。

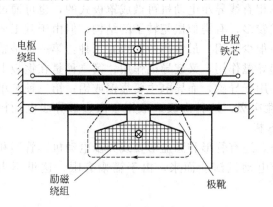

图 8-32　双极电磁式直线直流电动机的结构示意图

电磁式直线直流电动机用在驱动功率较大的机构中。电磁式直线直流电动机也由定子和动子组成，定子由定子铁芯和定子绕组组成，在定子（励磁）绕组中通以励磁电流产生磁场，动子由动子（电枢）铁芯和动子（电枢）绕组组成。图 8-32 所示是一台双极电磁式直线直流电动机的结构示意图。

由图 8-32 可知，当在励磁绕组中通入励磁电流时，在电机中就产生了磁通，经定子、动子和气隙构成闭合回路。动子绕组分为两部分，绕向相反。当动子绕组中通电时就会产生电磁力，使动子进行往复直线运动。若行程较短，则可以将电刷省去；若行程较长，则可以加装电刷，以控制电流流过工作区段。

8.7.4 直线步进电动机

在很多控制系统中，要求执行机构能快速、精确地进行步进直线运动，这就需要直线步进电动机的参与。直线步进电动机是旋转式步进电动机的演变，它是利用定子和动子间气隙磁通的变化所产生的电磁力而工作。直线步进电动机通常分为反应式和永磁式两种。

反应式直线步进电动机的工作原理与普通旋转步进电动机基本相同，也是用脉冲对其进行控制。图 8-33 所示为一台五相反应式直线步进电动机的结构示意图。从图中可知，直线步进电动机的定子上有均匀分布的齿槽，动子由五个极构成，在每个极上都绕有控制绕组。当控制绕组按一定的相序通以脉冲电压或电流时，动子将以一定的齿距移动。与普通的步进电动机相同，可通过相序的控制来进行齿距控制，满足各种不同的工作要求。

永磁式直线步进电动机的定子用铁磁材料制成，动子上也有永久磁钢，控制方法与反应式直线步进电动机的控制方法基本相同。

除了直线步进电动机外，还有一种平面步进电动机，其结构与工作原理同永磁式步进电动机基本相同，只是它将直线运动变成了平面运动，广泛应用在平面绘图机和精密半导体的制造设备中。

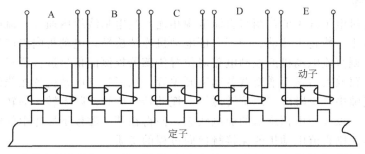

图 8-33　五相反应式直线步进电动机结构示意图

8.8　无刷直流电动机

无刷直流电动机是在有刷直流电动机的基础上发展起来的。它的电枢绕组经由电子"换向器"接到直流电源上。可把它归为直流电动机的一种。从供电逆变器的角度看，无刷直流电动机的转速变化及电枢绕组中的电流变化是和逆变器的频率一致的，所以它又可归为永磁同步电动机的一种，但无刷直流电动机电枢绕组中流过的电流是以方波形式变化的。

8.8.1　基本结构

与普通直流电动机一样，无刷直流电动机也是通过改变相应电枢绕组电流在不同磁极下的方向来获得恒定方向电磁转矩的。为了实现这一点，就必须要确定磁极与绕组之间的相对位置，最普通的方法就是加装位置传感器，但也有不加装位置传感器，而是通过检测无刷直流电动机的电机线上的反电动势，根据此反电动势信号通过控制芯片计算出电动机转子目前相对于定子的位置，进而控制电动机换相。此类电动机既具有直流伺服电动机的机械特性和调节特性，又具有交流电动机的维护方便、运行可靠等优点。下面以带位置传感器的无刷直流电动机为例进行分析。

无刷直流电动机在结构上是一台反装式的普通直流电动机，它的电枢绕组安放在定子上，永磁磁极安放在转子上，而永磁体为稀土永磁材料。无刷直流电动机的电枢绕组为一多相绕组，各相绕组分别与电子换向电路中的功率开关元件相连接，无刷直流电动机的基本构成如图 8-34 所示。

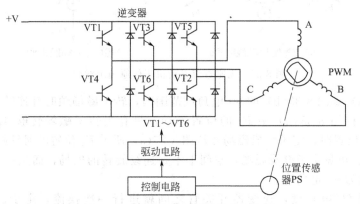

图 8-34　无刷直流电动机的基本构成

位置传感器的作用是检测转子磁场相对于定子绕组的位置，并在确定的位置处发出信号控制功率开关元件，使电枢绕组中电流进行切换。位置传感器有多种不同的结构形式，如光电式、电磁式等。

8.8.2 工作原理

电枢绕组通过电子开关的控制与直流电源相连，当电枢绕组内通入直流电流时，与转子作用产生电磁转矩，使转子转动。为了保证电动机连续旋转，电动机内应产生单一方向的电磁转矩。为此无刷直流电动机的控制电路对位置传感器检测的信号进行逻辑变换，产生控制信号，经驱动电路放大后送至逆变器各功率开关管，从而控制电动机各相绕组按一定顺序工作，在电动机气隙中产生跳跃式的旋转磁场，拖动转子旋转。随着转子的转动，位置传感器不断地送出信号，以改变电枢绕组的通电状态，使得在某一磁极下导体中的电流方向始终保持不变，这就是无刷直流电动机的无接触换向过程的实质。

下面以两相导通星形三相六状态无刷直流电动机为例来说明转矩产生的基本原理。当转子磁极处于图 8-35 所示位置时，转子位置传感器输出磁极位置信号，经过控制电路后驱动逆变器，使功率开关元件 VT1、VT6 导通，即绕组 A、B 通电，A 进 B 出，电枢绕组在空间的合成磁动势为 F_a，如图 8-35(a) 所示。此时定、转子磁场相互作用，拖动转子顺时针方向转动。电流流过路径为：电源正极→VT1 管→A 相绕组→B 相绕组→VT6 管→电源负极。当转子转过 60°电角度，到达图 8-35(b) 所示位置时，位置传感器输出信号，经控制电路后使功率开关管 VT6 截止、VT2 导通，此时 VT1 仍导通，即使绕组 A、C 通电，A 进 C 出，电枢绕组在空间合成磁动势如图 8-35(b) 中 F_a。此时定子、转子磁场相互作用，使转子继续沿顺时针方向转动，电流流过路径为：电源正极→VT1 管→A 相绕组→C 相绕组→VT2 管→电源负极。依此类推，转子继续沿顺时针方向每转过 60°电角度，功率开关元件的导通逻辑就发生变化，变化顺序为：VT3、VT2 →VT3、VT4 →VT5、VT4 →VT5、VT6 →VT1、VT6……则转子磁场始终受到定子合成磁场的作用并沿顺时针方向连续转动。

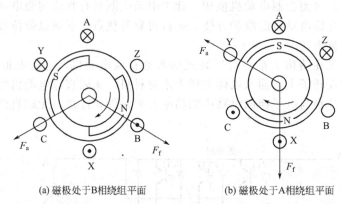

(a) 磁极处于B相绕组平面   (b) 磁极处于A相绕组平面

图 8-35   无刷直流电动机工作原理示意图

在图 8-35(a) 到图 8-35(b) 的 60°电角度范围内，转子磁场顺时针连续转动，而定子合成磁场在空间保持图 8-35(a) 中 F_a 的位置不动，只有当转子磁场转够 60°电角度到达图 8-35(b) 中 F_f 的位置时，定子合成磁场才从图 8-35(a) 所示 F_a 位置顺时针跃变至图 8-35(b) 所示 F_a 的位置。可见定子合成磁场在空间上不是连续旋转的磁场，而是一种跳跃式旋转磁场，每个步进角为 60°电角度。

转子每转过 60°电角度，逆变器开关管之间就进行一次换流，定子磁状态就改变一次。由此可知，电机有 6 个磁状态，每一状态都是两相导通，每相绕组中流过电流的时间相当于转子旋转 120°电角度，每个开关管的导通角为 120°，故该逆变器为 120°导通型。两相导通星形三相六状态无刷直流电动机的三绕组与各功率开关元件导通顺序的关系如表 8-1。

表 8-1　两相导通星形三相六状态无刷直流电动机开关元件导通顺序表

电角/(°)	0	60	120	180	240	300	360
导通顺序		A		B		C	
	B		C		A		B
VT1							
VT2							
VT3							
VT4							
VT5							
VT6							

直流无刷电动机的应用，已遍及各个技术领域，其控制方法和运行方式层出不穷。从一定意义上说，直流无刷电动机是直流电动机的一个分支，除了不能采用变励磁调速方法（因转子采用永磁磁钢）外，其他一切直流电动机的转速控制方法均可用来控制直流无刷电动机。

8.9　超声波电机

超声波电机是国内外日益受到重视的一种新型直接驱动电机。

8.9.1　工作原理

与传统的电磁式电机不同，超声波电机没有磁极和绕组。它实现机电能量转换，靠的不是电磁作用，而是利用压电陶瓷的逆压电效应，通过各种伸缩振动模式的转换与耦合，将材料的微观变形通过共振放大和摩擦耦合转换成转子或者滑块的宏观运动。因其工作在超声频率上，故称为超声波电机。图 8-36 所示为一种行波超声波电机原理图。

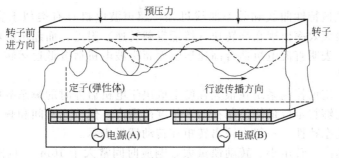

图 8-36　行波超声波电机原理图

超声波电机具有功率密度大、无电磁干扰、低速转矩大、动作响应快、运行无噪声、无输入自锁等卓越特性，在非线性运动领域、精密控制领域要比传统的电磁电机性能优越得多。超声波电机在工业控制系统、汽车专用电器、超高精度测量仪器、办公自动化设备、智能机器人等领域有着十分广阔的应用前景，近年来备受科技界和工业界的重视，是当前非连续驱动控制领域的研究热点。

8.9.2　超声波电机与传统电磁电机的比较

超声波电机由于其原理完全不同于传统的电磁电机，因而具有很多不同于传统电磁电机的特性。下面从几方面将超声波电机与传统电磁电机进行比较。

（1）能量转换过程

传统电磁电机的定、转子皆为刚体，两者之间存在气隙，无物理接触。对于电磁电动机，通常输入电功率，流经定子或转子绕组，建立气隙磁场，磁场将力施加到转子上，使转子转动，变成机械功率输出。其电能转换为机械能是通过电磁感应实现的。若不考虑定转子中磁性材料的饱和和磁滞，能量转换过程是线性可逆的，能将机械能转换为电能输出。

超声波电机的定、转子直接接触，靠摩擦驱动。通常对黏结在超声波电机定子上的压电陶瓷元件施加交变电压，能够激发定子弹性体的机械振动，此振动通过定子、转子之间的接触摩擦转化为转子的定向运动。由此可知，超声波电机存在两种能量转换，一种是压电陶瓷和定子间的机电能量转换，它是通过逆压电效应实现的；一种是定子和转子间的机械能量转换，它是通过摩擦耦合实现的。若忽略压电陶瓷和弹性材料的滞后效应，定子自由振动和压电陶瓷机电能量转换是线性可逆的，反过来能够产生电能。

（2）机械特性和效率

直流电机为典型的电磁电机，其转矩-转速和效率-转速曲线如图 8-37（a）所示。而超声波电机的转矩-转速和效率-转速曲线如图 8-37（b）所示。

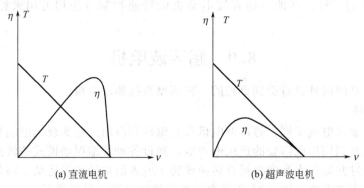

(a) 直流电机　　　　　　　(b) 超声波电机

图 8-37　转矩-转速和效率-转速曲线

对比两者的机械特性曲线和效率曲线可知，超声波电机具有类似于直流电机的机械特性，直流电机的最大效率出现在高转速（接近空载转速）附近，而超声波电机的最大效率出现在低转速附近。表明直流电机适合高速运转而超声波电机适合低速运转。

（3）响应特性

电机能否用于定位控制系统在很大程度上取决于电机启停时的瞬态响应特性。应用闭环位置和速度反馈能够将定位最终控制在纳米精度范围内，但响应时间和频率限制却取决于电机和传动机构的动态特性，一般由输出转矩和转动惯量表示。

电磁电机转速高、转矩小、转动惯量大，响应时间常大于 10ms，且随着减速箱的增加而增大。而超声波电机由于转矩大、空载转速低、转动惯量小，其响应时间常小于 1ms。超声波电机的快速响应性极大地增加了闭环系统的稳定性，使定位调整频率可高达 1kHz，而电磁电机仅能达到 100Hz 左右。

8.9.3　超声波电机的特点

① 低速、大转矩。超声波电机振动体的振动频率和摩擦传动机制决定了它是一种低速电机，但它在实际运行时的转矩密度（单位质量或体积的转矩输出称为转矩密度）一般是电磁电机的 10 倍以上。因此，超声波电机可直接带动执行机构。

② 无电磁噪声、电磁兼容性好。超声波电机依靠摩擦驱动，无磁极和绕组，工作时无电磁场产生，也不受外界电磁场及其他辐射源的影响，非常适合应用在光学系统或超精密仪器上。

③ 动态响应快、控制性能好。超声波电机具有与直流伺服电机类似的机械特性，但超声波电机的启动响应时间在毫秒级，能够以高达 1kHz 的频率进行定位调整，而且制动响应

更快。

④ 断电自锁。超声波电机断电时由于定子、转子间静摩擦力的作用，使电机具有较大的静态保持力矩，实现自锁，省去了制动闸保持力矩，简化定位控制。

⑤ 运行无噪声。超声波电机振动体的机械振动是人耳听不到的超声振动，低速时产生大转矩，无齿轮减速机构，运行非常安静。

⑥ 微位移特性。超声波电机振动体的表面振幅一般为微米、亚微米、甚至纳米级。在直接反馈控制系统中，位置分辨率高，较容易实现微米、亚微米、纳米级的微位移步进定位控制。

⑦ 结构简单、设计形式灵活、自由度大、容易实现小型化和多样化。由于驱动机理的不同，超声波电机形成了多种多样的结构形式。如为了满足不同的技术指标（如额定转矩、额定转速、最大转速等），可方便地设计成旋转、直线或多自由度超声波电机。

⑧ 易实现工业自动化流水线生产。超声波电机的结构简单，只需要金属材料的定、转子，激励振动的压电陶瓷，有些场合需应用热塑性摩擦材料和不同的胶黏剂，没有电磁电机线圈绕组那样需要人工下线，比传统电磁电机更易实现工业自动化流水线生产。

⑨ 耐低温、真空，适合太空环境。超声波电机及其驱动控制装置的耐低温、真空特性，可将其作为宇航机械系统和控制系统的驱动装置。

但超声波电机及其驱动控制也存在不足，主要表现为：输出功率小，效率较低，定子、转子界面间材料存在磨损，需要专用高频电源，价格较高等。随着科学技术的发展，这些问题将会逐一得到解决，如国外专用超声波电机驱动控制集成芯片的生产，高频开关电源技术的不断提高等都将有利于超声波电机的发展。

8.9.4 超声波电机的分类及应用

（1）超声波电机的分类

与传统的电磁型电机相比，超声波电机没有绕组和磁极，是一种全新的自动驱动控制器，是对传统电磁型电机的突破和有力补充。近20多年，出现了基于不同原理、具有不同形式和结构超声波电机。但是，超声波电机的分类一直比较模糊。根据压电激励模式、结构模式、电机功能、应用场合等，可将超声波电机分成不同的种类。本节仅从驱动方式，定子、转子接触方式对超声波电机进行分类和归纳。

按驱动方式不同，超声波电机分为行波超声波电机、驻波超声波电机和电致伸缩公转子超声波电机。

按定子、转子接触方式的不同，超声波电机分为摩擦型超声波电机、非摩擦型超声波电机和非接触型超声波电机。摩擦型超声波电机包括行波超声波电机、驻波超声波电机、弯曲摇头式超声波电机、蠕动式超声波电机和多自由度超声波电机；非摩擦型超声波电机包括压电电流变直线步进超声波电机和压电电流变旋转步进超声波电机；非接触型超声波电机包括雷诺剪切力驱动的制动器和辐射压力（垂直雷诺力）驱动的制动器。

（2）超声波电机的应用

由于超声波电机具有结构简单、体积小、低速大转矩、响应速度快、定位精度高、无电磁干扰等优良性能，被认为在机器人、计算机、汽车、航空航天、精密仪器仪表、伺服控制等领域有广阔的应用前景。在照相机调焦、太空机器人、精密定位装置和随动系统、阀门控制、机器人关节驱动、核磁共振装置等领域，已被成功应用。

另外，由于超声波电机可以做得很薄，而且转矩很大，可用在汽车车窗、雨刮器、车灯转向及汽车座椅调整等的驱动装置中。微位移超声波电机能以纳米级位移驱动，可用于电子显微镜或扫描隧道显微镜，可用来做光栅衍射刻线、天体星座图像分析和检测、高精度位移检测及分子测量等。

本 章 小 结

单相异步电动机只有一个工作绕组,单相绕组产生脉振磁动势,故单相异步电动机本身没有启动转矩和固定的转向,不能自行启动,但一经启动即可连续旋转。为使电机能够自行启动,必须设法在气隙中建立旋转磁场,因此,单相异步电动机除工作绕组外,还要设置启动绕组。启动绕组的磁动势和工作绕组的磁动势在空间和时间上有相位差,因此可以建立椭圆形旋转磁场,产生启动转矩,并有确定的转向。常用的启动方法有分相(包括电阻分相和电容分相)式启动和罩极式启动。

伺服电动机分为直流和交流两类。直流伺服电动机就是一台小型他励直流电动机,分为电枢控制和励磁控制,常用电枢控制,其机械特性和调节特性都是线性的,其转速与控制电压成正比,但存在"死区"。交流伺服电动机转子电阻必须较大,以消除自转现象。交流伺服电动机常用的控制方法有三种:幅值控制、相位控制和幅值-相位控制。

测速发电机分为直流和交流两类。在恒定的磁场中,直流测速发电机输出的电压与转速成正比,产生误差的原因主要是电枢反应、温度的变化、接触电阻,转速越高、负载电流越大,产生的非线性误差也越大。交流测速发电机输出电压的大小与转速成正比,输出频率为电源频率,存在三种误差:非线性误差、剩余电压和相位误差。

步进电动机本质上是一种同步电动机,它能将脉冲信号转换为角位移,每输入一个电脉冲,步进电机就前进一步,其角位移与脉冲数成正比,能实现快速的启动、制动、反转,且具有自锁的能力,只要不丢步,角位移不存在积累的情况。

开关磁阻电动机是一种典型机电一体化新型电动机,正逐渐进入现有各种调速系统。开关磁阻电动机可通过控制导通角、关断角、电压及电流来控制电磁转矩,属于非线性控制系统,控制中仍有很多问题有待进一步研究。

力矩电动机是一种由伺服电动机和驱动电动机相结合而形成的特殊电机,它可以不用齿轮等减速机构直接驱动负载,并由输入控制电压信号直接调节负载的转速。在位置控制方式的伺服系统中,它可以长期工作在堵转状态;在速度控制方式的伺服系统中,它可以工作在低速状态,且输出较大的转矩。

直线电动机指能做直线运动的电动机,直线电动机和旋转电动机在原理上基本相同,只是将旋转电机的旋转运动变为直线运动。直线电动机可分为直线异步电动机、直线直流电动机和直线同步电动机三种。

无刷直流电动机是在有刷直流电动机的基础上发展起来的,它的电枢绕组是经由电子"换向器"接到直流电源上。它既具有直流伺服电动机的机械特性和调节特性,又具有交流电动机的维修方便、运行可靠等优点。直流无刷电动机的应用,已遍及各个技术领域。

超声波电机是一种没有磁极和绕组,不依靠电磁介质来传递能量,而是利用压电陶瓷的逆压电效应,通过各种伸缩振动模式的转换与耦合,将材料的微观变形通过共振放大和摩擦耦合转换成转子或者滑块的宏观运动的新型电机。因其工作在超声频率上,故称为超声波电机。

超声波电机由于具有结构简单、体积小、低速大转矩、响应速度快、定位精度高、无电磁干扰等优良性能,被认为在机器人、计算机、汽车、航空航天、精密仪器仪表、伺服控制等领域有广阔的应用前景,有些领域已有成功应用。

思考题与习题

8.1　如何解决单相异步电动机的启动问题?

8.2　如何改变电容分相式单相异步电动机的转向?罩极式异步电动机的转向能否改变?

8.3　一台 Y 连接的笼型异步电动机轻载运行时,若一相引出线突然断掉,电动机能否继续运行？停下来后能否重新启动？

8.4 反应式步进电动机的步距角与齿数有何关系？

8.5 什么是自转？如何消除交流伺服电动机的自转现象？

8.6 交流测速发电机的剩余电压是如何产生的？怎样消除或减小？

8.7 为什么交流测速发电机通常采用非磁性空心杯转子？

8.8 直流测速发电机的误差主要有哪些？如何消除或减小？

8.9 力矩电动机与一般伺服电动机主要的不同点是什么？

8.10 直线电动机的结构有何特点？主要用途是什么？

8.11 无刷直流电动机有何优点？适用于何种场合？

8.12 什么是超声波电机？它有何优缺点？适用于哪些场合？

9. 电动机的选择

9.1 电力拖动系统方案的选择

前面章节已对各种电动机的机械特性，生产机械的负载特性，电力拖动系统的运动方程式，电动机与生产机械相互配合的稳定性，启动、制动及调速采用的方法和特点等进行了详细的介绍。本节讨论如何为生产机械选择合适的电力拖动系统。

电力拖动系统由电动机、供电电源、控制设备及生产机械组成。因此，在进行电力拖动系统方案选择时，应重点考虑如下内容：

① 供电电源的选择；

② 电动机的选择；

③ 电动机与生产机械负载配合的稳定性；

④ 调速方案的选择；

⑤ 电力拖动系统的启动、制动方法，正、反转方案的选择；

⑥ 经济指标，主要包括电网功率因数、电网污染等；

⑦ 电力拖动系统控制策略的选择；

⑧ 系统可靠性。

本节主要讨论问题①、③～⑥，问题②在本章后面部分讨论，而问题⑦、⑧将在"电力电子技术"、"运动控制系统"课程中讨论，本书不再赘述。

9.1.1 电力拖动系统的供电电源

电力拖动系统的供电电源可分为三大类：①交流工频 50Hz 电源；②独立变流机组电源；③电力电子变流器电源。独立变流机组电源在 20 世纪 70 年代就开始使用，但随着电力电子技术的发展，这种电源正逐步被电力电子变流器电源所代替。

9.1.2 电力拖动系统的稳定性

电动机只有与所拖动的负载合理配合，才能确保电力拖动系统稳定运行。有关电力拖动系统稳定运行的具体概念和充要条件详见 3.1 节。

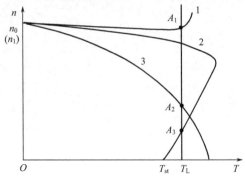

图 9-1 电力拖动系统电动机机械特性与
负载转矩特性的配合

为了对电力拖动系统的稳定性进行分析，现将他励直流电动机的机械特性、三相异步电动机的机械特性及恒转矩负载的转矩特性绘制在同一坐标系中，如图 9-1 所示。图中，曲线 1 为他励直流电动机的机械特性，当电枢电流过大时，由于电枢反应的去磁作用，他励直流电动机的机械特性出现上翘现象。根据电力拖动系统稳定运行的条件，拖动系统在他励直流电动机的机械特性与负载转矩特性的交点 A_1 处不能稳定运行。可以选用带补偿绕组的他励直流电动机，通过补偿绕组的作用抵消电枢反应的去磁作用，从而使机械特性不出现上翘现象，确保电力拖动系统的稳定运行。

三相异步电动机的机械特性，见图9-1中的曲线2。根据电力拖动系统稳定运行的条件，拖动系统在机械特性与负载转矩特性的交点 A_3 处不会稳定运行，而且由于负载转矩大于电动机的启动转矩，拖动系统将不能正常启动。解决的方法：①选择深槽转子或双笼转子的异步电动机；②选择绕线型异步电动机，在转子回路串入电阻，提高异步电动机的启动转矩，改变异步电动机的机械特性。图9-1所示的曲线3为采用上述方案后的异步电动机机械特性。从图中可知，拖动系统在机械特性3与负载特性的交点 A_2 处可稳定运行，也可正常启动。

9.1.3 调速方案的选择

电动机的调速特性只有与负载的转矩特性合理配合，电动机的功率才能得到充分利用。否则，电动机会经常工作在轻载状态，造成不必要的电能浪费。

（1）直流电动机

对于他励直流电动机，机械特性方程式为

$$n = \frac{U}{C_e \Phi} - \frac{R_a}{C_e C_T \Phi^2} T \tag{9-1}$$

由式（9-1）可知，他励直流电动机共有三种调速方法：①电枢回路串入电阻调速；②降低电源电压调速；③弱磁调速。从调速方式看，电枢回路串入电阻调速和降低电源电压调速属恒转矩调速，适应于恒转矩负载；弱磁调速属恒功率调速，适应于恒功率负载。

（2）异步电动机

对于异步电动机，转速为

$$n = \frac{60 f_1}{p} (1 - s) \tag{9-2}$$

由式（9-2）可知，异步电动机的调速方法可分为三大类：①变频调速；②变极调速；③改变转差率调速。其中，转差率的改变可通过改变定子电压、转子电阻、在转子绕组上施加转差频率的外加电压等方法实现。

从调速方式看：基频以下的变频调速与 Y/YY 变极调速属恒转矩调速，适应于恒转矩负载；基频以上的变频调速与 △/YY 变极调速属恒功率调速，适应于恒功率负载；改变转差率的调速则视具体调速方法的不同而不同，改变定子电压的调速既非恒转矩也非恒功率调速，转子串电阻的调速属于恒转矩调速，但串级调速根据调速实现的方法不同，既可以是恒功率调速，也可以是恒转矩调速。

（3）同步电动机

对于同步电动机，转速为

$$n = \frac{60 f_1}{p} \tag{9-3}$$

同步电动机只能在同步转速运行，要实现调速只能改变同步电动机的供电频率。为确保电动机内部磁通及最大电磁转矩不变，一般要求改变定子电源频率的同时改变定子电压。一旦供电电压超过额定值以上，则保持供电电压为额定值不变。

从调速方式看，基频以下的调速属恒转矩调速，适应于恒转矩负载；基频以上的调速属恒功率调速，适应于恒功率负载。

实际的电力拖动系统中，在确定了电动机后，可根据负载的性质及具体情况来选择合适的调速方案，实现稳定、经济、可靠的调速。

9.1.4 启动、制动与正、反转方案的选择

电力拖动系统的过渡过程发生在启动、制动，正、反转，加、减速以及负载变化等过程

中，它与系统的快速性、效率的高低、损耗的大小、可靠性等有关。对于要求频繁启动、制动和正、反转的四象限运行负载及转矩急剧变化的负载，过渡过程显得尤为重要。

（1）启动

电力拖动系统对启动过程的基本要求：①电动机的启动转矩必须大于负载转矩；②启动电流要有一定限制，以免影响接于同一电网上其他设备的正常运行。

一般情况下，笼型异步电动机的启动性能较差，容量越大，启动转矩倍数越低，启动越困难。若普通笼型异步电动机不能满足启动要求，可考虑采用深槽转子或双笼转子异步电动机，并根据要求校验启动能力。若仍不满足要求，则应选择功率较大的电动机。

直流电动机和绕线型异步电动机的启动电流和启动转矩是可调的，仅需考虑启动过程的快速性。而同步电动机的启动较复杂，通常仅用于功率较大的机械负载。

（2）制动

制动方法的选择主要从制动时间、制动实现的难易程度及经济性等几个方面考虑。

直流电动机（串励直流电动机除外）均可采用反接、能耗和回馈三种制动方案。反接制动的特点是制动转矩大、制动剧烈、能量损耗大，且要求转速降为零时应及时切断电源，才能可靠停车；能耗制动的制动过程平稳，能够准确停车，但随着转速下降制动转矩减小较快；回馈制动无需改接线路，电能回馈电网，是一种较经济的制动方法，但只能在位能性负载下放场合或降压降速过程中进行，且转速不可能降为零。

交流异步电动机同样可采用反接、能耗和回馈三种制动方案。反接制动是通过改变定子电源相序实现的，相当于直流电动机电枢回路外加电源的反接；能耗制动需在定子绕组中通以直流，略显复杂；回馈制动仅发生在位能性负载下放或同步转速能够改变的场合，如变极、降频降速过程。

（3）反转

拖动系统对反转的要求是，不仅能够正、反转，而且正、反转之间的切换应当平稳、连续。一般，通过回馈制动容易达到上述目的，但需具有回馈制动的条件；反接制动虽然能实现正、反转的过渡，但切换过程较剧烈，平滑性差。从这一点看，直流电动机的正、反转要比交流电动机优越。但随着电力电子技术的发展，交流电机、无刷直流电动机、开关磁阻电动机等均可实现正、反转之间的平滑切换。

（4）平稳性和快速性

在第三章讲过，电力拖动系统的运动方程式可表示为

$$T - T_L = \frac{GD^2}{375} \frac{dn}{dt} \tag{9-4}$$

利用式（9-4）便可得到电动机启动、制动或调速过程所需要的时间，具体表达式为

$$t = \frac{GD^2}{375(T - T_L)} \int_{n_1}^{n_2} dn \tag{9-5}$$

式（9-5）表明，在电动机转速变化相同的情况下，若要缩短启动、制动过程，必须确保加速或制动转矩（$T - T_L$）尽可能的大，而飞轮矩 GD^2 尽可能小。当电磁转矩 T 远大于负载转矩 T_L 时，若要缩短启动、制动过程的时间，应使 T/GD^2 尽可能大。这是选择电动机的一个重要依据。

从运行的平稳性分析，则希望电动机惯量（电动机飞轮矩）与负载惯量（负载飞轮矩）匹配，即电动机惯量要超过或等于负载惯量，用公式可表示为

$$[GD^2]_M \geqslant [GD^2]_L \tag{9-6}$$

若负载惯量是变化的（如工业机器手负载），为确保系统平稳运行，则要求负载惯量的

变化量不大于电动机惯量的 1/5，即

$$[GD^2]_\mathrm{M} \geqslant 5\{\Delta[GD^2]_\mathrm{L}\} \tag{9-7}$$

为了提高电动机的转矩惯量比，可选用小惯量电动机。但根据惯量匹配原则，小惯量电动机仅适应于负载惯量较小、过载能力要求不高的场合。对于像重型机床等负载惯量大、过载要求高的场合，则应选择大惯量电动机，如力矩电动机，它是从提高 T/GD^2 的角度设计的电机。由于力矩电动机低速时输出力矩较大，不需要齿轮减速便可直接与负载相联，从而避免了中间传动机构，确保了系统的平稳运行，提高了传动精度。

9.1.5 电力拖动系统的经济性

电力拖动系统的经济性由电力拖动系统的一次性投资和运行费用来衡量，而运行费用主要取决于系统能耗。在当前能源价格攀升的情况下，节能具有重要的现实意义。因此，在电力拖动系统的设计过程中，还应考虑如下几个方面：

（1）电网功率因数

异步电动机的最大功率因数大都发生在满载附近。若负载率低于 75%，功率因数就会迅速下降。若供电电压低于额定电压，则励磁电流增加，功率因数降低。在电力拖动系统的设计过程中，若功率因数偏低，则应考虑在供电变压器端增加并联电容器，通过电容器组的投切实现无功补偿；也可在不需要调速的生产机械中采用转子直流励磁的同步电动机，并使其工作在过励状态，发出滞后无功功率。

（2）节能

异步电动机的最高效率大都发生在满载附近。若负载率低于 75%，电动机的效率将明显下降，空载和轻载运行时更严重。根据负载变化情况，适当选择变频调速时的运行频率或多台运行时的使用台数，这是确保系统节能运行的有效途径。此外，若供电电压低于电动机的额定电压，电动机的电流会增加，定子、转子铜损耗会增加，降低电动机的效率。因此，电动机的容量和供电电压均要合理选择。

不同的调速方法具有不同的运行效率。对于直流电机拖动系统来讲，晶闸管变流器供电的调速与自关断器件的斩波器调速的效率要比电枢回路串电阻调速的效率高得多。位能性负载下降（或电动车的下坡等）采用回馈制动可达到节能的目的。对于交流电机拖动系统，变频调速、串级调速的效率比转子串电阻调速、调压调速、滑差调速的效率高，目前在电力拖动领域已广泛采用。

（3）电网污染

电网污染是指接入电网的用电设备所产生的高次谐波对电网的影响。由晶闸管变流器供电的直流拖动系统及由变频器供电的交流拖动系统，可以大大提高电动机的运行效率。但由于变流器中所采用的器件工作在开关状态，带来大量的谐波，对电网造成污染，不仅会增加其他用电设备的损耗，而且可能造成周围设备的不稳定运行。因此，在设计电力拖动系统时必须考虑电网污染问题，以确保实现"绿色"电能的转换。

为减少电网污染，可采用：①在供电变压器的次级额外增加有源滤波器；②在变流器内部采用自关断器件组成的 PWM 变流器。

9.2 电动机的一般选择

为电力拖动系统选择合适的电动机，首先要对负载情况和工作环境进行分析，所选电动机能够满足负载拖动要求，电动机的结构应适应周围环境的条件。在此基础上确定电动机的类型、电压等级、额定转速、额定功率以及电动机的结构型式，保证电力拖动系统安全、合理、经济运行。

9.2.1 种类选择

（1）电动机的主要种类

电力拖动系统中的电动机主要分直流电动机和交流电动机两种，电动机的主要分类如表9-1所示。

表 9-1 电动机的主要种类

直流电动机	他励直流电动机		
	并励直流电动机		
	串励直流电动机		
	复励直流电动机		
交流电动机	异步电动机	三相异步电动机	笼型三相异步电动机	普通笼型
			高启动转矩（高转差率型、深槽型、双笼型）
			多速电动机（变极2～4速）
		绕线型三相异步电动机
		单相异步电动机
	同步电动机	凸极式同步电动机
		隐极式同步电动机
		永磁同步电动机

（2）电动机种类的选择

在选择电动机种类时，主要考虑以下三个方面：

① 电动机的机械特性

电力拖动系统的负载具有不同的转矩特性，要求电动机的机械特性也要与之相适应。电动机的启动转矩、最大转矩等性能均能满足工作机械的要求。

② 电动机的调速性能

电动机的调速范围、调速平滑性、调速系统的经济性等调速性能要满足拖动系统的要求。

③ 系统运行的经济性

在满足拖动系统功能要求的前提下，还要尽可能降低整个拖动系统的能耗及综合成本。优先选用结构简单、价格便宜、运行可靠、维护方便的电机，此外还要考虑配套设备，如启动设备、调速装置、电源等辅助设备的经济性。

9.2.2 工作条件分析

对于电动机的选择，还要考虑电动机的环境条件和电气条件。并以此为依据，选择电动机的额定电压、安装方式、防护方式等。

（1）环境条件

① 电力拖动系统中的电动机对环境条件的基本要求

环境条件的基本要求包括了使用环境的海拔高度，空气温度、湿度，不存在腐蚀性化学物质等，这些要求的具体参数可以参考相关国家规定。若环境条件不完全符合要求，应对某些参数做适当修正，或增加一些特殊防护措施，其中还要特别注意低温对电动机运行性能所产生的影响。

② 环境条件与规定不同时温升限值的修正

当运行条件与规定的基本使用环境条件不同时，电动机绕组温升限值应作相应修正，例如环境温度的升高，空气密度会减小，单位体积空气在单位时间内带走的热量减少，电动机的散热条件变差，在这些情况下需要对温升限值进行重新调整。使用地点与生产、测试地点环境不同时温升限值也需要修正。

③ 特殊环境条件下的防护

某些特殊环境下，例如空气中混有腐蚀性化学物质或者易燃、易爆粉尘等情况，应选用有相应防护措施的电动机，或者对电动机另外设置特殊的防护装置。

（2）电气条件

① 额定电压的选择

电动机的额定电压、相数、额定频率应与供电系统一致，表 9-2 所示给出了部分电动机额定电压一般值。对于交流电动机，工厂供电系统一般为 380V，故中小型异步电动机的额定电压大都为 220V/380V（△/Y 联结）及 380/660V（△/Y 联结）两种。当电动机功率较大时，为了节省铜材，减小电动机的体积，可根据供电电源系统，选用 3000V、6000V 和 10000V 的高压电动机。

表 9-2 一些电动机的额定电压

电压/V	容量范围/kW		
	交 流 电 动 机		
	笼型异步	绕线型异步	同 步
380	0.37～320	0.6～320	3～320
6000	200～5000	200～500	250～10000
10000			1000～10900
	直 流 电 动 机		
110	0.25～110		
220	0.25～320		
440	1.0～500		
600～870	500～4600		

对于直流电动机，额定电压一般为 110V/220V/440V 以及 600～1000V。当不采用整流变压器而直接将晶闸管相控变流器接电网为直流电动机供电时，可采用新型的直流电动机，如 160V（配合单相全波整流）、440V（配合三相桥式整流）等电压等级。此外，国外还专门为大功率晶闸管设计了额定电压为 1200V 的直流电动机。

② 运行期间电压和频率的允差

电动机在运行期间，电源电压和频率在一定范围内变化时，电动机的输出功率仍要维持额定值。

③ 电压及电流的波形与对称性

对于交流电源，电压及电流的波形和平衡性都要求在一定范围内波动，电动机不应产生有害高温。对于直流电源，应注意保持正常的端电压输出，对于整流电源要控制纹波影响。

9.2.3 额定转速的选择

从电机学基本理论可知，对电动机本身而言，在相同的功率下，转速越高，电机尺寸越小，所用材料减少，价格降低，因此一般电动机设计成高额定转速，额定转速不低于 500r/min，最常见的是 1500r/min 额定转速。但生产机械的工作速度比较低，需要用电气调速或机械减速装置降低转速，必须合理确定转速比和电动机的额定转速。一般来说：

① 对于连续工作，很少启动、制动的电力拖动系统，主要从设备投资、占地面积、维护检修等几个方面进行技术、经济比较，确定合适的转速比和电动机的额定转速；

② 对于经常启动、制动和反转的电力拖动系统，过渡过程会影响系统的效率，要根据最小过渡过程时间、最少能量损耗等条件来确定转速比和额定转速；

③ 一般高、中转速机械，可选用相应转速电机，直接与机械连接；

④ 不调速的低转速机械，需要选用适当转速电动机通过减速装置传动；

⑤ 对需要调速的大型系统，可选用串级调速的异步电机，将转差功率返回电网，而对调速范围和调速精度要求高的系统可选择可调速直流电机或变频调速交流电机。

正确选择电动机的额定转速需要根据生产机械的具体要求，综合考虑上述因素后才能确定。例如，不需要调速的高、中速机械，如泵、鼓风机、压缩机可选相应额定转速的电动机，不需要减速机构；不需调速的低速机械，如球磨机、破碎机、某些化工机械，可选用相应转速的电动机或有较小传动比的减速机构；对调速要求较高的生产机械应考虑生产机械最高转速与电动机的最高转速相适应，并直接用电气调速。

9.2.4　结构类型的选择

（1）安装方式

安装方式分为卧式和立式两种：卧式电动机的转轴安装后为水平位置；立式的转轴则为垂直地面的位置。两种类型的电动机使用的轴承不同，立式价格稍高。

（2）轴伸个数

伸出到端盖外面与负载连接或安装测速装置的转轴部分，称为轴伸。电动机有单轴伸与双轴伸两种，多数情况下采用单轴伸。

（3）防护方式

按防护方式分，电动机有开启式、防护式、封闭式和防爆式四种。

开启式电动机的定子两侧和端盖上有很大的通风口，散热好且价格便宜，但容易进灰尘、水滴和铁屑等杂物，只能在清洁、干燥的环境中使用。

防护式电动机的机座下面有通风口，散热好，能防止杂物溅入或落入电机内，但不能防止潮气和灰尘侵入，适用于比较干燥、没有腐蚀性和爆炸性气体的环境。

封闭式电动机的机座和端盖上均无通风孔，完全封闭。封闭式分为自冷式、自扇冷式、他扇冷式、管道通风式及密封式等。前四种防护方式，电机外的潮气及灰尘不易进入电机，适用于灰尘多、特别潮湿、有腐蚀性气体，易受风雨、易引起火灾等恶劣的环境。密封式的可以浸在液体中使用，如潜水泵。

防爆式电动机在封闭式的基础上制成隔爆形式，机壳有足够的强度，适用于有易燃易爆气体的场所，如矿井、油库、煤气站等。

综上所述，一般为拖动系统选择合适的电动机，主要考虑以下四个方面：

① 根据拖动系统的负载特性，预选电动机种类，要求预选电动机在机械特性方面能够完全满足负载的要求；

② 正确选择电动机的功率，使电动机在工作中能充分利用，又能通过发热、过载和启动能力校验；

③ 正确选择电动机的电流种类、电压等级及额定转速，所选择电动机的结构形式和防护措施应适应周围环境条件；

④ 电机及辅助设备的经济性。

本章以下内容主要介绍电动机的额定功率的选择方法。

9.3　电动机的发热与温升

电动机负载运行时，电机内的功率损耗变为热能散发出去，电动机温度会随之升高，超过周围环境。电动机温度超出环境温度的值称为温升。有了温升，电动机就会向周围散热，温升越高，散热越快。当电动机单位时间发出的热量等于散出的热量时，电动机的温度不再增加，保持在一个稳定不变的温升，处于发热与散热的平衡状态。

9.3.1 发热过程

电机的损耗转变为热能，以传导的方式从热源传到电机的各个表面，再通过对流和热辐射的作用散发到周围冷却介质中去。分析发热过渡过程有以下假设：

① 电机长期运行，负载不变，总损耗不变；
② 电机本身各部分温度均匀；
③ 电机周围环境温度不变。

电动机单位时间产生的热量为 Q，则 dt 时间内产生的热量为 Qdt。电动机单位时间散出的热量为 $A\tau$（其中 A 为散热系数，表示温升为 $1℃$ 时，每秒钟的散热量；τ 为温升），则 dt 时间内散出的热量为 $A\tau dt$。

在温度升高的整个过渡过程中，电动机温度在升高，因此本身吸收了一部分热量。电动机的热容量为 C，dt 时间内的温升为 $d\tau$，则 dt 时间内电动机本身吸收的热量为 $Cd\tau$。dt 时间内，电动机的发热等于本身吸热与向外散热之和，热平衡方程式为

$$Qdt = Cd\tau + A\tau dt \tag{9-8}$$

整理后得到

$$\frac{C}{A}\frac{d\tau}{dt} + \tau = \frac{Q}{A} \tag{9-9}$$

$$T_\theta \frac{d\tau}{dt} + \tau = \tau_L \tag{9-10}$$

假设初始条件为 $t=0$，$\tau = \tau_{F0}$，则微分方程（9-10）的解为

$$\tau = \tau_L + (\tau_{F0} - \tau_L)e^{-\frac{t}{T_\theta}} \tag{9-11}$$

式中　T_θ——发热时间常数，表征热惯性的大小，s，$T_\theta = \dfrac{C}{A}$；

τ_L——稳态温升，K 或℃，$\tau_L = \dfrac{Q}{A}$；

τ_{F0}——起始温升，K 或℃。

式(9-11)表明，热过渡过程中温升包含两个分量：一个是强制分量 τ_L，是过渡过程结束时的稳态值；另一个是自由分量 $(\tau_{F0} - \tau_L)e^{-\frac{t}{T_\theta}}$，按照指数规律衰减至零。时间常数为 T_θ，一般小容量电机为 $10\sim20min$，而大容量电机可达数小时。

式(9-11)表示的发热过程，如图 9-2 所示。较长时间没有运行的电动机重新负载运行时，$\tau_{F0}=0$；运行过一段时间，温度还没有完全降下来的电机再运行时，或者运行着的电机负载增加时，$\tau_{F0} \neq 0$，为某一具体数值。

9.3.2 冷却过程

一台负载运行的电动机，在温升稳定之后，如果减少负载，电机损耗 $\sum p$ 及单位时间产生的热量 Q 都会随之减少，使得原来的热平衡状态被打破，发热少于散热，电动机的温度会下降，即温升降低。降温的过程中，随着温升减小，单位时间散发的热量 $A\tau$ 也减少。当重新达到 $Q=A\tau$ 时，电动机将不再继续降温，稳定在新的温升上。温升下降的过程

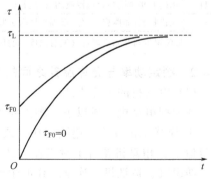

图 9-2　电动机发热过程的温升曲线图

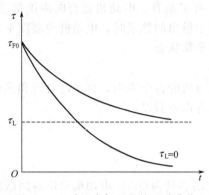

图 9-3 电动机冷却过程的温升曲线

称为冷却过程，如图 9-3 所示。冷却过程的微分方程式及它的解与式（9-8）～式（9-11）一致。初始值 τ_{F0} 和稳态值 τ_L 由具体冷却过程条件确定。当负载减小到某一值时，$\tau_L \neq 0$，大小为 $\tau_L = \dfrac{Q}{A}$；若负载全部去掉，且电动机脱离电源后，其 $\tau_L = 0$。过程的时间常数 T_θ 与发热时相同。

从电动机的发热和冷却过程的分析可以看出，温升 $\tau = f(t)$ 的确定依赖初始值 τ_{F0}、稳态值 $\tau_L = \dfrac{Q}{A}$ 和时间常数 $T_\theta = \dfrac{C}{A}$ 三个要素。分析热过程的目的不是定量计算，而是在于定性了解，为正确选择电动机额定功率打下基础。

9.4　电动机的额定功率与允许温升之间的关系

电动机负载运行时，输出功率越大，损耗越大，电动机的温升越高。因此电动机的额定功率大小必须要考虑到电动机在不同工作方式下的耐高温程度。

9.4.1　允许温升

电动机内耐温最薄弱的材料是绝缘材料，绝缘材料的耐温限度，称为绝缘材料的允许温度，也就是电动机的允许温度。在允许温度范围内，绝缘材料的物理、化学、机械、电气方面的性能比较稳定，其工作寿命一般为 20 年。超过了这个限度，绝缘材料的寿命就会急剧缩短，甚至很快烧毁，因此绝缘材料的寿命，一般也就是电动机的寿命。

环境温度因时因地变化，我国规定取 40℃ 为标准环境温度。绝缘材料或电动机的允许温度减去 40℃ 就是允许温升，用 τ_{max} 表示，单位为 K 或 ℃。

不同绝缘材料按照允许温度的高低可分为 A、E、B、F、H、C 六种。按照环境温度 40℃ 计算，这五种绝缘材料的允许温度和允许温升如表 9-3 所示。

表 9-3　绝缘材料的允许温度和允许温升

等级	绝　缘　材　料	允许温度/℃	允许温升/K
A	经过浸渍处理的棉、丝、纸板、木材等，普通绝缘漆	105	65
E	环氧树脂、聚酯薄膜、青壳纸、三醋酸纤维薄膜、高强度绝缘漆	120	80
B	用提高了耐热性能的有机漆作黏合剂的云母、石棉和玻璃纤维组合物	130	90
F	用耐热优良的环氧树脂黏合或浸渍的云母、石棉和玻璃纤维组合物	155	115
H	用硅有机树脂黏合或浸渍的云母、石棉、玻璃纤维组合物和硅有机橡胶	180	140
C	无机材料（如陶瓷、云母、石棉）、聚酰氯胺和聚四氟乙烯	>180	>140

注：摄氏温度与开尔文温度（绝对温度）的换算公式 $K = C + 273.16$；式中，K 为开尔文温度；C 为摄氏温度。

9.4.2　额定功率与允许温升之间的关系

（1）电动机的工作方式

我国把电动机分成以下三种工作方式或工作制。

① 连续工作方式　连续工作方式是指电动机的工作时间 $t_r > (3 \sim 4) T_\theta$，温升可以达到稳定值 τ_L。电动机铭牌上对工作方式没有特别标注的都属于连续工作方式，如通风机、水泵、纺织机、造纸机等连续工作的生产机械，都应使用连续工作方式电动机。

② 短时工作方式　短时工作方式是指电动机的工作时间 $t_r < (3 \sim 4) T_\theta$，而停歇时间

$t_0 > (3 \sim 4) T_\theta$。在这种工作方式下，电动机工作时温升达不到稳定值 τ_L，而停歇后温升降为零，如水闸闸门起闭机所用的电动机等。我国短时工作方式的标准工作时间有 15、30、60、90min 四种。

③ 周期性断续工作方式　周期性断续工作方式的电动机工作与停歇交替进行，时间都比较短，即 $t_r < (3 \sim 4) T_\theta$，$t_0 < (3 \sim 4) T_\theta$。在这种工作方式下，电动机工作时温升达不到稳定值 τ_L，停歇时温升降不到零。我国标准规定每个工作与停歇的周期 $t_t = t_r + t_0 \leqslant 10min$。周期性断续工作方式又称作重复短时工作制。

每个周期内工作时间占的百分数称为负载持续率（又称暂载率），用 $FS\%$ 表示，即

$$FS\% = \frac{t_r}{t_r + t_0} \times 100\% \tag{9-12}$$

我国规定的标准负载持续率有 15%，25%，40%，60% 四种。

周期性断续工作方式的电动机频繁启动、制动，要求其过载能力强，GD^2 值小，机械强度好。起重机械、电梯及自动机床等具有周期性断续工作方式的生产机械使用周期性断续工作方式的电动机。但许多生产机械周期性断续工作的周期性并不是很严格，这时负载持续率只具有统计性质。

(2) 连续工作方式下电动机的额定功率

连续工作方式下，电动机经过过渡过程后，温升达到一个与负载水平相对应的稳态值，如图 9-4 所示。当电动机输出功率 P 在长时期内恒定，电动机的温升可以达到由功率 P 决定的稳态值 τ_L。若 P 的大小不同，则 τ_L 也随之变化。

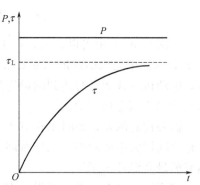

图 9-4　连续工作方式电动机的
负载与温升

综合考虑电动机的输出功率和使用寿命，要充分合理地使用电动机，电动机长期负载运行时达到的稳态温升应等于电动机的允许温升。因此，可以取使稳态温升 τ_L 等于（或接近于）允许温升 τ_{max} 的输出功率作为电动机的额定功率。

下面推导连续工作方式下，电动机带额定负载运行时，额定功率与温升的关系。

额定负载时，电动机温升的稳态值为

$$\tau_L = \frac{Q_N}{A} = \frac{0.24 \sum p_N}{A} \tag{9-13}$$

将

$$\sum p_N = P_{1N} - P_N = \frac{P_N}{\eta_N} - P_N = \left(\frac{1 - \eta_N}{\eta_N}\right) P_N \tag{9-14}$$

代入式(9-13)，可得

$$\tau_L = \frac{0.24}{A} \left(\frac{1 - \eta_N}{\eta_N}\right) P_N \tag{9-15}$$

额定负载时，将 τ_L 等于 τ_{max} 代入上式，整理后可得

$$P_N = \frac{A \eta_N \tau_{max}}{0.24(1 - \eta_N)} \tag{9-16}$$

上式说明，当 A 与 η_N 为常数时，电动机额定功率 P_N 与允许温升 τ_{max} 成正比关系，绝缘材料的等级越高，电动机额定功率越大。若一台电动机的允许温升不变，设法提高电动机效率与散热能力也可以增大其额定功率。

（3）短时工作方式下电动机的额定功率

在短时工作方式下，电动机每次负载运行时，温升都达不到稳态值 τ_L，而停歇后温升降为零。电动机负载运行时，温升与输出功率之间的关系如图 9-5 所示。

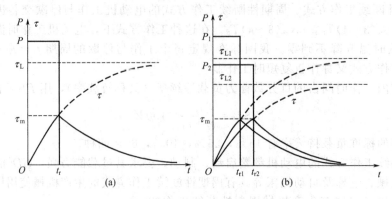

图 9-5　短时工作方式电动机的负载与温升

从图 9-5（a）中可以看出，在工作时间 t_r 内，电动机实际达到的最高温升 τ_m 低于稳态温升 τ_L，因此电动机的额定功率要依据实际达到的最高温升 τ_m 来确定，即在规定的工作时间内，电动机负载运行时达到的最高温升等于（或接近于）允许温升（$\tau_m = \tau_{max}$）时电动机的输出功率为额定功率 P_N。

需要注意的是，短时工作方式下的额定功率 P_N 与规定的工作时间 t_r 密切相关。若电动机输出同样大小的功率，工作时间 t_r 短，其实际达到的最高温升 τ_m 低；工作时间 t_r 长，其达到的最高温升 τ_m 高。

对于同一台电动机，如果标准工作时间不同，其额定功率也就随之不同。如图 9-5（b）所示，不同的工作时间情况下，由于实际的最高温升 τ_m 是一样的，都是允许温升 τ_{max}，工作时间短的，稳态温升高，额定输出功率也高；工作时间长的，稳态温升低，额定输出功率也低。

（4）周期性断续工作方式下电动机的额定功率

周期性断续工作方式的电动机，负载时温度升高，但还达不到稳态温升；停歇时，温度下降，但也降不到环境温度。每经过一个周期，电动机的温升就升一次、降一次。经过足够的周期后，每个周期时间内的发热量等于散热量时，温升将在一个稳定的小范围内波动，如图 9-6 所示。电动机实际达到的最高温升为 τ_m，当 τ_m 等于或接近于电动机的允许温升 τ_{max} 时，相应的输出功率规定为电动机的额定功率。

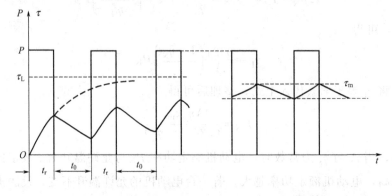

图 9-6　周期性断续工作方式电动机的负载与温升

与短时工作方式的情况类似，周期性断续工作方式下的额定功率对应于某一负载持续率 $FS\%$。电动机在同一个输出功率情况下，负载持续率 $FS\%$ 大的最高温升 τ_m 高；负载持续率 $FS\%$ 小的最高温升 τ_m 低；只有在规定的负载持续率 $FS\%$ 上，τ_m 才恰好等于电动机的允许温升 $\tau_{\max}$。

从另一个角度看，同一台电动机，负载持续率 $FS\%$ 不同，其额定功率也不同，在各自的负载持续率 $FS\%$ 上，输出各自不同的额定功率，其最后达到的温升 τ_m 等于电动机的允许温升 $\tau_{\max}$。负载持续率 $FS\%$ 大，额定功率 P_N 小；负载持续率 $FS\%$ 小，额定功率 P_N 大。

通过上述分析可知，对同样大小的电动机，采取以下措施可提高输出功率：

① 设法降低电动机的损耗，提高效率；

② 加强散热，提高散热系数 A 值；

③ 采用高一级的绝缘材料，提高其允许温升值 τ_m。

9.5　电动机额定功率的选择

电动机额定功率的确定是选择电动机的关键问题。若确定的额定功率过大，则电机长期处于轻载运行，容量得不到充分发挥，工作效率低，性能不好（异步电动机的功率因数低）；若确定的额定功率比拖动系统负载要求小，运行时电动机的电流会超过额定电流，电机内部损耗加大，效率降低，严重影响电机寿命，破坏电机绝缘材料的绝缘性能甚至烧毁电机。

9.5.1　额定功率的选择步骤

在满足拖动系统负载要求的前提下，电动机额定功率越小越经济，一般电动机额定功率的选择分以下三步：

第一步：计算负载功率 P_L，若为周期性负载，还要作出负载图 $P_\mathrm{L} = f(t)$ 或者 $T_\mathrm{L} = f(t)$；

第二步：根据负载功率，预选电动机的额定功率及其他参数；

第三步：校核预选的电动机。一般先校核温升，再校核过载能力，必要时校核启动能力。若不能通过校核，则从第二步开始重新预选合适的电动机。

9.5.2　负载功率的计算

负载功率的计算是选择电动机的前提，必须根据负载工作实际情况进行计算。各类生产机械负载功率的计算公式不同，可参阅有关设计手册。以下是几种常用生产机械负载功率（单位 kW）的计算公式，供参考。

（1）直线运动机械

$$P_\mathrm{L} = 10^{-3} \frac{Fv}{\eta} \tag{9-17}$$

式中　F——生产机械的静阻力，N；

$\quad\quad v$——生产机械的运动速度，m/s；

$\quad\quad \eta$——传动机构的效率，直接连接时 $\eta = 0.95 \sim 1$，皮带传送时 $\eta = 0.9$。

（2）旋转运动机械

$$P_\mathrm{L} = 10^{-3} \frac{T_\mathrm{f} n_\mathrm{f}}{9.55\eta} \tag{9-18}$$

式中　T_f——生产机械的静阻转矩，N·m；

$\quad\quad n_\mathrm{f}$——生产机械的旋转速度，r/min；

$\quad\quad \eta$——传动机构的效率。

（3）泵类生产机械

$$P_L = 10^{-3} \frac{Q\rho H}{0.102\eta\eta_b} \tag{9-19}$$

式中 Q——泵的流量，m^3/s；

H——馈送高度，m；

ρ——液体密度，kg/m^3；

η_b——泵的效率，低压离心泵 $\eta_b = 0.3 \sim 0.6$，高压离心泵 $\eta_b = 0.5 \sim 0.8$，活塞泵 $\eta_b = 0.8 \sim 0.9$；

η——传动机构的效率。

（4）鼓风机类生产机械

$$P_L = 10^{-3} \frac{Qp}{\eta\eta_1} \tag{9-20}$$

式中 Q——每秒钟吸入或压出的气体量，m^3/s；

p——鼓风机的压强，N/m^2；

η_1——鼓风机的效率，大型鼓风机 $\eta_1 = 0.5 \sim 0.6$，中型鼓风机 $\eta_1 = 0.3 \sim 0.5$，小型叶轮鼓风机 $\eta_1 = 0.2 \sim 0.5$；

η——传动机构的效率。

（5）周期性变化负载

$$P_L = \frac{1}{t_t} \sum_{i=1}^{n} P_{Li} t_i \tag{9-21}$$

式中 t_t——周期时间，s；

P_{Li}——第 i 段负载功率，kW；

t_i——第 i 段时间，一个周期共有 n 段，s。

9.5.3 常值负载时电动机额定功率的选择

常值负载是指在工作时间内负载大小不变，包括连续、短时两种工作方式。

（1）标准工作时间的电动机额定功率的选择

拖动系统的负载与电动机的工作方式和工作时间是同一个概念，是指电动机三种工作方式中所规定的有关时间。例如，连续工作方式标准时间是 $3 \sim 4$ 倍以上发热时间常数，短时工作方式的标准工作时间是 $15min$，$30min$，$60min$，$90min$。

在环境温度为 $40℃$，电动机不调速的前提下，按照工作方式及工作时间选择电动机，则电动机的额定功率应满足

$$P_N \geqslant P_L \tag{9-22}$$

在此基础上校核过载能力，必要时校核启动能力。

（2）非标准工作时间的电动机额定功率的选择

预选短时工作电动机额定功率时，按照发热和温升等效的观点，先把负载功率由非标准工作时间折算为标准工作时间，然后按照该标准工作时间预选额定功率。折算的原则是电机内部损耗相等。

若短时工作方式负载工作时间为 t_r，最接近的标准工作时间为 t_{rb}，则预选电动机额定功率应满足

$$P_N \geqslant P_L \sqrt{t_r/t_{rb}} \tag{9-23}$$

由于折算过程以发热和温升等效为基础，经过标准工作时间折算后，预选电动机可以不经过温升校核。

（3）连续工作方式电动机带短时工作方式负载时的额定功率选择

连续工作方式的电动机也可以短时工作，此时电动机连续工作方式下的额定功率 P_N 偏大，需要针对实际情况进行折算。折算的原则是短时工作时间 t_r 内达到的温升等于连续工作方式下的稳态温升，即电动机的允许温升，在此仅给出折算结果

$$P_N \geqslant P_L \sqrt{(1-e^{-t_r/T_\theta})/(1+\alpha e^{-t_r/T_\theta})} \tag{9-24}$$

式中　t_r——短时工作时间，s；

　　　T_θ——发热时间常数，s。

$\alpha = p_0/p_{Cu}$，其中 p_0 是电动机的不变损耗；p_{Cu} 是电动机的可变损耗（铜耗）。α 的大小因电动机而异。对于具体电动机，T_θ 和 α 可以从技术数据中查到或估算。

若实际工作时间极短，$t_r < (0.3 \sim 0.4)T_\theta$，则只需考虑电动机的过载和启动能力，确定电动机的额定功率，发热温升的矛盾已不是主要问题。

短时工作方式折算到连续工作方式预选电动机额定功率后，也不需要进行温升校核了。

（4）过载能力校核

过载能力指电动机负载运行时，可以在短时间内出现的电流或转矩过载的允许倍数，表9-4 给出了不同类型的电动机过载能力大致范围。

表 9-4　各种电动机的过载能力

电动机类型	直流电动机	绕线型异步电动机	笼型异步电动机	同步电动机
过载能力	2	2～2.5	1.8～3	2～2.5

对直流电动机而言，限制其过载能力的是换向问题。直流电动机的过载能力是电枢允许电流的倍数，λI_N 是允许电流，应比可能出现的最大电流大。

对交流电动机而言，电动机的过载能力即最大转矩倍数为 λ_m。校核过载能力还要考虑到交流电网电压可能向下波动 $10\% \sim 15\%$，因此最大转矩按 $(0.81 \sim 0.72)\lambda_m T_N$ 来校核，它应该比负载可能出现的最大转矩大。

若预选的电动机过载能力通不过，需要重选电动机及额定功率。

（5）启动能力校核

若电动机为笼型三相异步电动机，最后还要校核启动能力。

发热、过载能力和启动能力都通过了，则电动机的额定功率就可以确定了。

（6）温度修正

以上关于额定功率的选择都是在国家标准环境温度（40℃）前提下进行的。若环境温度常年都比较低或比较高，需要对电动机的额定功率进行修正。

$$P'_N \approx P_L \sqrt{1 + \frac{40-\theta}{\tau_{max}}(\alpha+1)} \tag{9-25}$$

式中　τ_{max}——电动机环境温度为 40℃时的允许温升，K 或℃；

　　　θ——电动机工作的实际环境温度，K 或℃。

在工程实践中，电动机额定功率的修正可按照表 9-5 进行。

表 9-5　不同环境温度下电动机额定功率的修正

环境温度/℃	30	35	40	45	50	55
功率修正值	+8%	+5%	0	−5%	−12.5%	−25%

考虑到散热介质空气密度的影响，国家标准规定一般电动机的工作环境海拔不超过 1000m。

【例 9-1】　一台与电动机直接连接的离心式水泵，流量为 $0.018\text{m}^3/\text{s}$，扬程为 15m，吸

程为 3m，转速为 1440r/min，泵的效率为 0.48，试为其选择一台合适的电动机。

解 将题目中的条件带入泵类机械负载功率的公式(9-19)可得

$$P_L = 10^{-3} \frac{Q\rho H}{0.102\eta\eta_b} = \frac{0.018 \times 1000 \times (15+3)}{0.102 \times 0.95 \times 0.48} \times 10^{-3} = 6.97 \text{ (kW)}$$

其中，水的密度 $\rho = 1000 \text{kg/m}^3$，负载与电动机直接连接，传动机构效率 η 为 0.95～1.0，本例中取 0.95。

对于水泵，应选用封闭扇冷式 Y 系列三相异步电动机。按照 $P_N > P_L$ 原则，选取 Y132M-4 型三相异步电动机，其 $P_N = 7.5 \text{kW}$，$n_N = 1440 \text{r/min}$，泵的启动与过载均不会有问题，不必校验。

【例 9-2】 一台额定功率 $P_N = 200 \text{kW}$ 的连续工作制冶金工业用的绕线型异步电动机，若常年在 80℃ 环境下运行，电机绝缘等级是 B 级，额定负载时不变损耗与可变损耗之比为 0.6，计算电动机在高温环境下的实际额定功率应为多少？

解 电动机的实际额定功率为

$$P_N' \approx P_L \sqrt{1 + \frac{40-\theta}{\tau_{max}}(\alpha+1)} = 200 \sqrt{1 + \frac{40-80}{90}(0.6+1)} = 107.5 \text{ (kW)}$$

【例 9-3】 一台直流电动机，额定功率 $P_N = 20 \text{kW}$，过载能力 $\lambda = 2.4$，发热时间常数 $T_\theta = 30 \text{min}$，额定负载时不变损耗与可变损耗之比 $\alpha = 1$。请校验下列两种情况下是否能使用此台电动机。

① 短期负载，$P_L = 40 \text{kW}$，$t_r = 20 \text{min}$；

② 短期负载，$P_L = 44 \text{kW}$，$t_r = 10 \text{min}$；

解 ①将负载 $P_L = 40 \text{kW}$，$t_r = 20 \text{min}$ 折算成连续工作方式下负载功率为

$$P_L' = P_L \sqrt{(1 - e^{-t_r/T_\theta})/(1 + \alpha e^{-t_r/T_\theta})} = 40 \times \sqrt{\frac{1 - e^{-\frac{20}{30}}}{1 + e^{-\frac{20}{30}}}} = 22.68 \text{ (kW)}$$

$$P_N = 20 \text{kW} < P_L'$$

发热校验通不过，不能使用此台电动机。

② 将负载 $P_L = 44 \text{kW}$，$t_r = 10 \text{min}$ 折算成连续工作方式下负载功率为

$$P_L' = P_L \sqrt{(1 - e^{-t_r/T_\theta})/(1 + \alpha e^{-t_r/T_\theta})} = 44 \times \sqrt{\frac{1 - e^{-\frac{10}{30}}}{1 + e^{-\frac{10}{30}}}} = 17.88 \text{ (kW)}$$

$$P_N = 20 \text{kW} > P_L'$$

发热校验通过，实际的过载倍数为

$$\lambda' = \frac{P_L}{P_N} = \frac{44}{20} = 2.2$$

有 $\lambda = 2.4 > \lambda'$，过载能力校验通过，可以使用此台电动机。

9.5.4 负载变化时电动机额定功率的选择

电动机在变化负载下长期运行时，其输出功率也是不断变化的，温升也随之不断波动。经过一段时间后，温升达到一种稳定的波动状态。

（1）拖动长期变化负载的电动机额定功率的选择

在变化负载的情况下，可以先根据负载情况预选电动机，然后进行发热校验。具体步骤如下：

① 作负载图 作出折算到电动机轴上的负载变化图 $P_L = f(t)$ 或 $T_L = f(t)$，利用负载图求出平均输出功率 P_{av} 或者平均转矩 T_{av} 为

$$P_{av} = \frac{P_1 t_1 + P_2 t_2 + \cdots + P_n t_n}{t_1 + t_2 + \cdots + t_n} \tag{9-26}$$

$$T_{av} = \frac{T_1 t_1 + T_2 t_2 + \cdots + T_n t_n}{t_1 + t_2 + \cdots + t_n} \tag{9-27}$$

式中　P_i——各工作段的负载功率，$i=1,2\cdots n$，W；

T_i——各工作段的负载转矩，$i=1,2\cdots n$，N·m；

t_i——各工作段的工作时间，$i=1,2\cdots n$，s。

② 预选电动机　根据经验公式预选电动机的额定功率，即

$$P_N = (1.1 \sim 1.6) P_{av} \tag{9-28}$$

$$P_N = (1.1 \sim 1.6) \frac{T_{av} n_N}{9550} \tag{9-29}$$

上面两个公式中系数（1.1～1.6）的选用要根据负载变动的情况而定。当负载变化剧烈时，系数应选大些。这是因为公式未反映过渡过程中的发热情况，而过渡过程中，电动机的可变损耗部分比较大，发热严重。

③ 进行发热校验　校核电动机发热的方法有很多，主要有平均损耗法、等效电流法、等效转矩法、等效功率法等方法，在此不作详细讨论。仅以等效转矩法为例。

在电动机的气隙磁通和功率因数不变的情况下，电动机的电磁转矩 T 与电枢电流成正比，从发热等效的观点出发，可以推导出等效转矩为

$$T_{eq} = \sqrt{\sum_{i=1}^{n} T_i^2 t_i / \sum_{i=1}^{n} t_i} \tag{9-30}$$

比较等效转矩 T_{eq} 与额定转矩 T_N，若 $T_{eq} \leqslant T_N$，则发热校验通过。

（2）周期性断续工作方式电动机额定功率的选择

周期性断续工作的电动机，若负载持续率为国家规定的标准值，则按照上述负载变化时的方法选择电动机额定功率即可，若负载持续率 $FS\%$ 为非标准值，则需要向最近的标准负载持续率 $FS_b\%$ 折算。以公式（9-28）为例，折算后的公式为

$$P_N = (1.1 \sim 1.6) P_{av} \sqrt{\frac{FS\%}{FS_b\%}} \tag{9-31}$$

对于周期性断续工作方式，以上方法适用于 $10\% \leqslant FS\% \leqslant 70\%$ 的范围，若负载持续率 $FS\% < 10\%$，可按照短时工作方式处理；若 $FS\% > 70\%$，则按照连续工作方式处理，选择连续工作方式电动机。

需要说明的是，若电动机采用自扇冷式散热，而每个工作周期内有启动、制动和停机运行状态，则电动机的散热条件变坏，在相同负载下，电动机的温升要比强迫通风时高一些。必须考虑启动、制动与停机状态下冷却条件恶化对电动机温升的影响，常用的方法是增加小于1的冷却恶化系数，具体数值请参考相关手册。

9.6　选择电动机额定功率的统计法和类比法

前面介绍的电动机额定功率的选择方法比较复杂，需要的参数较多，实际应用中存在困难。在工程实践中总结出了某些类别电动机额定功率选择的实用方法，尽管这些方法有一定局限性，但简单方便，有一定可行性。下面介绍两种工程上常用的选择方法。

9.6.1　用统计法选择电动机的额定功率

将同类型设备所选用的电动机额定功率进行统计分析，找出该类负载的拖动电动机和负载参数之间的关系，根据具体情况，定出相应系数。例如我国机床制造工业已确定了不同类型机床主拖动电动机额定功率 $P(\mathrm{kW})$ 的统计分析公式为

① 车床：$P = 36.5 D^{1.54}$

式中　D——工件的最大直径，m。

② 立式车床：$P=20D^{0.88}$

式中　D——工件的最大直径，m。

③ 摇臂钻床：$P=0.0646D^{1.19}$

式中　D——最大的钻孔直径，mm。

④ 卧式镗床：$P=0.004D^{1.7}$

式中　D——镗杆直径，mm。

⑤ 龙门铣床：$P=\dfrac{1}{166}B^{1.15}$

式中　B——工作台宽度，mm。

例如我国 C660 型车床加工件的最大直径为 1250mm，按统计分析法计算主拖动电动机的额定功率为 $P=36.5\times1.25^{1.54}=51.5\mathrm{kW}$，一般实际选用 60kW，选用的电动机能满足生产要求。

9.6.2　用类比法选择电动机的额定功率

类比法就是根据生产工艺给出的功率，计算出所需要的电动机功率，预选某一额定功率的电动机，然后与其他经过长时间运行考验的同类型生产机械所采用的电动机功率进行比较，附加考虑不同工作条件等因素的影响，最后确定电动机的额定功率。

本 章 小 结

电力拖动系统由电动机、供电电源、控制设备及生产机械组成。在进行电力拖动系统方案选择时，需要考虑电动机与生产机械负载配合的稳定性、可靠性、经济性，以及拖动系统四象限运行的实现方法。

电力拖动系统的电动机选择，包括确定电动机的种类、结构形式、额定电压、额定转速和额定功率等，主要考虑：(1) 电动机在机械特性方面能否满足负载要求；(2) 正确选择电动机的功率，使之在工作中充分利用；(3) 正确选择电动机的电流种类、电压等级、额定转速，以及电动机的结构形式和防护措施；(4) 电动机及辅助设备的经济性。

电动机的功率选择，取决于电动机的发热与冷却情况、绝缘材料的等级和负载运行情况。根据热平衡方程式可知，电动机的发热和冷却过程都是按指数规律变化的，起始温升 τ_{F0}、稳态温升 τ_L 和发热时间常数 T_θ 决定了温升过程。

电动机内耐温最薄弱的部分是绝缘材料。除意外的电气或机械故障，电动机的估计寿命由其绝缘温度决定。绝缘材料的允许温度就是电动机的允许温度，绝缘材料的寿命，一般也就是电动机的寿命。绝缘等级是用户选择电动机的重要依据。

电动机铭牌上所标的额定功率，表示海拔小于 1000m，环境温度为 40℃，电动机长期连续工作，最高温度不超过绝缘材料最高允许温度时的输出功率。在其他条件不变时，实际额定功率与电动机的工作方式有关。我国把电动机的工作方式分为连续、短时和周期性断续工作三种方式。同一电动机工作方式不同，实际的额定功率也不同。

在满足拖动系统负载要求的前提下，电动机额定功率越小越经济，一般电动机额定功率的选择分为三步：①计算负载功率 P_L；②根据负载功率，预选电动机的额定功率；③校核预选电动机。一般先校核温升，再校核过载能力，必要时校核启动能力。若电动机在变化负载下长期运行，可以采用平均损耗法、等效电流法、等效转矩法、等效功率法等校核电动机发热。工程实践中总结出了某些类别电动机额定功率选择的实用方法，如统计分析法和类比法。

思考题与习题

9.1　电力拖动系统方案选择需要考虑哪些内容？其中电动机的选择主要包括哪些内容？

9.2 一台连续工作方式的电动机额定功率为 P_N，在短时工作方式运行时额定功率如何变化？

9.3 选择电动机额定功率时应考虑哪些因素？

9.4 拖动长期变化负载的电动机额定功率的选择主要有哪些步骤？

9.5 用发热校验方法选择电动机额定功率的主要缺点是什么？为什么在生产实践中大都采用统计分析法与类比法？

9.6 电动机运行时温升按什么规律变化？两台同样电动机，在下列条件下拖动负载运行时，起始温升、稳态温升是否相同？发热时间常数是否相同？

(1) 相同负载，一台工作于室温，一台工作于高温环境；

(2) 相同负载，相同环境，一台长时间未运行，一台运行刚停下来；

(3) 相同环境，一台半载，一台满载；

(4) 相同负载，相同环境，满载运行，一台自然冷却，一台冷风冷却。

9.7 一台电动机绝缘材料等级为 B 级，额定功率为 P_N，若把绝缘材料改为 E 级，其额定功率如何变化？

9.8 现有两台普通三相笼型异步电动机，一台 $FS_1 = 15\%$，$P_{N1} = 30kW$；另一台 $FS_1 = 40\%$，$P_{N1} = 20kW$，试比较哪一台实际容量大。

9.9 在最高温度不超过 30℃ 的河边建立一个抽水站，将河水送到 22m 高的水渠中，泵的流量为 600m³/h，效率为 0.6，水的密度 $\rho = 1000kg/m^3$，泵与电动机同轴联结。选用额定温升为 80℃ 的 E 级绝缘电动机，产品目录中给出的容量等级有 20kW，28kW，40kW，55kW，75kW，100kW。不变损耗与额定可变损耗之比为 0.6。试选择一台合适的电动机，若此抽水站建在气温高达 43℃ 的地方，电动机容量应是多少？

9.10 一台 35kW，30min 的短时工作电动机发生故障，现有一台 20kW 连续工作制电动机，已知其发热时间常数 $T_\theta = 90min$，不变损耗与额定可变损耗比 $\alpha = 0.7$，短时过载能力 $\lambda = 2$。这台电机能否临时代用？

10 电机及拖动的计算机仿真

10.1 仿真的基本概念

研究连续动态系统，如电机及其拖动系统，通常采用三种方法：理论分析，实物实验，仿真研究。理论分析就是应用一些基本的物理规律，对所要进行分析的物理系统写出表达它运动规律的数学方程式，然后依据数学知识和实际运行的条件，对方程式进行理论计算，从而得到它的解，进而分析系统的特性、品质等。实物实验是对真实的系统或实验对象进行特性测试、实验，可对理论分析的结果提供实践的验证，也可从中发现新现象、新规律。仿真研究就是建立所要研究对象的模型（不是实际对象本身），用对对象模型而不是对实际对象的计算和测试来代替实际对象的实验研究。仿真研究是一种基于模型而不是基于真实对象的研究方法。

仿真研究分为两类：基于物理模型的物理仿真和基于数学模型的数学仿真。物理仿真的主要优点是保持了研究对象的物理本质，能观察到难以进行数学描述和不可能包含在数学方程中的真实过程所具有的现象。但物理仿真具有相当的局限性，且要花费巨大的代价。而数学仿真是以不同物理对象在数学描述上的相似性为基础的，因而可以用同一个仿真装置，如用计算机来解决不同类型的问题。

作为仿真的计算机有模拟计算机和数字计算机两种。模拟计算机由一些高增益的运算放大器及电阻、电容等组成，其突出优点是运算速度快。此外，它还可以考虑非线性的影响。缺点是计算精度低，对采样系统仿真较困难。而数字计算机由于具有计算精度高、对采样系统仿真方便等优点，应用日益广泛，缺点是实时性差。本章主要讨论电机的数字计算机仿真。

计算机仿真是研究高性能电机及拖动系统的重要环节，也是学习电机及拖动基础的有效手段。为了充分有效地使用电机，首先要对电机性能进行分析和实验。所谓电机及拖动的计算机仿真就是将电机的数学模型放到计算机上进行相应分析和实验，以获得所需信息的技术。计算机仿真是一种既经济又安全的实验方法。

对电机进行计算机仿真可以计算出电机在不同输入条件下的输出变化，如电机的转矩调节过程、启动过程、制动过程、速度响应、电流波形等。有了数学模型，即可在计算机上进行数字仿真。在仿真之前，要对仿真对象的数学模型所代表的物理意义有清楚的了解。在调试程序的基础上，对计算结果进行分析和讨论。

目前市场上有许多适用于电机的仿真软件，如 FORTRAN、C＋＋、MATLAB 等数学仿真工具，使用者应根据具体情况选择合适的工具软件，这样可以节省许多时间。在仿真过程中，应选用合理的算法和数据结构，以节省 CPU 的处理时间和存储器的空间。同时，仿真程序应有友好的用户界面，以便推广应用。因此一个好的仿真程序，除输入和输出便于自己和他人使用外，更重要的是要有对系统的了解、算法的确定等的综合考虑。本章主要介绍MATLAB 在电机及拖动课程中的应用。

10.2 MATLAB 简介

近年来，在学术界和工业领域，MATLAB 已成为动态系统建模和仿真领域中应用最为广泛的软件之一。MATLAB 拥有从控制系统分析设计、信号处理、鲁棒控制到模糊系统、神经网络、小波分析乃至虚拟实现等各种工具箱，而且还在不断地发展和丰富。在科学计算分析领域，MATLAB 已成为广大科技工作者重要的辅助工具软件之一。

10.2.1　MATLAB 的功能特点

MATLAB 不仅为使用者提供了"演算纸"式的编程环境及强有力的绘图功能，将广大科技工作者从繁琐的程序流程设计和绘图中解放出来，而且还提供了一个直观、方便的专门用于动态仿真研究的工具——Simulink。Simulink 是一个用来对动态系统进行建模、仿真和分析的软件包，它支持连续、离散及两者混合的线性和非线性系统，也支持具有多种采样频率的多频率系统。Simulink 可以直接使用鼠标拖放的方法来建立系统模型，并可以快速地给出仿真结果，不需要编写程序代码，使用起来非常方便。

MATLAB 产品族可用来进行：

- 数据分析
- 数值和符号计算
- 工程和科学绘图
- 控制系统设计
- 数字图像信号处理
- 财务工程
- 建模、仿真、原型开发
- 应用开发
- 图形用户界面设计

MATLAB 产品族有众多的面向具体应用的工具箱和仿真块。它们包含了完整的函数集，用来分析和设计一些具体应用，例如信号图像处理、控制系统设计、神经网络等。

10.2.2　MATLAB 的语言特点

MATLAB 语言最大的特点就是简单和直接，分述如下：

（1）编程效率高

MATLAB 是一种面向科学与工程计算的高级语言，允许用数学形式的语言编写程序，且比 BASIC、FORTRAN 和 C 等语言更接近我们书写计算公式的思维方式，用 MATLAB 编写程序犹如在"演算纸"上排列出公式与求解问题。

（2）用户使用方便

MATLAB 语言是一种解释执行的语言（在没有编译前），它灵活、方便，其调试程序手段丰富，调试速度快，需要学习时间少。具体地说，MATLAB 运行时，如直接在命令行输入 MATLAB 语句（命令），包括调用 M 文件的语句，每输入一条语句，就立即对其进行处理，完成编译、连接和运行。在运行 MATLAB 语句或 M 文件时，如果有错误，计算机屏幕上会出现详细的出错信息，用户经修改后再执行，直到程序正确为止。

（3）扩充能力强，交互性好

高版本的 MATLAB 有丰富的库函数，在进行复杂的数学运算时可直接调用，且 MAT-LAB 的库函数与用户文件在形式上一样，故用户文件也可作为 MATLAB 的库函数来调用。用户可根据自己的需要方便地建立和扩充新的库函数，以便提高 MATLAB 的使用效率并扩充它的功能。

（4）移植性和开放性都很好

MATLAB 是用 C 语言编写的，而 C 语言的可移植性很好，于是 MATLAB 可以很方便地移植到能运行 C 语言的操作平台上。除内部函数外，MATLAB 所有的核心文件和工具箱文件都是公开的，都是可读可写的源文件，用户可以通过对源文件的修改和自己编程来构成新的工具箱。

（5）语言简单，内涵丰富

MATLAB 语言中最基本最重要的成分是函数，一个函数由函数名、输入变量和输出变量组成。同一函数名下，不同数目的输入变量（包括无输入变量）及不同数目的输出变量，代表着不同的含义。这不仅使 MATLAB 的库函数功能更加丰富，而且大大减小了需要的磁盘空间，使得 MATLAB 编写的 M 文件简单、短小而高效。

（6）高效方便的矩阵和数组运算

MATLAB 语言像 BASIC、FORTRAN 和 C 语言一样规定了矩阵的算术运算符、关系运算符、逻辑运算符、条件运算符及赋值运算符，而且这些运算符大部分都可以毫无改变地照搬到数组间的运算中。另外，它不需定义数组的维数，并给出了矩阵函数、特殊矩阵专门的库函数，使之在求解诸如信号处理、建模、系统辨识、控制、优化等领域的问题时，更为简捷、高效、方便，这是其他高级语言所不能比拟的。

（7）方便的绘图功能

MATLAB 的绘图是十分方便的，它有一系列的绘图函数（命令）。另外，在调用绘图函数时调整自变量可绘出不同颜色的点、线、复线或多重线。这种为科学研究着想的设计是其他通用的编程语言所不及的。

10.3　MATLAB 在电机及拖动课程中的应用

随着计算机的普及，在当今的大学和科研机构中，计算机已成为教学和科研的重要工具之一。MATLAB 作为具有强大计算功能、绘图功能及动态仿真功能的计算机仿真软件，已在国外电机类基础教学中广泛使用。而我国在普及此类软件并将其融入电机及拖动教学方面仍存在不足。本节根据电机及拖动的教学需要，力求对 MATLAB 在电机及拖动中的应用进行归纳总结。

MATLAB 在电机及拖动教学中的主要应用可归纳为三方面：参数计算、曲线绘制和运行仿真。

10.3.1　参数计算

电机及拖动课程中的许多问题都涉及数学计算。数学计算的主要目的在于揭示电机及拖动系统中各参数之间具有物理意义的定量关系。然而，在许多复杂的电机及拖动系统问题中，分析清楚各参数的相互关系后，复杂的计算过程往往是解决问题的最大困难。在国外的电机类教材中，此类问题多由 MATLAB 程序处理。这样就不必在纯粹的数学计算上花费太多的精力，而将更多的精力用在分析各参数之间的相互联系以及研究其中所体现的电机特性上。国内现有的电机类教材中，这一点却常常被忽略。

利用 MATLAB 软件进行数学计算，不仅简单、方便，而且计算结果正确可靠。

例如：要计算某铜线变压器：①等效电路各参数、阻抗电压及阻抗电压百分比；②当额定负载分别为 $\cos\varphi=0.8$ 和 $\cos(-\varphi)=0.8$ 时，其电压变化率 ΔU，次级电压 U_2 及效率 η。变压器的铭牌数据为：$S_N=750\text{kV}\cdot\text{A}$，$U_{1N}/U_{2N}=10\text{kV}/0.4\text{kV}$，Y/Y 接法。空载试验数据为：$U_O=400\text{V}$，$I_O=60\text{A}$，$P_O=3.8\text{kW}$；短路试验数据为：$U_k=2610\text{V}$，$I_k=43.3\text{A}$，$P_k=10.9\text{kW}$，室温为 20℃。

下面是用 MATLAB 编写的用于该类问题的通用程序文件 Byqjs. m

Function byq＝Byqjs(SN, U1N, U2N, U0, I0, P0, UK, IK, PK, THET, JF1, JF2, XX, BET, cosfai2)

％在 Byqjs 后面的括号中输入的参数依次为：SN——变压器额定容量；U1N——变压

器初级额定电压；U2N——变压器次级额定电压；U0，I0，P0——空载试验电压、电流和功率；UK，IK，PK——短路试验电压、电流和功率；THET——试验时的室温；JF1，JF2——变压器初级、次级接法，为 1 表示星形接法，为 2 表示三角形接法；XX——变压器绕组用线，为 1 表示铜线，否则为铝线；BET——变压器负载系数；cosfai2——负载功率因素，加负号表示容性负载。

```
PKX＝PK/3；
P0X＝P0/3；
I1N＝SN/(U1N * sqrt(3))；
I2N＝SN/(U2N * sqrt(3))；
if      JF1＝＝1 & JF2＝＝1
        U1NX＝U1N/sqrt(3)；
        UKX＝UK/sqrt(3)；
        IKX＝IK；
        U2NX＝U2N/sqrt(3)；
        U0X＝U0/sqrt(3)；
        I0X＝I0；
        K＝U1NX/U2NX；
end；
if   JF1＝＝1 & JF2＝＝2
        U1NX＝U1N/sqrt(3)；
        UKX＝UK/sqrt(3)；
        IKX＝IK；
        U2NX＝U2N；
        U0X＝U0；
        I0X＝I0/sqrt(3)；
        K＝U1NX/U2NX；
end；
if   JF1＝＝2 & JF2＝＝1
        U1NX＝U1N；
        UKX＝UK；
        IKX＝IK/sqrt(3)；
        U2NX＝U2N/sqrt(3)；
        U0X＝U0/sqrt(3)；
        I0X＝I0；
        K＝U1NX/U2NX；
end；
if   JF1＝＝2 & JF2＝＝2
        U1NX＝U1N；
        UKX＝UK；
        IKX＝IK/sqrt(3)；
        U2NX＝U2N；
        U0X＝U0；
        I0X＝I0/sqrt(3)；
```

```
        K=U1NX/U2NX;
end;
rm=K^2*P0X/I0X^2;
zm=K^2*U0X/I0X;
xm=sqrt(zm^2-rm^2);
zk=UKX/IKX;
rk=PKX/IKX^2;
xk=sqrt(zk^2-rk^2);
if    XX==1
        rk75=rk*(234.5+75)/(234.5+THET);
        zk75=sqrt(rk75^2+xk^2);
else
        rk75=rk*(228+75)/(228+THET);
        zk75=sqrt(rk75^2+xk^2);
end;
        r1=rk75/2;
        r2=rk75/2;
        x1=xk/2;
        x2=xk/2;
        fai2=acos(cosfai2);
if    cosfai2<0
        deltaU=BET*(I1N*rk75*abs(cosfai2)-I1N*xk*sin(fai2))/U1NX;
else
        deltaU=BET*(I1N*rk75*cosfai2+I1N*xk*sin(fai2))/U1NX;
end;
        U2=(1-deltaU)*U2N;
        pkN=3*I1N^2*rk75;
        eta=1-(P0+BET^2*pkN)/(BET*SN*abs(cosfai2)+P0+pkN*BET^2);
        fprintf('rm=%.3g \ n', rm);
        fprintf('xm=%.3g \ n', xm);
        fprintf('r1=%.3g \ n',r1);
        fprintf('x1=%.3g \ n',x1);
        fprintf('r2=%.3g \ n',r2);
        fprintf('x2=%.3g \ n',x2);
        fprintf('ΔU=%.4g%% \ n',deltaU*100);
        fprintf('U2=%.4g \ n',U2);
        fprintf('η=%.4g%% \ n',eta*100);
```

编写完毕后，将其保存在 MATLAB 的 WORK 文件夹中。进行本例计算时，只需在主命令窗口输入：

Byqjs(750000, 10000, 400, 400, 60, 3800, 440, 43.3, 10900, 20, 1, 1, 1, 1, 0.8)

则程序会立即给出计算结果：

$r_m=220$

$x_m=2.4e+0.03$

$r1=1.18$

$x1=2.77$

$r2'=1.18$

$x2'=2.77$

$\Delta U=3.906\%$

$U2=384.4$

$\eta=97.24\%$

在主命令窗口输入：

Byqjs（750000，10000，400，400，60，3800，440，43.3，10900，20，1，1，1，1，−0.8）

则程序会立即给出计算结果：

$r_m=220$

$x_m=2.4e+0.03$

$r1=1.18$

$x1=2.77$

$r2'=1.18$

$x2'=2.77$

$\Delta U=-1.078\%$

$U2=404.3$

$\eta=97.24\%$

显然，此计算程序 Byqjs. m 对于同类型的参数计算具有通用性，可以避免求解同类问题时的重复编程。同理，利用 MATLAB 中丰富的函数资源编写程序，不仅可以高效、迅速、准确地解决电机及拖动课程中的各种参数计算问题，而且可为多角度多方面进行思考、引进创新思维等提供良好的实践环境。

MATLAB 的科学计算功能与电机及拖动课程的充分结合，不但可以简化繁杂的计算，而且可以充实电机及拖动课程原有的知识结构体系，便于学生更好地学习和研究。

10.3.2 曲线绘制

MATLAB 具有强大的绘图功能，二维曲线、三维图形均可以非常方便地绘制。MAT-LAB 的绘图功能在电机及拖动课程中的应用一般可归纳为两类：直接曲线绘制和间接曲线绘制。

直接曲线绘制就是给出两组相对应的数据，直接使用 MATLAB 中的 plot 命令绘制它们的相关曲线，这在实验报告中会经常用到。例如试验测取直流发电机的空载特性。已知试验测得的直流发电机励磁电流 I_f 和电枢电压 U_a 的对应数据，即可使用 plot（U_a，I_f）直接绘出直流发电机的空载特性曲线。这类应用比较简单，在此不再详述。

间接曲线绘制，与直接曲线绘制相比略为复杂，需要在有关参数已知的前提下，依据参数间的函数关系和 MATLAB 内部的函数与控制语句来进行曲线绘制。下面以一台他励直流电动机电枢回路串入不同电阻值时的转矩、速度曲线（即机械特性）绘制为例进行说明。设电机的主要参数为：$P_N=22kW$，$U_N=220V$，$I_N=118.5A$，$n_N=600r/min$，$R_a=0.15\Omega$，电枢回路串入电阻 R_C 依次为 0.15Ω，0.3Ω，0.45Ω，0.6Ω，0.75Ω，0.9Ω。

下面是用 MATLAB 编写的绘制该类曲线的通用程序文件 zhljxtx. m

function cc＝zhljxtx（UN，IN，nN，Ra，Rc1，Rc2，Rc3，Rc4，Rc5，Rc6）

％在 zhljxtx 后面的括号中输入的参数依次为：UN——直流电机额定电压；IN——直流电机额定电流；nN——直流电机额定转速；Ra——电枢电阻；Rc1～Rc6——电枢回路外串电阻值；

```
EaN=UN-IN*Ra;
CefaiN=EaN/nN;
n0=UN/CefaiN;
T=0:0.1:1000;
clf;
for i=1:6
if i==1
    Rc=Rc1;
    n=n0-(Ra+Rc)*T/(9.55*CefaiN^2);
    plot(T,n,'k');
    hold on;
else if i==2
    Rc=Rc2;
    n=n0-(Ra+Rc)*T/(9.55*CefaiN^2);
    plot(T,n,'b');
else if i==3
    Rc=Rc3;
    n=n0-(Ra+Rc)*T/(9.55*CefaiN^2);
    plot(T,n,'c');
else if i==4
    Rc=Rc4;
    n=n0-(Ra+Rc)*T/(9.55*CefaiN^2);
    plot(T,n,'g');
else if i==5
    Rc=Rc5;
    n=n0-(Ra+Rc)*T/(9.55*CefaiN^2);
    plot(T,n,'m');
else
    Rc=Rc6;
    n=n0-(Ra+Rc)*T/(9.55*CefaiN^2);
    plot(T,n,'r');
                end;
            end;
          end;
        end;
      end;
end;
xlabel('T(N.m)');
ylabel('n(r/min)');
legend('Rc=Rc1','Rc=Rc2','Rc=Rc3','Rc=Rc4','Rc=Rc5','Rc=Rc6')
```
编写完成后，在主命令窗口输入：

zhljxtx(220，118.5，600，0.15，0.15，0.3，0.45，0.6，0.75，0.9)

程序会立即给出相应的机械特性曲线如图 10-1 所示。

由此可知，MATLAB 在曲线绘制方面的优点主要表现在：能以简洁的步骤将抽象的理论公式转化为直观形象的图形，为学习、研究和进行创新思维提供良好的实践环境。大多数情况下，操作者只需对参数赋值并给出相应的函数表达式，再加上控制语句协助便可完成曲线的绘制。在电机及拖动课程的整个知识结构体系内，已知函数关系式且需绘制特性曲线的地方都可以应用。

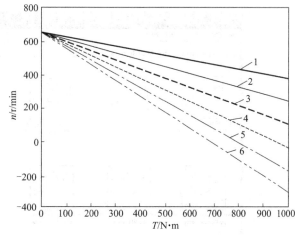

图 10-1　直流电动机电枢回路串不同电阻时
的机械特性曲线

1—Rc＝Rc1；2—Rc＝Rc2；3—Rc＝Rc3；
4—Rc＝Rc4；5—Rc＝Rc5；6—Rc＝Rc6

10.3.3　运行仿真

使用 MATLAB 提供的 Simulink 仿真工具可对电机的稳态、瞬态运行过程进行模拟仿

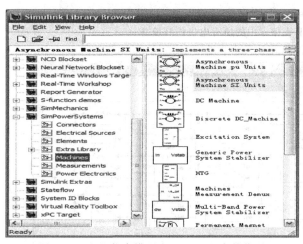

图 10-2　电机仿真模型在 Simulink 中的位置

真。Simulink 的模型库中包含有很多专用模块，使用者可以根据自己所从事的研究领域选择不同的模块。电机及拖动的仿真模块（Machines）归在电力系统仿真（SimPowerSystems）的模块中，其使用界面如图 10-2 所示。

双击 Machines 图标就可看到 Simulink 模型库中的所有电机模型，界面如图 10-3 所示。在这些模型中有同步电机（Synchronous machines），直流电机（DC machines），异步电机（Asynchronous machines），电机测试模块（Machines Measure-ments）等。

下面以绕线型异步（感应）电动机转子串对称电阻启动的仿真为例，简单介绍一下电机运行仿真的基本方法。

首先，在 Simulink 的工具栏上点击 File 建立一个后缀名为 .mdl 的新文件＊.mdl；接着，在 Simulink 模型库中找到进行仿真分析所需的模块，如异步电动机模块［注意在 Simulink 模型库中交流异步电动机的模型有两个：一个是基于标幺值的模型（PU Units），一个是国际单位制的模型（SI Units）。可根据不同的需要来选择相应的模型，这里选择国际单位制的交流异步电动机模型］，电源模块，电机测试模块，电阻模型，选择器，示波器等，并将它们分别拖到新文件中；然后，根据它们的相互关系将其连接成一个完整的仿真图，如图 10-4 所示。

建立起仿真图后，要对图中各模块进行参数设置，然后才能进行仿真分析。

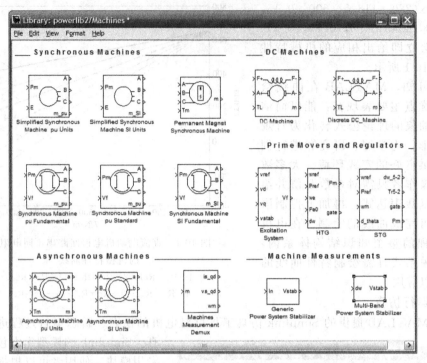

图 10-3　Simulink 模型库中的所有电机仿真模型

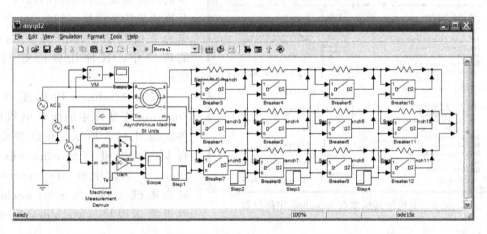

图 10-4　绕线型异步电动机转子串对称电阻启动的 Simulink 模型

电源模型的参数设置界面如图 10-5 所示。需设置的参数有：交流电源的峰值（Park Amplitude），相位［Phase(deg)］，频率（Frequency），采样时间（Sample time）等。使用时可根据实际情况将电源的这些参数分别填入。

电机模型的参数设置界面如图 10-6 所示。需设置的参数有：交流电机的转子类型［笼型（Squirrel-cage）或绕线型（Wound）］，坐标系［静止（Stationary）、转子（Rotor）或同步（Synchronous）］，额定数据［功率（power）、电压（volt）、频率（freq）］，定子电阻和电感（Stator Rs、L1s），转子电阻和电感的折算值（Rotor Rr′、L1r′），互感（Mutual inductance），转动惯量、摩擦系数和极对数（Inertia、friction factor and pairs of poles），初始条件（Initial conditions）等。使用时可根据实际情况将电机的这些参数分别填入。

同理，还有电阻值的设置，负载的设置等。

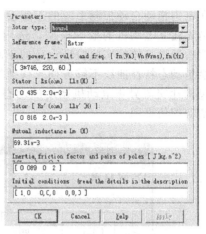

图 10-5　电源模型的参数设置界面　　　　　图 10-6　电机模型的参数设置界面

将各个仿真模块的参数设置好后，就可以进行仿真分析了。由图 10-4 可知，仿真中的异步电动机，定子、转子均为 Y 连接，仿真的输出有：定子、转子电流，转速，电磁转矩等，可根据需要选择所要的输出。点击 Simulink 工具栏上的 Simulation 按钮，会出现下拉菜单，点击 Simulation Parameters 设置仿真参数，包括仿真时间、仿真算法（对电机的仿真，建议选用 ode15s）、相对误差、绝对误差等。仿真参数设置完后，点击仿真开始按钮 Start 进行仿真，这时在界面下方会出现进度条，等进度进行完毕后，仿真过程就结束了。双击示波器就可以看到所需的仿真结果。图 10-4 所示异步电机转子串四级对称电阻启动的仿真结果如图 10-7 所示。其中，三相异步电动机的参数为：额定功率 $P_N = 22\text{kW}$，额定电压 $U_N = 380\text{V}$，额定转速 $n_N = 1440\text{r/min}$，过载倍数为 $\lambda_m = 2.0$，阻抗变比为 $K = 1.44$，定、转子 Y 接。启动时的参数为：定子电阻 $r_1 = 0.2\Omega$，定子电抗 $x_1 = 0.6\Omega$，转子电阻折算值 $r_2' = 0.10\Omega$，转子电抗折算值 $x_2' = 0.6\Omega$，互感电抗 $x_m = 17.62\Omega$。转动惯量 $J = 0.225\text{kg·m}^2$，带负载 $T_L = 0.75T_N$ 启动。所串四极对称电阻分别为：$r_{c1} = 0.036\Omega$，$r_{c2} = 0.137\Omega$，$r_{c3} = 0.253\Omega$，$r_{c4} = 0.504\Omega$，切换时间分别取为：$t_1 = 1.2\text{s}$，$t_2 = 2.4\text{s}$，$t_3 = 3.6\text{s}$，$t_4 = 4.8\text{s}$。

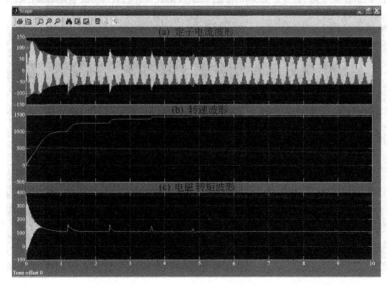

图 10-7　绕线型异步电动机转子串四级对称电阻启动的仿真结果

在电力拖动自动控制系统的工程设计中，常会遇到异步电动机制动的问题。过去一般的做法是先建立电动机的数学模型，选用合适的计算公式进行计算，绘出制动的机械特性曲线，然后通过具体的实验验证设计的正确性。这种方法明显存在效率不够高、调试比较麻烦以及绘制动态特性曲线不够方便、快捷等缺点。为提高工程设计的效率，下面采用 Simulink 软件包构建交流异步电动机制动的动态仿真平台。图 10-8 所示为上述异步电动机进行电源反接制动的仿真图。

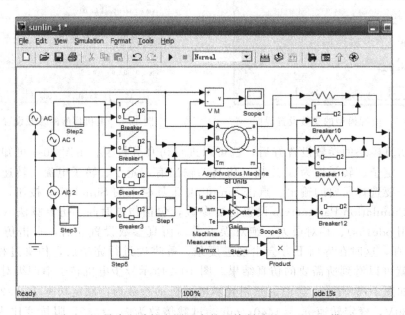

图 10-8　异步电动机电源反向的反接制动的 Simulink 模型

当上述异步电动机带负载 $T_L = 0.75T_N$ 启动时，转子绕组必须串入电阻，否则电动机将启动不起来。图 10-9 所示为异步电动机串电阻启动、串同样电阻进行电源反接制动的仿真结果。仿真中所串电阻为 $r_c = 0.5\Omega$，制动时间取为 5s。

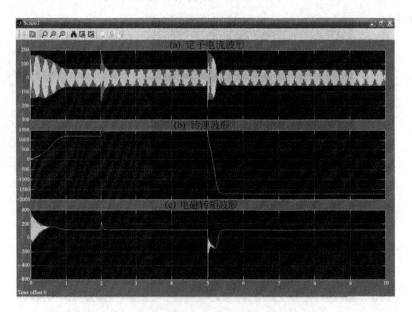

图 10-9　异步电动机电源反接制动的仿真结果

通过异步电动机转子串对称电阻启动及电源反接制动的仿真实例，可知 Simulink 在电机及拖动课程应用中具有如下优点：

（1）建立仿真模型的操作过程简单易行；

（2）模块参数（如电源模块、电机模块、电阻等的特征参数）和仿真参数（如运行时间、仿真算法等）易于调节。

实际应用中模块库里可供选择的模块不仅包括同步电机、异步电机、直流电机等电机模块和它们的励磁、测量等配套模块，而且有电阻、电感、功率元件等电路元器件的仿真模块，覆盖了电机及拖动整个知识结构体系的内容。用此软件可以进行常见类型的电机及拖动及其配套系统的建模与仿真。

另外，对于缺少实验设备的学校，采用 Simulink 进行电机及拖动课程的仿真实验来代替相应的实物实验，也不失为一种有效的方法。

思考题与习题

10.1 某他励直流电动机的额定数据为：$P_N = 3kW$，$U_N = 220V$，$I_N = 18A$，$n_N = 1000r/min$，电枢回路总电阻为 0.8Ω。试用 MATLAB 计算：

（1）为使拖动系统在额定状态下能够能耗制动停车，要求最大制动电流不超过 $2I_N$，制动电阻应为多少？

（2）若制动电阻与（1）相同，位能性负载转矩为 $T_L = 0.8T_N$，拖动系统能耗制动后的稳定转速为多少？

（3）用 MATLAB 绘制相应的机械特性。

10.2 有一台 $Y/\triangle$-11 连接的三相变压器，$S_N = 8000kV \cdot A$，$U_{1N}/U_{2N} = 121kV/6.3kV$，$f_N = 50Hz$。空载试验在低压侧进行，当外加电压为额定值时，空载电流为 $8.06A$，空载损耗为 $11.6kW$；短路试验在高压侧进行，当短路电流为额定值时，短路电压为 $12.705kV$，短路损耗为 $64kW$。设折算到同一侧后，高、低压绕组的电阻和漏抗分别相等。试用 MATLAB 计算：

（1）变压器参数的实际值；

（2）满载且 $\cos\varphi_2 = 0.8$（滞后）时的电压变化率和效率；

（3）用 MATLAB 绘制 $\cos\varphi_2 = 0.8$（滞后）及 $\cos\varphi_2 = 0.8$（超前）时该变压器的外特性和效率曲线。

10.3 一台三相四极绕线型异步电动机，额定数据和每相参数为：$U_{1N} = 380V$，$f_{1N} = 50Hz$，$n_N = 1480r/min$，$r_1 = 1.03\Omega$，$r_2' = 1.02\Omega$，$x_1 = 1.03\Omega$，$x_2' = 4.4\Omega$，$r_m = 7\Omega$，$x_m = 90\Omega$，定子绕组为 Y 接。试用 MATLAB 绘制下列不同转子值（$r_2' = 1.02, 2.5, 6.5, 12$）时该三相异步电动机的机械特性。

10.4 某三相四极绕线型异步电动机，定子绕组 Y 接，额定数据为：$P_N = 10kW$，$U_{1N} = 380V$，$n_N = 1460r/min$，过载倍数为 $\lambda_m = 3.1$。试求：（1）额定转差率；（2）临界转差率；（3）额定电磁转矩；（4）最大电磁转矩；（5）利用实用公式并借助 MATLAB 绘制电动机的固有机械特性。

10.5 某三相绕线型异步电动机，额定数据为：$P_N = 50kW$，$U_{1N} = 380V$，$f_{1N} = 50Hz$，$n_N = 1460r/min$，该电动机的参数分别为：$r_1 = 0.087\Omega$，$L_1 = 0.8mH$，$r_2' = 0.228\Omega$，$L_2' = 0.8mH$，定子、转子间的互感为 $L_m = 34.7mH$，飞轮矩 $J = 1.662kg \cdot m^2$，反接制动电阻 $R_0 = 5\Omega$。试用 MATLAB\Simulink 库的 SimpowerSystem 工具箱中的模块构建仿真平台，使该模型可以动态仿真任意时刻定子两相反接的反接制动，并给出空载启动接着进行电源反接制动的相电流波形，转速波形，电磁转矩波形。

参 考 文 献

[1] 吴玉香，李艳，刘华，毛宗源．电机及拖动．北京：化学工业出版社，2008．
[2] 范国伟．电机原理与电力拖动．北京：人民邮电出版社，2012．
[3] 陈亚爱，周京华．电机与拖动基础及 MATLAB 仿真．北京：机械工业出版社，2011．
[4] 刘述喜，王显春．电机与拖动基础．北京：中国电力出版社，2012．
[5] 刘锦波，张承慧等．电机与拖动．北京：清华大学出版社，2006．
[6] 李发海，王岩．电机与拖动基础．第 3 版．北京：清华大学出版社，2005．
[7] 朱耀忠．电机与拖动基础．北京：北京航空航天大学出版社，2005．
[8] 麦崇裔．电机学与拖动基础．第 2 版．广州：华南理工大学出版社，2005．
[9] A. E. Fitzgerald, Charles Kingsley Jr., Stephen. Umans. 电机学．第 6 版．刘新正等译．北京：电子工业出版社，2004．
[10] 杨耕，罗应云．电机与运动控制系统．北京：清华大学出版社，2006．
[11] 陈伯时．电力拖动自动控制系统——运动控制系统．第 3 版．北京：机械工业出版社，2004．
[12] Paul C. Krause. Analysis of Electric Machinery. IEEE Press，1995．
[13] Wde J. D. Pollock C.. Hybrid stepping motors and drives. Power Engineering Journal，2001，15（1）：5-12．
[14] 吴建华．开关磁阻电机设计与应用．北京：机械工业出版社，2000．
[15] 陈隆昌，阎治安，刘新正．控制电机．西安：西安电子科技大学出版社，2000．
[16] 李华德．交流调速控制系统．北京：电子工业出版社，2003．
[17] 黄立培．电动机控制．北京：清华大学出版社，2003．